钢铁烧结烟气
全流程减排技术

Flue Gas Full-process Emission Reduction Technology
for Sintering of Iron and Steel

叶恒棣　编著

魏进超　王兆才　参编

微信"扫一扫"
读取本书数字资源

北　京

冶 金 工 业 出 版 社

2019

内 容 提 要

全书共分6章，第1章简要介绍了钢铁烧结及烧结烟气净化技术的发展历程；第2章阐述了钢铁烧结烟气及污染物产生的机理、影响因素及排放规律；第3章系统阐述了钢铁烧结烟气及污染物减量化主要技术原理、工艺及装备；第4章介绍了烧结烟气末端治理的主要技术路线，重点阐述活性炭法烟气净化技术和装备及其组合应用技术；第5章提出了在钢铁全流程应用活性炭法烟气净化技术的整体解决方案；第6章介绍了钢铁烧结烟气全流程减排技术在钢铁行业工业应用实际案例。

本书可供钢铁行业从事钢铁冶金环境治理的工程技术人员、教学人员、管理人员阅读，也可供有色、化工等行业有关工程技术人员参考。

图书在版编目（CIP）数据

钢铁烧结烟气全流程减排技术/叶恒棣编著 . —北京：
冶金工业出版社，2019. 5
ISBN 978-7-5024-8123-0

Ⅰ.①钢⋯ Ⅱ.①叶⋯ Ⅲ.①工业废气—废气治理—
研究 Ⅳ.①X701

中国版本图书馆 CIP 数据核字（2019）第 092893 号

出 版 人 谭学余
地　　址 北京市东城区嵩祝院北巷 39 号　邮编　100009　电话　（010）64027926
网　　址 www.cnmip.com.cn　电子信箱 yjcbs@cnmip.com.cn
策划编辑 张 卫 责任编辑 赵亚敏 美术编辑 彭子赫
版式设计 孙跃红 责任校对 王永欣 责任印制 牛晓波
ISBN 978-7-5024-8123-0
冶金工业出版社出版发行；各地新华书店经销；三河市双峰印刷装订有限公司印刷
2019 年 5 月第 1 版，2019 年 5 月第 1 次印刷
169mm×239mm；20.5 印张；56 彩页；531 千字；421 页
168.00 元
冶金工业出版社 投稿电话 （010）64027932 投稿信箱 tougao@cnmip.com.cn
冶金工业出版社营销中心 电话 （010）64044283 传真 （010）64027893
冶金工业出版社天猫旗舰店 yjgycbs.tmall.com
（本书如有印装质量问题，本社营销中心负责退换）

序

钢铁工业是国民经济中重要的基础性和支柱性产业。对于高炉-转炉型钢铁联合企业而言，烧结是铁素原料加工的重要工序之一。相当长一段时间内人们对烧结过程的研发重视不够。新世纪以来，烧结工序技术取得了若干进步，主要体现在厚料层烧结工艺的研发和大型烧结机的自主设计并投产等，但烧结仍存在一些值得改进的问题，诸如：漏风率高、废气排放污染严重、返矿率高、台车寿命短等问题。特别是烧结工序的废气排放问题，引起了各方面焦虑和关注。

我国目前每年生产烧结矿逾十多亿吨，对生态环境造成了巨大压力，尤其是环渤海、长三角、汾渭地区，大气环保负荷的压力尤甚。

烧结工序的废气排放量占钢铁行业废气排放总量的 50% 左右，SO_x、NO_x 和二噁英则分别占行业排放总量的 70% 左右、48% 左右和 90% 左右，成为钢铁行业实现超低排放的难点和重点。

本书研究讨论的内容突出了钢铁企业绿色化发展，突出了环保、生态意识，特别是突出了烧结过程中的"风""漏风"和"烟气治理"的理念。在烧结生产过程中，"风"意味着能量消耗，漏风和废气排放体现着污染物的扩散和传播；烧结烟气的组分、构成复杂，既包括了 CO_x、H_2O 汽、SO_x、NO_x，也包括二噁英、VOCs，还有粉尘以及 As、F、Pb、Zn、Ka、Na、Cu 等有害元素排放物，这些问题长期以来没有得到人们的充分重视，有的甚至被熟视无睹。在中国特色社会主义五大发展理念中，绿色发展具有重大战略意义，因此必须高度重视、认真对待、贯彻执行。从这一视角看，本书出版具有积极的引导作用，是适时的，也应该说是有新意的。从学术讨论的角度上看，过去对"风"——空气的认识有限，特别是把"风"——空气当作资源甚至污染物传播、扩散的载体的意识还不够，本书专注于"气质流"的研究，并首次提出"风"是烧结生产过程中的"血液"的比喻，以引起有关人士的重视，这是一种有益的探索和尝试。

中冶长天国际工程有限责任公司、国家烧结球团装备系统工程技术研究中心的叶恒棣及其团队近年来开展了烧结漏风及烟气产生过程的机理研究，并从源头减量、过程控制入手，开发了降低烧结机漏风率技术、烟气循环烧结技术、基于氢系介质喷吹的清洁烧结技术、活性炭烟气净化技术及其组合应用技术，为铁矿烧结资源节约、环境友好的清洁生产做出了巨大的贡献。本书将这些新技术的原理、工艺及装备、工程应用系统总结出来，可供相关单位参考、推广应用，进而对中国钢铁工业的绿色发展做出贡献。

殷瑞钰

2018 年 12 月

前　言

钢铁工业是国民经济的支柱产业，2018 年我国生产粗钢 9.28 亿吨，支撑着我国工业化和城镇化的稳步推进。在钢铁生产的诸多工艺流程中，烧结工艺流程是钢铁原料制备的关键工序之一，也是目前钢铁生产整个过程中烟气污染最严重的工序。目前我国每年生产烧结矿十亿余吨，铁矿烧结烟气治理是钢铁领域减排的重点和难点，治理的好坏已经关系到钢铁企业的生死存亡。

党的十八大提出了"美丽中国"的概念，强调把生态文明建设放在突出地位。生态环境部近年开始重点抓钢铁企业烟气排放问题。如何适应生态环境要求，使钢铁企业绿色环保并与城市友好地持续发展，是当前摆在钢铁行业面前的重大课题。

钢铁的烧结生产工艺已有 100 余年的历史。100 年来，钢铁烧结技术虽然取得了巨大的进步，但影响烧结生产的基础物质依然主要是原料（含铁原料与辅料）、燃料与空气（流动的空气俗称风）。

从工艺看，合理配比的原料在高温条件下，经物理化学反应转变为适合高炉冶炼、具有良好冶金性能和物理尺寸的烧结矿；燃料则为上述物理化学反应提供热量；而风除为燃料燃烧提供助燃氧气外，还承担传热载体的功能。对原料的研究关注的是物质流（铁素流），对燃料的研究关注的是能量流（碳素流），风（气质流）是能量流促使物质流发生变化的重要媒介。

钢铁烧结生产过程中，原料与燃料中的杂质如硫、重/碱金属等会在高温条件下析出和部分析出而成为污染物，这些杂质析出后的烧结矿，有利于高炉的稳定运行和高质量钢铁产品的生产；同时我们必须承认钢铁烧结生产过程中也会产生氮氧化物和二噁英等污染物。在整个钢铁生产流程中，烧结生产工艺流程产生的 SO_x 占70%，NO_x 占48%，二噁英占90%，是钢铁生产流程中多污染物排放大户。这时，风承担了多污染物析出的载体功能，从而形成污染物成分复杂、烟气量大、难以治理的工业废气——烧结烟气。

如果把烧结生产工艺看作一个有机体，则原料是其"肌体"，燃料是"食物"，而风则是"血液"。把对空气的污染看作是对资源的消耗，在保证烧结矿产量和质量的前提下，减少污染物总量和减少被污染空气的总量，并在末端治理，高效协同脱除污染物并使其部分高度资源化是生态文明建设的要求。

近年来，中冶长天国际工程有限责任公司（中冶长天）、国家烧结球团装备系统工程技术研究中心等非常重视钢铁生产的烧结工艺基础理论研究，并从源头——过程控制入手，结合末端治理，开发了降低烧结机漏风率技术、烟气循环烧结技术、基于氢系介质喷吹的清洁烧结技术、活性炭烟气净化技术及其组合应用技术，并得到了广泛应用，为钢铁行业超低排放奠定了技术基础。

在钢铁冶金领域，对原料和燃料的研究已非常充分，著述颇丰。而本书将尝试专注于对"风"的研究，把近年来研究的新技术原理、工艺、装备及应用情况进行了系统整理，进而提出钢铁全流程烟气活性炭法净化整体解决方案，期望对行业污染物超低排放技术进步有所贡献。

本书由叶恒棣主持编著并统稿，王兆才和魏进超分别参与了本书上半部分（第2章、第3章）和下半部分（第4章、第5章）的策划及撰写工作，参加撰写工作的人员还有李俊杰、卢兴福、杨本涛、周浩宇、廖继勇、唐艳云、刘克俭、胡兵、张震、李小龙、康建刚、徐忠、李勇、占敏剑、沈维民、刘再新等。中南大学范晓慧，宝山钢铁股份有限公司王跃飞，中冶长天戴传德、张俊涛、孙英、贺新华、周志安、刘昌齐、彭杰等行业专家对全书进行了审核和校对。中冶长天王菊香、周乾刚自始至终参与了本书的筹备与策划，提供帮助的还有东北大学蔡九菊教授。书中参考和引用了中南大学姜涛教授和范晓慧教授研究团队及其他专家学者的有关文献资料，在此一并表示衷心感谢。

作者特别感谢中冶长天董事长易曙光和总经理何国强对本书撰写和出版的大力支持和指导，也特别感谢中国工程院院士殷瑞钰在百忙之中审阅书稿并撰写序。感谢宝武集团宝钢本部，湛钢和韶钢等企业领导和专家的支持和指导。

由于作者水平有限，书中不足和疏漏之处，恳请同行与读者批评指正。

作　者

2018 年 12 月于长沙

目　　录

1 钢铁烧结及烧结烟气净化技术发展历程

1.1 钢铁烧结工艺的地位和作用

钢铁是人类社会使用的最主要的结构材料和产量最大的功能材料，是现代社会最重要的原材料之一。目前，世界钢铁工业所需的生铁主要由高炉生产，而含铁炉料的质量是影响高炉炼铁生产指标的主要因素之一。

高炉炼铁时，为了保证炉内料柱透气性良好，要求炉料粒度均匀、粉末少、机械强度高。为了提高生产效率，要求炉料含铁品位高，脉石成分和有害杂质少。为了降低炼铁焦比，还要求炉料具有优良的冶金性能。因此，炉料制备应满足高炉冶炼精料方针及高炉炉料结构合理化的需要。烧结工艺具有生产规模大、资源适应能力强的特点，在我国钢铁炉料制备生产中发挥着重大作用[1,2]。

烧结工艺在钢铁生产中有如下作用：

（1）将细粒铁矿粉或精矿制备成具有一定强度和适宜粒度的高炉炉料。烧结的初衷和最主要的目的是造块。烧结工艺是一种将粉状含铁物料进行高温加热，在不完全熔化的条件下烧结成块并形成合理强度和粒度分布的方法，所得产品称为烧结矿。由于全球范围内高品位块矿的稀缺，绝大部分的铁矿石自矿山开采出以后必须经过深磨细选，得到的高品位精矿粉需造块后才可入炉。此外，少量铁品位达到入炉要求的富矿，也要经过破碎和筛分，使粒度均匀，破碎筛分过程中所产生的粉矿也必须经过造块加工后才能供高炉使用。

（2）调整化学成分、改善含铁原料的冶金性能。块矿未经人工处理，高炉冶炼时易于粉化、还原性和熔滴性差，会阻碍高炉的顺行，恶化冶炼指标。目前国内高炉块矿质量分数一般仅 10%～15%，宝钢、首钢等钢铁企业的高炉含铁炉料中，天然块矿的质量分数曾高达 20% 以上，但无法长期维持较好的冶炼指标[3,4]。而烧结工艺可将铁矿石生料变熟料，烧结后产品具有成分稳定、粒度合适、还原和熔滴性能好、造渣性能良好等优势，使用后可保证高炉的稳定顺行。尤其是在烧结料中配入一定量熔剂后所产生的熔剂性烧结矿，可使高炉冶炼少加或不加石灰石，降低炉内热消耗，从而改善高炉的生产指标。高碱度烧结矿搭配酸性球团矿已成为我国大型钢铁企业高炉的主要炉料结构，表 1-1 为我国部分大型钢铁企业的高炉炉料结构[5]。

表 1-1　我国部分大型钢铁企业的高炉炉料结构

企业名称	高炉炉料结构
宝钢	高碱度烧结矿 74.5%+酸性球团矿 8.5%+天然块矿 17%
安钢	高碱度烧结矿 70%+酸性球团矿 25%+天然块矿 5%
鞍钢	高碱度烧结矿 70%+酸性球团矿 30%
邯钢	高碱度烧结矿 73%+酸性球团矿 19%+天然块矿 8%
酒钢	高碱度烧结矿 63%+酸性小球烧结矿 21%+天然块矿 16%
包钢	高碱度烧结矿 75%+酸性球团矿 20%+天然块矿 5%
石钢	高碱度烧结矿 85%+酸性烧结矿 15%

（3）去除含铁原料中挥发成分和有害杂质。对于含碳酸盐（如菱铁矿）、结晶水（如褐铁矿）较多的矿石，需要通过预处理脱除挥发后才能供高炉使用。此外，天然铁矿中还含有硫、砷、氟、钾、钠、铅、锌等有害元素。其中硫是影响钢质量极为有害的元素，可大大降低钢的塑性，出现金属热脆现象，中国国家标准规定生铁中允许含硫量最高不得超过 0.07%，企业则常以 0.03%作为质量考核指标。高炉冶炼过程中虽能脱硫，但脱除 1kg 硫需消耗 26.5kg 焦炭；炼钢过程脱硫比高炉还要难得多。砷作为一种有害元素，可使钢铁产品产生冷脆并影响钢材的力学性能，砷在钢中偏析严重，降低钢的冲击韧性，易使钢在加热过程中开裂。高炉脱砷量极其有限，常在铁水预处理及精炼中加入 Ca-Fe 合金来脱除。氟对高炉炉渣冶金性能有不利影响，而且在高温下气化后将腐蚀金属。钾、钠、锌在高炉内会循环富集，促使炉瘤形成，从而损坏炉衬；铅由于比重大，熔点低，破坏高炉炉底。烧结过程是在高温和氧化性气氛下完成的，可在不额外消耗燃料的前提下为硫的氧化提供条件，实现硫的脱除，明显减轻炼铁和炼钢过程的脱硫任务，非常经济合理。除了脱硫以外，烧结过程还能部分去除铁原料中的砷、氟、钾、钠、铅、锌等有害元素，为后续流程的清洁生产和优质钢的生产创造条件[1,6]。

（4）扩大可利用的冶金资源范围，变废为宝。随着优质铁矿资源的不断减少和人类对环境的日益关切，各种复杂共生铁矿和含铁二次资源的处理和利用的要求日益迫切。在目前尚无其他成熟可靠的处理技术前提下，烧结可将这类物料作铁矿石替代品加以回收利用，不仅有利于扩大铁矿炼铁资源，而且还可减少公害和降低炼铁成本。

（5）降低钢铁生产过程中燃料的消耗。尽管烧结过程需要一定的能耗，但由于烧结矿的物理性能和冶金性能均远优于天然矿，高炉冶炼使用烧结矿可使综合燃耗、电耗、成本均显著降低，设备生产能力大幅提高，在大型高炉冶炼中效益尤为显著。表 1-2 所示为国外对天然矿和烧结矿的高炉冶炼效果的对比[1]。此外，烧结过程中可以采用焦化和炼铁过程产生的碎焦粉、煤气和煤粉等做燃料。

表 1-2　各种炉料对高炉冶炼的影响

炉料指标	天然块矿	天然富矿	普通烧结矿
焦比/kg·t^{-1}	850	670	615
相对生产率/%	100	127	139

（6）消纳城市市政固废。随着我国经济的快速发展和城市化进程的不断加快，我国城市垃圾的产生量不断增加。据统计，目前我国年排放城市垃圾接近2 亿吨以上，当前我国城市生活垃圾无害化处理主要以填埋为主，焚烧和堆肥为辅。焚烧处理技术因具有明显的减容化、减量化和资源化等优点，近年来得到了广泛的应用。然而生活垃圾焚烧烟气净化系统捕集的细颗粒物——垃圾焚烧飞灰（以下简称飞灰）富集了毒性较强的重/碱金属和二噁英类污染物，属危险废物需重点控制，其处理也是国内外垃圾焚烧企业面临的主要问题[7~9]。高温处理技术是处理飞灰的有效方法之一，若能利用钢铁厂的高温冶金技术和设备对飞灰进行协同处理，不仅可以发挥钢铁企业的城市协调和友好功能，还可以减少固体废弃物处理的投资和运行成本[9]。鉴于烧结过程具有相似的高温熔融环境，反应温度可高达 1250℃，部分二噁英在此温度条件下可无害化分解，重/碱金属可被固定在熔渣中，人们提出了采用烧结法处理飞灰方法。初步实验室研究表明：在烧结原料中配加 1%的飞灰对烧结产质量指标影响不大，由飞灰带入的二噁英 90%以上被降解，但烧结烟气中二噁英浓度相比常规烧结增加约 30%，飞灰带入的 Cl 元素对烧结原料中 K、Na、Pb、Zn 等重/碱金属元素的脱除有明显促进作用。当然，这方面的技术还处于研发阶段，对经济指标和末端治理的影响仍需进一步探索。

1.2　钢铁烧结技术总体发展历程

烧结生产工艺起源于英国、瑞典和德国，已有 100 余年的历史。大约在 1870年前后，这些国家开始使用烧结锅。1887 年英国人 Heberlein F 和 Huntington T 在伦敦获得了世界上第一项关于硫化矿烧结焙烧法和用于这种方法的烧结盘设备的专利，此法以烧结锅为主体设备，采用鼓风方法进行间断烧结作业，这是冶金界公认的烧结法最早的专利。美国于 1892 年出现烧结锅，1905 年美国曾用大型烧结锅处理高炉炉尘。世界钢铁工业上第一台带式烧结机于 1910 年在美国投入生产。烧结机的面积为 8.325m² （1.07m×7.78m），当时用来处理高炉炉尘，每天生产烧结矿 140t。它的出现，引起了烧结生产的重大变革，从此带式烧结机得到了广泛的应用。但在 1952 年以前，由于钢铁工业发展缓慢，天然富矿入炉率占比很大，导致烧结生产发展缓慢。随着高炉炉料结构的发展，熟料占比越来越高，烧结工艺才得到了迅速的发展[1,6]。

日本是世界上烧结技术发展较早和较快的国家。日本于 1971 年率先建成投产台车宽 5m、面积 500m² 烧结机，1973 年扩大到 550m²，1975 又扩大到 600m²，1976 年、1977 年又连续投产 2 台 600m² 烧结机。到 20 世纪 80 年代，日本单机平均烧结面积达 218m²，400m² 以上的烧结机 11 台[1,6]。

据资料记载，我国第一台烧结机于 1926 年在鞍钢建成投产，烧结面积为 21.8m²。此后又在 20 世纪三四十年代建成 2 台 50m² 烧结机和若干台小型烧结机。1949 年以前全国共有烧结机 10 台，总面积 330m²，烧结矿最高年产量达到 24.7 万吨（1943 年），主要生产酸性热烧结矿[6]。

1949 年以后，我国烧结工业有了很大发展，改建和扩建了鞍钢烧结厂，同时本钢、马钢、首钢、武钢、包钢、太钢等烧结厂相继建成投产。主要的带式烧结机规格也由起初的 21.8~90m² 逐步扩建到 90~180m²。1985 年，宝钢从日本引进的 450m² 大型烧结机投产，带动了我国烧结整体技术的快速提升，在消化吸收宝钢和国外烧结新技术的基础上，逐步积累了自主建设现代化大型烧结机的丰富经验[6]。2010 年在太钢建成投产的 660m² 烧结机是目前世界上单台面积最大的烧结机，2016 年投产的宝钢湛江 2×550m² 烧结机、2016 年投产的宝钢本部 3 号 600m² 烧结机、2018 年投产的宝钢本部 2 号 600m² 烧结机等工程项目，从工艺技术、装备技术、控制技术、环保技术等方面都达到了世界先进水平。

无论国内外，烧结技术都经历了工艺从简单到完善，规模从小到大，设备从落后到先进，控制从手动到自动，能耗从高到低，环保从无到有且标准不断升高的过程。

从我国烧结工艺流程的完善程度来看，可大致分为以下几个阶段[10]：

（1）烧结技术起步期（1949~1970 年）。这个时期，我国主要是学习苏联烧结技术。在苏联帮助下，先后在鞍钢、武钢、包钢、马钢、湘钢、太钢等建成 20 余台 65m² 以下的烧结机，22 台 75m² 烧结机，2 台 90m² 烧结机，全部生产碱度 1.0~1.3 之间的自熔性烧结矿。这一时期，烧结工艺很不完善，料层厚度低于 200mm，无自动配料，无烧结矿整粒，大部分无烧结矿冷却设施，且几乎没有环保设施，烧结技术经济指标非常落后。其工艺流程大致见图 1-1。

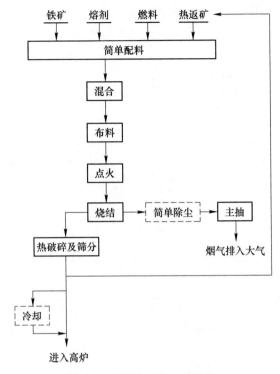

图 1-1　烧结起步期工艺流程

（2）烧结技术探索期（1970~1999 年）。我国科技人员在苏联技术的基础上，借鉴国际上其他技术，探索自主设计与建设烧结工程，并逐步完善烧结工艺，增设了自动配料、烧结矿整粒、铺底料、烧结矿抽风冷却等，并逐步提高料层厚度至 350mm 左右，工序能耗为 85kg/t$_s$，环保意识有所提高，机头除尘多采用多管旋风除尘器。在此期间，先后建成了攀钢、酒钢、梅钢、本钢等 7 台 130m^2 烧结机。

70 年代末 80 年代初，我国宝钢引进日本钢铁技术，对日本烧结工艺及装备技术的消化和吸收，使我国烧结整体技术实现了跨越式发展。技术发展的重点是提升烧结的产量、质量。先后研发了大型烧结机柔性传动技术，结束了大型烧结机传动需要进口的历史，开发了宽体台车技术，台车宽度可达 5.5m，形成了从 180m^2 到 495m^2 烧结机的系列技术，开发了大型鼓风环冷机技术，环冷机栏板高度 1500mm，面积达 500m^2，开发了双斜式点火炉，高热值煤气点火能耗指标小于 40MJ/t$_s$，达到世界先进水平。这一阶段还开发了热风烧结、小球团烧结等新烧结工艺。到 2000 年时，料层厚度达 500mm，碱度升至 1.6~1.7，工序能耗降至 69.5kg/t$_s$，烧结过程实现自动操作、监视、控制及管理，机头除尘普遍采用电除尘器。先后建成了宝钢 450m^2 烧结工程（改造后为 495m^2 烧结机）、武钢

435m^2 烧结工程。其典型工艺流程见图 1-2。

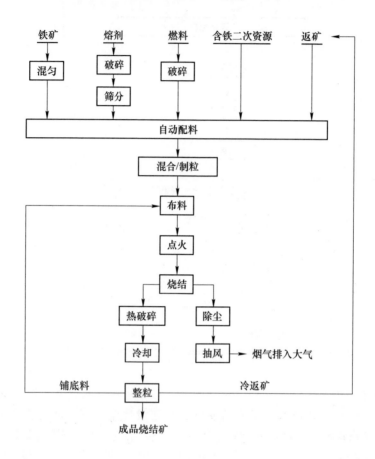

图 1-2　探索期典型工艺流程

（3）烧结技术完善期（2000 年至今）。进入 2000 年以后，随着我国钢铁产能的不断扩大，烧结技术主要是朝着高效低耗、节能、减排的方向发展。厚料层烧结技术得到了大力的发展，料层厚度的设计值最高达到了 1000mm；开发了大型液密封环冷机技术，解决了环冷机密封难的世界技术难题；开发了直联炉罩式余热锅炉技术，余热利用率提高约 15%；开发了主抽风机变频自适应控制技术，与工频主抽风机相比，节电率达 15%~40%。开发了烧结智能优化控制系统，实现了稳定生产过程和提高控制精度的目标，朝着智能工厂的方向迈进。一系列先进节能降耗技术的应用，使烧结工序能耗先进指标低于 45kg/t$_{-s}$；随着环保要求的不断提升，烧结烟气治理也从除尘—脱硫发展至除尘—脱硫脱硝。我国烧结整体技术达到了国际先进水平，其典型工艺流程见图 1-3。

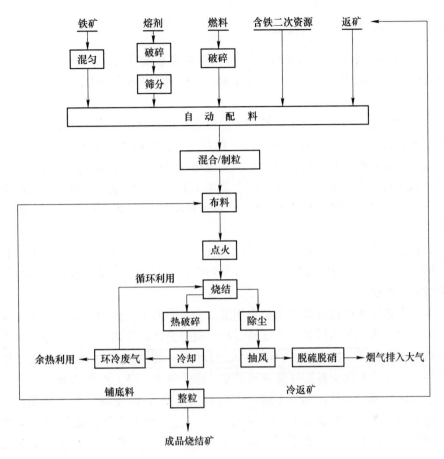

图 1-3 完善期典型工艺流程

1.3 钢铁烧结烟气净化技术发展历程

钢铁烧结烟气净化技术经历了除尘、除尘+脱硫、除尘+脱硫+脱硝及多污染物协同治理等几个发展过程。

1.3.1 烧结烟气粉尘治理技术发展

钢铁烧结烟气除尘设备经历了泡沫除尘器、冲激式除尘器、多管除尘器、旋风除尘器、电除尘器、袋式除尘器、电袋复合除尘器等的发展过程。机头烟气具有烟气量大、湿度大及化学成分复杂等特点，是钢铁烟气除尘的难点。在烧结技术发展的起步期，机头除尘主要采用多管除尘器或旋风除尘器，排放浓度标准 $150mg/m^3$（标态）。由于其除尘效率低，无法满足目前的大气污染物排放标准，已基本被淘汰。

1.3.1.1 电除尘器的应用发展

随着烧结设备的大型化和对污染控制要求的不断提高，20世纪80年代初，国外烧结厂机头除尘设备多采用电除尘器，但国内仅对机尾电除尘器进行了一些探索。

在当时冶金工业部组织下，长沙黑色冶金矿山设计研究院（中冶长天国际工程有限责任公司（以下简称中冶长天）前身），与武汉冶金设备制造公司、武汉钢铁公司、宣化冶金环保设备制造厂及大连电子研究所等单位共同组成联合试验组。在武汉武钢开展机头、机尾电除尘器半工业性试验，试验用电除尘器断面积为3.6m²，布置在武钢二烧1号烧结机的多管除尘器一侧，与多管除尘器并列布置。

武钢二烧机头、机尾电除尘器半工业性试验，于1982年11月提出试验方案，1983年2月组建联合试验组，至1985年12月结束，推动了我国烧结烟气电除尘技术的发展。

电除尘器虽然运行可靠、维护费用低、设备阻力小、除尘效率高且无二次污染，但电除尘效率和出口烟尘浓度易受粉尘成分变化的影响。另外，烧结机头烟气中碱金属含量高、比电阻高、粒径小、比重轻、黏附性大，一旦被捕集后易形成固化层，导致电除尘器振打清灰效果差，除尘效率下降。近年来通过优化工况条件（如碱金属含量高的粉尘不进入烧结系统循环），改变除尘工艺路线，在解决反电晕和二次扬尘等方面开展了大量研究，开发出了大批高效新型电除尘技术，使电除尘技术适应范围显著扩大、除尘效率持续提高。主要包括如下几种技术：

（1）湿式电除尘技术。湿式电除尘器按阳极板的结构特征可分为板式湿式电除尘器和管式湿式电除尘器[11]。板式湿式电除尘器主要指金属板式湿式电除尘器；管式湿式电除尘器主要指导电玻璃钢管式湿式电除尘器。湿式电除尘器与干式电除尘器除尘原理相同，都经历了电离、荷电、收集和清灰四个阶段，与干式电除尘器不同的是，金属板式湿式电除尘器采用液体冲洗集尘极表面来进行清灰，导电玻璃钢管式湿式电除尘器采用液膜自流并辅以间断喷淋实现阳极和阴极部件清灰，而干式电除尘器采用振打或钢刷清灰。在湿式电除尘器里，水雾使粉尘凝并，荷电后一起被收集，收集到极板上的水滴形成水膜，可以使极板保持洁净。其性能不受粉尘性质影响，没有二次扬尘，没有运动部件，因此运行稳定可靠，除尘效率高。此外，湿式电除尘器对SO_3、PM2.5等细微颗粒物也有一定的脱除效果，能够消除湿法脱硫带来的"石膏雨""蓝烟"酸雾等污染问题，还可缓解下游烟道、烟囱的腐蚀，减少防腐成本。

（2）旋转电极式电除尘技术。旋转电极式电除尘器是指电除尘器阳极板旋转，附着在阳极板上的粉尘在尚未达到形成反电晕的厚度时，就被布置在非电场区的旋转清灰刷彻底清除，因此，不会产生反电晕现象，最大限度地减少了二次扬尘，提高了除尘效率[12]。国内相关企业"十一五"末建成热态旋转电极式电除尘中试装置、旋转电极式电场等试验装备，在此基础上完成了大量试验验证，全面掌握了核心技术，攻克了设备的可靠性、零部件的使用寿命、选型设计的准确性等多项技术难点，并对阳极板同步传动方式、清灰刷组件结构等进行了创新设计，提高了设备的可靠性。

（3）电除尘供电电源技术。在工业应用中，高频电源可以提高电除尘器的除尘效率。经过几年发展，高频电源已经作为电除尘供电电源的主流产品在工程中广泛应用，产品容量 32~160kW，电流 0.4~2.0A，电压 50~80kV，已形成系列化设计，并在大批电除尘器中应用[13]。当前，我国高频电源总体水平已接近国外先进水平，且出口欧洲、非洲等地区。脉冲高压电源作为除尘供电电源最重要的方向之一，2014 年研制成功了基于新型大功率半导体开关器件 IGBT 的 SuPulse 型脉冲高压电源，并已在多个工业除尘的电除尘器中配套应用，大幅度提高了除尘效率。

（4）粉尘凝聚技术。粉尘凝聚技术原理是基于荷电区与凝聚区合并的思路，提供了新型双级荷电凝聚方法，通过电凝聚器促使微细粉尘凝聚增粗、显著提高其在后续电除尘器内的捕集率，该技术核心设备是微细粉尘一体式双极荷电凝聚器[14]。

1.3.1.2　袋式除尘器的发展应用

烧结机头烟尘目前大多采用静电除尘，随着环保标准的提高和袋滤除尘技术的进步，烧结机头除尘正在探索采用袋式除尘器，尤其在除尘、脱硫、脱硝一体化的综合治理项目中。近年来，开发应用的新技术如下：

（1）预荷电技术。针对钢铁窑炉烟尘细微粒子捕集的技术和装备，在科技部"863"课题"钢铁窑炉烟尘 PM2.5 控制技术与装备"的支持下，研发了预荷电袋滤技术，并实现了工业应用。

（2）PM2.5 的超细面层精细滤料研发。提高滤料过滤效率的核心在于增加滤料接尘面的致密度，减小单纤维直径[15]，为捕集 PM2.5 细微颗粒物，研发了超细海岛纤维，提高了对超细粉尘的捕集能力。

（3）复合电袋技术。该技术结合了电除尘器和袋式除尘器各自的优势，弥补了各自的劣势。在烟气进入端采用电除尘器，捕集可能带有高温的粗颗粒粉尘，在烟气的排出端采用袋式除尘器，捕集比电阻高的超细粉尘。

1.3.2　烧结烟气脱硫技术发展

烧结烟气脱硫在国外开展得较早，日本在 20 世纪 70 年代就开始建设烧结烟气脱硫设施。大多采用湿法烟气脱硫技术，主要有石灰石—石膏法、氨法、镁法等。欧洲则以干法为主，如德国杜伊斯堡钢厂 108m² 烧结机在 1998 年建成旋转喷雾干燥法（SDA）脱硫装置，法国 ALSTOM（阿尔斯通）研发的 NID 干法脱硫工艺在法国马赛某烧结机上应用，奥钢联研发的 MEROS 干法脱硫工艺在 LINZ 钢厂应用[16]。

我国脱硫技术首先在电力行业推广应用，钢铁行业 1997 年开始执行的《工业炉窑大气污染物排放标准》（GB 9078—1996）中对粉尘、SO_2 等污染物提出控制要求：即烧结烟气中粉尘排放标准为 100mg/m³、SO_2 排放标准为 2000mg/m³。该标准对控制我国钢铁行业的污染物排放和推动国内钢铁工业的环保技术进步发挥了促进作用。钢铁烧结行业烟气脱硫借鉴了电力行业的经验教训，但由于钢铁烧结烟气与电力行业烟气指标差别较大（见表 1-3），在对烧结烟气脱硫处理时，需对电力行业的成熟相关技术进行改进和创新。

表 1-3　钢铁烧结烟气与电力行业燃煤电厂烟气特点的比较

烟气种类	燃煤电厂烟气	钢铁烧结烟气
烟气量	$(0.9 \sim 1.2) \times 10^4 m^3 / t$（煤）	$2000 \sim 3000 m^3 / t$（烧结矿）
烟气量变化	90%~110%	60%~140%
烟气温度	320~400℃	120~180℃
SO_2 浓度	$960 \sim 2400 mg/m^3$	$300 \sim 10000 mg/m^3$
氧含量	3%~8%	14%~18%
湿含量	3%~6%	8%~13%
其他污染物	NO_x、CO 及碳氢化合物	HCl、HF、NO_x、重/碱金属及二噁英等

由于中国市场庞大，环保标准提升的速度快，用户企业和环保技术提供商都进行了不懈的努力，几乎国内外所有脱硫技术都在中国烧结烟气净化市场进行了尝试并有应用业绩，典型工程应用见表 1-4。

表 1-4　脱硫工程业绩统计

用户	脱硫方法	烧结机面积/m²	脱硫率/%
宝钢	石灰石—石膏法	495	>95
日照钢铁	氨法脱硫	360	>95
邯郸钢铁	循环流化床	400	>95
鞍钢	旋转喷雾干燥法	328	>95
韶钢	氧化镁法	105	>80
武钢	NID 法	360	>95

上述的脱硫技术基本能满足脱除 SO_2 的要求，但都或多或少存在副产物难处理的问题。

由于烧结烟气除了 SO_2，还有 NO_x、二噁英、重/碱金属等其他污染物，单纯的脱硫技术难以满足人们对环境保护的要求，脱硫脱硝协同治理技术应运而生。

1.3.3 烧结烟气脱硫脱硝多污染物协同治理技术发展

1.3.3.1 国外脱硫脱硝多污染物协同治理技术发展

国外钢铁行业污染物排放标准见表 1-5。

表 1-5 国外钢铁行业污染物排放标准（标态）

污染物项目	欧盟	德国	澳大利亚	日本
颗粒物/mg·m⁻³	40	20	10	80
SO_2/mg·m⁻³	100	500	200	总量控制
NO_x/mg·m⁻³	120~500	400	100	451
二噁英/ng-TEQ·m⁻³	0.05~0.4	0.4（最终目标0.1）	0.1	0.1

从表 1-5 来看，国外排放标准中 NO_x 排放指标比较宽松，但二噁英排放控制较严。当日本政府于 2000 年提出执行二噁英排放浓度标准后，日本钢铁公司新建烧结烟气处理工艺全部采用活性炭/焦吸附工艺，在脱除二氧化硫的同时脱除二噁英和 NO_x。而原来已建湿法工艺，由于只能脱硫而无法脱除其他污染物，大多遭到了废弃。

欧洲大多数在干法脱硫装置中，加入一定量的粉末活性炭，达到二噁英合规排放的目标。

1.3.3.2 我国脱硫脱硝多污染物协同治理技术发展

由于国情差异，近年来我国雾霾天气严重，PM2.5 严重超标，对于二次 PM2.5 前驱体的 NO_x，我国制定了严格的减排标准，促使我国科研技术人员大力开发脱硫脱硝技术。

A 在现有脱硫基础上，开发同步氧化脱硫脱硝技术

根据吸收原理不同，氧化法脱硫脱硝技术主要分为强制氧化脱硫脱硝和催化氧化两类：

（1）强制氧化法。强制氧化法主要通过使用强氧化剂将 NO 氧化为化学性质活泼的 NO_2，然后通过碱性吸收剂进行脱除[17]。能够氧化 NO 的强氧化剂种类相对较少，且强氧化剂一般具有强腐蚀性，遇高温容易发生爆炸，安全性较差。强

氧化剂种类及物性见表 1-6。将 NO 转化为 NO_2 的难度较大，因此此类方法氧化剂的选择和制备是其研究的核心，目前具备工业化应用前景的为臭氧氧化工艺。

表 1-6　强氧化剂种类及物性

强氧化剂	物　性
高锰酸钾（$KMnO_4$）	强氧化性、高温分解、遇硫酸燃烧
双氧水（H_2O_2）	强氧化性、强腐蚀性、遇温爆炸、见光分解
氯气（Cl_2）	强氧化性、有毒、制备困难
氟气（F_2）	强氧化性、剧毒、强腐蚀性
臭氧（O_3）	强氧化性、有毒、高于 100℃ 剧烈分解
次氯酸钠（NaClO）	强氧化性、遇光或热极易分解爆炸

（2）催化氧化法。催化氧化法代表工艺是循环流化床烧结烟气同时脱硫脱硝技术。

循环流化床（CFB-FGD）烧结烟气同时脱硫脱硝技术的基本原理是采用消石灰作为吸收剂，将含有 SO_2、NO 的烟气从烟气循环流化床反应器的底部进入，向上与塔内经过增湿活化的 $Ca(OH)_2$ 反应，吸收剂与烟气中的 SO_2 发生气-液-固三相反应，在反应的同时，水分被吸收和蒸发，最终得到干态脱硫产物。经过旋风除尘收集以后，大部分固体返回流化床继续循环。向该体系中加入高活性氧化剂（以增湿水形式加入液相脱硝添加剂或以吸收剂形式加入固相脱硝添加剂，在与 $Ca(OH)_2$ 混合后喷入床体，将 NO 氧化为 NO_2，而后使得 NO_2 被 $Ca(OH)_2$ 经过三相反应吸收，来达到脱硝的目的，从而实现了 SO_2 和 NO 的一体化脱除。

CFB-FGD 具有系统简单、工程投资和运行费用低、占地面积小等特点，其主要问题为脱硫副产物难以被利用[18]。

B　脱硫与还原法脱硝串联技术

这种方法是将现有的脱硫装置串联选择性还原脱硝装置来组合使用。其中选择性还原分为催化还原和非催化还原两种：

（1）选择性催化还原法（SCR）。选择性催化还原法最初由美国公司开发，20 世纪 70 年代由日本率先实现工业化，而今在国内外市场已成熟应用，快速的发展得益于其本身的优点：脱硝效率高，可达 80%～90%；产物为氮气和水，不产生二次污染；操作可靠，系统稳定。鉴于烧结烟气具有烟气波动大，温度低等特点，不能达到 SCR 的操作温度，难以简单的将电力行业成熟的 SCR 技术照搬应用[19]。

（2）选择性非催化还原法。选择性非催化还原法（SNCR）是指在 900～1100℃，无催化剂存在的条件下，利用氨或尿素等氨基还原剂选择性地将烟气中

的 NO_x 还原为 N_2 和 H_2O，而基本上不与烟气中的氧气作用。选择适宜的温度区间在SNCR法的应用中至关重要，氨的最佳反应温度区间为870~1100℃，而尿素的最佳反应温度区间为900~1150℃。

C 多污染物协同治理技术

前述的脱硫脱硝技术有的存在多污染物难以高效协同治理，有的存在副产物量大、纯度不高，难以资源化利用，容易产生二次污染等缺点，因此以活性炭法为代表的多污染物协同治理技术成为烟气治理的主流技术。我国太钢从日本引进了两套活性炭法烟气净化装备，但存在投资高等问题，难以在国内推广。韩国现代钢铁应用的逆流活性炭技术，出现了系统运行稳定性差、吸附塔温度较难控制等问题，安全隐患大，现已被拆除。

针对我国烟气多污染物协同治理核心装备及技术缺乏等问题，国内多个团队相继开展相关研发工作。2008年以来，中冶长天在国家"863"计划项目支持下，通过产学研用合作，联合宝钢、清华大学，开展了活性炭法烧结烟气多污染物协同净化技术的基础理论研究、关键技术攻关、核心装备研制及系统集成应用，形成了具有多污染物协同去除效率高、能源介质利用率高、运行安全稳定、副产物可资源化利用的活性炭法烟气净化技术体系，并研制了成套装备。研究过程包括：

(1)小试实验研究。2013年在湘潭钢铁公司进行了活性炭法烟气多污染物协同控制技术的小试研究，小试实验取自烧结原烟气，烟气量 $60m^3/h$（标态），实验中采取配气形式调整入口烟气中 SO_2、NO 浓度，实验中研究了空塔气速、烟气温度、烟气浓度、喷氨量及喷氨位置等对烟气净化效果的影响；研究了吸附塔、解吸塔两大主体设备；研究了在腐蚀性条件下，吸附塔、解吸塔材质选型问题，现场装置如图1-4所示。

图1-4 活性炭法烟气多污染物协同控制技术小试装置

小试实验中论证了多室活性炭流速分别控制、多层多级喷氨、清洁高效再生活化等技术原理，验证了吸附塔厚度、空塔气速、解吸塔结构、解吸温度及时间等对多污染物脱除效率的影响规律。

（2）半工业化实验研究。2014~2015年，宝钢本部建立了国内首套也是最大的活性炭法烧结烟气多污染物协同治理中试平台。平台处理烟气量为30000m³/h（标态），烟气完全取自烧结主排风机之后，中试研究了循环量、喷氨量等不同工况条件下烟气净化效果，研究了吸附反应塔与再生塔匹配关系，进行了吸附塔、解吸塔、输送系统三次大型改造及三十多次小型改善和优化。中试为构建完善的工艺流程、合理的工艺参数及可靠的装置系统提供了有力支撑。现场装置如图1-5所示。

图1-5　活性炭法烟气多污染物协同控制技术中试装置

（3）宝钢湛江示范工程。2014年9月，中冶长天与宝钢湛江签订2×550m²烧结烟气净化合同，烟气处理量为180万m³/h（标态）。活性炭烟气净化装置施工现场及投产后实景如图1-6所示。

图1-6　活性炭法烟气净化装置施工现场（左）及投产后实景（右）

1.4　钢铁烧结工艺及烧结烟气净化技术发展展望

随着钢铁流程超低排放和全面生态文明建设的推进，烧结及其烟气净化技术面临着更大的挑战和机遇。从现有研究的基础和发展的趋势来看，有望在下列方向和关键技术方面取得突破。

1.4.1　烧结工艺及装备技术发展

随着钢铁工业产能的饱和和废钢产出量的逐步提升，我国钢铁工业必须打破传统长流程中造块工艺和产品的束缚，创新和发展新的钢铁炉料技术，如复合造块技术、预还原烧结技术等，大幅减少吨钢废气和污染物产生量。

（1）复合造块技术。复合造块技术是中南大学姜涛教授团队研发的技术成果，是以分流处理、联合焙烧、复合成矿为主要技术特征的炼铁炉料制备新方法，产品是一种酸性球团嵌入高碱度基体的人造复合块矿。这种方法既不同于单一烧结法，又不同于单一球团法，同时兼具二者的优点。研究与实践表明：复合造块法不仅具有解析炼铁炉料偏析、生产中低碱度炉料、制备高铁低硅产品、利用难处理资源的作用与功能，而且与烧结法相比，在相同料层高度下，复合造块法可大幅提高烧结机生产率，在相同的烧结速度下，复合造块法可实现超高料层操作，从而节约固体燃耗，提高产品质量。

（2）预还原烧结技术。预还原烧结工艺可实现炼铁过程铁氧化物还原功能的分解，一部分在烧结机上完成，另一部分是以现有烧结工艺为基础将铁矿粉制成块并进行预还原的烧结工艺，最终在高炉完成，从而大幅降低能耗，达到节能减排的效果。

（3）烧结矿竖式冷却技术。烧结矿竖式冷却技术是借鉴干熄焦的原理，在竖式炉中，让冷却空气与热烧结矿逆向流动，强化气-固热交换的新型烧结矿冷却技术。该技术可以大幅减少冷却空气量，基本消除冷却废气无组织排放，提高冷却风余热利用温度及余热利用效率。如果余热蒸汽用来发电，吨烧结矿余热发电量可达到约 $30kW \cdot h$；如果余热蒸汽直接驱动主抽风机，有可能实现烧结主抽风机无需外供电运行。

1.4.2　烧结烟气净化技术发展

烧结烟气多污染物净化技术应满足低资源能源消化、低污染物排放和副产物高度资源化的要求，重点在以下几个方面开展研究。

（1）高脱除效率炭基催化剂制备。作为活性炭法烟气多污染物协同净化的吸附剂与催化剂，高效炭基吸附材料成为提高烟气脱除效果、降低投资及运行成本的重要因素。未来将进行炭基催化剂制备原料的优选与预处理，建立原料优选-预处理工艺-成型工艺-炭化活化工艺-成品综合性能关系数据库，制备出骨架强、低损耗、高吸附催化脱除效率的炭基催化剂。

（2）高性能非炭基吸附剂合成。针对活性炭吸附放热，难以应用于高浓度烟气治理的技术瓶颈，主要解决目前活性炭存在的吸附量低、易磨损、热稳定性差的缺点，制备合成一系列高性能吸附剂，以烧结烟气为主要研究对象，研究吸附剂本体结构、掺杂改性金属、修饰基团等特征对烧结烟气主成分二氧化硫、氮氧化物去除能力的影响，研究吸附剂解吸再生条件，优化高效吸附/解吸方法，拓宽固体吸附法应用领域。

（3）低温 SCR 脱硝催化剂的制备。烧结烟气温度 120~180℃，开发在此区间的低温 SCR 催化剂显得尤为重要。可采用多种制备技术，研究催化剂制备过程中前驱体、不同活性组分、成型条件等因素对催化剂反应活性的影响，研究低温条件下脱硝催化剂的脱硝机理、中毒机理，开发低温 SCR 脱硝技术，为烧结烟气脱硝提供多种技术选择。

（4）高度重视二噁英、VOCs 等污染物的脱除，创造条件促使二噁英进行无害化分解。高度关注 CO 的脱除。

（5）副产物资源化利用新技术。围绕烧结烟气治理过程中产生的副产物高硫气体展开资源化研究，根据市场及用户需求，可选择性制备硫酸、液体二氧化硫、亚硫酸盐、单质硫等多种产品，实现硫资源的高效利用。目前，NO_x 主要通过 SCR 法还原为 N_2 进行处理，未能有效回收氮资源，可通过开展 SO_2/NO_x 分离技术，进行 NO_x 吸收过程中微观流动行为与传递特性研究，探索 NO_x 富集、高效冷凝技术。

参 考 文 献

[1] 姜涛. 烧结球团生产技术手册 [M]. 北京：冶金工业出版社，2014.
[2] 姜涛. 铁矿造块学 [M]. 长沙：中南大学出版社，2016.
[3] 范晓慧，袁礼顺，曹亮. 高炉精料与科学配矿 [J]. 烧结球团，2004，29（4）：1~3.
[4] 吴亮亮，傅元坤. 高块矿比高炉炉料的冶金性能研究 [J]. 安徽工业大学学报（自然科学版），2014，31（1）：6~10.
[5] 李金龙. 双碱度烧结矿生产及应用理论与工艺优化研究 [D]. 唐山：河北联合大学，2013.
[6] 龙红明，袁晓丽，刘自民. 铁矿粉烧结原理与工艺 [M]. 北京：冶金工业出版社，2016.
[7] 黄本生，刘清才，王里奥. 垃圾焚烧飞灰综合利用研究进展 [J]. 环境污染治理技术与设备，2003（9）：12~15.
[8] 倪文，张玉燕，丁嫚. 垃圾焚烧飞灰的资源化处置前景 [J]. 环境污染与防治，2008（4）：1~9.
[9] 杨剑，文娟，刘清才，等. 垃圾焚烧飞灰冶金烧结处理工序 [J]. 重庆大学学报，2010，33（11）：84~88.
[10] 姜涛，范晓慧，李光辉. 我国铁矿造块六十年回顾与展望 [A]. 2012 年度全国烧结球团技术交流年会论文集 [C]，2012，1~6.
[11] 赵博. 管式与板式湿式电除尘技术对比分析 [J]. 化工设计通讯，2017，43（5）：

210~211.

[12] 陈招妹，郦建国，王贤明，等．旋转电极式电除尘器技术及应用前景［A］．中国硅酸盐学会环保学术年会［C］，2009，182~185.

[13] 中国环境保护产业协会电除尘委员会．电除尘行业 2016 年发展综述［J］．中国环保产业，2017（5）：14~21.

[14] 刘道清，何剑，徐国胜．一体式双极荷电凝并器试验研究及应用构想［J］．宝钢技术，2014（1）：14~17.

[15] 中国环境保护产业协会袋式除尘委员会．袋式除尘行业 2016 年发展综述［J］．中国环保产业，2017（6）：14~21.

[16] 王兴连．国内外烧结烟气脱硫现状及存在的问题［J］．冶金管理，2012（8）：38~41.

[17] 李鹏飞，俞非漉，朱晓华．钙基循环流化床烧结烟气同时脱硫脱硝技术［A］．二氧化硫、氮氧化物、汞污染防治技术暨细颗粒物（PM2.5）控制与检测技术研讨会［C］，2013.

[18] 樊响，殷旭．烧结烟气脱硫脱硝一体化技术分析［J］．矿冶，2013，22（s1）：168~172.

[19] 温斌，宋宝华，孙国刚，等．钢铁烧结烟气脱硝技术进展［J］．环境工程，2017，35（1）：103~107.

2 钢铁烧结烟气及污染物的产生

数字资源 2

2.1 钢铁烧结基础物质三要素

烧结生产涉及的物质品种繁多，但基础物质主要为：原料（含铁原料与辅料）、燃料、空气（俗称风），其构成了烧结生产的三大核心物质要素。研究三者在烧结中的具体作用及相互间的关系对进一步改善烧结生产，提高烧结矿产量和质量，治理烧结产生的污染问题至关重要。

2.1.1 原料

原料是烧结的基本材料，原料的好坏直接影响烧结矿的产量和质量、燃料的消耗及污染物的产生。烧结原料主要包括含铁原料和熔剂两大类。

2.1.1.1 含铁原料

含铁原料又可分为天然铁矿石和二次含铁原料。

A 天然铁矿石

根据矿石中含铁矿物种类，天然铁矿石可分为磁铁矿、赤铁矿、褐铁矿和菱铁矿，以及由其中两种或两种以上含铁矿物组成的混合矿石。

磁铁矿又称"黑矿"，其化学式为 Fe_3O_4，理论含铁量为 72.4%，难还原和破碎，其显著特性是具有磁性。磁铁矿在高温处理时氧化放热，且 FeO 易与脉石成分形成低熔点化合物，可烧性良好，故烧结能耗低、结块强度好。

赤铁矿又称"红矿"，其化学式为 Fe_2O_3，理论含铁量为 70%，颗粒内孔隙多，易还原与破碎。但因其铁氧化程度高而难形成低熔点化合物，故可烧性较差，烧结时燃料消耗比磁铁矿高。

褐铁矿为含结晶水的赤铁矿（$mFe_2O_3 \cdot nH_2O$）的总称，自然界中的褐铁矿绝大部分以 $2Fe_2O_3 \cdot 3H_2O$ 形态存在，理论含铁量为 59.8%。褐铁矿是由其他矿石风化而成，结构疏松，密度小，含水量大，气孔多，且在结晶水脱除后又留下新的气孔，故还原性都比前两种铁矿好。褐铁矿因含结晶水和气孔多，在烧结造块时收缩率很大，产品质量低；延长高温处理时间，产品强度可相应提高，但导致燃料消耗增大，加工成本提高。

菱铁矿，其化学式为 $FeCO_3$，理论含铁量达 48.2%，在高温下碳酸盐分解后，可使含铁量显著提高。但在烧结造块时，因收缩量大导致产品强度降低和设备生产能力低，燃料消耗也因碳酸盐分解而增加。

铁矿石中除了铁氧化物、脉石成分外，还包含少量有害杂质，通常是 S 和 P。在个别情况下还含有 Cu、K、Na、Pb、Zn、As、F。含铁原料中的硫主要以硫化物为主，常见的有黄铁矿（FeS_2），有时有黄铜铁矿（$CuFeS_2$）、方铅矿（PbS）和闪锌矿（ZnS）；少数矿粉中有硫酸盐，如石膏（$CaSO_4$）和重晶石（$BaSO_4$）。磷使钢具有冷脆性，含铁原料中的磷主要以正磷酸盐形态存在，常见的有磷灰石。含铁原料中的铜主要以黄铜矿（$FeCuS_2$）和孔雀石（$CaCO_3 \cdot Cu(OH)_2$）形态存在。含铁原料中的 Pb、Zn 通常以硫化物的闪锌矿（ZnS）和方铅矿（PbS）形式存在，钾、钠通常以硅酸盐（K_2SiO_3）和碳酸盐（Na_2CO_3）的形式存在。铁矿中的含砷矿物可能有：雌黄（As_2S_3）、砷华（As_2O_3）、雄黄（AsS）、砷黄铁矿（FeAsS）、含水砷酸铁（$FeAsO_4 \cdot 2H_2O$）和含水亚砷酸铁（$FeHAsO_3 \cdot nH_2O$）等。含氟矿石中的氟通常以 CaF_2 形式存在，例如我国包头白云鄂博铁精矿中的氟含量就较高。

B 二次含铁原料

钢铁工业和其他工业部门经常产生大量二次含铁原料，主要包括钢铁厂内的烧结灰、高炉灰、电炉灰、转炉尘泥、转炉渣、轧钢皮等。表 2-1 给出了部分二次含铁原料的化学成分，可见经冶炼富集后，这些原料中 K、Na、S、Zn、Pb 等有害元素含量远高于天然铁矿石，参与烧结后，烧结烟气污染物排放量将明显增加，甚至对部分末端治理装置效率产生不利影响。

表 2-1 部分二次含铁原料化学成分 （质量分数） （%）

名称	TFe	K_2O	Na_2O	Pb	Zn	S	C
电炉灰	44.98	1.16	0.59	0.47	6.89	0.26	11.48
烧结灰（第一电场）	40.42	8.35	1.68	2.27	0.16	0.59	3.12
转炉污泥	53.33	—	—	0.13	2.34	0.11	2.85
高炉瓦斯灰	55.2	0.2	0.05	0.31	3.49	0.28	19.04

2.1.1.2 熔剂

矿石中脉石造渣用的熔剂，按其性质可分为碱性熔剂（石灰类）、中性熔剂（高铝类）和酸性熔剂（石英类）三类。由于铁矿石的脉石成分绝大多数以 SiO_2 为主，故生产中常用含 CaO 和 MgO 的碱性熔剂，如石灰石、生石灰、消石灰、白云石、菱镁石等，其中石灰石和菱镁石在烧结过程中会发生热分解产生 CO_2。

2.1.2　燃料

燃料主要为烧结过程提供热源，以保证各种物理化学反应的发生。燃料的品质，热值的高低，不仅影响烧结过程的顺利进行，而且对各种污染物的产生至关重要。烧结所使用的燃料，主要有固体燃料和气体燃料。液体燃料国外虽然有应用，但在我国很少使用。

2.1.2.1　固体燃料

烧结用固体燃料要求固定碳含量高，灰分和挥发分低，常用的有焦炭和无烟煤两种。而灰分和挥发分高的烟煤和褐煤等不宜在抽风烧结中使用，这是由于它们在烧结过程中易使抽风系统黏结挂腊，堵塞管路和粘风机叶片，腐蚀损坏设备，影响正常生产。

焦炭是挥发分较高、黏结性较强的烟煤在隔绝空气的条件下经高温干馏后碳化而来的，热解过程中绝大部分挥发分被气化挥发，包括 CO、H_2、气态烃类、少量酚醛及氰化物等。因此，高温炼焦得到的焦炭通常挥发分低于 1.5%，气孔率高，视密度为 $0.88 \sim 1.08 t/m^3$。用于烧结生产的焦炭，主要是炼铁厂和焦化厂焦炭的筛下物（小于 25mm 的碎焦和焦粉）。

在焦粉供应量不足的情况下，烧结企业常采用无烟煤代替部分焦粉来降低生产成本。无烟煤视密度为 $1.4 \sim 1.7 t/m^3$，相比焦粉孔隙率小得多，其反应能力和可燃性差。尽管在所有煤种中无烟煤的变质程度较高，挥发分最低，但仍高于焦炭。故用大量无烟煤代替焦粉时，烧结料层中会出现高温区温度水平下降和厚度增加的趋势，从而导致烧结垂直速度下降，燃烧时更容易爆裂，烧结烟气中有机物含量更高。

硫分含量是评价煤质的重要指标之一，根据煤中硫的赋存形态，一般分为有机硫和无机硫两大类[1]。煤中无机硫主要来自矿物质中各种含硫化合物，一般又分为硫化物硫和硫酸盐硫两种，硫化物硫主要以黄铁矿（FeS_2）为主，其次为闪锌矿（ZnS）等；硫酸盐硫主要以石膏（$CaSO_4$）为主，也有绿钒等极少数的硫酸盐矿物。煤中有机硫是指与煤的有机结构相结合的硫，是一系列含硫有机官能团的总称，主要来自成煤植物中的蛋白质和微生物的蛋白质。煤中含硫量的多少，与煤化度的深浅没有明显的关系，无论是变质程度高的煤或变质程度低的煤都存在着或多或少的硫，而与成煤时的古地理环境有密切的关系。烧结过程中，焦炭和无烟煤中的硫如同含铁原料中的硫一样会被氧化脱除，以 SO_2 形式进入烧结烟气中。

除了固定碳、挥发分、灰分、硫分之外，煤炭中还含有 0.5% ~ 2.5% 的氮，它们以氮原子的状态与各种碳氢化合物结合成氮的环状化合物或链状化合物，如喹啉（C_5H_5N）和芳香胺（$C_6H_5NH_2$）等。煤中氮有机化合物的 C—N 结合键能 $[(25.3~63)\times10^7\text{J/mol}]$ 比空气中氮分子 N≡N 的键能（$94.5\times10^7\text{J/mol}$）小得多，在燃烧时很容易分解出来，与 O 结合而生成 NO_x。

2.1.2.2 气体燃料

气体燃料主要用于烧结料点火，其主要分为天然气体燃料和人造气体燃料两种。天然气体燃料为天然气，仅有少数国家使用，大部分使用人造气体燃料。人造气体燃料主要有焦炉煤气、高炉煤气和发生炉煤气。气体燃料中除了含有 CO、H_2、CH_4、N_2、CO_2 等组分外，还含有以 H_2S、CS_2、COS、硫醇、噻吩等形式存在的 S 元素，其中 H_2S 一般占 80% 以上。在烧结点火时气体燃料中的 S 也将形成 SO_2 而进入烧结烟气。此外，高炉煤气和焦炉煤气中也含有极少量的 NO_x，通常焦炉煤气携带的 NO_x 含量略高于高炉煤气。

2.1.3 空气

如果把烧结生产看作一个有机体，则原料是其"肌体"，合理配比的原料在高温条件下，经物理化学反应转变为适合高炉冶炼、具有良好冶金性能的烧结矿；燃料是"食物"，适宜配比的燃料为上述物理化学反应提供热量作为动力；而空气（流动的风）则是"血液"，适量的风除为燃料燃烧提供助燃氧气外，还承担热载体的功能。俗话说烧结有风才有产量。若离开了风，燃料燃烧反应会停止，料层中不能获得必要的高温，烧结过程将无法进行。为了保证料层中固体燃料迅速而充分地燃烧，并把热量扩散传递，在点火的同时，自料面吸入足够的风是必不可少的，大量的风自上而下穿过烧结料层，并作为多污染物析出的载体，成为污染物成分复杂、烟气量大、难以治理的工业废气——烧结烟气。另外，由烧结机机尾卸下并经单辊粗破后的烧结矿，其平均温度达 $600~800℃$，为了便于后续整粒和运输，需大量的风作为冷却介质将炽热的烧结矿冷却至 $100~150℃$，由此产生带粉尘的废气——冷却废气。近年来开发了冷却废气近"零"排放技术，使冷却废气在烧结系统中循环利用，既回收了余热，又解决了含尘冷却废气无组织排放问题。烧结生产过程中存在大量的粉尘源，为了保证扬尘的及时排出，也需要一定的抽风量。这部分含尘废气温度不高，一般采用电除尘器或布袋除尘器除尘，使含尘量不大于 10mg/m^3（标态）外排即可。

空气也是一种资源，而且是人类不可或缺、赖以生存的资源，保卫空气质量，保卫蓝天就是保护我们的身体健康。减少烧结烟气，即减少烧结过程中空气的消耗，减少被污染空气的总量，减少污染物的产生量；深度净化已污染的空气是本书要重点研究和探讨的。

2.2　风对钢铁烧结的影响及风的合理匹配

2.2.1　烧结过程概述及风的作用

2.2.1.1　烧结过程概述[2~4]

烧结过程是将各种含铁原料,按要求配入一定数量的燃料、熔剂、返矿、水分,均匀混合制粒后平铺到烧结机上,在下部风箱的抽风作用下,在料层表面进行点火并自上而下进行高温焙烧反应的过程。

由于烧结过程从料层表面开始逐渐往下进行,因而沿料层高度方向有明显的分层性。根据各层温度水平和物理化学变化的不同,可将正在烧结的料层分为五个带,自上而下依次为烧结矿带、燃烧带、干燥预热带、过湿带和原始料带。图2-1为烧结过程中沿烧结机长度方向料层各带的演变和分布示意图,图2-2为烧结过程各带反应示意图。表2-2列出了烧结料层各带的物理化学特征和温度区间。

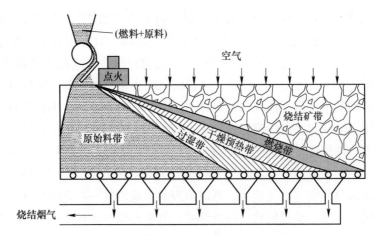

图 2-1　烧结过程中沿料层高度的分层情况

表 2-2　料层各带的特征和温度区间

烧结料层各带	主 要 特 征	温度区间/℃
烧结矿带	冷却固化形成烧结矿区域	<1200
燃烧带	焦炭燃烧,石灰石分解、矿化,固-固反应及熔融区域	700→1400→1200
干燥预热带	低于原始混合料含水量的区域	100~700
过湿带	超过原始混合料含水量的区域	<100
原始料带	与原始混合料含水量相同的区域	原始料温

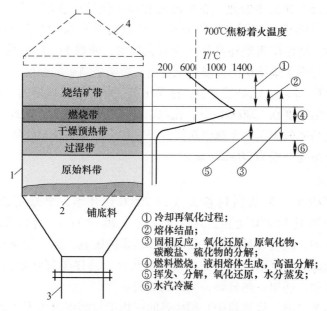

① 冷却再氧化过程；
② 熔体结晶；
③ 固相反应，氧化还原，原氧化物、碳酸盐、硫化物的分解；
④ 燃料燃烧，液相熔体生成，高温分解；
⑤ 挥发、分解，氧化还原，水分蒸发；
⑥ 水汽冷凝

图 2-2　烧结过程各带反应示意图

1—烧结杯；2—炉箅；3—废气出口；4—煤气点火器

随着烧结过程的推进，各带的相对厚度不断发生变化，烧结矿带不断扩大，原始料带不断缩小，至烧结终点时燃烧带、干燥预热带、过湿带和原始料带全部消失，整个料层均转变为烧结矿带。

A　烧结矿带

从点火开始，在烧结料中燃料燃烧放出大量热量的作用下，混合料中的脉石和部分含铁矿物在固相下形成低熔点的矿物，在温度提高后熔融成液相。随着燃烧层的下移及冷风的通过，物料温度逐渐下降，熔融液相被冷却，伴随着结晶和矿物析出，物料凝固成多孔结构的烧结矿，透气性变好。

烧结矿在冷却过程中仍发生许多物理化学变化，冷却过程对烧结矿品质影响很大。液相结晶时，熔点高的矿物首先开始结晶析出，所剩液相熔点依次越来越低，然后才是低熔点矿物析出。冷却速度慢时，晶形发展就比较大而完整。然后，由于在烧结过程中冷却速度较快，常常残留 30% ~ 70% 来不及结晶的液相，最后以玻璃质的形态充填在铁氧化物之间，这是烧结矿强度降低的重要因素。冷却太慢也降低烧结机产量，造成烧结矿卸下温度太高。抽风速度、抽风量、料层透气性等都影响冷却强度。

在温度低于 1000 ~ 1100℃ 时，结晶或固结完毕。继续降低温度时，烧结矿各部分将由于组成或冷却速度的不同而产生热应力，甚至出现裂纹，有些矿物还将产生相变，造成烧结矿的粉化。如正硅酸钙在 670℃ 时由 β 型转变为 γ 型，体积膨胀 10%，使烧结矿发生粉化。在冷却过程中，烧结矿表层只接受冷空气的作用，温差大，冷却快（120～130℃/min）。所以烧结矿表面结晶不好，易粉碎，强度差。同时，烧结矿表层还将发生再氧化现象，使得 Fe_3O_4 氧化成 Fe_2O_3。这种再生赤铁矿加剧了烧结矿的低温还原粉化，影响烧结矿的强度。下部料层冷却缓慢（40～50℃/min），结晶较完整，这是下部烧结矿层品质好的主要原因。

烧结矿带的温度在 1200℃ 以下，孔隙率高及气孔直径大，因此气体阻力损失较小。通常烧结矿的表层由于高温保持时间短和冷却速率快等原因，一般强度较下层差，表层厚度一般为 20～30mm。

B　燃烧带

又称为高温带，是从燃料着火（约 700℃）开始，至最高温度（1250～1400℃）并下降至 1200℃ 为止，其厚度一般为 20～40mm，并以 15～30mm/min 的速度向下移动。燃烧带是烧结过程中温度最高的区域，这一带进行的主要反应除了有燃料的燃烧，低熔点矿物的生成与熔化外，还伴随着碳酸盐的分解、铁、锰氧化物的氧化、还原、热分解，硫化物的脱硫等。

在物料熔融之前，烧结料中互相接触的矿物颗粒间将首先发生固相反应，形成原始烧结料所没有的低熔点新物质，在温度继续升高时，这些新生物质就成为液相形成的先导，使液相生成的温度降低。例如 Fe_2O_3 与烧结料中添加的石灰石、石灰之间充分接触，在固相中 500～700℃ 就开始反应形成铁酸钙。石英与磁铁矿颗粒的接触处也将形成铁橄榄石相，但在燃料配比较低时，其形成过程明显比铁酸钙形成过程缓慢。应当指出，固相反应产物并不决定最终烧结矿矿物组成和结构。这是因为固相中形成的大部分复杂化合物，后来在烧结料熔化时又分解成简单的化合物。烧结矿乃是熔融物结晶与未熔矿石共同组成的产物，成品烧结矿的最终矿物组成，在燃料用量一定的条件下，主要取决于烧结料的碱度。只有当烧结过程燃料用量较低，仅小部分烧结料发生熔融时，固相反应产物才转到成品烧结矿中。

液相形成及冷凝是烧结成矿和固结的基础，决定了烧结矿的矿相成分和显微结构，进而决定了烧结矿的质量。随着温度的进一步升高，固相反应形成的低熔点化合物及原烧结料各成分之间存在的许多低共熔点物质就开始熔融，形成液相。液相数量增加可以增加物料颗粒之间的接触面积，可以提高烧结矿的强度。但是液相过多不利于铁矿物的还原，也会影响透气性，降低产量。因而需要根据不同原料、操作条件等确定合适的液相量。影响液相生成量的主要因素包括：烧结温度、配料碱度（$m(CaO)/m(SiO_2)$）、烧结矿 FeO 含量、烧结混合料的化学成分。烧结过程主要液相有铁-氧体系、硅酸铁体系、硅酸钙体系、铁酸钙体系、钙铁橄榄石体系等。

在对熔剂型和高碱度烧结矿的研究过程中发现：随着黏结相矿物中铁酸钙的

增加，烧结矿的强度和还原性等性能都比酸性烧结矿好，尤其是针状铁酸钙数量较多的烧结矿不仅能降低高炉焦比，而且烧结生产时所需的温度又低，可显著降低固体燃料的消耗。因此，自 20 世纪 60 年代中期到 70 年代初期，铁酸钙烧结理论逐渐取代了传统的硅酸盐系烧结理论。针状铁酸钙的生成模式即为低温烧结法所要求的成矿模式。烧结矿内矿相种类、形态、含量和分布，很大程度上也取决于烧结温度和烧结气氛。对于熔剂性烧结矿来说，烧结温度高、还原气氛稍强，形成以磁铁矿、二次赤铁矿和柱状铁酸钙组织为主的烧结矿较多，而烧结温度低、氧化性气氛较强，比较容易形成由残留赤铁矿和针状铁酸钙构成的烧结矿组织。

由于燃烧带的温度最高并有液相生成，这一带的透气性很差。燃烧带厚度对烧结矿的产量和质量影响极大，其厚度决定于燃料用量、粒度和通过的风量。过厚影响通过料层的风量，导致产量降低，过薄则烧结温度低，液相量不足，影响烧结矿强度。

C 干燥预热带

在燃烧带排出的热烟气作用下，由于导热性好，料温很快升高到 100℃ 以上，混合料水分开始激烈蒸发，随着温度的进一步升高，料层内发生部分结晶水和碳酸盐分解、硫化物分解氧化、矿石的氧化还原以及固相反应等。干燥层和预热层很难截然分开，干燥预热带的温度在 100～700℃ 范围内，厚度一般为 20～40mm。在此带，只有气相与固相，或固相与固相之间的反应，没有液相的生成。

D 过湿带

当温度降到露点（烧结一般为 60℃ 左右）以下发生冷凝析出，使下层烧结料水分不断增加而形成过湿带。过湿带增加的冷凝水介于 1%～2% 之间。但在实际烧结时，发现在烧结料下层有严重的过湿现象，这是因为在强大的气流和重力作用下料层中的水分向下迁移，特别是那些湿容量较小的物料容易发生这种现象。水汽冷凝使料层的透气性显著恶化，对烧结过程产生很大影响。

E 原始料带

处于料层的最下部，此带与原始混合料含水量和料温相同。

2.2.1.2 烧结过程中风的作用

风在烧结各个带所起的作用如下：

（1）风在烧结矿带的作用。在烧结矿带，风促成了物料温度下降，熔融液相冷却、结晶，凝固成烧结矿。风温和风速决定了矿物结晶是否充分，从而影响烧结矿的产量和质量。通过烧结矿层的风被烧结矿的物理热、反应热和熔化潜热加热，热风进入下部料层使下层的燃料继续燃烧。热风的温度随着烧结矿层的增厚而提高，它可提供燃烧需要的部分热量，这就是烧结过程的自动蓄热作用。据实验测定，当燃烧带上部的烧结矿层达 180~220mm 时，上层烧结矿的自动蓄热作用可提供燃料层总热量的 35%~45%，所以燃烧层的最高温度是沿料层高度自上而下逐渐升高的。

（2）风在燃烧带的作用。来自烧结矿带的高温风使燃料温度达到着火点，并提供足够的氧气，促使燃料燃烧。燃料燃烧产生并扩散的热量和上部下来的热风携带的显热，一起将烧结料加热到最高温度，物料发生固相反应和液相生成。料层中物理化学反应所产生的各类污染物被风带走，风由此变为烧结烟气。

（3）风在干燥预热带的作用。来自燃烧带的热风携带显热进入下部料层，使下部料层加热到一定温度，混合料水分完全蒸发，烟气湿度加大，成分也略有变化。

（4）风在过湿带的作用。来自干燥预热带的烟气中含有较多的水蒸气，这些含水蒸气的烟气遇到下层的冷料时温度突然下降发生冷凝析出。烟气温度和湿度下降，组分保持不变，部分污染物和粉尘临时沉积。

（5）风在原始料带的作用。来自过湿带的烟气对此带不产生明显影响。

综上，烧结时无论固体还是气体的温度均经历自上而下先升高后下降的过程，上部料层是热烧结饼与风之间的热交换；下部料层是温度较高的烧结烟气与烧结物料之间的热交换。

2.2.2　烧结有效风量的确定

烧结所需要的理论空气量取决于供氧所需理论风量和传热所需理论风量二者之间的较大值。

2.2.2.1　供氧所需理论风量确定

供氧作用主要为燃料燃烧、亚铁氧化及硫的氧化服务。其中为燃料的燃烧供氧是主要的。

A　点火反应空气需要量

点火的目的是供给混合料表层以足够的热量，使其中的固体燃料着火燃烧，形成表层燃烧带，同时使表层混合料在点火炉内的高温烟气作用下干燥和烧结，并借助抽风使烧结过程自上而下进行。点火好坏直接影响烧结过程的正常进行和烧结矿质量。普遍采用高炉煤气、焦炉煤气以及由二者组成的混合煤气作为点火用的燃料。表 2-3 为典型焦炉煤气的成分，其低位发热值为 $19528kJ/m^3$。点火强度是影响烧结点火效果的主要因素之一，其值与烧结混合料的性质、烧结机的设备状况以及点火热效率等有关，目前吨烧结矿的点火热耗一般为 $0.03~0.10GJ/t_{-s}$，换算为焦炉煤气的消耗量是 $1.5~5m^3/t_{-s}$。

表 2-3 焦炉煤气的成分（体积分数） （%）

H₂	CO	CH₄	C₂H₂	CO₂	N₂	O₂
53	10.4	24	3.0	3.4	5.6	0.6

点火时所涉及的氧化反应主要包括：

（1）CO 的燃烧

$$2CO+O_2 \Longrightarrow 2CO_2 \qquad\qquad 反应（2-1）$$

（2）H₂ 的燃烧

$$2H_2+O_2 \Longrightarrow 2H_2O \qquad\qquad 反应（2-2）$$

（3）CH₄ 的燃烧

$$CH_4+2O_2 \Longrightarrow CO_2+2H_2O \qquad\qquad 反应（2-3）$$

（4）C₂H₂ 的燃烧

$$C_2H_2+\frac{5}{2}O_2 \Longrightarrow 2CO_2+H_2O \qquad\qquad 反应（2-4）$$

综合以上四个反应的耗氧量，并扣除焦炉煤气自身携带的氧量，$1m^3$ 焦炉煤气燃烧所需氧量约为 $0.9m^3$，折算至空气量约为 $4.3m^3$。若点火热耗取 $0.10GJ/t_{-s}$，则生产每吨烧结矿，点火所需焦炉煤气量约为 $3m^3$，点火过程氧化反应所需空气量约为 $13m^3$。

B　烧结反应空气需要量

烧结过程涉及的氧化反应较为复杂，耗氧量相对较多的反应主要包括：

（1）固体燃料中 C 的燃烧反应为：

$$C+O_2 \Longrightarrow CO_2 \qquad\qquad 反应（2-5）$$
$$2C+O_2 \Longrightarrow 2CO \qquad\qquad 反应（2-6）$$

表 2-4 为典型焦粉的工业分析结果，固定碳含量为 80%。若采用全焦粉烧结，且焦粉消耗量为 $55kg/t_{-s}$ 时，则生产每吨烧结矿仅固体燃料燃烧所需氧量约为 $82m^3$，换算至空气量约为 $390m^3$。

表 2-4 焦粉的工业分析和元素分析（质量分数） （%）

水分（M_ad）	灰分（A_ad）	挥发分（V_ad）	固定碳（FC_ad）	硫分（S_ad）
4.48	80	2.48	13.04	0.55

（2）烧结原料中 S 的氧化反应为：

$$4FeS_2+11O_2 \Longrightarrow 2Fe_2O_3+8SO_2 \qquad\qquad 反应（2-7）$$

不同的铁矿石中含硫量差异较大，低的可至 0.01%，如低硫巴西矿；高的可达 2%，如高硫国产精矿。除铁矿石之外，二次含铁原料、固体燃料、返矿、熔剂等也会带入一定量的硫。若烧结混合料中的硫含量取 0.15%，且考虑烧结过程的脱硫率为90%，则生产每吨烧结矿硫氧化物氧化所需氧量为1.3m³，换算至空气量约为6.2m³。

（3）铁氧化物的分解、氧化和还原。在烧结过程中，铁的氧化物中氧的质量分数并不是保持不变的，它们在烧结料层的各个不同的带进行着热分解、还原和氧化反应，例如：

$$6Fe_2O_3 = 4Fe_3O_4 + O_2 \qquad\qquad 反应（2-8）$$
$$4Fe_3O_4 + O_2 = 6Fe_2O_3 \qquad\qquad 反应（2-9）$$
$$6FeO + O_2 = 2Fe_3O_4 \qquad\qquad 反应（2-10）$$
$$3Fe_2O_3 + CO = 2Fe_3O_4 + CO_2（T>570℃时）\qquad 反应（2-11）$$
$$Fe_3O_4 + CO = 3FeO + CO_2（T>570℃时）\qquad 反应（2-12）$$
$$FeO + CO = Fe + CO_2（T>570℃时）\qquad 反应（2-13）$$

烧结料层的氧势（烧结气氛中的氧的浓度）与烧结料原始氧化度（与铁结合的实际氧量与假定全部铁为三价铁时结合的氧量之比）决定了烧结过程化学反应的方向：在高氧势的条件下自由的Fe_2O_3得以保存而能与CaO发生铁酸钙的固相反应，升温时首先产生低熔点的铁酸钙液相，使料层氧化度提高；在低氧势的条件下，自由的Fe_2O_3多被还原成Fe_3O_4或FeO，与SiO_2发生形成$2FeO \cdot SiO_2$的固相反应，升温时首先出现的是低熔点的硅酸盐液相。通常以磁铁矿为主的铁原料体系烧结时需要消耗氧量，而以赤铁矿为主的铁原料体系烧结时会释放氧量。若要求成品烧结矿的FeO含量为7%，当烧结混合料中FeO含量为15%时（赤铁矿为主），则生产每吨烧结矿低价铁氧化物氧化消耗氧量约为11m³，换算至空气量约为52m³；当烧结混合料中FeO含量为1%时（赤铁矿为主），则生产每吨烧结矿高价铁氧化物分解或还原释放氧量约为4m³，换算至空气量约为19m³。

综合点火反应和烧结反应，生产每吨成品烧结矿供氧所需理论空气总量为390~462m³。可见，固体燃料的配加量是计算烧结供氧所需理论空气量的决定性因素。

2.2.2.2　传热所需风量确定

通过测定烧结过程某一时刻料层自上而下固体物料和气体的温度，获得图2-3所示的温度沿料层高度方向的变化曲线[2]。无论是固体还是气体的温度均经历自上而下先升后降的过程。在燃烧带的上部区域主要是对流

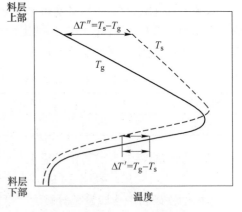

图2-3　料层厚度上气体温度（T_g）和物料温度（T_s）的变化曲线

传热，温度较高的热烧结饼与自上而下的冷空气进行热交换，此时，温差、传热面积是对流传热的决定因素。烧结料孔隙度高，总表面积大，热交换进行得十分激烈，使气体温度升高很快；在燃烧带下部区域炽热的气体将热量传递给下部烧结料，使之预热干燥，由于热交换面积大，气体温度很快降低，预热干燥料层温度升高，主要是靠对流传热。燃烧带颗粒因熔融而密集以及空气通过等特点，所以三种热交换形式：对流、传导、辐射都有发生。

一般情况下，在料层的最高温度层，气、固相的温度是一致的。在最高温层以下的物料，气流温度 T_g 超过物料温度 T_s，其超过值为 $\Delta T'$（$\Delta T' = T_g - T_s$），即气流向烧结料放热；在最高温层以上的物料，物料温度 T_s 超过气流温度 T_g，其超过值为 $\Delta T''$（$\Delta T'' = T_s - T_g$），即物料向气流放热。这两段热交换都具有颗粒物料固定层的传热规律性，二者之间的区别是：下段热交换伴随有较大的化学变化，同时产生放热和吸热[8]。

假定烧结过程中的传热仅仅是烧结矿传给空气，或烟气传给混合料，并且假定烟气和混合料间充分进行热交换。在这种情况下：

$$c_A m_A T_A = c_M m_M T_M \tag{2-1}$$

式中　c_A，c_M——分别为空气和混合料的平均比热容；

　　　m_A，m_M——分别为空气和混合料的质量；

　　　T_A，T_M——分别为空气和混合料的温度。

由于烧结料层内的气-固热交换非常快，可近似地认为烟气温度和混合料的温度相等，因此单位空气需要量可按式（2-2）计算：

$$\frac{m_A}{m_M} = \frac{c_M}{c_A} \tag{2-2}$$

在1300℃左右，烧结混合料和空气的比热容之比约为0.745，则吨混合料烧结传热所需理论空气量（标态）应为745m³。假定1.6t混合料（包括铺底料在内）通过烧结反应得到1t成品矿，则每获得1t成品烧结矿，传热所需空气量（标态）为1190m³，远高于之前计算出的完成烧结全部化学反应所需空气量（标态）为390~462m³。上述计算结果显示，在以空气为烧结气流介质的条件下，烧结过程所需的单位空气量不是由燃烧反应而是由传热所决定，几乎不随烧结原料的种类、烧结工艺参数和配碳量高低的变化而变化。假定烧结机利用系数为1.4t/（m²·h），换算至单位面积单位时间穿过料层的风量（标态）约为28m³/（m²·min）。

图2-4是在14台面积不同、利用系数为0.58~1.04t/（m²·h）的烧结机的料层表面测得的单位空气（标态）需要量，每吨混合料（包括铺底料在内）约需800m³[2]，扣除烧结终点后占烧结机总长度7%那部分台车漏入的空气，单位混合料空气（标态）需要量为744m³，进一步说明烧结过程的单位空气需要量是由传热决定的。

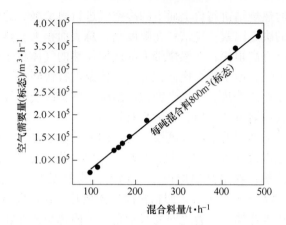

图 2-4　烧结过程中空气需要量与混合料流量的关系

2.2.3　风对烧结生产的影响

2.2.3.1　风量的影响

前述分析表明，不论原料品种如何，配碳多少，每吨混合料在烧结时所需的理论风量是相近的。设 $Q_s(\mathrm{m^3/t})$ 为烧结每吨混合料所需有效风量，则烧结机利用系数可用式（2-3）表示：

$$r = \frac{60Q_{有效}k}{Q_s A} \qquad (2\text{-}3)$$

式中　r——烧结机利用系数，$t/(\mathrm{m^2 \cdot h})$；

　　$Q_{有效}$——单位时间通过料层的风量，$\mathrm{m^3/min}$；

　　k——烧结矿成品率，%；

　　A——烧结机有效面积，$\mathrm{m^2}$。

可见 r 与 $\dfrac{Q_{有效}}{A}$ 成正比，提高单位面积通过料层的进风量是提高烧结生产效率的首要措施。

抽风机做功产生的风量，只有在穿过料层的风才会对烧结生产有贡献，才是有效的风量，而因设备和生产操作造成的漏风则对烧结生产没有意义。生产实践证明，尽管许多烧结采用大功率风机，增大了抽风能力，但由于烧结机抽风系统存在严重的漏风，故实际抽入的有效风量仍然很少。这不仅严重地浪费电力，而且也影响到烧结矿的产量和质量。因此减少有害漏风，提高料层的有效风量，是提高烧结生产率的重要途径。

在物料粒度和布料方式一定的前提下，单位面积风量又与料层高度和压力降（真空度）有关。沃伊斯（E. W. Voice）等人研究得出，料层单位面积风量与料层高度（H）的 m 次方成反比，与压力降（Δp）的 n 次方成正比。进一步研究发现，烧结过程中 m 和 n 值近似相等。通过引入比例系数 ζ，沃伊斯提出了如下烧结料层透气性公式（以下称为沃伊斯公式）：

$$\frac{Q_{有效}}{A} = \zeta \left(\frac{\Delta p}{H} \right)^n \tag{2-4}$$

式中　ζ——料层的透气性；

　　$Q_{有效}$——单位时间内通过料层的风量，m^3/min；

　　　A——抽风面积，m^2；

　　　H——料层高度，m；

　　　Δp——料层的压力降，Pa。

沃伊斯等将比例系数 ζ 定义为烧结料层的透气性，它代表在单位料层高度和单位压力降条件下料层单位面积通过的风量。沃伊斯公式在烧结厂设计和烧结生产中被广泛认可和应用。当其他各参数采用英制单位时，ζ 的计量单位称为 B. P. U；当其他各参数采用国际单位时，ζ 的计量单位称为 J. P. U。

沃伊斯公式中的 n 值取决于气体通过料层时的流态。完全层流时，$n=1$；完全紊流时，$n=0.5$。在铁矿烧结过程中，气体通过料层处于层流和紊流的过渡区，n 值介于 0.5 和 1 之间。

沃伊斯从粉矿烧结试验得出，n 值随烧结阶段的不同而发生变化：

原始混合料：$n=0.62 \sim 0.66$；

点火后瞬间：$n=0.65$；

烧结过程：$n=0.52 \sim 0.69$；

烧结过程平均：$n=0.60$；

烧结结束时：$n=0.55$。

根据上述结果，为方便起见，整个烧结过程的 n 值可选用 0.6。

通过沃伊斯公式可知，任何特定的烧结机，改善料层透气性、提高抽风能力（提高料层压力降）、降低料层高度均有助于增加单位面积通过料层的进风量。

在连续稳定的生产过程中，当抽风机固定时，其抽风能力也固定不变，抽风负压只能在有限的范围内调整。烧结风机的功率消耗满足：

$$N = \frac{1000 Q_i \Delta p_i}{102 \times 60} = 0.1635 Q_i \Delta p_i \tag{2-5}$$

式中　Q_i——抽风机的进风量，m^3/min；

　　Δp_i——抽风机的进口负压，Pa；

　　　N——抽风机的有效功率，W。

从式（2-5）可以发现，在抽风机的有效功率一定时，提高抽风负压只能以降低入口风量为代价，这事实上无法达到增加单位面积通过料层的进风量和提高生产率的目的。

抽风机的进口负压与料层压力降成正比，即 $\Delta p_i = k_1 \Delta p$；若烧结过程物理化学反应产生的气体量、总漏风量与通过料层的风量比例保持不变，则抽风机的进口风量与通过料层的风量成正比，即 $Q_i = k_2 Q_{有效}$。在此情况下风机的功率消耗与通过料层的风量和料层压力降成正比，即：

$$N = 0.1635 k_1 k_2 Q_{有效} \Delta p \tag{2-6}$$

将沃伊斯公式代入式（2-6）可得到风机功率消耗与料层压力降的关系：

$$N = 0.1635 k_1 k_2 \zeta A \frac{\Delta p^{n+1}}{H^n} \tag{2-7}$$

对料层厚度不变，n 值为 0.61 时，将抽风负压由 11000Pa 提高到 12100Pa，即抽风负压升高 10%。则：

$$r_2/r_1 = Q_{有效2}/Q_{有效1} = (\Delta p_2/\Delta p_1)^n = (12100/11000)^{0.61} = 1.0599 \tag{2-8}$$

即增产 5.99%。

$$N_2/N_1 = (\Delta p_2/\Delta p_1)^{n+1} = (12100/11000)^{1.61} = 1.1659 \tag{2-9}$$

即电耗增加 16.59%。

虽然实际生产中提高抽风负压可提高产量，但风机电耗急剧增加。另外，过大地提高抽风负压，会导致烧结机有害漏风的增加。因此，要根据烧结系统综合经济效益来决定抽风负压的水平。

抽风负压保持不变，n 值为 0.61 时，将料层厚度由 $H_1 = 500mm$ 增加到 $H_2 = 600mm$，可得到：

$$r_2/r_1 = Q_{有效2}/Q_{有效1} = (H_1/H_2)^n = (500/600)^{0.61} = 0.8947 \tag{2-10}$$

即减产 10.53%。若要保持产量不降，成品率应至少提高 10.53%。这说明一味的提高料层将降低单位时间通过料层的风量，从而降低烧结速度。但厚料层烧结，有助于降低燃料消耗，增强料层内的氧势，改善产品的冶金性能，提高烧结成品率，适宜料层厚度的确定需综合考虑制粒效果、抽风负压、设备密封性能等因素。

2.2.3.2　风速的影响[2]

只有在一定风速下，固体燃料燃烧前沿才能不断向下推进，燃烧产生的热才能由上而下的传输给混合料，物料烧结才能顺利实现。烧结过程存在两种速率，即燃烧带移动速率和传热速率。当燃烧带移动速率小于传热速率时，虽然燃烧带的移动对传热速率的影响较小，但导致料层最高温度下降、高温带厚度增加，如图 2-5 中区域 Ⅰ 所示。当燃烧带的移动速率大于传热速率时，不仅导致最高温度下降、高温带厚度增加（见图 2-5 中区域 Ⅲ），而且会对传热速率产生很大影响。这两种情况均会导致烧结矿产量和质量的下降，只有增加固体燃料消耗，才能达到烧结过程所需的最佳温度。只有燃烧带移动速率与传热速率相匹配时，料层能达到的最高温度高、高温带的厚度小（见图 2-5 中区域 Ⅱ），热能才能有效地用于烧结过程，以最低的固体燃料消耗实现优质高效的烧结生产。

在实际烧结过程中，燃烧和传热是密切联系的，两者同时受料层气流速率影响。根据理论分析，热波移动速率与气流速率的 1 次方成正比，而燃烧带移动速率约与气流速率的 0.5 次方成正比。因此，当传热速率落后于燃烧带移动速率时，可通过提高气流速率实现两个速率的匹配，但是当通过料层的气流速率增加到某极限时，就可能出现传热速率高于燃烧速率的现象。例如烧结含硫矿石时，传热速率小于燃烧前沿速率，可采用提高气体热容量、改善透气性、增加气流速率等方法提高传热速率，从而加速烧结过程。

2.2.3.3　氧含量的影响[2]

适当提高烧结风中的氧显然有助于固体燃料充分燃烧、烧结液相充分结晶、优质铁酸钙相大量生成。假若烟气中氧的体积分数不足，固体燃料燃烧推迟，一方面会使表层供热不足，另一方面会影响垂直烧结速度，使产量下降。但氧含量过高将破坏烧结过程燃烧速率与传热速率的一致性。

当燃料用量低、燃料的反应性好，或抽风中的剩余氧含量很大时，加热到燃点的燃料剧烈燃烧，燃烧带移动速率快，传热速率落后于燃烧速率，料层上部的大量热量不能完全用于下部燃料的燃烧，也不能有效地传给下部的混合料，因此高温带温度降低。图 2-6 是在烧结过程某一时间测得的料层温度的分布曲线，图

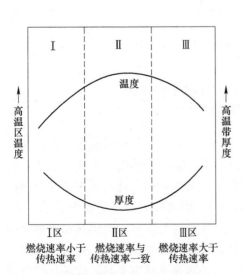

图 2-5　两种速率的匹配关系对料层最高温度和高温区厚度的影响

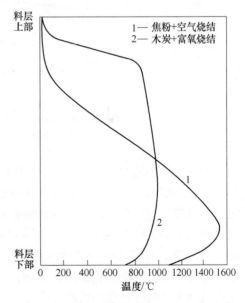

图 2-6　不同烧结条件下高温区宽度的比较

中的曲线 2 即为燃烧速率超过传热速率时的情况，曲线 1 为两种速率相互匹配时的正常温度分布。当传热速率落后于燃烧带移动速率时，烧结过程的总速率取决于传热速率。

当燃料用量较高，或燃料反应性差，特别是抽入气体氧含量不足的情况下，即使燃料颗粒已加热到燃点也不会燃烧，燃烧速率落后于传热速率，这时高温带的最高温度也不够高，如图 2-7 中曲线 1（氧含量为 4%）所示的情况。当燃烧带移动速率落后于传热速率时，烧结过程的总速率取决于燃烧带移动速率。在此情况下，可通过提高抽风气体中氧含量等方法，实现传热速率与燃烧速率的匹配，从而提高烧结料层温度，加速烧结过程，如图 2-7 中曲线 2（氧含量为 9%）所示的情况。但当气体中的氧含量过高时，导致燃烧带移动速率超过传热速率，同样导致最高温度下降，如图 2-7 中曲线 3 和曲线 4 所示。

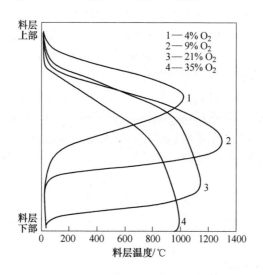

图 2-7　抽入气体含氧量对料层温度分布的影响
（固体燃料为木炭，烧结时间为 4min）

抽入气体中的 O_2 含量和燃料类型对燃烧带移动速率和最高温度的影响如表 2-5 所示。试验表明：（1）抽入气体中的 O_2 含量越高，燃烧前沿速率越大；抽入气体氧含量对料层最高温度的影响有最佳值，氧含量过高或过低都会导致料层最高温度下降。（2）在抽入气流氧含量相同时，燃料种类对燃烧速率影响显著，在空气（含 21% O_2）中木炭的燃烧速率比传热速率大得多，而焦粉和无烟煤的燃烧速率与传热速率比较接近。因而，采用焦粉或无烟煤作燃料，并且使用空气进行烧结生产时，料层中的燃烧带移动速率与传热速率基本上是匹配的，燃烧温度能达到比较高的水平。但对不同的原料和操作条件还需要作具体的研究，并通过调整有关参数使两种速率尽可能匹配，从而得到最优操作。

表 2-5　空气中含氧量对燃烧前沿速率的影响

使用的燃料	空气中含 O_2 /%	燃烧前沿速率 /m·s^{-1}	料层最高温度 /℃	80%最高温度下的时间/s	每吨料废气量 /m^3
木炭	100	33×10^{-4}	1020	150	687.7
	60	22.9×10^{-4}	1240	105	701.8
	21	13.1×10^{-4}	1340	105	897.1
	10	9.3×10^{-4}	1340	87	1143.3
焦粉	100	16.9×10^{-4}	1180	140	919.8
	60	13.1×10^{-4}	1200	110	891.5
	21	8.0×10^{-4}	1560	80	1083.9
	10	6.4×10^{-4}	1200	100	1613.1
石墨	100	10.2×10^{-4}	1160	90	933.9
	60	8.5×10^{-4}	1190	85	1287.7
	21	7.6×10^{-4}	1600	70	1069.7
	10	—	灭火	—	—

烧结风中的氧含量除了影响烧结矿的产量、质量之外，对烧结原料中污染物的脱除及烧结烟气的组分也有很大影响，在后文中会详细介绍。

2.2.4　烧结料层阻力变化规律及风的合理匹配

2.2.4.1　烧结料层阻力变化规律

A　气流在散料层中的压力降

气体在散料层中运动时，会产生压力损失。压力损失包括两部分：因气体黏性而产生的摩擦阻力损失；因路径曲折导致气体运动时扩张、收缩而产生的局部阻力损失。在截面积和气体成分不变时，这两种阻力损失的总和就是料层的压力降。

厄根（S. Ergun）于 1992 年提出的公式适用于从层流到紊流的不同流态，被广泛用于分析散料层内气体的流动规律，其表达式为：

$$\frac{\Delta p}{H} = 150 \frac{(1-\varepsilon)^2}{\varepsilon^3} \cdot \frac{\mu \omega}{(\varphi d_p)^2} + 1.75 \frac{1-\varepsilon}{\varepsilon^3} \cdot \frac{\rho \omega^2}{\varphi d_p} \tag{2-11}$$

式中　Δp——料层压力降，Pa；

　　　H——料层厚度，m；

　　　ε——孔隙率，%；

　　　ρ——气体密度，kg/m^3；

　　　μ——气体动力黏度，kg/(m·s)；

ω——气体流速，m/s；

d_p——颗粒的平均直径，m；

φ——颗粒的形状系数。

式（2-11）右边第一项表示层流区的单位高度压力降，第二项为紊流区单位高度压力降。厄根公式适用于下列范围：（1）等温体系；（2）不可压缩流体；（3）料层孔隙均匀；（4）球粒间孔隙比流体分子平均自由距大得多的情况；（5）料层两端压力降必须相当小，使 ω 和 ρ 在整个料层中实际是不变的。

B　烧结料层各带气流运动阻力

烧结过程在料层内所发生的各种反应是非稳态体系，而且因为作为主反应的碳燃烧迅速，使加热过程变得非常快。沿气流方向有多种物理化学变化同时发生，各种状态随时间发生剧烈变化，建立压力损失与料层状态的定量关系目前还是个难题。前已述及，根据温度水平和物理化学变化的不同，可人为将烧结料层在烧结过程中划分为烧结矿带、燃烧带、干燥预热带、过湿带、原始料带，这些反应带随着烧结过程的推移而推移。在研究烧结料层气流阻力时，又通常将燃烧带细分为反应带和熔融带，使烧结料层区域分为六个反应带。

根据以上烧结料层区域的划分和经测定或计算得到的压力分布曲线，就可以获得各带单位高度上的压力损失。

一般情况下，烧结料层内气流通过的速度为 $0.2 \sim 1.5\text{m/s}$，基本上在层流向紊流过渡的区域内（$Re_m = 30 \sim 300$），适合从层流到紊流均可适用的厄根公式。

将厄根公式转变成如下公式：

$$\frac{\Delta p}{H} = K_1 \mu \omega + K_2 \rho \omega^2 \tag{2-12}$$

式中　K_1，K_2——摩擦阻力损失系数和局部（形状）阻力损失系数。K_1、K_2 的计算式如下：

$$K_1 = \frac{150 (1 - \varepsilon)^2}{d_p^2 \varphi^2 \varepsilon^3} \tag{2-13}$$

$$K_2 = \frac{1.75(1 - \varepsilon)}{d_p \varphi \varepsilon^3} \tag{2-14}$$

由于实际烧结料层各带空隙率、颗粒尺寸和形状难以确定，各带的阻力损失系数通常需通过实验测定。为此，将式（2-12）进一步变换为：

$$\frac{\Delta p}{H} = \rho \omega (K_1 \nu + K_2 \omega) = G(K_1 \nu + K_2 \omega) \tag{2-15}$$

$$\frac{\Delta p}{H \rho \omega \nu} = K_1 + K_2 \frac{\omega}{\nu} \tag{2-16}$$

式中　ν——气体的运动黏度（$\nu = \mu / \rho$），m^2/s。

因此，在测定过程中只要保持气体的黏度、温度和料层高度不变，通过改变气体流速获得压力降的变化，再利用作图法可求得 K_1 和 K_2。

六个反应带中原始料带、水分冷凝带、干燥带和烧结矿带的风量和 Δp，可以方便地进行物理模拟，因此可以采用稳态测定法测定，测定所用实验装置及方法可参考相关教材。反应带和熔融带用实验计量办法难以区分，可将测定的状态参数输入数学模型，与层内反应及传热方程式联立求解。

表 2-6 为前人研究所得的各带压力损失系数[2]。需要指出的是，由于 K_1 和 K_2 受 ε、d_p 等影响较大，对不同的原料及不同的制粒条件，ε、d_p 差别很大，因此将不同研究者的研究结果或采用不同原料测定的结果进行比较的实际意义不大，但对同一种混合料来说，用 K_1 和 K_2 比较烧结料层各带阻力的大小还是有重要意义的。

表 2-6　压力损失系数

各带名称	K_1/m^{-2}	K_2/m^{-1}	各带名称	K_1/m^{-2}	K_2/m^{-1}
原始料带	11.5×10^{-8}	24.2×10^{-3}	反应带	31.0×10^{-8}	75.0×10^{-3}
水分冷凝带	28.0×10^{-8}	78.3×10^{-3}	熔化带	6.0×10^{-8}	24.6×10^{-3}
干燥预热带	24.6×10^{-8}	57.8×10^{-3}	烧结矿带	4.2×10^{-8}	12.6×10^{-3}

C　烧结料层透气性变化规律

烧结料层的阻力大小是通过料层透气性来反映的，烧结料层的阻力越大（小），允许气体通过的程度越难（易），在特定的压力降和特定的料层高度条件下，料层的阻力变化规律即为料层的透气性变化规律。

图 2-8 是对高度为 300mm 的料层测得的烧结过程中料层透气性随烧结时间的变化规律[2]。在烧结过程中，由于各带阻力相应发生变化，故料层的总阻力并不是固定不变的。在烧结时间为零时的透气性为原始料层的透气性。在烧结开始阶段，由于烧结矿层尚未形成，料面点火后温度升高，抽风造成料层压紧以及过湿现象的形成

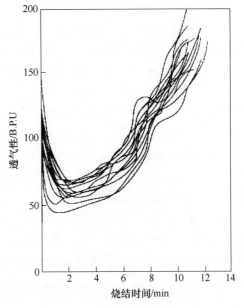

图 2-8　烧结过程料层透气性的变化

等原因，导致料层阻力升高。与此同时，固体燃料燃烧、燃烧带熔融物的形成，料面点火后温度升高，抽风造成料层压紧以及过湿现象的形成等原因，导致料层阻力升高。同时，固体燃料燃烧、燃烧带熔融物的形成以及预热、干燥带混

合料中的球粒破裂，也会使料层阻力增大，故点火烧结 2 ~ 4min 内料层透气性急速下降。随后，由于烧结矿层的形成和增厚以及过湿带的消失，料层阻力逐渐下降，透气性开始上升。据此可以推断，在整个烧结过程中垂直烧结速度并非固定不变，而是越向下速度越快。

2.2.4.2　风的合理匹配

基于烧结过程透气性变化规律的分析可知，在一定的抽风能力下，烧结机长度方向上中间部分料面进风量最小，前段部分料面进风量次之，后段部分料面进风量最大。燃烧带移动速率和传热速率相匹配是烧结的理想状态，当料面进风量过大或过小，即当料层内风速过高或过低时，都会导致两种速率的不匹配，进而影响烧结生产。对烧结机前段来讲，过剩的空气会成为燃烧带发展的障碍，增加风量不能明显提高燃烧速度，反而导致气流带走的显热比例增大。对于中间部分，由于透气性较差，烧结速度对风量的依赖程度更大。对于后段，由于透气性较好，过剩的空气会导致烧结速度过快，料层中高温保持时间缩短，液相形成不充分，甚至对烧结过程会产生负面的影响。

合理的风量应该根据料层的透气性变化规律和某时刻下烧结生产的需求而分布，可采用的措施包括：

（1）分段烧结：即在透气性差、垂直烧结速度慢的阶段采用高负压抽风风机，而在透气性好、垂直烧结速度较快的阶段采用低负压抽风风机，以此来进行烧结速度优化，从而达到均速烧结、强化烧结过程、减少烧结烟气量的目的。

（2）风箱风门调节：即降低机头、机尾部分风箱的风门开度，减少机头、机尾的通风量，增加中间部位的通风量，将有效风量向中前部转移，使烧结过程前后各段的垂直烧结速度相对趋于靠拢，从而达到匀速烧结、强化烧结过程、减少烧结烟气量的目的。

（3）风箱支管管径调节：即缩小机头、机尾部分风箱支管的管径，增加通风阻力，减少该部位通风量。

除了烧结机长度方向料面进风的不均匀性，由于一些操作不当还将引起烧结机宽度方向料面进风不同步现象。平整布料，避免拉钩现象；及时更换箅条，避免料面孔洞；智能诊断，提前预警等，均有助于实现烧结风在宽度方向上的合理匹配。

2.3　钢铁烧结过程中污染物的产生

2.3.1　烧结过程 CO_x 的形成

2.3.1.1　碳燃烧及 CO_x 的形成

烧结过程中，固体燃料燃烧为液相生成和一切物理化学反应的进行提供了所需的热量和气氛条件。常规烧结中固体燃料燃烧所产生的热量占全部热量的90%以上。燃烧带是烧结过程中温度最高的区域，也是一些主要反应的发源地。因此，碳的燃烧是决定烧结矿产量、质量的重要条件，也是影响其他一系列反应的重要因素。

烧结料层是典型的固定床，与一般固体碳以层状燃烧的炉灶相比，固体碳燃烧反应的条件有很大不同，主要体现在以下几方面[2,4]：

（1）烧结料层中碳含量少、粒度细而且分散，按质量计燃料只占总料质量的3%~5%，按体积计不到总料体积的10%。

（2）燃料燃烧从料层上部向下部迁移，料层中的热交换条件十分有利，固体碳颗粒燃烧迅速，且在一个厚度不大（一般为20~40mm）的高温区内进行，高温废气的温度降低很快，二次燃烧反应不会有明显的发展。

（3）碳粒燃烧是在周围没有含碳的矿石物料包围下进行的，在靠近燃烧的颗粒附近，温度较高，还原性气氛占优势，氧气不足，特别是烧结快形成时，燃料被熔融物包裹时氧更显得不足；但在空气通过的邻近不含碳的区域，氧化气氛较强且温度低得多。因此，烧结料层中既存在氧化区又存在还原区。

烧结用的固体燃料为焦粉和无烟煤，其着火温度约为700℃，在1000~1200℃的点火温度下，燃烧反应立即发生，其反应按如下方程式进行：

$$2C+O_2 \Longrightarrow 2CO \qquad\qquad 反应（2-14）$$
$$C+O_2 \Longrightarrow CO_2 \qquad\qquad 反应（2-15）$$

其生成物CO_2，CO还可以再次按下列方程式反应：

$$2CO+O_2 \Longrightarrow 2CO_2 \qquad\qquad 反应（2-16）$$
$$CO_2+C \Longrightarrow 2CO \qquad\qquad 反应（2-17）$$

将反应式（2-14）~反应式（2-17）的$\Delta G^{\ominus}$-T关系线绘于图2-9。由图可以看出不完全燃烧反应式（2-14）和完全燃烧反应式（2-15）的$\Delta G^{\ominus}$均具有较大的负值，都易于进行。高温区更有利于反应式（2-14）进行。反应式（2-15）是烧结料层中碳燃烧的基本反应，易发生，受温度的影响较小。二次燃烧反应式（2-16）随条件不同可以正向进行，也可以逆向进行，$\Delta G^{\ominus}$随温度升高而负值减小，即温度越高，其平衡气相中CO含量增大，燃烧的不完全程度增大；燃烧气氛中氧含量越高，越有利于反应式（2-16）进行。反应式（2-17）常称之为歧化反应或布多尔反应，$\Delta G^{\ominus}$随温度升高负值增大，说明温度越高，该反应进行得越完全，即平衡气相中CO浓度越大。计算表明，标准大气压下，温度高于1000℃时，平衡气相中几乎全是CO，低温时，几乎全是CO_2。随压强增大或减小，平衡气相中CO的浓度亦会减小或增大。

综上，在较低温度和氧含量较高的条件下，碳的燃烧以生成CO_2为主；在较高温度和氧含量较低的条件下，以生成CO为主。实际烧结过程中，由于燃烧带

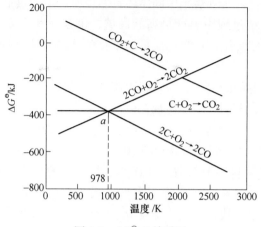

图 2-9　$\Delta G^{\ominus}$-T 关系图

较薄，废气温降较快，且空气过剩系数较高，反应式（2-14）和反应式（2-17）受到限制，燃料燃烧多以反应式（2-15）和反应式（2-16）为主。因此，烧结废气中的 C 的氧化物多以 CO_2 形式呈现，含少量 CO。

2.3.1.2　碳酸盐的分解及 CO_x 的形成

烧结混合料中通常含有碳酸盐，它是由矿石本身带进去的，或者是为了生产熔剂性烧结矿而加进去的，例如石灰石（$CaCO_3$）、白云石（$MgCO_3 \cdot CaCO_3$）等。这些碳酸盐在烧结过程中被逐渐加热，当温度达到一定值后，发生分解。分解产生的 CO_2 进入烧结废气，分解出的 CaO 则与矿石中的其他组分如 SiO_2、Fe_2O_3、Al_2O_3 等发生化合反应。

碳酸盐分解反应的通式可写为：

$$MCO_3 \Longrightarrow MO + CO_2 \qquad\qquad 反应（2-18）$$

2.3.1.3　影响烧结过程 CO_x 生成量的因素

A　原料条件

不同的烧结原料，烧结烟气组成也不同。通常用燃烧比 $V(CO)/[V(CO) + V(CO_2)]$ 来衡量烧结过程中碳的化学能利用程度，燃烧比大则碳的利用效果差，还原性气氛较强，反之碳的利用效果好，氧化气氛较强。烧结料层中燃料燃烧时除空气供给氧外，混合料中某些铁的氧化物所含的氧也是燃料活泼的氧化剂，也将参与氧化还原反应。例如烧结赤铁矿、软锰铁矿时，烧结烟气中氧的总量往往高于烧结磁铁矿的。这是由于在燃烧带高温作用下，铁氧化物将会发生热分解、还原和氧化反应。

B 混合料水分

随着混合料水分含量的提高，烟气中 CO_2 的浓度升高，CO 浓度却有所降低。因此，燃烧比也在降低，这一现象说明水分含量提高后，碳素利用效果好，焦粉得到充分燃烧。

一般来说，固体燃料在完全干燥的物料中燃烧缓慢，但当混合料中的水分达到一定含量时，在高温燃烧过程中可分解形成 H^+ 和 OH^-，根据链式燃烧机理，火焰中的 H^+ 和 OH^- 能够促进 CO、C 的链式燃烧，使固体燃料的燃烧速度加快，从而起到助燃的作用[5]。

C 碱度

随着烧结矿碱度的提高，烧结过程排放的 CO_2 浓度也有所提高，而 CO 浓度有所降低，燃烧比也随之降低。这是由于烧结生产通常采用提高生石灰或石灰石配比来提高碱度：一方面石灰石分解会释放 CO_2；另一方面生石灰消化放热不但可以预热混合料，还会形成胶体颗粒，从而提高混合料成球性指数，改善料层透气性，有利于 O_2 的扩散，使焦粉充分燃烧。

此外，在一定焦粉配比下，提高碱度有利于低熔点物质的形成，液相量增多，液相中的成分在高温下进行置换、氧化还原反应，产生气泡，使燃料不断地显露到氧位较高的气流孔道附近，加快燃烧反应的进行。

D 燃料配比及粒度

随着焦粉用量的增加，CO_2 和 CO 的浓度都将明显升高。由于耗氧量大幅增加，空气过剩系数降低，不完全燃烧反应比较强烈，因此 CO 的浓度出现一个很高的峰值。

燃料的粒度也是重要的影响因素之一。当燃料粒度变小时，碳的燃烧倾向于布多尔反应，燃烧比增大，烧结烟气中 CO 含量升高。

E 抽风负压

烧结负压的升高，使燃烧产生的 CO 来不及发生二次燃烧反应，导致烧结烟气中 CO 浓度增加，燃烧比升高。

F 料层高度

单纯提高料层厚度，由于单位面积穿过料层的有效风量减少，供给的氧含量相应减少，加剧了燃料的不完全燃烧反应，燃烧比增大。反之，由于料层的自动蓄热作用，厚料层烧结可降低燃料配比，使下部料层内氧化气氛增强；且料层提高后烧结时间延长，这都使燃烧比减小，CO_2 浓度升高。

料层高度提高时，燃烧比呈现出先升高后降低的趋势，这是因为随着料层高度的增加，燃料分布密度增大，烧结时间延长；同时，由于料层的自动蓄热作用，烧结料层内温度高，氧化气氛强，CO_2 浓度高。

G　返矿量

适量增加返矿量，混合料的平均粒径增大，原始料层透气性提高，供氧量增加；同时，混合料中燃料分布密度减小，耗氧量减少，这都使燃料燃烧更充分，即燃烧比降低。但返矿量过高，由于返矿为低熔点物质构成，烧结时液相量增大，燃烧带加厚，烧结过程透气性变差，燃烧比增大。

2.3.2　烧结过程水蒸气的形成

2.3.2.1　烧结料中水分蒸发和冷凝的规律

当烧结过程开始，烧结料层的水分就会沿着料层不同高度和烧结的不同阶段而出现一系列的蒸发和冷凝现象。从点火起，水分就开始受热蒸发，转移到废气中，废气中水蒸气的实际分压不断升高。受烧结烟气压力低、传热速度快、水分子与物料粒子亲和力强的影响，一般认为烧结干燥带终了温度为150℃。当含有水蒸气的热废气穿过下层冷料时，由于温度差的存在，废气将大部分热量传给冷料，而自身的温度和物料表面饱和蒸汽压不断下降。当废气中水蒸气的实际分压高于饱和蒸汽压时，废气中的水汽就开始在冷料表面冷凝，冷凝的温度称为露点，烧结废气的露点为60℃左右。冷凝层就像过湿带的"前沿"，在气流运动方向发生移动，而在它经过的地方变成过湿带。当干燥带下面全部变成过湿带后，其温度等于干燥带排出气体的温度，从此开始，干燥带蒸发的水分与废气一并从烧结料中排出。

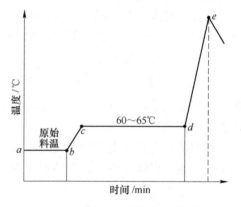

图 2-10　烧结杯烧结过程废气温度的变化

整个烧结料层过湿完成的时间可以根据炉箅底下的废气温度的变化来判断。图 2-10 为烧结废气温度曲线的一般特征[2]，点火后 2~3min 内即完成全料层的过湿过程，废气温度从原始料温跳跃至露点温度后，废气中的水分在穿越料层时不再发生冷凝，废气的温度一直保持到约 10min 后干燥层接近炉箅为止。

2.3.2.2　烧结烟气中水汽含量计算

以一台 600m² 烧结机为例，若烧结混合料中含水 7.2%，料温为 20℃，烧结料堆密度为 1.8t/m³，烧结机机速为 2.6m/min，台车宽度为 5.5m，料层高度为 900mm，单位面积单位时间烧结有效风量（标态）为 28m³/(m²·min)。根据以上数据可以求出通过烧结烟道废气的水汽含量。

每分钟从烧结料中抽走的水汽质量为：

$$2.6 \times 5.5 \times 0.9 \times 1.8 \times 0.072 = 1.668\text{t/min} = 1668000\text{g/min} \quad (2\text{-}17)$$

单位面积单位时间烧结料中抽走的水汽体积量（标态）为：

$$\frac{1668000 \times 22.4}{18 \times 1000 \times 600} = 3.46\text{m}^3/(\text{m}^2 \cdot \text{min}) \quad (2\text{-}18)$$

式中　22.4——标准状态下气体摩尔体积，L/mol；

　　　18——H_2O 的平均摩尔质量，g/mol。

除烧结料层水蒸发而形成的水蒸气外，忽略其他烧结反应对总气体量的贡献，每分钟通过烧结料层的废气量（标态）（包括水蒸气）为：

$$(28 + 3.46) \times 600 = 18876 \text{ m}^3/\text{min} \quad (2\text{-}19)$$

如果大气湿度（标态）为30g/m³，则烧结废气（不包括漏风）中的水汽含量（标态）为：

$$\frac{1668000 + 28 \times 600 \times 30}{18876} \times \frac{22.4}{18} = 143\text{L/m}^3 \quad (2\text{-}20)$$

根据饱和蒸汽压图表，可查得穿过料层废气的露点温度。在已知漏风率的情况下，同样可得出总烧结烟气中的水汽含量及露点温度。

2.3.2.3　影响烧结过程水蒸气生成量的因素

烧结料中的水分主要来源有四个方面：一是物料自身带入的；二是烧结料混合制粒时加入的；三是空气中带入的；四是烧结物理化学反应所产生的。水分在烧结过程中的作用主要体现在以下四个方面：一是粉状的烧结料中加入适量水有助于混合料的成球；二是由于水分的导热系数远高于矿石的，烧结料中水分的存在可以改善烧结料的导热性；三是水分子覆盖在矿粉颗粒表面，起类似润滑剂的作用，减小了气流阻力；四是水分在高温下可与固体碳发生水煤气反应，生成 CO 和 H_2，利于固体燃料的燃烧。

不同烧结料的适宜水分含量不同，通常物料粒度越细，比表面积越大，所需适宜水分就越高，烧结最适宜水分是以使混合料达到最高成球率或最大料层透气性来确定的。此外，适宜水分与原料类型关系很大，研究表明松散多孔的褐铁矿烧结时所需水量可达20%，而致密的磁铁矿烧结时适宜水量为6%~9%[2]。

2.3.3　烧结过程 SO_x 的形成

2.3.3.1　SO_x 形成机理

烧结工序 SO_x 排放量约占钢铁工业总排放量的70%，烧结过程中吨烧结矿 SO_x 的产生量大约为 0.8~2kg，排放浓度一般在 300~10000mg/m³。图 2-11 为国内某烧结厂原燃料条件下硫的来源，由铁原料带入到烧结混合料中的硫占了烧结混合料总硫量的 73.08%，由燃料带入的硫占 18.39%，由熔剂带入的硫占

6.61%，由返矿带入的硫比例更低，只有 1.92%[5]。由此可知，烧结过程所释放的 SO$_x$ 气体绝大部分是由铁原料带入的硫形成，其次是燃料。因原燃料产地不同，不同烧结原料中硫含量变化幅度高达十倍。

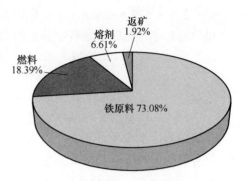

图 2-11　某烧结厂烧结过程中
各原料带入硫的比例

　　硫的存在形态不同，去除方式和效果也不同。研究硫化物氧化和硫酸盐分解的热力学可知，以硫化物和有机硫形态存在时，较易去除，以硫酸盐形态存在时，不易去除。硫化物通常在氧化反应中脱除，脱除易于进行，一般脱硫率可达 90% 以上，甚至可达 96%~98%。以硫酸盐形式存在的硫则在分解反应中脱除，需要很高的温度和较长的时间，在较好的情况下脱硫率也可达到 80%~85%。

　　黄铁矿（FeS$_2$）是铁矿石中经常遇到的含硫矿物，它具有较大分解压，在空气中加热到 565℃ 时很容易分解出一半的硫，因此，在烧结的条件下可能分解出元素硫。

　　黄铁矿氧化，在较低的温度（280℃）就开始了，当温度较低时，从黄铁矿着火温度（366~437℃）到 565℃，硫的蒸气分解压还较小。黄铁矿的氧化脱硫反应如下：

$$2FeS_2 + 11/2O_2 = Fe_2O_3 + 4SO_2 \qquad 反应（2-19）$$
$$3FeS_2 + 8O_2 = Fe_3O_4 + 6SO_2 \qquad 反应（2-20）$$

　　当温度高于 565℃ 时，黄铁矿分解，分解产物 FeS 及 S 的氧化反应同时进行，其反应式如下：

$$FeS_2 = FeS + S \qquad 反应（2-21）$$
$$S + O_2 = SO_2 \qquad 反应（2-22）$$
$$2FeS + 7/2O_2 = Fe_2O_3 + 2SO_2 \qquad 反应（2-23）$$
$$3FeS + 5O_2 = Fe_3O_4 + 3SO_2 \qquad 反应（2-24）$$
$$SO_2 + 1/2O_2 = SO_3 \qquad 反应（2-25）$$

　　当温度低于 1250~1300℃ 时，FeS 的燃烧主要按反应（2-23）进行，生成 Fe$_2$O$_3$；当温度更高时，按反应（2-24）进行生成 Fe$_3$O$_4$，因此在这种情况下，Fe$_2$O$_3$ 的分解压开始明显地增大了。在有催化剂存在的情况下（如 Fe$_2$O$_3$ 等）SO$_2$ 可能进一步氧化成 SO$_3$。

　　硫酸盐的分解需要较高的温度（硫酸钙理论分解温度高于 1200℃），CaSO$_4$ 在 Fe$_2$O$_3$（SiO$_2$ 和 Al$_2$O$_3$ 等）存在和 BaSO$_4$ 在 SiO$_2$ 存在的情况下，可以改善这些硫酸盐分解的热力学条件：

$$CaSO_4 + Fe_2O_3 = CaO \cdot Fe_2O_3 + SO_2 + 1/2O_2 \qquad 反应（2-26）$$

$$BaSO_4 + SiO_2 = BaO \cdot SiO_2 + SO_2 + 1/2O_2 \qquad 反应（2-27）$$

对于有机硫则按如下过程进行：

$$有机硫 \longrightarrow 分解为中间产物（主要为 H_2S） \qquad 反应（2-28）$$

$$2H_2S + 3O_2 = 2SO_2 + 2H_2O \qquad 反应（2-29）$$

$$H_2S + CO = H_2 + COS \qquad 反应（2-30）$$

$$H_2S + CO_2 = H_2O + COS \qquad 反应（2-31）$$

$$2COS + 3O_2 = 2CO_2 + 2SO_2 \qquad 反应（2-32）$$

2.3.3.2 影响烧结过程 SO_x 生成量的因素

由于烧结过程脱硫率较高，且无需额外的燃料消耗，而炼铁工序脱硫能耗较高、炼钢工序脱硫难度较大，因此更希望在烧结过程完成含铁原料的脱硫。影响烧结脱硫的主要因素有以下几点。

A　矿石的粒度和品位[2]

矿石粒度小，则物料比表面积大，有利于脱硫反应，矿石中硫化物和硫酸盐的氧化和分解产物也易于从内部排出；但粒度过小时，烧结料层的透气性变差，抽入的空气量减少，不能供给充足的氧量，同时硫的氧化产物和分解产物不能迅速从烧结料层中带走，也对脱硫不利。粒度过大时，虽然外部扩散条件改善了，但内扩散条件就变得更困难了，也不利于脱硫。研究表明，脱硫较适宜的矿石粒度为 0~1mm 与 0~6mm 之间，但考虑生产过程中破碎筛分条件的经济合理性，采用 0~6mm 或 0~8mm 矿石粒度是较为合理的。

矿石含铁品位高含脉石成分少时，一般软化温度较高，这时烧结料需在较高的温度下才能生成液相，所以有利于脱硫。

B　混合料含硫量[5]

由图 2-12 可见，当混合料含硫量为 0.05% 时，SO_2 峰值浓度（标态）在 600mg/m³ 左右，而当混合料含硫量提高到 0.20% 时，SO_2 峰值浓度（标态）提高到了约 2400mg/m³，即在其他条件相同的情况下，随混合料含硫量成倍增加，烧结烟气中的 SO_2 排放浓度也呈倍数增加。因此，减少烧结过程中的 SO_2 排放量最直接而有效的方法，便是在条件允许的情况下，尽量采用含硫量更低的原料，减少从源头带入的总硫量，也就是污染物治理的源头控制法。

C　烧结矿碱度和添加物的性质[2]

提高烧结矿的碱度，导致烧结矿的液相增加，烧结层的最高温度降低，烧结速度加快，高温保持时间缩短以及高温下石灰的吸硫作用强烈等，这些条件均对脱硫不利，所以随着碱度提高，烧结矿的脱硫率明显地下降（见表 2-7）。

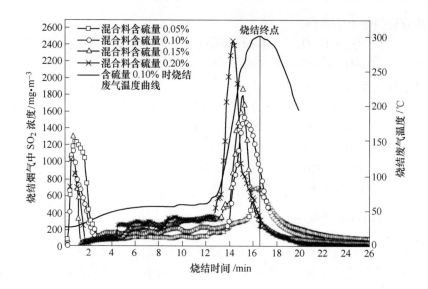

图 2-12　混合料含硫量对烧结烟气 SO_2 浓度分布的影响

表 2-7　烧结矿碱度对脱硫率的影响

指　标	烧结矿碱度			
	0.4	1.0	1.2	1.4
烧结料含硫/%	0.450	0.400	0.382	0.362
烧结矿含硫/%	0.040	0.042	0.043	0.050
脱硫率/%	91.2	89.4	88.7	86.2

　　添加物的性质对脱硫有不同的影响，消石灰和生石灰对废气中 SO_2 和 SO_3 吸收能力强，对脱硫不利。白云石和石灰石粉粒度较粗，比表面积较小，在预热带分解出 CO_2，阻碍对气体中硫的吸收，对脱硫较前两者有利。在烧结料中添加 MgO 有可能提高烧结料的软化温度，对脱硫是有利的。

　　D　燃料用量和性质[2]

　　燃料的用量可直接影响到烧结料层中的最高温度水平和气氛，FeS 在 1170～1190℃时熔化，当有 FeO 存在时 940℃ 就可熔化。燃料用量增多时，料层温度高，还原气氛增强，烧结料中 FeO 增多，FeO-FeS 组成易熔的共晶混合物，液相增多，料层透气性变差，降低了硫化物与氧接触的几率，妨碍了脱硫。同时，空气中的氧主要为燃料所消耗，也不利于硫化物的氧化。相反，燃料用量不足时，料层温度低，脱硫条件也变坏。因此，烧结时燃料用量要适宜、燃料的配比要求精确。燃料配比对脱硫的影响如图 2-13 所示。

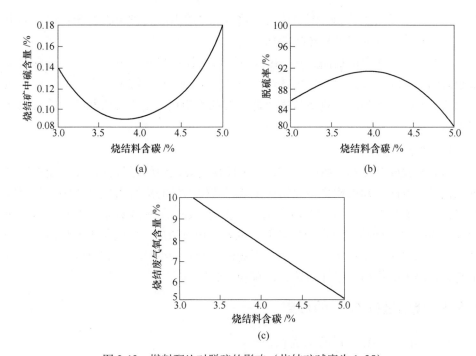

图 2-13 燃料配比对脱硫的影响（烧结矿碱度为 1.25）

（a）对烧结矿中硫含量的影响；（b）对脱硫率的影响；（c）对烧结废气氧含量的影响

燃料用量增加，所产生的高温和还原性气氛对硫酸盐的分解是有利的。

一般来讲，燃料的用量对硫化物和硫酸盐中硫脱除是有矛盾的，前者需要氧化性气氛，而后者需要中性气氛或弱还原性气氛；前者不需要过高的温度，而后者需要有足够的温度水平。如果同一烧结料中既有硫化物又有硫酸盐存在时，就应该考虑含硫矿物以哪种为主，合理调整燃料的用量。在考虑合适的燃料用量时，必须估计到烧结料中硫化物含的硫氧化时所产生的热量。一般地，认为 1kg FeS_2 氧化成 SO_2 时产生的热量相当于 0.23kg 中等质量的焦炭燃烧产生的热量。所以矿石中含硫愈多，烧结所用的燃料就要相应减少，配料时大致可按矿石中含硫 1%代替 0.5%的焦粉来计算。

燃料中的硫以无机硫和有机硫两种形态存在，有机硫的分解需要在较高的温度下进行。焦粉中的硫主要是以无机硫的形式存在，相比无烟煤更易于脱除。

E　混合料水分

含铁原料和燃料中的含硫化合物在氧化、分解反应中生成的 SO_2 气体极易溶于水蒸气和水，从而随烟气或水分向下迁移，在通过烧结料层的干燥预热带和过湿带时，SO_2 被吸附在矿石的表面或与 $Ca(OH)_2$ 形成亚硫酸钙被吸附在料层中。随着烧结不断进行，干燥预热带和过湿带也不断向下迁移，SO_2 被吸附的过程循环累积，当干燥预热带和过湿带消失，接近烧结终点时，被吸附的SO_2以气体形式被全部释放，形成了SO_2浓度峰值。

而混合料中水分的提高，SO_2在水蒸气和水分中溶解并被干燥预热带和过湿带吸附的几率增大，使得SO_2的浓度峰值特征更加明显，峰值区间更加集中，两个峰值之外的区间SO_2的排放浓度更低，有利于SO_2的富集排放和后续的分段净化处理。

F　返矿的数量[4]

返矿对脱硫有互相矛盾的影响，一方面改善烧结料的透气性，促使硫的顺利脱除；另一方面引起液相更多更快地生成，致使大量的硫转入烧结矿中。有研究指出：当返矿从15%增至25%时烧结矿中含硫增加，脱硫率降低；当返矿进一步增加到30%时，烧结矿中含硫量降低，脱硫率相应增加。可能是当返矿由低增加到25%，后一种因素起了主导作用，对脱硫不利；当继续增加到30%时，矛盾发生转化，前者的作用居主导地位，而有利于脱硫。

2.3.4　烧结过程NO_x的形成

2.3.4.1　烧结烟气NO_x的形成机理

烧结工序NO_x排放量约占钢铁工业NO_x总排放量的48%，烧结过程中产生的氮氧化物98%以上均为NO，只有极少量的NO_2产生，因此通常以NO的量来表征NO_x的量。

在竖式电炉中分别单独加热铁矿石和焦粉，NO_x排放浓度如图2-14所示。可知，当赤铁矿或磁铁矿单独焙烧时，废气中几乎没有NO_x生成，而焦粉燃烧过程，烟气中生成了大量的NO_x，这表明烧结烟气中NO_x主要来源于固体燃料的燃烧[6]。

众多前期研究一致表明[7~9]：根据产生类型的不同，燃料燃烧的过程中，生成NO_x的途径有以下三个方面：

（1）热力型NO_x，它是高温条件下，空气中的N_2分子撞击O_2分子后发生链式反应生成的。苏联科学家捷里道维奇通过实验研究，总结提出了热力型NO_x的生成机理，热力型NO_x的生成速度与温度呈指数关系，随着温度的升高而迅速增加。当燃烧温度低于1500℃时，几乎观察不到热力型NO_x的生成反应，只有当温度高于1500℃时，NO_x的生成才陡然明显起来，且温度每增加100℃，NO_x的生成速率将增加6~7倍。影响热力型NO_x生成量的主要因素是温度、氧浓度以及在高温区停留的时间。

（2）燃料型NO_x，它是燃料中含有的氮化合物在燃烧过程中热分解而又接着氧化生成的NO_x。燃料型NO_x的生成机理非常复杂，不仅和煤种特性、煤的结

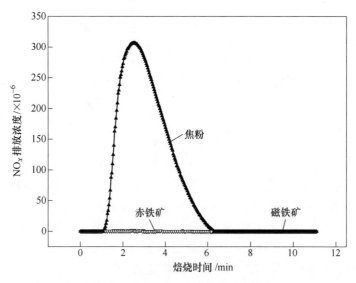

图 2-14 单一物料加热时 NO_x 的排放

构、燃料中的氮受热分解后在挥发分和焦炭中的比例、成分和分布有关，而且大量的反应过程还和燃烧条件如温度和氧及各种成分的浓度等密切相关。煤炭中的氮与各种碳氢化合物结合成氮的环状化合物或链状化合物，在煤被加热时，氮的有机化合物被分解成氰（HCN）、氨（NH_3）等中间产物，同挥发分一起析出，称之为挥发分氮；析出挥发分氮以后，仍残留在焦炭中的氮化合物为焦炭氮。煤燃烧时由挥发分生成的 NO_x 占燃料型 NO_x 的 60%~80%。HCN 的转化路线如图 2-15 所示，HCN 与 O 反应生成 NCO 基团，在氧化气氛中该基团会进一步被氧化成 NO，在还原气氛中该基团会进一步与 H 反应生成 NH 基团，NH 基团在氧化气氛中可以被氧化成 NO，同时也可以将已生成的 NO 还原成 N_2。NH_3 的转化途径如图 2-16 所示，NH_3 与 O_2 反应主要生成 N_2 和 NO，NH_2 和 NH 是重要的中间产物。煤燃烧时由焦炭 N 所生成的 NO_x 占燃料型 NO_x 的 20%~40%，焦炭 N 向 NO 转化的反应机理非常复杂，有研究认为焦炭 N 可以直接通过表面多相化学反应生成 NO_x，也有研究认为焦炭 N 的转化类似于挥发分 N 的转化，至今未有统一结论。

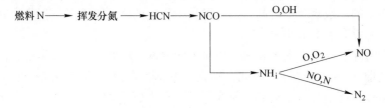

图 2-15 挥发分氮中 HCN 的氧化途径

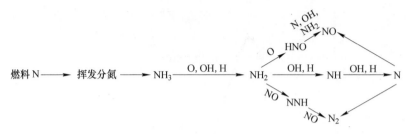

图 2-16　NH_3 的主要反应途径

（3）快速型 NO_x，它是碳氢化合物的燃料燃烧时，产生的烃等撞击燃烧空气中的 N_2 分子而生成 CN、HCN，然后 HCN 等再被氧化成的 NO_x。快速温度 NO_x 只有在比较富燃的情况下，即在碳氢化合物 CH 较多，氧浓度相对较低时才发生，其生成量很小，一般在总 NO_x 排放量的 5% 以下。一般情况下，对不含氮的碳氢燃料在较低温度燃烧时，才重点考虑快速型 NO_x。

由于烧结时，点火温度（1150℃±50℃）和燃烧带温度（<1400℃）均不足 1500℃，热力型 NO_x 产生量极少。此外，烧结通常采用焦粉和无烟煤为固体燃料，过剩空气系数远大于 1.0，快速型 NO_x 的生成可能性较小。因此，烧结过程烟气中 NO_x 主要为燃料型 NO_x。

2.3.4.2　影响烧结过程 NO_x 生成量的因素

A　燃料种类的影响

燃料性 NO_x 的大部分为挥发分 N 所生成，随着燃料挥发分含量的增加，燃料 N 的转化率和 NO_x 排放总量也随之增大。焦炭氮向 NO 的转化率随着煤阶程度的提高而增大。这是因为在煤阶程度高的煤中，氮一般以六元环的吡啶型氮存在，吡啶型氮的释放较为困难，经历高温热处理后更多的氮会残留在焦炭结构边缘或转化为镶嵌在焦炭大分子内部的质子化吡啶氮；另一方面随着煤阶程度的提高，煤中的挥发分减少，使得热解过程中挥发分的释放导致的煤焦颗粒发生二次破碎的几率减少，所得煤焦活性弱，在焦炭颗粒孔隙内部发生异相还原的 NO 量降低。焦炭氮向 NO 的转化率与焦炭氮含量之间的关系尚未有统一结论，有些研究认为煤中的焦炭氮含量越高，燃烧过程中生成的 NO 便越多，有些研究则认为两者之间并没有太大的相关性。

通常情况下，与无烟煤相比，焦粉中的含氮量较低，所以以焦粉为固体燃料时，烧结烟气中 NO_x 量低。因此，梅钢、宝钢、石钢、安钢等烧结企业将"优化燃料结构，选用含氮量低的焦粉或煤粉"作为控制 NO_x 排放的主要措施之一。

B　燃料量的影响

由于烧结烟气中的 NO_x 主要是由燃料燃烧产生的，燃料配比的增加即意味着烧结原料中 N 含量的增加，在空气量足够的情况下，随着碳燃烧反应的进行，燃料 N 与 O_2 的结合也相应增加，导致燃料转化率上升；但燃料用量继续上升使得其需要更多的氧气来进行燃烧反应，在空气流量一定的情况下，烧结过程中空气过剩量减少，燃料不完全燃烧程度增大，产生大量 CO，还原气氛增强，抑制了燃料 N 向 NO_x 的转化。综上，燃料用量对 NO_x 氧化反应的生成量与还原反应的消耗量均有影响，但合理控制混合料中燃料添加量可有效减少烧结 NO_x 的排放总量。

C 燃料粒度的影响

燃料粒度对 NO_x 排放浓度的影响机理比较复杂，NO_x 的排放浓度受燃料 N 的氧化与 NO_x 的还原二者双重影响。随着燃料粒度的减小，单位质量焦炭参与化学反应的比表面积相应增大，燃料反应性提高，有利于 C 的燃烧反应进行，进而促进燃料 N 向 NO_x 的转化；但与此同时，挥发分氮含量增加，导致着火提前，耗氧速度加快，因而炭粒表面极易形成还原性气氛，且 NO_x 与焦炭接触面积增大，这可以促进 NO_x 的还原反应。文献资料表明[6]：存在一个燃料粒度的临界值，使得 NO 排放达到最低，小于或超过此值，NO 排放浓度均升高，且这个临界值随着燃料种类的不同而变化，产生这种现象的原因可能与氮在不同煤种中存在的形式不同有关。

D 混合料水分的影响

适当提高烧结混合料的水分配比，有助于混合料制粒，以改善料层的透气性，从而使得单位时间有更多的风通过烧结料层，有利于燃料的燃烧，进而促进了燃料 N 向 NO_x 的转化。当水分配比过高时，可能出现过湿带的过湿程度太高，以致气体通过过湿带的阻力增加，不利于燃料的燃烧，料层温度下降，且燃料处于 O_2 相对贫乏的条件下，致使燃料 N 的转化率下降。因此，相同燃料量下氮的释放量随着混合料水分配比的增加呈先升高后降低的趋势。

烟气中 NO_x 浓度的高低不仅与其生成总量有关，而且还与单位时间内通过料层的空气量有关，随着混合料水分配比的增加，料层透气性得以改善，使得单位时间内通过混合料层的空气量变大，稀释烟气中 NO_x 的浓度。

E 碱度及 CaO 含量的影响

随着混合料碱度的提高和 CaO 含量的增加，相同燃料量下氮的释放量呈现总体降低的趋势。CaO 能参与到燃料的燃烧反应中，燃料氮与 CaO 反应生成易分解的 Ca-N 中间产物，Ca-N 在一定条件下又与 O_2 进一步反应生成 N_2，从而降低了 NO_x 的生成量，反应如下所示：

$$CaO + fue\text{-}N \longrightarrow CaC_xN_y + CO \qquad \text{反应 (2-33)}$$

$$CaC_xN_y + O_2 \longrightarrow CaO + CO + N_2 \qquad \text{反应 (2-34)}$$

在上述反应中可以看出 CaO 作为催化剂促进了燃料 N 向 N_2 的转化。此外，

CaO 还能与铁矿石中的 Fe_2O_3 反应生成铁酸钙，铁酸钙作为催化剂能促进 CO 还原 NO 反应的进行[10~12]，从而减小 NO_x 的生成量，发生的反应如下所示：

$$CO+NO \xrightarrow{\text{铁酸钙催化}} CO_2+\frac{1}{2}N_2 \qquad \text{反应（2-35）}$$

由于 CaO 在燃料燃烧过程中的直接催化作用和与其他反应物生成的催化剂的间接催化作用促进了 CO 还原 NO 反应的进行，从而降低了烧结过程中 NO 的生成量，因此，提高混合料的碱度有利于烧结 NO 的减排。

F   返矿量的影响

返矿对烧结 NO_x 的生成有两方面的影响，一方面改善烧结料的透气性，缩短了烧结时间和 NO_x 的排放时间；另一方面由于返矿的主要成分为铁酸钙，对 CO-NO_x 的同相催化还原效果显著。因此，适量增加返矿含量有利于减少烧结 NO_x 的排放。

G   料层厚度的影响

料层高度的增加会影响到料层的透气性，在其他条件不改变的情况下，随着料层垂直高度的增加，料层透气性变差，穿过料层的总风量减少，在 NO_x 生成总量不变的情况下，烧结烟气中 NO_x 的浓度增加。但随着料层的加厚，由蓄热效应带来的低碳、低温、高氧势环境，可使料层中生成更多的铁酸钙，这将促进已生成的 NO_x 被还原为 N_2，有助于 NO_x 的减排。

2.3.5 烧结过程二噁英的形成

2.3.5.1 烧结过程二噁英的生成机理

二噁英通常指具有相似结构和理化特性的一组多氯取代的平面芳烃类化合物，属氯代含氧三环芳烃类化合物，包括 75 种多氯代二苯并-对-二噁英（polychlorinated dibenzo-p-dioxins，PCDDs）和 135 种多氯代二苯并呋喃（polychlorinated dibenzofurans，PCDFs），简称为 PCDD/Fs。研究最为充分的有毒二噁英为 2 位、3 位、7 位、8 位被氯原子取代的 17 种同系物异构体单体（congenor），其中，2，3，7，8-四氯二苯并-对-二噁英（2，3，7，8-TCDD）是目前所有已知化合物中毒性最强的二噁英单体，且还有极强的致癌性和极低剂量的环境内分泌干扰作用在内的多种毒性作用。

二噁英的产生主要有 3 种途径[13]：

（1）前驱体合成：含氯的前驱体化合物，如多氯联苯、氯酚、氯苯等，在碱性环境下的燃烧过程中，发生 Ullman 反应形成二噁英，或者通过飞灰表面催化作用形成二噁英。

含氯的前驱体化合物有两个来源：一是煤粉和焦炭的烧结燃烧过程中生成；

二是来自烧结配料中的除尘灰等回用物质。前驱物在 500~800℃ 的温度带或在 340℃ 时有氧存在的情况下都有可能发生合成反应生成二噁英。铜元素是前驱物生成二噁英的重要催化剂。

（2）从头合成：在 250~450℃ 范围，大分子碳（残碳）与飞灰基质中的有机氯或无机氯经金属离子催化反应生成酰氯（卤化物），酰氯被氧化生成 CO_2 和二噁英。燃烧不充分时，烟气中会产生过多的未燃尽物质，在气体冷却阶段并存在氯源的条件下，遇到合适的触媒，高温燃烧中已经分解的二噁英将会重新生成。

$$Cl+Hydrocarbon \xrightarrow{Cu^{2+}} Hydrocarbon-Cl+O_2 \longrightarrow CO_2+PCDD/Fs \text{ 反应 (2-36)}$$

（3）热分解反应生成：含有苯环结构的高分子化合物经加热发生分解而生成二噁英，芳香族物质和多氯联苯在高温下分解可生成大量二噁英。此反应的发生必须具备 4 个条件：含苯环结构的化合物（热分解产生、碳氢化合物合成或者不完全燃烧生成等）、氯源、催化剂和合适的生成温度（350℃ 左右）。

烧结是仅次于城市垃圾焚烧炉的第二大二噁英类污染物排放源，产生的二噁英同类物以 PCDFs 为主，其总浓度比 PCDDs 的总浓度高 10 倍左右，而在 PCDDs 中又以高氯代 PCDDs 为主。大部分烧结机二噁英排放浓度均低于 $1ng\text{-}TEQ/m^3$，但也存在处于 $1~5ng\text{-}TEQ/m^3$ 范围内的烧结机。从二噁英的合成条件来看，烧结过程存在氯源，即回收的废铁、炉渣及返矿和铁矿中的含氯化物、有机氯成分等，尤其是进口铁矿石，在海运和码头存放时，浸入了大量海水，额外增加了氯化物的含量。固体燃料在燃烧过程中会产生一定量的残碳，还含有可作为催化剂的铜、铁等过渡金属离子，氧气充足，烧结料层中干燥预热带的温度为 250~450℃，具备了二噁英从头合成反应的条件[14]。这进一步论证了烧结过程二噁英的合成机理以从头合成为主，而由前驱体合成和热分解反应生成的二噁英数量则相对较少。烧结生产过程二噁英的生成行为如图 2-17 所示[13]。随着火焰前沿的下移而向料层下部传输，在达到温度较高的燃烧带时，二噁英被高温分解，其裂解产物随负压抽风继续被带到料层下部。当流经温度为 250~500℃ 左右的干燥预热带时，适宜的环境和温度条件促使裂解产物在这里发生反应并相互结合，重新生成二噁英，并在下方的过湿带中凝结富集，直到烧结物料温度上升至足够高而无法继续凝结后，随烧结烟气一同排出。

2.3.5.2 影响烧结过程二噁英生成量的因素

A 混合料中氯元素含量[15]

氯是二噁英合成的必要元素，对二噁英的形成有着显著影响，原料中氯质量分数提高，导致二噁英排放浓度提高。在 PCDD/Fs 形成过程中，Cl 以 HCl、ClO 和 Cl_2 等 3 种形式存在。在气相条件下，ClO 可取代苯环上的氢原子，或者直接

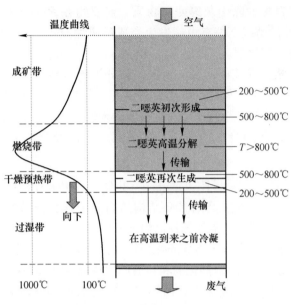

图 2-17　二噁英的生成行为

攻击苯环，从而形成两种重要反应产物氯苯和氯酚，为二噁英的生成提供了前驱体化合物。而在气固相反应中，在铜或者其他过渡金属催化下，固体碳表面形成C—Cl 键，为二噁英的从头合成提供了条件。

　　烧结料中氯浓度通常为 $50 \sim 200 \mu g/g$，主要以 KCl 和 NaCl 的形式存在。烧结厂中电除尘灰，氯的浓度约为 4%，对 PCDD/Fs 的形成有着显著影响。而高炉灰中氯含量较低，一般为 0.17%，形成的 PCDD/Fs 量较少。Gullett B K[16]实验中使用 KCl 和 NaCl 来模拟电除尘灰，当 Cl 浓度超过 $200 \mu g/g$ 时，PCDD/Fs 的形成量显著提高。烧结厂中电除尘灰，焦炭燃料，甚至铁矿石中的氯大多以氯化物的形式存在，也可能存在于磷酸盐和一些较低级铁矿石，如氯磷灰石 $Ca_5(PO_4)_3Cl$。

　　B　混合料中铜元素含量[15]

　　铜元素是二噁英合成的重要催化剂，对二噁英的前驱体合成和从头合成反应都具有促进作用，烧结原料中铜的质量分数提高会导致二噁英排放量大幅增加。

　　铁矿石中 Cu 通常以黄铜矿的形式存在（$CuFeS_2$），还有部分以辉铜矿形式存在（CuS），其在二噁英合成过程中催化作用的大小，取决于烧结混合物中的挥发态 Cl 的含量、火焰前缘焦炭颗粒燃烧时产生的瞬时还原环境。而相同环境下通常认为 Cu 元素的催化活性为 $CuCl_2 > CuO > Cu > CuSO_4$，其中 $CuCl_2$ 既可以作为催化剂，又可以作为氯源；CuO 能够与 HCl 反应形成 $CuCl_2$；金属 Cu 的反应活性则取决于其氧化形成的产物。实验中已经证明使用含硫阻滞剂可以将 Cu 转

化成 $CuSO_4$，抑制 Cu 的催化作用。

另有研究表明，除铜以外的其他过渡金属（如 Ni、Cu、Cr）的单质和化合物同样可以催化二噁英的合成。由于烧结回收料中 Cu 和其他具有类似催化作用的过渡金属化合物含量较高，因此当烧结原料中回收料配比提高时，二噁英的合成和排放量也会提高。

C 燃料性质[17,18]

一般认为挥发性有机物的存在，有助于二噁英的形成。相比焦粉，无烟煤挥发分略高，增加烧结燃料中的无烟煤的配比会导致二噁英的排放量增加。另外，也有研究表明焦炭的粒度对二噁英的合成过程有影响，粒度在 0.25~0.5mm 的焦粉代替焦炭（1~3mm）时，二噁英的排放量增加了近 10 倍。因此，在烧结配料时要注意控制焦粉的粒度。

D 除尘灰

从头合成的二噁英主要来自于焦粉和加入原料中的静电除尘灰。烧结料中加入回收利用的炼钢废渣和冶金灰等也会促进烧结过程二噁英的合成，这是由于飞灰中不仅含有未完全燃烧的炭黑，还含有氯元素。炭黑大都由复杂碳氢化合物构成，这些碳氢化合物，在烧结床的低温区域容易氯化形成二噁英。

E 抑制剂[15]

针对二噁英的生成机制及其影响因素，近年来开发了几类二噁英抑制剂，主要是通过去除氯素或者破坏金属催化剂来达到减排目的。含 N 和含 S 抑制剂中的孤对电子可与催化金属形成稳定的络合物，从而抑制催化剂的活性，有效降低了二噁英的产生量。具有代表性的含 N 抑制剂有尿素、三聚氰胺、氨水等，它们在烧结过程中分解的氨气会降低 HCl 的浓度，同时也会降低烧结料中 Cu 等过渡金属催化剂的活性，从而抑制二噁英的生成。硫化氢、硫化钠、含硫有机物等含 S 抑制剂在烧结过程中氧化得到的 SO_2 会与烟气中的 Cl_2 反应，形成低反应活性的 HCl，同时降低 Cu 转成催化作用较弱的 $CuSO_4$，达到抑制二噁英生成的目的，但是不可避免的增加了 SO_x 的排放量。

除了含 N 和含 S 两大抑制剂外，如 CaO、NaOH、NH_3 等碱性物质也是有效的抑制剂，能够与 HCl 通过酸碱反应形成盐，从而减少气相中的氯元素，将氯转移至颗粒相中，并被收集到除尘灰中。此外，碱性抑制剂还可以利用烧结过程中的高温对二噁英的前驱体发生降解作用，从而抑制二噁英的生成。但碱性物质中的 Na 和 K 会导致高炉内壁结瘤，不利于高炉操作。

F 温度

温度对二噁英的形成有非常重要的影响，从头合成反应中合成二噁英的适宜温度一般在 300℃ 左右，而火焰前缘下方垂直区域内（主要为干燥层）温度范围在 250~450℃，符合从头合成反应的条件，有利于二噁英的形成。当运用烟气循环烧结技术后，随着循环烟气温度的提高，二噁英的生成有增加的趋势。杨红博[14]研究了热风烧结对二噁英生成的影响，分别采用了200℃热风减焦10%、12%和17%来进行烧结杯试验，结果表明，采用热风烧结后随着焦粉用量的减少，二噁英总量呈上升趋势。但值得注意的是循环烟气中的二噁英在高温环境下会被分解，总体来看烟气循环烧结技术有利于二噁英减排。

2.3.6　烧结过程 VOCs 的形成

2.3.6.1　烧结过程 VOCs 的生成机理

对于挥发性有机物（volatile organic compounds）VOCs，在国际范围内并没有统一的定义。世界卫生组织的定义为：熔点低于室温而沸点在50~260℃之间的挥发性有机化合物。美国环保署的定义：挥发性有机化合物是除 CO、CO_2、H_2CO_3、金属碳化物、金属碳酸盐和碳酸铵外，任何参加大气光化学反应的碳化合物。欧盟国别排放上限指令 2001/81/EC 将其定义为除甲烷外的，能和氮氧化物在阳光照射作用下发生反应的任何人为源和自然源排放的有机化合物。在我国，不同的领域对此也有不同的概念。2015 年，环保部参考并采纳了美国环保署对 VOCs 的定义，在国家环境标准和地方环境标准中强制推行。

目前，我国大陆地区钢铁企业鲜有关于 VOCs 的排放数据报道。通过对 2004年间欧洲部分钢铁企业烧结过程 VOCs 排放量统计发现，不同企业排放差距很大，吨烧结矿甲烷排放为 35.5~412.5g、非甲烷挥发性有机物排放量为 1.5~260.9g。烧结过程中，VOCs 是由固体燃料、含油氧化铁皮等中的挥发性物质形成的，以气体形式排放，在某些操作条件下同时形成二噁英和呋喃。随烧结进行，燃料颗粒温度升高，内部有机挥发物呈气态挥发到气流中，随气流向下运动，下部温度较低，含有机挥发物的气流热交换后温度降低，其中有机挥发物根据沸点高低逐步冷凝。由于冷凝速度较快，同时形成微小颗粒的粉尘。

2.3.6.2　影响烧结过程 VOCs 生成量的因素

烧结过程碳燃烧环境有别于燃煤锅炉，燃煤锅炉中煤粉持续处于高温环境，热解过程产生的大部分挥发分将进行二次燃烧，最终变为 CO、CO_2、SO_2、NO_x、H_2O 等无机物。而烧结料层中的碳自下而上呈明显的温度梯度，在原始料带和过湿带中，温度低于100℃，固体燃料不会发生物理化学反应；在干燥预热带，温度处于 100~700℃，固体燃料进入热分解阶段，诸如烃类（烷烃、烯烃、芳香烃）、含氧有机物（醛、酮、醇、醚）、含氮有机物（氰、吡啶、胺）、含氯有机物、含硫有机物等挥发分被析出，并进入烧结烟气。这些挥发性有机物在进一步冷却后部分转变为超细粉尘（PM2.5 以下），另一部分仍以气态形式存在于烧结烟气中。VOC 类超细粉尘比电阻高，除尘效率较低，因此大部分的气态和固态

VOCs 将穿过烧结机头电除尘器随烧结烟气进入烟气净化装置。若烧结烟气中 VOCs 量过高，脱硫脱硝效率将有可能受到影响，影响程度和影响机理有待进一步研究。因此，烧结不可选用挥发分较高的烟煤和褐煤作为固体燃料，以防影响抽风、除尘及脱硫脱硝系统，通常采用挥发分较低的焦炭和无烟煤作为固体燃料，而这二者之间，由于焦粉在烧结前已历经热解和焦化过程，挥发分又低于无烟煤。

2.3.7 烧结过程其他有害元素

2.3.7.1 砷的脱除

铁矿石中的含砷矿物可能有：雌黄（As_2S_3）、砷华（As_2O_3）、雄黄（AsS）、砷黄铁矿（$FeAsS$）、含水砷酸铁（$FeAsO_4 \cdot 2H_2O$）和含水亚砷酸铁（$FeHAsO_3 \cdot nH_2O$）等。

在烧结条件下不可能出现单质砷，砷只能以 As_2O_3 和 AsH_3 转移到气相中，所以烧结时需将高价砷还原到三价，利用 As_2O_3 在 $275 \sim 320℃$ 升华的特点，脱砷才是可能的，高价砷氧化物的还原反应按下式进行：

$$As_2O_5 + 2CO = As_2O_3 + 2CO_2 \qquad \text{反应 (2-37)}$$

因此，增加燃料配比可以促进高价砷的脱除。

在燃料不足的情况下，即在氧化性气氛中，温度高于 $500℃$ 时，砷黄铁矿可以部分氧化成三氧化二砷：

$$2FeAsS + 5O_2 = Fe_2O_3 + As_2O_3 + 2SO_2 \qquad \text{反应 (2-38)}$$

含水砷酸铁和亚砷酸铁脱水和分解后，可以转变为三价氧化物的形式。首先在 $200 \sim 300℃$ 失掉一个 H_2O，而到 $400 \sim 500℃$ 可变为无水砷酸铁，后者在 $1000℃$ 以上按反应式 (2-39) 激烈分解：

$$2FeAsO_4 = Fe_2O_3 + As_2O_3 + O_2 \qquad \text{反应 (2-39)}$$

在 $600℃$ 左右，无水砷酸铁可以按下式进行还原：

$$2FeAsO_4 + C = Fe_2O_3 + As_2O_3 + CO_2 \qquad \text{反应 (2-40)}$$

$$2FeAsO_4 + 2CO = Fe_2O_3 + As_2O_3 + 2CO_2 \qquad \text{反应 (2-41)}$$

大部分的三氧化二砷在生成和升华过程中易与烧结料中的铁、氧化铁，特别是石灰生成化合物，三价砷化物按下式被氧化钙吸收：

$$CaO + As_2O_3 + O_2 = CaO \cdot As_2O_5 \qquad \text{反应 (2-42)}$$

所以生产熔剂性烧结矿时，对砷的脱除很不利，有的矿石甚至在碱度为 0.75 时，烧结料中的砷可能全部留在烧结矿中，如果烧结料中含 SiO_2 较高时，则可减弱 CaO 的影响，反应如下：

$$CaO \cdot As_2O_5 + SiO_2 = CaO \cdot SiO_2 + As_2O_5 \qquad \text{反应 (2-43)}$$

在烧结非熔剂性烧结料时，砷以 As_2O_3 或 AsH_3 的形式随气体排出。在燃

烧带升华的 As_2O_3，在以后气体被冷却时，重新以固体状态沉积下来，随着燃烧带的下移，下部料层中沉积下来的砷也就越多，所以，靠近烧结机的炉算处物料的脱砷率总是较上部物料低。因此，在烧结过程中砷的脱除是比较困难的。

据某些试验研究[2]，加入少量 $CaCl_2$（2%～5%）的烧结料，脱砷率可达近60%，添加2%的 HCl 可以脱除52%的砷，加入2%～5%的食盐，可以脱除烧结料中60%的砷。但由于氯化物在高温条件下会产生二噁英，将增加烧结工序的环境负荷，而且氯化物会腐蚀设备，上述方法工业上很少应用。

在1000℃下，用水蒸气处理成品烧结矿，砷脱除率可达50%～70%。联邦德国和美国的研究表明[2]，烧结含砷矿石，采用煤作燃料可以提高脱砷率，褐煤和烟煤中的许多挥发物具有脱砷能力，推测是与氧或氢反应形成三价砷化合物而进入气体。

As_2O_3 为极毒物质，故含 As_2O_3 废气须经精细除尘，方可排放。

烧结条件下的脱砷问题，至今尚未得到较好解决，有待继续研究。

2.3.7.2　氟的脱除

为改善高炉操作在烧结过程中希望去除含氟矿石的氟，烧结过程脱氟率一般可达10%～15%，操作正常时可达40%。烧结过程的脱氟反应机制研究得还不够，可能通过以下反应式去除：

$$2CaF_2 + SiO_2 =\!\!=\!\!= 2CaO + SiF_4 \qquad\qquad 反应（2-44）$$

生成的 SiF_4 很易挥发，但在料层下部可能部分被烧结料吸收，由反应式（2-44）可见，加入 CaO 对脱氟不利，而增加 SiO_2 则有利于脱氟。实验室研究表明[2]：石灰石加入量从9.13%增加到13.7%，可以使烧结矿中含氟量从0.95%增加到1.25%，同样条件下，将石英加入量从0.89%增加到4.59%时，可以使烧结矿中含氟量从1.35%降低到1.00%。

烧结过程加入一定量水蒸气，因为生成易挥发的 HF，可使脱氟程度提高1～5倍：

$$2CaF_2 + H_2O =\!\!=\!\!= CaO + 2HF \qquad\qquad 反应（2-45）$$

含氟废气危害人体健康，腐蚀设备，应当回收处理。我国某厂球团车间废气含氟400～700mg/m³，用碱法合成的方法，从废气中回收氟制成二级冰晶石。实践证明在烧结抽风系统增设喷石灰水去除废气中氟的设备，效果也很好。

2.3.7.3　铅、锌、铜和钾、钠的脱除[4]

铁矿石中含铅、锌的主要矿物有闪锌矿（ZnS）和方铅矿（PbS），要从中脱除锌和铅，需首先将它们氧化为 ZnO 和 PbO，再将氧化物还原为金属锌和金属铅,才能挥发,它们的沸腾温度分别是906℃和1717℃。锌和铅从烧结料中脱除的效果在很大程度上取决于烧结料层中燃料的配比。在一般情况下(含碳3%~6%)烧结料中的锌几乎完全不脱除,当燃料消耗增加到10%~11%时,可从烧结料中脱除约20%的锌。升华的锌可能很快地为氧所氧化生成氧化锌,然后在燃烧带的下部料层再沉积下来,所以脱锌率与烧结料下部区域的温度和气氛有很大关系。

但在烧结料中加入氯化物(2%~3% CaCl_2)后,将发生下列反应:

$$ZnS + CaCl_2 = CaS + ZnCl_2 \qquad \text{反应 (2-46)}$$
$$PbS + CaCl_2 = CaS + PbCl_2 \qquad \text{反应 (2-47)}$$

铁矿石中的钾和钠通常以硅酸盐或碳酸盐形式存在,在高温烧结时,钾和钠首先与烧结混合料中的氯元素发生反应生成氯化钾和氯化钠,而后高温挥发进入烧结烟气。反应如下:

$$Na^+ + Cl^- = NaCl \uparrow \qquad \text{反应 (2-48)}$$
$$Ka^+ + Cl^- = KaCl \uparrow \qquad \text{反应 (2-49)}$$

正常燃料配比条件下,由于烧结混合料中的氯含量有限,烧结过程只能脱除一小部分钠和钾,一般情况下钾的脱除率约20%,钠的脱除率仅8%左右。提高燃料配比,可以提高钠、钾的脱除率。实验室研究表明:提高烧结混合料中的燃料比,采用预还原烧结法,可大幅提高钠和钾的脱除率。

同样在烧结料中加入氯化物(2%~3% CaCl_2)后,将发生下列反应:

$$Na_2SiO_3 + CaCl_2 = CaSiO_3 + 2NaCl \qquad \text{反应 (2-50)}$$
$$K_2SiO_3 + CaCl_2 = CaSiO_3 + 2KCl \qquad \text{反应 (2-51)}$$
$$Na_2SiO_3 + CaCl_2 + CaO = Ca_2SiO_4 + 2NaCl \qquad \text{反应 (2-52)}$$
$$K_2SiO_3 + CaCl_2 + CaO = Ca_2SiO_4 + 2KCl \qquad \text{反应 (2-53)}$$

可见,烧结料中添加少量的固体氯化剂后,使其在烧结过程中与铅、锌、铜和钾、钠等矿物发生氯化反应,可生成氯化物而挥发分离出来。在正常燃料用量的情况下,加入质量比为2%~3% CaCl_2可以从烧结料中脱出90%的铅,70%以上的锌,80%左右的铜和45%以上的钾、钠。但同样因为环保和设备腐蚀问题,很少应用。

2.3.8 烧结过程粉尘的形成

2.3.8.1 烧结烟气粉尘的生成机理

烧结抽风烟气粉尘是指抽风烧结过程中从料层中被抽走、进入主抽风机废气中的细粒物料,未经除尘的烧结机大烟道内烟气的平均含尘量可以达到5~10g/m³左右,烧结机机头烟气是烧结厂最主要的粉尘污染源。

烧结机机头烟气粉尘主要来源于三个方面:(1)由于烧结混合料制粒效果

有限，部分粒径小于1mm的烧结料尚未来得及参与高温烧结反应，便在较高的抽风负压下被带入烧结烟气，特别是细磨精矿烧结时；（2）烧结过程中因裂解而产生的二次粉尘，例如干燥带混合料结晶水脱除将促使制粒小球的破裂，以及燃烧带焦粉燃烧消失促使小球发生破裂所带来的粉尘；（3）诸如前述的在烧结过程中被挥发脱除的重金属、碱金属，经再次结晶而成为粉尘，该部分粉尘粒度较细，达微米级。因此，烧结机机头烟气粉尘组分以铁矿物颗粒、碱金属矿物颗粒和不完全燃烧物为主，如铁的氧化物、碱金属、二氧化硅和二氧化钛等，同时还含有重金属、碱金属等，其中Pb、Zn、As主要以氧化物形式存在，而K、Na则以氯化物的形式存在，图2-18为某烧结厂电除尘灰XRD图[19]。

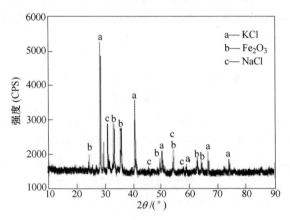

图2-18　机头二电场除尘灰XRD图

Masanori N等[20]进行了烧结杯试验研究，发现烧结过程中产生的$750mg/kg_{-s}$粉尘中，有$150mg/kg_{-s}$来源于干燥带，$150mg/kg_{-s}$来源于结晶水脱除带，其他来自燃烧带。在温度开始显著上升的风箱处，即过湿带消失的风箱处，粉尘浓度显著增大，这在一定程度上验证了过湿带在烧结过程中起到了临时储尘带的作用。Khosa J等人[21]采用提前终止法来研究粉尘产生的机理，即在点火800s之后就终止试验，此时传热前沿还没有到达料层底部，过湿带还没有完全消失。实验终止时，基本没有捕集到颗粒物，也证明了过湿带在烧结过程中会阻止粉尘进入烟气，粉尘的大量产生是在传热前沿到达料层底部之后。

大颗粒的烧结机头烟气粉尘往往沉积在烧结烟道（又称降尘管）下部，由卸灰阀排出，而剩余的粉尘则由烟气携带。为了防止主抽风机叶片的磨损，需增设烟气除尘装置。静电除尘几乎成为现有烧结抽风烟气除尘的标配，目前的除尘装备条件下，尽管总体的除尘效率可高达90%以上，但PM2.5等超细颗粒物的脱除效果有限，尤其是对于生产高碱度烧结矿。这是由于K、Na、Pb、Cl等为主的超细颗粒电阻率较大（可达$10^{10}\sim10^{13}\Omega\cdot cm$），在静电场中会产生反电晕现象，难以荷电和被捕捉，除尘效率较低。

颗粒物的质量浓度主要由粗粒级贡献，而数量浓度则主要由细粒级贡献。尽管粉尘质量浓度反映了环境空气中颗粒污染物的总体水平，但其并不能准确反映出细颗粒物对人体的影响程度。越来越多的研究结果表明，颗粒物的数量浓度可能是一种更为科学的衡量指标。故单纯的以质量浓度作为空气中颗粒物污染水平的评判标准，是无法判断出粉尘真实污染情况的[22,23]。

甘敏、季志云等[24,25]对湘钢烧结烟气粉尘排放情况进行了测试和分析。图2-19 和表 2-8 分别为通过激光粒度分析测得的烧结机机头电场灰平均粒径和粒度分布，烧结烟气粉尘粒径分级跨度较大，主要集中在 100μm 的粗颗粒，以及 PM10 和 PM2.5。随着静电场数向后推移，除尘灰的体积平均粒级逐渐减小。表2-9 和表 2-10 为湘钢烧结机电除尘灰的主要化学成分和有害元素含量，可见四电厂除尘灰中 NaCl 和 KCl 含量高达 70% 以上，而 Fe 含量不足 5%，事实证明 Fe、Ca、Si、Mg、Al 等元素基本被脱除，而 K、Na、Pb、Cl 等为主的超细颗粒因电阻率过高穿透电除尘器。王亚军[26]对 180m²、360m²、400m² 三种带式烧结机除尘前、除尘后、脱硫后烟气中 PM2.5 浓度-粒径分布进行现场测试，结果表明除尘后 PM2.5 的质量浓度和数量浓度在 PM10 的占比均明显增加。

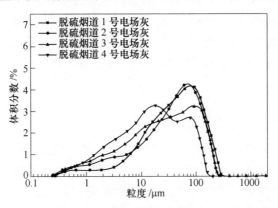

图 2-19 机头电场灰粒度分布

表 2-8 机头电场灰粒度分布

样 品	$d(0.1)/\mu m$	$d(0.5)/\mu m$	体积平均粒径 $D/\mu m$
一电场	7.48	62.20	66.50
二电场	2.75	30.72	41.35
三电场	2.51	25.85	48.55
四电场	1.03	7.22	27.39

表 2-9　湘钢烧结机机头灰的主要化学成分（质量分数）　　　　（%）

样　品	TFe	SiO$_2$	CaO	MgO	Al$_2$O$_3$	S	P
一电场	39.42	4.63	8.53	1.95	1.92	0.82	0.062
二电场	23.3	3.13	7.1	1.32	1.48	0.8	0.04
三电场	14.66	2.03	5.93	0.88	1.02	0.89	0.032
四电场	3.3	0.53	2.84	0.29	0.28	1.09	0.021

表 2-10　湘钢烧结机机头灰中有害元素含量（质量分数）

样　品	K/%	Na/%	Pb/%	Zn/%	Cl/%	F/%	As /mg·kg^{-1}	Sn /mg·kg^{-1}
一电场	6.93	1.39	2.27	0.16	9.23	0.41	440.00	1500.00
二电场	16.50	1.29	5.83	0.34	18.51	0.62	640.00	1100.00
三电场	21.96	1.68	7.24	0.39	25.24	0.49	730.00	1200.00
四电场	39.38	2.90	9.49	0.43	33.56	0.28	120.00	940.00

　　通过上述研究和分析可知，烧结烟气粉尘脱除的难度在于去除烟气中超细颗粒物，就现有成熟的除尘设备来看，实现烧结烟气粉尘超低排放的难度较大（<10mg/m^3，标态）。如何通过工艺过程控制，尽可能减少超细颗粒物的产生量，或者使已产生的超细颗粒物在进入除尘装备前聚合并长大是未来亟待研发的课题。

2.3.8.2　影响烧结过程粉尘生成量的因素

　　David D 等人[27]研究发现随着燃烧前沿的下移，烧结料层中产生的颗粒物有变粗的趋势。减小抽风负压可以减少颗粒物的排放，而水分配比对颗粒物的排放水平也有影响：水分增大会导致物料之间的黏附力增强，同时也会使透气性改善，导致抽风流量增大、颗粒之间分拆力增强，因此水分配比对颗粒物的排放是一个综合作用。焦粉配比增加，颗粒物排放量增多，这是由于随着焦粉的增多，烧结料层中干燥带变宽，导致干燥带脱离出的颗粒增多。

　　Strezov V[28]研究了铁矿颗粒在高温焙烧条件下的裂解特性，研究结果表明铁矿颗粒的破裂主要取决于热过程挥发分的转化速率、颗粒的热膨胀系数以及还原过程的晶格结构变化。裂纹首先产生在大孔（+800μm）之内，然后由应力集中点扩散到附近的孔洞，破碎产生更细小的颗粒。

　　Ji Z Y[29]研究发现随着烧结原料中含铁回收料配量的提高，烧结烟气中PM2.5 和 PM10 排放浓度呈显著增加的趋势，且 PM2.5 中有害元素总量逐渐增加，原因为含铁回收料带入的大量易挥发有害元素向颗粒相转化。

可见，烧结过程粉尘的产生量与混合料的制粒效果、原料中有害元素含量及燃料特性均有直接关系。值得注意的是，无烟煤的视密度和挥发分量均高于焦炭的，燃烧时更易于爆裂产生细颗粒粉尘，烧结固体燃料中焦炭和无烟煤配比对烧结粉尘产生量的影响及对脱硫脱硝的影响有待进一步研究。

2.4 钢铁烧结烟气的形成及烟气量的确定

如前所述，进入烧结料面的有效风在完成助燃和传递热量的功能后，挟带着烧结过程中物理化学反应产生的气体和颗粒物穿透料层成为烧结烟气。表 2-11 为某钢铁厂 $550m^2$ 烧结机烟气量、化学组成和污染物含量。

表 2-11 典型烧结烟气物质的组成（标态）

烟气量	O_2	CO	CO_2	H_2O	SO_2	NO_x	二噁英	VOCs	粉尘
$1.7×10^6m^3/h$	13.8%	$5680×10^{-6}$ （5680ppm）	8.3%	10%	$209×10^{-6}$ （209ppm）	$190×10^{-6}$ （190ppm）	0.5ng- TEQ/m^3	—	3g/m^3

烧结总烟气量的确定决定工程设计中主抽风机的选取，是一个非常重要的参数。实际工程上，烧结装备系统不可避免的漏风也一并混入烧结烟气，即烧结烟气量由三部分构成，$Q_总 = Q_{有效} + Q_漏 + \Delta Q_{反应}$。有效风量 $Q_{有效}$ 是指穿过烧结料面的风量；$Q_漏$ 是指烧结漏风量；$\Delta Q_{反应}$ 是指烧结物理化学反应所消耗和产生的气体量，例如燃料燃烧、铁氧化物氧化还原、水分蒸发、碳酸盐分解等反应，其中水分蒸发产生的水蒸气对烧结烟气量的影响较大，其他几项对烟气量的贡献则可忽略不计。$Q_{有效}$ 和 $Q_漏$ 决定了烧结烟气量的大小，$\Delta Q_{反应}$ 决定了烧结烟气组分复杂（包括 CO_x、SO_x、NO_x、二噁英、VOCs 等污染物）、湿度大、难以处理的属性。

若烧结系统漏风率为 η：

$$\eta = \frac{Q_漏}{Q_{有效} + Q_漏 + \Delta Q_{反应}} \tag{2-21}$$

则烧结烟气量满足：

$$Q_总 = \frac{Q_{有效} + \Delta Q_{反应}}{1 - \eta} \tag{2-22}$$

在已知 $Q_{有效}$、$\Delta Q_{反应}$ 的前提下，可由式（2-23）得出不同漏风率下单位烧结面积单位时间通过主抽风机的烧结烟气工况量，如表 2-12 所示。计算时 $Q_{有效}$ 按烧结理论有效风量取值为 $28m^3/(m^2 \cdot min)$（标态），忽略了烧结物理化学反应产生的气体对传热的贡献；$\Delta Q_{反应}$ 按烧结料产生的水汽量取值为 $3.46m^3/(m^2 \cdot min)$（标态），忽略了其他物理化学反应消耗或产生的气体量；烟气温度 T 统一假定为 $140℃$，忽略漏风率对烧结烟气温度的影响；烟气压力 p 统一假定为 $-16kPa$。

$$Q_{总(工况)} = \frac{Q_{有效} + \Delta Q_{反应}}{1 - \eta} \times \frac{101 \times (T + 273)}{273 \times (101 - p)} \qquad (2\text{-}23)$$

表 2-12　漏风率与总烟气工况量之间的关系

漏风率/%	0	20	25	30	35	40	45	50
总工况风量 /$m^3 \cdot m^{-2} \cdot min^{-1}$	57	71	75	81	87	94	103	113

由表 2-12 可知，在烧结系统零漏风的情况下，单位烧结面积单位时间烧结烟气工况量为 57m^3/($m^2 \cdot min$)。我国近年来在役烧结机的漏风率多为 40% ～ 50%，单位烧结面积单位时间烧结烟气工况量为 94～113m^3/($m^2 \cdot min$)。以目前国际上漏风率先进指标 20%（新建烧结工程）计，则单位烧结面积单位时间烧结烟气工况量可降为 71m^3/($m^2 \cdot min$)。这说明如果通过技术和管理手段大幅降低烧结系统漏风率，相应的烧结工况总烟气量可大幅降低，在烧结产量不变的前提下可大幅降低风机电耗。

在烧结机漏风率为 40% 时，每获得 1t 成品烧结矿需要消耗的空气量约为 2000m^3（标态）。热烧结矿冷却时，吨烧结饼冷却风量约为 2200m^3（标态），折算至吨成品烧结矿约为 3000m^3（标态）（烧结饼和成品烧结矿比取 1.4）。综合烧结和冷却，折算至吨钢约为 5500m^3（标态）（烧结矿和钢量比取 1.1），约重 7t。据统计[30]，钢铁联合企业生产系统吨钢空气消耗量约为 9800m^3（标态），重达 12.6t，则烧结工序占比达 50% 以上。

除此之外，烧结厂扬尘点众多，环境除尘系统还将产生大量的废气，各厂情况差异较大，国内某大型烧结厂 1t 成品烧结矿环境除尘系统产生的废气量约为 3000m^3（标态）。

2.5　钢铁烧结烟气及其污染物排放规律

与其他工业气体相比，烧结烟气排放量大、污染物成分复杂，且由于烧结工艺自身的不稳定，所产生的烟气流量、温度、污染物浓度会有大幅度变动，这都导致其末端治理难度较大。为了开展烧结烟气过程控制和有针对性地进行深度净化，有必要更好地了解烧结烟气的排放规律。

以国内某典型 360m^2 烧结机为研究对象（共有风箱 24 个），在风箱支管上选择合理的测点，对风箱支管内烟气参数进行了测量。测试所得各风箱烟气的压力、温度、成分、流速、流量如图 2-20 所示[31]。

2.5.1　烟气温度规律

烧结烟气温度通常在 150℃ 上下，受烧结生产不稳定性波动较大，烧结烟气

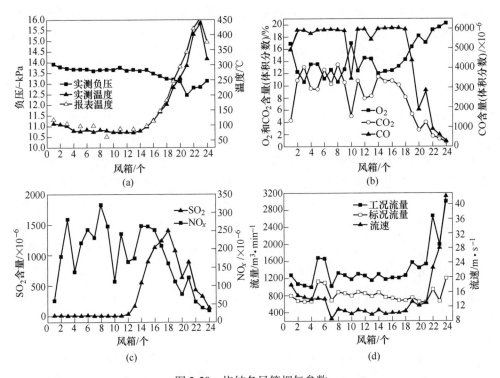

图 2-20 烧结各风箱烟气参数

（a）温度和压力；（b）O_2、CO、CO_2；（c）SO_2、NO_x；（d）流速、流量

带走了烧结过程的大部分能量。由图 2-20 可知，测试所得烧结烟气温度分布规律符合烧结料层各带的移动状态，烧结机前半段（1~14 号风箱）烟气温度受过湿带和原始料带的控制，烟气温度较低且变化不大，基本在 80℃ 左右；由于下部料层的自动蓄热作用和冷凝现象的消失，后半段（14~24 号风箱）烟气温度开始大幅度上升。当燃烧带前沿接近算条时，整个料层烧透到达烧结终点，烧结终点控制良好，位于 23 号风箱处（倒数第二个风箱），烟气温度升至最高，约为 435℃。24 号风箱处料层内固体燃料已燃尽，流过料层的气体对烧结矿起冷却作用，料层高温区域厚度减小，出口烟气温度降低。

2.5.2 烟气压力规律

烧结抽风压力与料层的透气性密切相关，料层透气性差，阻力大，则压力损失大，反之亦然。通过前述烧结料层透气性变化规律分析，烧结机中段料层阻力最大，前段料层阻力次之，后段料层阻力最小，因此，理论上烧结机长度方向负压呈两头低中间高的趋势。而测试所得各风箱烟气负压值在烧结机前半段波动不大，基本处于-14kPa 左右，在烧结烟气温度陡升点位置开始下降，与理论变化规律有一定差异。这是由于测试点在靠近烟道的风箱支管下游，烟气压力值是在机头、机尾风箱风门开度和风箱支管管径人为调控后测试的，难以很好地反映料层透气性，只作为计算烟气工况流量的条件之一。

2.5.3　O_2 及 CO_x 排放规律

烧结烟气中 O_2 和 CO_x 浓度与固体燃料配比和漏风量有关，O_2 浓度的变化规律与 CO_x 关系紧密。当烟气中氧气浓度升高时，CO_x 浓度则降低，反之亦然。1号风箱由于机头漏风的原因，O_2 浓度较高。从 2 号风箱后料层内燃料燃烧加剧，烟气中氧体积分数迅速降低，保持在 $10\% \sim 13\%$，CO_2 的浓度介于 $9\% \sim 14\%$，CO 的浓度介于 $(5000 \sim 8000) \times 10^{-6}$（$(5000 \sim 8000)$ppm）。当烟气温度开始逐渐上升，$O_2$ 浓度增大，CO_2 和 CO 浓度相继减小。随着烧结过程的完成，在烧结终点倒数两个风箱处（23、24 号），O_2 的消耗几乎为 0，烟气中的 CO_2 和 CO 浓度迅速降低至零，烧结烟气成分与空气相当。

2.5.4　SO_x 排放规律

烧结烟气中 SO_x 浓度值取决于烧结生产负荷、所用铁矿粉、熔剂、燃料及其他添加物的成分等，最高可达 $10000mg/m^3$ 以上，也可低至 $300mg/m^3$ 以下，主要以 SO_2 的形式存在，SO_3 仅占烟气中 SO_x 总量的不到 1%。烧结过程中 SO_2 的排放通常可分为两个阶段进行，一是硫化物的氧化、分解阶段，二是 SO_2 的脱附、扩散阶段。烧结过程中 SO_2 的排放规律特点鲜明，具有自持性。在烧结机前段即烟气温度陡升点前，矿粉和燃料在燃烧带形成的 SO_2 气体，在随烟气或随水分迁移通过料层的干燥带和过湿带时，大部分 SO_2 被料层吸收，包括吸附在矿石的表面或与 $Ca(OH)_2$ 化学反应形成亚硫酸钙吸附在料层中，只有少部分 SO_2 随烧结烟气排出，浓度一般低于 $100mg/m^3$。随着水分在烧结料层中的蒸发、冷凝进行，烟气中 SO_2 将进行脱除—吸收—脱除的不断循环过程。在过湿带变薄甚至彻底消失后，烧结烟气温度开始上升，下部料层逐渐丧失储硫的能力。在燃烧带，温度达到峰值，各种反应剧烈发生，SO_2 在此带内大量产生，部分生成的 SO_2 在含铁氧化物的催化作用下发生氧化反应，被氧化为 SO_3。在接近烧结终点时，先前临时吸附的硫被彻底脱除，烟气中 SO_2 浓度出现峰值。随着烧结的继续进行和料层内残硫量的减少，烧结烟气中 SO_2 含量迅速减少。同时，熔剂在高温下分解生成 CaO，物料熔融形成液相，铁酸钙等新生矿物也在这时形成，CaO 和铁酸钙都对 SO_2 具有一定的吸收作用，所以烧结矿中会残留少量的硫。

2.5.5　NO_x 排放规律

烧结烟气中 NO_x 浓度根据燃料差异和配量而变化，一般在 $100 \sim 500mg/m^3$。

NO_x 排放规律与烟气中 CO_x 的排放规律相对应,当燃料开始燃烧时,NO_x 的浓度与 CO_x 浓度均开始上升;当燃料剧烈燃烧,NO_x 浓度与 CO_x 浓度均维持较高水平;烧结接近终点时,燃料燃烧完全,CO_x 含量开始下降,有机氮也被完全消耗掉,所以在烧结后期几乎没有 NO_x 排出,反映在 NO_x 的浓度变化曲线上便是其浓度达到峰值后急剧下降至零。

2.5.6 烟气量排放规律

由于混合料透气性的差异以及布料偏析等原因,烧结烟气通过料层的阻力存在较大差异,导致烟气量在烧结机长度方向上变化很大,特别是烧结机机头和机尾,波动幅度可达 40% 或是更高。通过对风箱风门开度和风箱支管管径的调控,可使穿过烧结料层的烟气标况流量尽可能趋于合理。烟气工况流量则与各风箱烟气的温度和压力有关,随着烧结的进行,在烟气温度陡升点位置,风箱烟气工况流量开始急剧增大。

2.5.7 二噁英排放规律

由于二噁英测试过程较为复杂,中国烧结机烟气二噁英排放浓度的实测报道较少。在某钢铁企业测得的烧结机烟气中二噁英和温度沿烧结方向的变化如图 2-21 所示[32],二噁英浓度变化趋势与温度变化一致,烟气温度在 250~300℃之间时,二噁英排放浓度有最大值。这是由于烧结过程二噁英主要形成于干燥预热带,干燥预热带生成的二噁英随着火焰前沿的下移而向料层下部传输,富集在过湿带的二噁英被高温分解,其裂解产物随负压抽风被带到料层下部,并在烟气冷却的过程中,当温度达到 250~450℃ 时再次合成二噁英。

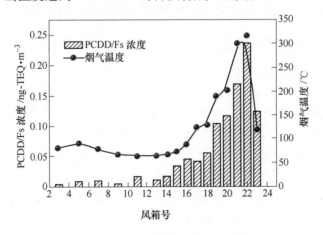

图 2-21 烧结机各风箱对应温度及二噁英浓度

2.5.8　超细粉尘排放规律

图 2-22 为烧结机长度方向 PM10 以下烧结粉尘排放规律，排放规律类似于 SO_2。烧结烟气中超细粉尘主要来源于燃烧爆裂和重/碱金属挥发物的再结晶，在烧结机前半段受料层过湿带临时储尘的影响，粉尘在随烧结抽风下行时会被水分吸附而沉降，并处在不断被释放和吸附的过程中。随着过湿带的消失和料层透气性的变好，下部料层温度和烧结烟气温度陡升，烧结料层中的重/碱金属物质集中挥发脱除，并在高负压作用下，由烟气裹挟而出，进而结晶为超细颗粒物体，烧结烟气中超细粉尘浓度出现峰值。随着烧结的逐步完成，由反应裂解和有害元素挥发所形成的超细颗粒物量急剧降低。

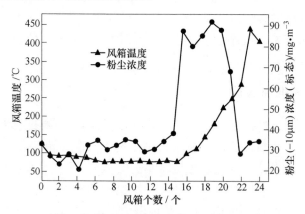

图 2-22　烧结烟气中 PM10 以下粉尘排放规律

2.6　钢铁烧结烟气污染物对环境的影响及排放标准

2.6.1　烟气污染物对环境的影响

2.6.1.1　粉尘的影响

在大气颗粒污染方面，人们已开始注意可吸入颗粒物 PM10 和细颗粒物 PM2.5 浓度对环境和人体健康的影响。PM10 和 PM2.5 对人体的危害表现为两个方面：一是颗粒物复杂的化学成分；二是颗粒物吸附的有毒有害物质。烧结烟气粉尘中大多含有氟化物、铅和镉等重金属、铁氧化物以及钒化物等，这些物质沉积在肺中可形成尘肺；有些可溶解直接进入血液，造成血液中毒，如血液中铅的量积累到一定程度时，会使心肺病变，损害大脑、破坏神经，影响儿童智力正常发育。颗粒物可作为烧结烟气其他污染物（SO_2、NO_x、氯苯、多环芳烃和持久性有机污染等）的载体，在吸附上述多种污染物后进入人体，随着粒径的减小，颗粒物在大气中的存留时间和在呼吸系统的吸收率也随之增加。PM2.5可直接进入肺泡，被细胞吸收，增加毒性物质的反应和溶解速度。PM2.5进入环境大气时，也容易富集空气中存在的有毒物质、细菌和病毒等，且能较长时间停留在空气中，对人体的呼吸系统影响尤其严重。

2.6.1.2　SO_2的影响

SO_2是一种无色不燃的气体，在浓度极低时，人体吸入后就会有窒息、鼻酸及呕吐感，人短期处于SO_2环境中眼部有干涩针刺感，长期处于SO_2环境中会对支气管、肺部、肝脏、血液循环酶有极大的破坏，引发相关的中毒症状，此外SO_2还可增加致癌物苯并芘的致癌作用。SO_2在工业排放后，遇到空气中的氧气并在日光的催化作用下，被氧化为SO_3，在高空中与雨水、冰雪、云朵接触后被吸收形成"高空杀手"——酸雨。"酸雨"会使土壤酸化，加快如铅、铜、铬、锰、锌等有毒金属的流动性，损害植物的根系。

大气中SO_2浓度在0.5×10^{-6}（0.5ppm）以上对人体已有潜在影响，在（1～3）$\times 10^{-6}$（（1～3）ppm）时多数人就可以闻到刺激性气味，感到不舒服，在（400～500）$\times 10^{-6}$（（400～500）ppm）时人会出现溃疡和肺水肿直至窒息死亡。SO_2与大气中的烟尘有协同作用。当大气中SO_2浓度为0.21×10^{-6}（0.21ppm），烟尘浓度大于0.3mg/L，可使呼吸道疾病发病率增大，慢性病患者的病情迅速恶化。如伦敦烟雾事件、马斯河谷事件和多诺拉等烟雾事件，都是这种协同作用造成的危害。

2.6.1.3　NO_x的影响

NO_x对人体健康的危害主要体现在破坏呼吸系统，NO_x可以直接侵入呼吸道深部的细支气管和肺泡，诱发哮喘病。当NO浓度较大时，可与血液中血红蛋白结合成亚硝酸基血红蛋白或高铁血红蛋白，从而降低血液输氧能力，引起组织缺氧，甚至损害中枢神经系统，NO对血红蛋白的亲和力是CO的1400倍，氧的30万倍。

大气中的NO_x和挥发性有机物达到一定浓度后，在太阳光照射下，经过一系列复杂的光化学氧化反应，可生成含有臭氧、PAN（过氧乙酰硝酸酯）、丙烯醛、甲醛等醛类、硝酸酯类化合物的"光化学烟雾"。光化学烟雾是一种具有强烈刺激性的淡蓝色烟雾，可使空气质量恶化，对人体健康和生态系统造成损害。另外，NO对臭氧层也具有较强的破坏作用，大气中NO含量增多是导致臭氧空洞形成的主要原因之一。在平流层的中上部，NO作为催化剂会促进O_3分解反应的进行，从而导致臭氧含量降低，形成臭氧空洞。

2.6.1.4　二噁英的影响

二噁英系一类剧毒物质,其毒性相当于人们熟知的剧毒物质氰化物的 130 倍、砒霜的 900 倍。大量的动物实验表明,很低浓度的二噁英就对动物表现出致死效应。从职业暴露和工业事故受害者身上已得到一些二噁英对人体的毒性数据及临床表现,暴露在含有 PCDD 或 PCDF 的环境中,可引起皮肤痤疮、头痛、失聪、忧郁、失眠等症,并可能导致染色体损伤、心力衰竭、癌症等。有研究结果指出,二噁英还可能导致胎儿生长不良、男子精子数明显减少等,它侵入人体的途径包括饮食、空气吸入和皮肤接触。二噁英来源于本地,但环境分布是全球性的,世界上几乎所有媒介上都被发现有二噁英。

2.6.1.5　CO_x 的影响

CO_2 是引起"温室效应"最主要的原因,联合国曾预计,到 2100 年,全球气温将比现在高 1.4~5.8℃,不断上升的气温会刺激更多诸如洪水、酷暑、龙卷风等极端天气的出现。

大气对流层中的 CO 浓度约为 $(0.1 \sim 2) \times 10^{-6} ((0.1 \sim 2) \, ppm)$,这种含量对人体无害。众多研究表明,长时间接触低浓度的一氧化碳可能会引起慢性中毒,例如对心血管系统的影响、对神经系统的影响。

2.6.1.6　VOCs 的影响

挥发性有机物的种类繁多,VOCs 中的有些物质会对人体和环境造成直接危害。2005 年世界卫生组织关于《室内空气污染与健康》的报告表明,大多数 VOCs 污染物具有刺激性气味和毒性,少部分还有致癌性,它们主要通过呼吸系统和皮肤进入人体,会给人的呼吸、血液、肝脏等造成暂时性的或永久性的病变。据统计,全世界每年约有 160 万人直接或间接死于因 VOCs 污染而导致的疾病。VOCs 已经成为继颗粒物、NO_x 和 SO_2 等之后的又一大空气污染物。

此外,VOCs 化学性质比较活泼,可能成为光化学烟雾的前驱体,在一定的气象条件下,与氮氧化物(NO_x)、二氧化硫(SO_2)等一次污染物发生光化学反应,产生具有强氧化性的二次污染物,如臭氧、醛、酮类以及颗粒物等,其危害性甚至比一次污染物的危害更大。

2.6.2　烧结烟气污染物排放标准

钢铁工业是我国国民经济的重要支柱产业,为我国工业化、城镇化推进与发展做出了重要贡献，2017年中国粗钢产量已达8.32亿吨，占世界钢铁产量的50%左右。烧结工艺因其生产规模大、资源适应性强、生产成本低等优势，是我国钢铁冶炼炉料加工的主流程。烧结工序也是钢铁冶炼过程中高能耗、高污染的集中环节，排放的废气量及废气中粉尘、SO_x、NO_x、二噁英等污染物分别占钢铁工业总量的50%、40%、70%、48%和90%，可见烧结烟气污染物控制已成为我国推进节能环保和实现钢铁行业可持续发展的必然选择。

　　2012年之前，我国钢铁烧结及球团生产企业大气污染物排放控制执行《大气污染物综合排放标准》（GB 16297—1996）和《工业炉窑大气污染物排放标准》（GB 9078—1996）。以上两项标准限值过于宽松，针对性不强，同时，存在特征污染物标准缺失的情况，如，没有二噁英的排放标准；另外，该标准烧结机头烟气排放的二氧化硫沿用GB 9078—1996的二级标准为2000mg/m³，大部分钢铁厂据此无需任何脱硫措施就能实现达标排放。此外，烧结机头烟气执行的GB 9078—1996标准中没有NO_x，根据综合性排放标准与行业性排放标准不交叉执行的原则，同一污染源中的NO_x就不再执行GB 16297—1996，这已不能适应严峻的环境形势，也远远落后于环保治理技术实际水平。

　　为促进钢铁烧结、球团工业生产工艺和污染治理技术的进步，环保部于2012年6月发布了《钢铁烧结、球团工业大气污染物排放标准》（GB 28662—2012），并于当年10月1日正式实施，标准规定了钢铁烧结机球团生产企业污染物排放限值及特别排放限值。新标准大气污染因子增设了NO_x、二噁英，取消了按不同的环境治理功能区分级，体现了同类企业执行相同排放标准的公平原则，也不再对排放速率进行限制，而是大幅降低了主要污染物排放浓度限制。具体执行方式为：对现有企业设置过渡期，自2012年10月1日起至2014年12月31日止，执行表2-13规定的大气污染物排放限值；自2015年1月1日起，按新建企业的要求执行表2-14规定的大气污染物排放限值；新建企业则一律执行表2-14规定的大气污染物排放限值；特别的，在国土开发密度已经很高、环境承载能力开始减弱，或环境容量较小、生态环境脆弱，容易发生严重环境污染问题而需要采取特别保护措施的地区执行表2-15规定的大气污染物特别排放限制。2013年2月27日环保部发布了"关于执行大气污染物特别排放限值的公告"[33]，要求纳入重点区域大气污染防治"十二五"规划的京津冀、长三角、珠三角等"三区十群"的19个省（区、市）47个地级及以上城市的部分行业执行特别排放限制，其中包括钢铁行业新建项目和现有企业的烧结设备机头烟气。

表 2-13　现有企业大气污染物排放浓度限值

生产工序或设施	污染项目	限值	污染物排放监控位置
烧结机， 球团焙烧设备	颗粒物/mg·m⁻³	80	车间或生产 设施排气筒
	二氧化硫/mg·m⁻³	600	
	氮氧化物（以 NO₂ 计)/mg·m⁻³	500	
	氟化物（以 F 计)/mg·m⁻³	6.0	
	二噁英/ng-TEQ·m⁻³	1.0	
烧结机机尾， 带式焙烧机机尾， 其他生产设备	颗粒物/mg·m⁻³	50	

表 2-14　新建企业大气污染物排放浓度限值

生产工序或设施	污染项目	限值	污染物排放监控位置
烧结机， 球团焙烧设备	颗粒物/mg·m⁻³	50	车间或生产 设施排气筒
	二氧化硫/mg·m⁻³	200	
	氮氧化物（以 NO₂ 计)/mg·m⁻³	300	
	氟化物（以 F 计)/mg·m⁻³	4.0	
	二噁英/ng-TEQ·m⁻³	0.5	
烧结机机尾， 带式焙烧机机尾， 其他生产设备	颗粒物/mg·m⁻³	30	

表 2-15　大气污染物特别排放限值

生产工序或设施	污染项目	限值	污染物排放监控位置
烧结机， 球团焙烧设备	颗粒物/mg·m⁻³	40	车间或生产 设施排气筒
	二氧化硫/mg·m⁻³	180	
	氮氧化物（以 NO₂ 计)/mg·m⁻³	300	
	氟化物（以 F 计)/mg·m⁻³	4.0	
	二噁英/ng-TEQ·m⁻³	0.5	
烧结机机尾， 带式焙烧机机尾， 其他生产设备	颗粒物/mg·m⁻³	20	

　　《钢铁烧结、球团工业大气污染物排放标准》（GB 28662—2012）对钢铁工业烧结工序大气污染物排放提出了全新要求，但由于该标准制订时间较早、当时治理技术尚未普及等因素，目前来看，限值存在不合理现象，主要表现为：颗粒物一般地区排放限值为 50mg/m³，特别排放限值为 40mg/m³；二氧化硫一般地区排放限值为 200mg/m³，特别排放限值为 180mg/m³；氮氧化物一般地区排放限值和特别排放限值均为 300mg/m³；没有体现出重点地区更加严格的污染控制要求。

从行业间比较来看，钢铁烧结、球团工业的大气污染物特别排放限值较火电等行业也明显宽松。随着治理技术的快速发展，钢铁烧结、球团工业脱硫除尘技术完全可以达到更低的排放水平，脱硝技术也已在行业示范推广，氮氧化物减排潜力很大。2017 年 6 月，环保部发布《钢铁烧结、球团工业大气污染物排放标准》修改公告（征求意见稿）[34]，"大气污染物特别排放限值"中的氮氧化物排放限值由 300mg/m³ 调整至 100mg/m³。并增设基准含氧量要求，即烟气的污染物排放浓度，应换算为 16% 基准氧含量条件下的排放浓度，并以此作为判定排放是否达标的依据。

为落实 2018 年政府工作报告提出的"推动钢铁等行业超低排放改造"的任务要求，打赢蓝天保卫战，2019 年 4 月 28 日生态环境部正式发布了《关于推进实施钢铁行业超低排放的意见》（简称超低排放意见稿）[35]，主要目标：全国新建（含搬迁）钢铁项目原则上要达到超低排放水平；推动现有钢铁企业超低排放改造，到 2020 年底前，京津冀及周边、长三角、汾渭平原等大气污染防治重点区域（简称重点区域）钢铁企业超低排放改造取得明显进展，力争 60% 左右产能完成改造，有序推进其他地区钢铁企业超低排放改造工作；到 2025 年底前，重点区域钢铁企业超低排放改造基本完成，全国力争 80% 以上产能完成改造。超低排放意见稿明确：烧结机头烟气在基准含氧量 16% 条件下，颗粒物、二氧化硫、氮氧化物小时均值排放浓度分别不高于 10mg/m³、35mg/m³、50mg/m³。如果氧含量高于 16%，则污染物浓度按折算到基准氧含量后的值进行考核。达到超低排放的钢铁企业每月至少 95% 以上时段小时均值排放浓度满足上述要求。（钢铁行业超低排放标准更多相关内容见数字资源 2-1）

数字资源 2-1

设超低排放标准中某污染物浓度的限值为 $x$mg/m³，实测烧结烟气中氧含量（体积分数）为 w，则要想满足超低排放的要求，烧结烟气中的污染物含量不应高于 $y$mg/m³，计算式见式（2-24）不同氧含量下的污染物浓度限值如表 2-16 所示。

$$y = x \cdot \frac{21\% - w}{21\% - 16\%} \tag{2-24}$$

表 2-16 要实现超低排放不同氧含量下污染物的浓度上限

氧含量（体积分数）/%	NO_x/mg·m⁻³	SO_2/mg·m⁻³	粉尘/mg·m⁻³
15	60	42	12
15.5	55	38.5	11
16	50	35	10
16.5	45	31.5	9
17	40	28	8
17.5	35	24.5	7
18	30	21	6

钢铁行业烟气污染物排放标准的进一步提高，使作为主要污染物来源的烧结工序减排压力剧增，烧结发展已经步入绿色转型和提质升级的关键机遇期。

未来钢铁行业需全面实施超低排放，烟气治理将转变为源头减量、过程控制和末端治理相协同，多污染物处置相协同，全流程集约化治理相协同。

2.7　小结

（1）风在烧结过程中承担了三项功能：1）为燃料燃烧供氧；2）为混合料烧结传热；3）为烧结过程物理化学反应产生的污染物析出提供载体。因此，"风"相当于烧结过程中的"血液"，穿过烧结料层的风挟带着污染物（反应气体和颗粒物），再加上烧结机的漏风构成了成分复杂难以治理的烧结烟气。目前，行业内烧结烟气工况量（主抽风机风量）约为 $90m^3/(m^2 \cdot min)$，折算至吨烧结矿后烟气排放量（标态）为 $2145m^3$（利用系数 $1.4t/(m^2 \cdot h)$，烟气温度为140℃，抽风压力-16kPa 条件下），扣除约 $145m^3$ 的水蒸气量（标态），则吨烧结矿焙烧过程所消耗的干基空气量（标态）约为 $2000m^3$，再考虑热烧结矿冷却所消耗的空气量（标态）$3000m^3/t_{-s}$，则烧结工序消耗的空气量（标态）总计为 $5000m^3/t_{-s}$，重 6.45t，约占钢铁全流程的 50%。

（2）烧结过程物理化学反应复杂，除了碳的燃烧和铁氧化物的氧化还原反应外，还涉及了硫的脱除、重/碱金属的析出、水的蒸发、NO_x 和二噁英的形成等反应，并产生了部分粉尘。烧结工序排放的 SO_x、NO_x、二噁英、粉尘等污染物分别占钢铁全流程的 70%、48%、90% 和 40%。冷却废气和除尘废气基本上只是含尘废气，相对易于治理；而烧结烟气量大、污染物成分复杂，如何实现烧结烟气的超低排放是本书研究的重点。

（3）烧结所需风量的大小由传热过程决定，几乎不随烧结原料的种类、烧结工艺参数和配碳量高低的变化而变化，单位面积单位时间烧结所需有效风量理论值约为 $28m^3$（标态），折合至吨烧结矿约为 $1200m^3$（标态）。工程上多消耗的风量主要是烧结机的漏风所造成的，减少漏风，对消耗同样的功率来讲可以增产烧结矿；如果保持相同的产量则可以减少功率消耗。烧结生产要求风速和氧含量处于适宜的范围，在垂直烧结速率与传热速率相匹配时，才能实现优质、高产和低能耗烧结。烧结机长度方向上料层透气性呈两头好、中间差的规律，通过分段烧结、阀门调节、支管变径等手段有助于实现料面风量的合理分布。

（4）烧结过程中，污染物的产生分两部分：一部分是原、燃料杂质的脱除，这也是烧结工序的使命和贡献，在烧结过程中要尽可能为该部分杂质的脱除创造条件，为后续优质钢的生产奠定基础；另一部分是因烧结生产而额外合成的有毒物质，如 NO_x、二噁英、粉尘等，在烧结过程中要尽可能减少该部分污染物的产生量，减轻末端治理的负荷。

（5）烧结烟气对人类的健康和生态环境影响极大，随着排放标准的日趋严格，源头减量、过程控制与末端治理相协同，减少资源、能源消耗是实现烧结超低排放及绿色发展的必由之路。

参 考 文 献

[1] 贺永德. 现代煤化工技术手册 [M].2 版. 北京：化学工业出版社，2011.

[2] 姜涛. 烧结球团生产技术手册 [M]. 北京：冶金工业出版社，2014.

[3] 肖扬，翁得明. 烧结生产技术 [M]. 北京：冶金工业出版社，2013.

[4] 徐海芳. 烧结矿生产 [M]. 北京：化学工业出版社，2013.

[5] 潘建. 铁矿烧结烟气减量排放基础理论与工艺研究 [D]. 长沙：中南大学，2007.

[6] 吕薇. 铁矿烧结过程 NO_x 生成行为及其减排技术 [D]. 长沙：中南大学，2014.

[7] Mo C L, Teo C S, Hamilton I, et al. Adding hydrocarbons in row mix to reduce NO_x emission iron ore sintering process [J]. ISIJ, 1997, 37 (4)：350~357.

[8] Visona S P, Stanmore B R. Modeling NO_x release from a single particle I：formation of NO from volatile nitrogen [J]. Combustion and Flame, 1996, 105 (1-2)：92~103.

[9] 金永龙. 烧结过程中 NO_x 的生成机理解析 [J]. 烧结球团，2004，29 (5)：6~8.

[10] Wu S L, Sugiyama T, Morioka K, et al. Elimination reaction of NO gas generated from coke combustion in iron ore sinter bed [J]. Tetsu-to-Hagané, 1994, 80：276.

[11] Koichi M, Shinichi I, Masakata S, et al. Primary application of the "in-bed-de NO_x" process using Ca-Fe oxides in iron ore sintering machines [J]. ISIJ, 2000, 40 (3)：280~285.

[12] Gan M, Fan X H, Lv W, et al. Fuel pre-granulation for reducing NO_x emissions from the iron ore sintering process [J]. Powder Technology, 2016, 301：478~485.

[13] 龙红明，吴雪健，李家新，等. 烧结过程二噁英的生成机理与减排途径 [J]. 烧结球团，2016，41 (3)：46~51.

[14] 杨红博，李咸伟，余勇梅，等. 热风烧结对二噁英生成的影响研究 [J]. 烧结球团，2011，36 (1)：47~51.

[15] 王梦京，吴素慷，高新华，等. 铁矿石烧结行业二噁英类形成机制与排放水平 [J]. 环境化学，2014，33 (10)：1723~1732.

[16] Gullett B K, Touati A, Lee C W. Formation of chlorinated dioxins and furans in a hazardous-waste-firing industrial boiler [J]. Environmental Science & Technology, 2000, 34 (11)：2069~2074.

[17] Fisher R, Fray T. Investigation of the formation of dioxins in the sintering process [A]. 2nd international congress on the science and technology of ironmaking and 57th ironmaking conference [C]. 1998：1183~1193.

[18] 俞勇梅，李咸伟，王跃飞. 烧结烟气二噁英减排综合控制技术研究 [A]. 第十届中国钢铁年会暨第六届宝钢学术年会论文集 [C]. 上海：中国金属学会，2015，1~8.

[19] 金俊，张晓萍，覃德波. 马钢高钾烧结除尘灰脱钾方法研究 [J]. 烧结球团，2013，38 (4)：56~59.

[20] Masanori N, Jun O. Influence of Operational Conditions on Dust Emission from Sintering Bed [J]. ISIJ International, 2007, 47 (2)：240~244.

[21] Khosa J, Manuel J, Trudu A. Results from preliminary investigation of particulate emission during sintering of iron ore [J]. Mineral Processing and Extractive Metallurgy, 2003, (1)：25~32.

[22] Gehrig R, Buchmann B. Characterising seasonal variations and spatial distribution of ambient PM10 and PM2.5 concentrations based on long-term Swiss monitoring data [J]. Atmospheric Environment, 2003, 37 (19)：2571~2580.

[23] Wehner B, Wiedensohler A. Long term measurements of submicrometer urban aerosols：statistical analysis for correlations with meteorological conditions and trace gases [J]. Atmospheric Chemistry and Physics, 2003, (3)：867~879.

[24] Gan M, Ji Z Y, Fan X H, et al. Emission behavior and physicochemical properties of aerosol particulate matter (PM10/2.5) from iron ore sintering process. ISIJ International, 2015, 55 (12)：2582~2588.

[25] 季志云. 铁矿烧结过程 PM10、PM2.5 形成机理及控制技术 [D]. 长沙：中南大学，2017.

[26] 王亚军. 钢铁厂烧结机 PM2.5 产排特性的实验研究 [D]. 天津：河北工业大学，2015.

[27] David D, Eng L C. Factors Influencing Particulate Emissions during Iron Ore Sintering [J]. ISIJ International, 2007, 47 (5)：652~658.

[28] Strezov V, Evans T J, Zymla V, et al. Structural deterioration of iron ore particles during thermal processing [J]. International Journal of Mineral Processing, 2011, 100 (1)：27~32.

[29] Ji Z Y, Gan M, Fan X H, et al. Characteristics of PM2.5 from iron ore sintering process：influences of raw materials and controlling methods [J]. Journal of cleaner production, 2017, 148：12~22.

[30] 蔡九菊. 钢铁工业的空气消耗与废气排放 [R]. 2018 年钢铁工业绿色制造发展高端论坛，济南：中国金属学会，2018.

[31] 王兆才，周志安，胡兵，等. 烧结烟气循环风氧平衡模型 [J]. 钢铁，2015，50 (12)：55~61.

[32] 朱廷钰，李玉然. 烧结烟气排放控制技术及工程应用 [M]. 北京：冶金工业出版社，2014.

[33] 中华人民共和国环境保护部. 关于执行大气污染物特别排放限制的公告. 公告 2013 年第 14 号.

[34] 中华人民共和国环境保护部《钢铁烧结、球团工业大气污染物排放标准》修改公告 (征求意见稿). 环办大气函 [2017] 924 号.

[35] 中华人民共和国生态环境部. 关于推进实施钢铁行业超低排放的意见. 环办大气函 [2019] 35 号.

3 钢铁烧结烟气及污染物减量技术

上一章中我们了解了原料、燃料、空气在烧结生产中各自的功能及行为规律。在保证烧结矿产量、质量的前提下，减少空气的消耗就减少了被污染空气（废气）的总量。同时根据不同污染物的生成机理和规律，采用创新的技术可以有效控制其转化速率和方向，抑制其生成的总量或浓度，减少对环境的影响，从而减轻末端治理的难度和成本。

本章将集中阐述减少废气总量和抑制污染物生成的技术。

3.1 降低烧结系统漏风技术

3.1.1 烧结机漏风原因及危害性分析

3.1.1.1 烧结机漏风原因

烧结机的结构一般由驱动装置（含头、尾星轮）、布料系统、台车系统、抽风系统（含风箱、管道、除尘器、主抽风机）等组成，如图3-1所示。

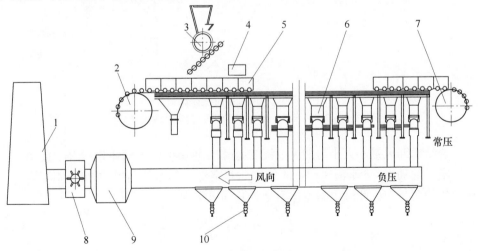

图 3-1 烧结机结构示意图

1—烟囱；2—头部星轮；3—布料系列；4—点火装置；5—台车系统；6—抽风系统；
7—尾部星轮；8—主抽风机；9—除尘器；10—卸灰阀

　　布料系统把经过混匀、制粒后的混合料布置在台车上，装满混合料的台车在驱动装置的驱动下从机头向机尾方向移动，当混合料移动到点火装置下方时，点火装置把料面的燃料点燃，并在风箱系统的抽风作用下混合料的燃烧带不断向下移动，当台车运行至接近机尾风箱时，混合料中的烧结矿带达到料层底部，完成烧结作业。

　　烧结过程是一个复杂的物理化学反应过程，其间需要消耗大量的空气，俗称烧结风，烧结风由抽风系统提供，风流系统流向如图 3-2 所示。主抽风机是抽风系统的动力源，当主抽风机工作时，其抽风负压 $p_{抽}$ 由两部分组成，即风流透过台车料层和台车箅条的压力损失 Δp 及抽风系统管道（含除尘器）的压力损失 $\Delta p'$，$p_{抽} = \Delta p + \Delta p'$，并在台车和抽风系统间形成负压区。在负压作用下，透过料层的风一方面为烧结燃料燃烧带来助燃氧气，另一方面为烧结混合料传递热量，两者共同作用使烧结过程得以完成，这部分风称之为有效风 $Q_{有效}$。同时出于连续生产的需要，混合料的烧结过程在持续移动的台车上完成，但风箱是固定的，因此，在移动着的台车与固定的风箱之间存在着一个具有相对运动的结合面，空气会通过此结合面之间的间隙进入风箱内部，这部分风对烧结生产有害无益，称之为无效风，俗称漏风 $Q_{漏}$。

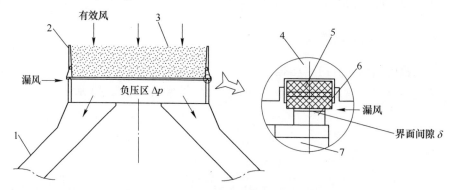

图 3-2　风流系统流向图

1—风箱支管；2，4—台车；3—混合料；5—游板；6—滑道；7—风箱

　　烧结机漏风量的大小与抽风系统的内外压差 Δp 及结合面间隙 δ 有关，Δp 是产生漏风的动力，δ 是漏风产生的条件。假定把台车系统与风箱之间的间隙 δ 看作四周均匀分布，此时根据流体力学，其漏风量为：

$$Q_{漏} = 0.083 \frac{L\delta^3 \Delta p}{B\mu} \tag{3-1}$$

式中　$Q_{漏}$——台车与风箱间的漏风量，m^3/s；

　　　　L——台车与风箱间密封面总长度，m；

　　　　B——台车与风箱间密封面宽度，m；

μ——流体黏度，kg/(m·s)；

δ——结合面间隙，m；

Δp——压差，Pa。

由式（3-1）可知，当设备规格结构一定时，$Q_漏$ 与压差 Δp 成正比，与间隙 δ 的三次方正相关，即 Δp 和 δ 越大，漏风越严重，漏风量越大。Δp 的大小主要决定于烧结混合料的料层阻力，δ 的大小主要决定于设备的机械性能。降低烧结机漏风，要多管齐下。降低烧结料层阻力到提高设备机械性能相协同，设计、制造、安装、生产及设备管理环环相扣，方能取得最佳效果。

降低料层阻力的措施可以通过改善料层透气性来实现。根据式（2-4）可推导出料层阻力与透气性的关系见式（3-2），从式中可知，料层透气性越好，料层阻力越小，越有利于减少漏风。

$$\Delta p = \left(\frac{Q_{有效}}{A \cdot \zeta} \right)^{\frac{1}{n}} H \tag{3-2}$$

实际工程中，间隙 δ 及密封面宽度 B 是非常复杂的，不可能是一个常数。烧结机属于大型设备，目前最长长度近 120m，宽度最大时超过 6m，烧结机与风箱的结合面是围绕烧结机透风面形成的矩形断面，不同部位台车与风箱间由于温度不同、功能不同，其密封结构方式也不相同。如沿烧结机长度方向的两端头尾部密封与沿烧结机宽度方向的两侧滑道密封就完全不同，相应的 δ 及 B 完全不同，同时，随着设备的运行，间隙的变化规律也不同。但无论如何，减少 δ 的存在，适当延长密封面宽度 B 总是有利于减少漏风量的。

对于烧结机而言，把从烧结机台车至大烟道出口之间的漏风称之为烧结机本体漏风，此时烧结机大烟道的风量为 $Q_{本体}$，$Q_{本体} = Q_{有效} + \Delta Q_{反应} + Q_{本体漏}$；对主抽风机而言，还存在有除尘器、管道的漏风，把从烧结机台车至主抽风机入口（含除尘器）之间的漏风称之为烧结系统漏风，此时，主抽风机总风量 $Q_总 = Q_{有效} + Q_{系统漏}$。工程上，常用漏风率来量化烧结机的漏风大小。

烧结机本体漏风率：

$$\eta_{本体} = \frac{Q_{本体漏}}{Q_{本体}} \times 100\% \tag{3-3}$$

烧结机系统漏风率：

$$\eta_{系统} = \frac{Q_{系统漏}}{Q_总} \times 100\% \tag{3-4}$$

3.1.1.2 烧结机漏风的危害

降低烧结机漏风是烧结机节能减排的重要手段，与设备的技术经济指标密切相关，是实施钢铁流程绿色化的关键之一。

（1）烧结机漏风使烧结废气排放量和主轴风机的功耗增大。烧结机生产时，主抽风机的功率消耗为：

$$N = \frac{1000Q_\text{总}p_\text{抽}}{102 \times 60} = 0.1635Q_\text{总}p_\text{抽} \tag{3-5}$$

式中　N——主抽风机有效功率，W；

　　　$p_\text{抽}$——抽风机的抽风负压，Pa；

　　　$Q_\text{总}$——穿过抽风机的总风量，m^3/min。

在抽风机抽风负压不变和穿过料层的有效风量不变的前提下，主抽风机功耗与烧结系统漏风量成正相关性，即烧结系统漏风量越大，主抽风机功率越大，能耗越高。

（2）烧结机漏风使烧结废气排放量增大，加大末端治理难度。烧结烟气排入大气之前须进行除尘、脱硫、脱硝处理，这些末端处理设备的治理效果都与烟气的流速有密切的关系。流速越大，治理效果越差。或者为了保证治理效果，就得加大处理装置的规模，增加投资成本。

（3）烧结机漏风使烧结废气排放量增大，加大风箱管道的磨损。烧结机管道内负压在 16~18kPa 之间，一旦出现漏风，漏风点风速可达 20m/s 以上，对漏风部位可造成巨大磨损。

（4）烧结机漏风增大，加大设备的腐蚀。烧结机上温度梯度大，温度波动大，当漏风较大时，大烟道内温度降低，漏风处会出现结露，烟气中的酸性气体如 SO_2 等遇水会形成强腐蚀性物质，腐蚀设备构件。

（5）烧结机漏风增大，降低烧结机生产的质量和产量。烧结机漏风造成烧结机不同区段风压风速的巨大变化，工艺过程不稳定、产品质量波动大。烧结机生产时，烧结机利用系数与烧结系统漏风量的关系为：

$$r = \frac{60Q_\text{有效}k}{Q_sA} = \frac{60k(Q_\text{总} - Q_\text{系统漏} - \Delta Q_\text{反应})}{Q_sA} \tag{3-6}$$

式中　r——烧结机利用系数，$t/(m^2 \cdot h)$；

　　　Q_s——烧结每吨混合料所需空气量，m^3/t；

　　　k——烧结矿成品率，%；

　　　A——烧结机有效面积，m^2。

从式（3-6）中可知，烧结机利用系数与系统漏风率成负相关性，即当烧结料层工况条件相同、主抽风机总风量一定时，烧结机系统漏风率增大，相应的烧结机利用系数降低。

3.1.2 降低烧结料层阻力技术

烧结料层阻力可通过料层的透气性来反映。抛开原料条件对烧结过程透气性的影响，改善烧结料层阻力的主要技术措施包括强化制粒、提高料温、偏析布料等。而强化制粒途径又包括添加黏结剂、提高物料混匀效果、完善制粒工艺及设备参数。

3.1.2.1 生石灰消化技术及装备

目前，烧结厂普遍采用生石灰作为黏结剂来提高混合料的成球性能。生石灰打水消化后，呈粒度极细（粒径约为 $1\mu m$）的消石灰 $Ca(OH)_2$，具有强的亲水性，产生的毛细力有利于混合料成球，且由于消石灰胶体颗粒具有较大的比表面积（高达 $3\times10^5 cm^2/g$），可增大混合料的最大湿容量和分子吸引力，料球的强度和热稳定性更好，在转运输送和受热干燥过程中不易被破坏。

足够高的生石灰消化率是保证其黏结作用的前提，否则将产生三方面的负面影响，第一，在制粒过程中生石灰继续吸水消化会产生较大的体积膨胀，很容易使料球破坏，反而恶化制粒效果；第二，未消化的生石灰残留在烧结矿中，形成烧结白点，导致烧结矿成分不均匀，降低烧结矿质量；第三，未消化的生石灰在后续输送中继续消化，产生大量的蒸汽和粉尘，导致除尘难度加大。此外，生石灰消化后会产生大量蒸汽和黏附性极强的粉尘，极易黏结和堵塞除尘管道及除尘器本体，而导致消化器运行不正常。若除尘效率不高，还将导致引风机叶轮粘料严重失去平衡，进而造成风机喘振和损坏。

在烧结工序中，生石灰消化系统的生产环境十分残酷，粉尘量大、粒度细、碱性强，极易危害人体呼吸道，人几乎不能在作业区停留。受限于环保的压力，如宝钢本部、宝钢湛江等很多烧结厂选择不设专门的生石灰消化器，依赖混匀和制粒环节及皮带运输过程中消化，消化时间得不到保证，使得消化效果大打折扣。而正在运行的烧结用生石灰消化器也普遍存在消化时间短、消化能力差、除尘效率低、系统运行不畅等问题，大多成为摆设。

传统的单级单螺旋生石灰消化器（见图 3-3）受搅拌桨长度和驱动力的限制，存在消化时间过短（不超过 30s），搅拌不充分等问题，消化率不足 50%。针对于此，中冶长天在研究水灰比、消化水温、生石灰粒径、搅拌转速等因素对生石灰消化特性影响的基础上，开发了双级双螺旋生石灰消化器。将整个消化过程分两级进行，一级预消化，二级充分消化，其结构示意如图 3-4 所示，主要由六部分组成，包括进料口、一级消化系统、二级消化系统、集尘罩、驱动装置、出料口。具有以下技术特点：（1）采用双级消化，生石灰整体消化时间延长，消化过程更充分，消化效率更高；（2）在生石灰消化器进料口与消化箱之间设计密封输送段，其采用连续的螺旋输送叶片输送，如图 3-5 所示，只允许生石灰向前推进进入消化段箱体，保证密封效果有效防止蒸汽反窜，改善了工作环境；（3）采用桨叶式搅拌工具，如图 3-6 所示，提高生石灰的搅拌效果，改变生石灰运行轨迹，使生石灰与水能够均匀混合，加快反应速度，使消化得到提升，且搅拌工具具有搅拌、粉碎结块和自清理等多重作用与功效。桨叶的外圆端部采用高碳、高铬的铁基耐磨材料，桨叶使用寿命显著提高。

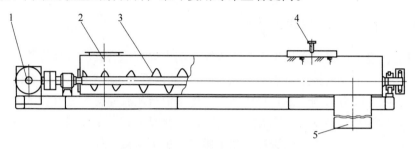

图 3-3　生石灰单级单螺旋消化器

1—驱动装置；2—进料口；3—螺旋；4—进水口；5—下料口

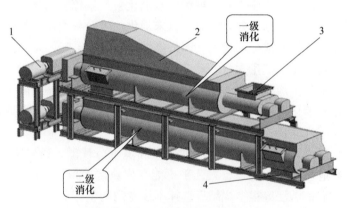

图 3-4　生石灰双级双螺旋消化器

1—驱动装置；2—集尘罩；3—进料口；4—出料口

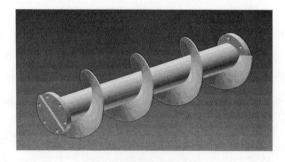

图 3-5　螺旋输送密封

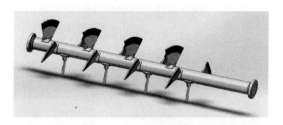

图 3-6 桨叶式搅拌工具

针对生石灰消化系统传统湿式除尘所存在的问题，结合水浴洗涤除尘机理和过滤式净化技术，开发了复合湿式除尘器，其结构及原理示意图如图 3-7 所示。工作过程中，含尘烟气以一定的速度从喷头处喷进液面，颗粒较粗的粉尘由于惯性作用冲进水中，进行第一级水浴除尘，此时大部分粗颗粒粉尘被除去，少部分细颗粒粉尘从水中逃逸后进入下一级除尘，由于除尘器上方设有过滤网，过滤网上有一定规格的网孔，过滤网上方设有喷头，水喷到过滤网上形成水膜，因此细颗粒粉尘从水中逃逸后在通过过滤网时被水膜捕捉，从而实现第二级过滤除尘，经过滤除尘后的净化气体从

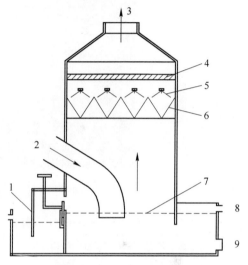

图 3-7 复合湿式除尘器示意图
1—溢流装置；2—烟气入口；3—净气出口；
4—挡水板；5—喷头；6—过滤网；
7—液面；8—排水口；9—排污口

烟囱排出。采用烟气粉尘的分级处理技术后，除尘效率大大提高，在降低粉尘排放浓度的同时，还保护了风机的正常运行，避免了风机因黏结物板结而引起的震动。

此外，还采用了短流程循环加热水技术。将经过计量的热水加入水幕除尘，经过水幕除尘后水的温度进一步升高后直接进入消化器，使生石灰消化过程加快，消化更完全。短流程循环加水去掉了污水循环利用环节，实现废水"零"排放，同时可以减少热量的散失，提高混合料温。

开发的双级双螺旋消化器及配套复合湿式除尘器于 2016 年底在新钢 6 号烧结机投入运行，如图 3-8 所示，与烧结机同步运行，消化效率提高，混合料制粒效果得到明显改善，透气性提高，烧结机利用系数提高，粉尘排放浓度降低至 9.87mg/m³，见表 3-1，配料室环境明显改善。

图 3-8　新余 6 号烧结机消化器现场安装图

表 3-1　生石灰消化及除尘系统改造前后效果对比

项目	成品率/%	利用系数/t·m^{-2}·h^{-1}	固体燃耗/kg·t^{-1}	粉尘排放浓度/mg·m^{-3}
改造前	78.62	1.254	61.06	210
改造后	79.78	1.275	60.88	9.87

3.1.2.2　强力混匀技术与装备

混合是烧结工艺的重要工序，其作用是将配比好的原料、燃料、熔剂、水分等进行混匀，使烧结料的成分均匀，水分合适，易于造球，从而获得粒度组成良好的烧结混合料。加强烧结混合料的混匀效果，既可使有限的水分和黏结剂与其余物料充分接触，作用最大化；也可使粗粒级核颗粒和细粒级黏附粉充分接触，更易于成球。

A　强力混匀工艺

在烧结生产中，常见的混匀设备有圆筒混合机、强力混合机。传统圆筒混合机是以旋转筒壁的摩擦力将物料提升至一定高度再分层滑落来实现对烧结混合料混匀。由于部分烧结细粉的亲水能力较差，很难保证水分均匀的分散，导致制粒效果不佳。而强力混合机借助高速旋转的搅拌，使物料在强迫扰动下产生剧烈的对流混合，混匀效果更好。早在 20 年前，日本住友、新日铁、安赛乐米塔尔等钢铁公司就开始在烧结厂将强力混合机用于烧结料混合[1]。强力混合机又分为卧式和立式两种。

在烧结上采用强力混合机有三种工艺，包括：

（1）强混→圆筒两段式混匀制粒工艺。如图 3-9 所示，该工艺是将传统二段混合制粒工艺中的第一段圆筒混合机由强力混合机取代，第二段仍采用圆筒混合机进行制粒。台湾龙钢采用此工艺来处理百分之百的烧结原料，包括钢厂回收的废料。

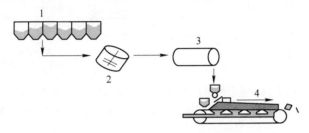

图 3-9　强混→圆筒两段混匀制粒工艺

1—原料；2—强混；3—圆筒；4—烧结机

（2）强混→圆筒→圆筒三段混匀制粒工艺。如图 3-10 所示，该工艺是在传统的二段圆筒混合机之前外加强力混合机，变为三段混合制粒工艺，第一段采用强力混合机混匀，第二段和第三段采用圆筒混合制粒，延长了制粒时间。本钢 566m² 和宝钢本部 600m² 新建烧结工程均采用了该工艺，其中本钢混匀设备为立式强力混合机，而宝钢选用卧式强力混合机，使用后，制粒小球中 3mm 以上的粒度均明显提高，同样料层厚度下，主抽风机总压力降低（本钢主抽风机总压力降低了 1000Pa）；同样风机压头下，料层厚度得以提高（宝钢本部烧结料层提高至 900mm 以上）。

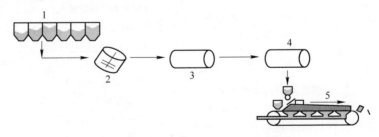

图 3-10　强混→圆筒→圆筒三段混匀制粒工艺

1—原料；2—强混；3，4—圆筒；5—烧结机

（3）强混→圆盘/圆筒+圆筒→圆筒组合式混匀制粒工艺。如图 3-11 所示，该工艺是根据原料特性把原料分作两个系列，成球性较差的精矿粉和冶金尘泥等单独通过强混→圆盘/圆筒进行分流制粒，成球性较好的粉矿则仍按传统工艺圆筒+圆筒进行混匀制粒，并调整两个原料系列中的碱度和燃料比，使烧结质量指

标和污染物排放指标更佳。宝钢本部 2 号 $600m^2$ 新建烧结机采用此工艺将厂区内粉尘进行单独预制粒，而后与其他经制粒后的物料一并参与烧结。

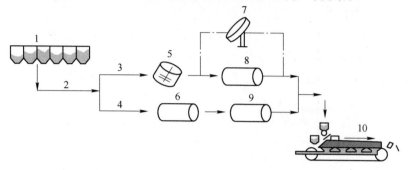

图 3-11　强混→圆盘/圆筒+圆筒→圆筒选择性制粒工艺

1—原料；2—筛分；3—细粉；4—粗粉；5—强混；6, 8, 9—圆筒；7—圆盘；10—烧结机

表 3-2 是立式强力混合机代替代传统圆筒混合机的综合效果对比，立式强力混合机混匀效果明显大于圆筒混合机[9]。

表 3-2　传统圆筒混合机 VS 立式强力混合机（用于 1200t/h 烧结机产能）

序号	比较内容	传统滚筒混合	爱立许强力混合	节约
1	安装占地	大 需要约一台 22m 厂，直径 4.5m 的滚筒混合机 占地约为 7m×25m 总占地 175m² 总高度 7.5m	小 需要约一台爱立许 DW40 混合机 占地约为 7m×7m 总占地 50m² 总高度 4m	占地节约 70%
2	重量	重 滚筒混合机重量为 400~500t 只能安装在地面	轻 DW40 混合机重量 42t 带料重量为 58~60t，可以安装在钢结构上，安装简便快捷	节约土地和地基成本
3	基础	适合动载，安装成本高	适合静载，安装成本低	安装成本节约
4	内部面积	滚筒混合机内部面积达 300m² 相比 10 倍以上的面积意味 10 倍以上可能粘料量烧结工艺未来发展将会使用更多的细料（0.15~3mm），更多细料的使用料量更大	DW40 底部面积 12m² 壁部面积 13m² 设备具有自清洁功能 未来烧结原料的变化不会影响爱立许混合机的使用，这一点已被在各个行业应用众多爱立许用户证实	
5	速度-弗劳德数	滚筒混合的制造原理限制其混合速度 滚筒混合机弗劳德数小于 1，即没有在物料中输入足够的机械能，导致混合效果差，物料粘壁	爱立许混合机的混合原理（旋转混合盘，壁部底部刮板和高能转子的安排）大大提高弗劳德数得到更佳的混合效果。 优势：最佳混合均匀度	

序号	比较内容	传统滚筒混合	爱立许强力混合	节约
6	焦粉消耗	高消耗 4.5% （根据配比不同可能有差异）	低消耗 4.0% 因为焦粉能够被更换地分散，降低焦粉用量 0.5%，每小时节省 4t 焦粉	节约焦粉用量估算节约焦粉成本
7	混合均匀度	低	高	
8	能量传输	混合机只有一个马达驱动，如遇到马达故障，整个系统瘫痪	混合机由 4 个主轴马达，2 个盘马达分别驱动，如遇到一个马达故障，混合机仍然可以工作	
9	烧结矿强度	强度低	强度高，因为原料更好地被分散	
10	烧结机能力	烧结机能力低	烧结能力高，因为细粉更好地被包覆在颗粒表面，提高了烧结矿的透气性。提高 10%，如果按照 5% 计算，以上混合机产能 800t/h，可以提高产能 40t/h	提高烧结矿利润
	结　　论			降低生产成本，增加利润

图 3-12 为本钢 566m² 烧结工程使用立式强力混合和圆筒混合机对烧结原料进行混匀后的制粒效果对比，使用立式强力混合机混匀的原料，经制粒后 3mm 以上粒度提高约 10%。

B　强力混匀装备

卧式强力混合机结构如图 3-13 所示，在国内外已属成熟产品，其包含筒体和搅拌装置。卧式强力混合机工作过程中，筒体固定，搅拌装置通过主轴旋转带动犁头运动，一方面推动

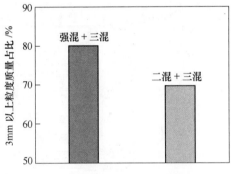

图 3-12　使用强混和圆筒的对比使用效果
（大于 3mm 粒径占比）

物料往前走，另一方面使筒体内物料产生最大范围的翻动，从而实现对流、剪切、扩散三种形式的混合，强化混匀效果。但由于搅拌装置卧式安装，其旋转速度受混匀机理的限制一般小于 60r/min，相应的其速度-弗劳德数偏小。

立式强力混合机结构如图 3-14 所示，混合机工作过程中，桶体和搅拌装置一起转动并相互配合，使混合料进行剧烈的对流、剪切、扩散运动，实现混合料高效、强力混匀。由于搅拌装置立式安装，转速可达 500r/min，其速度-弗劳德数大。立式强力混合机技术长期被国外垄断，制造周期长、价格高昂。为此，中冶长天在分析立式强力混匀机理、失效形式的基础上，开发出了具有微孔射流防磨降磨和结硬边界控制磨损等一系列创新技术的立式强力混合机。

a　立式强力混匀机理

采用 EDEM 建立立式强力混合机仿真模型分析混合机混合过程中混合物料的

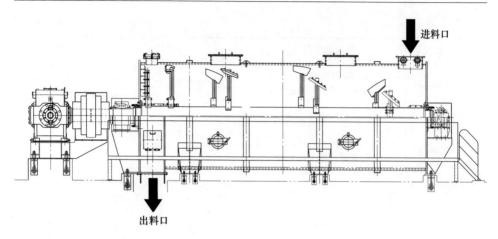

图 3-13　卧式强力混合机

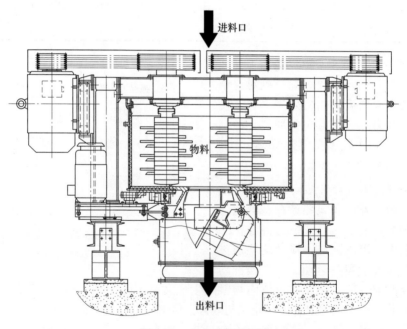

图 3-14　立式强力混合机

运动情况，结果如图 3-15 所示。在高速旋转的搅拌桨与低速运转的混合桶共同作用下，混合机中的物料由于所处位置不同分为桨叶影响区、湍流区和桶壁层流区三个不同的区域。桨叶影响区内，单个粒子的运动性最强。当桨叶影响区外围的物料流进入桨叶影响区时，与桨叶发生逆流碰撞；当物料进入桨叶影响区时，物料被桨叶冲击抛射，如图 3-16 所示。两者共同作用使物料分散、掺混，从而形成强烈的对流混合，该区域混匀作用最强烈。湍流区内，物料流比较紊乱，且具有随机性，在混合桶和搅拌桨运动的影响下，使物料不仅有水平面内的移动，同时物料也会在湍流区域内产生对流、剪扩和散切混合作用。筒壁层流区内物料相对筒体没有运动，混合效果最差，主要起运输物料的作用。

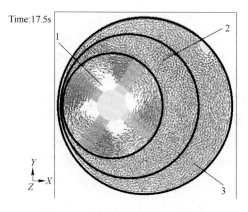

图 3-15 混合桶内物料运动分布图
1—桨叶影响区；2—湍流区；3—桶壁层流区

图 3-16 物料冲击抛射

立式强力混合机工作过程中，物料由进料口进入混合腔后，首先进入桶壁层流区，然后，进入湍流区和桨叶作用区快速混合，而后，一部分物料下落一定高度后再次进入层流区；另一部分物料仍位于湍流区和桨叶区继续混合。物料在整个下落过程中，不断地在各个区域间循环传递与进出，最终达到混匀的效果。

在桨叶影响区之外，物料随筒壁和料盘转动过程中，由于下层物料对上层物料的支撑作用，物料几乎没有向下的沉降。而在桨叶影响区，由于桨叶的高速冲击，物料非常松散，容易下落，但由于搅拌轴转速很高，因此，多数物料并不能直接下落至料盘，而是在不断的抛射过程中出现螺旋下降（见图 3-17），并流出

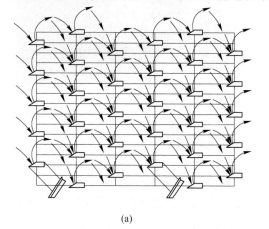

(a)

(b)

图 3-17 混合机垂直面内物料的运动
（a）抛射运动；（b）螺旋运动

桨叶影响区，进入筒壁影响区，随筒壁及料盘做圆周运动。当物料再次进入桨叶影响区之后，又会下降，然后再次进入筒壁圆周运动区域。如此循环往复，直至最终排出混合桶。

b　立式强力混合机的失效形式分析

立式强力混合机工作时，搅拌桨每转一周，相应的搅拌桨会沿混合桶桶体回转方向偏转一定角度 γ，桨叶作用区同步移动，偏转角度 γ 的大小与搅拌桨及桶体的转速相关。桨叶的运行轨迹是一条连续的盘绕线，盘绕线的瞬间中心落于桨束中心圆上，如图 3-18 所示。从图中可知立式强力混合机工作过程中，桨叶作用区在不断移动，最先进入新桨叶作用区的是桨叶端部。一般而言，桨叶作用区内的物料因桨叶的抛射与切割，相对比较松软，且物料稀疏，因此，桨叶作用区内物料对桨叶的磨损强度较低，桨叶作用区之外，特别是桶壁层流区，物料会沉积、结硬（见图 3-19），相对比较密实，具有较强的磨损能力。根据混合桶内物料的状态，可将物料对混合机部件磨损分为两种：一种是"软磨损"，一种"硬磨损"。"软磨损"是指运动的松散物料对设备构件的磨损，此部分的磨损量主要由混合原料硬度和搅拌速度决定，混合原料颗粒越硬，磨损速率越快；搅拌速度越大，磨损速率越快。"硬磨损"是指板结的物料对设备构件的磨损，沉积结硬层越密实，磨损速率越快。

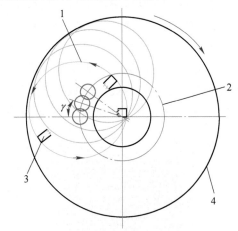

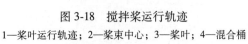

图 3-18　搅拌桨运行轨迹　　　　　　　图 3-19　积料结硬层
1—桨叶运行轨迹；2—桨束中心；3—桨叶；4—混合桶

混合过程中由于桨叶端部总是最先进入新的桨叶作用区，即最先接触桨叶作用区之外的区域，所以，桨叶的磨损主要发生在端部，桨叶的失效形式一般也表现为桨叶端部磨损变短，失去混合能力而失效。图 3-20 是某混合机工作一段时间后搅拌桨桨叶的磨损情况，从图中可知，由于混合桶底部物料比上端物料密实，下部桨叶磨损更快。

c 立式强力混匀装备结构组成

立式强力混合机主要结构如图 3-21 所示，主要由七部分组成，包括混合桶、进料口、搅拌桨、除尘口、支撑架、支撑座、排料门。混合过程物料从顶部进料口进入混合桶，在混合桶内聚集并持续保持一定的填充率，一般为 60%~80%。同时搅拌桨高速旋转，剧烈地切割物料，迫使物料产生切割、对流及扩散混合，将物料混匀，混匀后的物料经混合桶底部的排料口排出，混合时间一般为 50~70s。

图 3-20　搅拌桨磨损情况

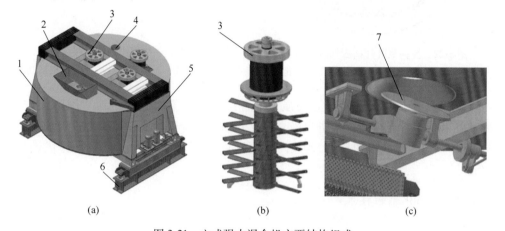

(a)　　　　　　　　　(b)　　　　　　　　　(c)

图 3-21　立式强力混合机主要结构组成

(a) 主体；(b) 搅拌桨；(c) 卸料结构

1—混合桶；2—进料口；3—搅拌桨；4—除尘口；5—支撑架；6—支撑座；7—排料门

中冶长天开发的立式强力混合机，具有以下技术特点：

(1) 微孔射流防磨降磨。射流防磨降磨的原理如图 3-22 所示，在混合过程中搅拌桨叶端部向外物料喷射高压气体，并作用在桨叶附近的物料上，对物料进行冲击、疏松，在桨叶气流出口附近气体会比较集中，物料中气体含量高，形成富气层，富气层的物料比较松散，可减少与叶片的摩擦，从而降低"软磨损"，同时在一定条件下，喷射的部分气体受物料阻挡，会在搅拌桨重磨损区域形成气垫，气垫将搅拌桨上的叶片与物料隔开，防止搅拌桨叶片与物料直接接触，从而降低磨损，提高搅拌桨的使用寿命，提高设备的生产作业率。

(2) 结硬边界控制磨损。结硬边界控制主要是为了降低硬磨损，原理为将相对高速的桨叶磨损转化成相对低速桶壁刮刀的磨损，如图 3-23 所示。即通过固定悬挂的桶壁刮刀将沉积料结硬层控制在一定的区域内，使其与高速旋转的搅拌桨桨叶隔离，从而减轻桨叶的硬磨损。

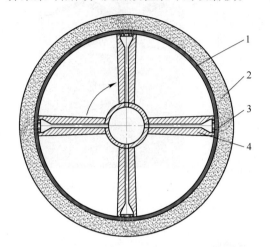 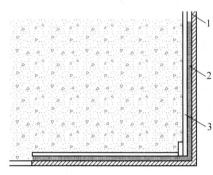

图 3-22　搅拌桨叶片高压气流喷射示意图　　　图 3-23　结硬边界控制技术原理
1—气垫层；2—富气层；3—射流孔；4—搅拌桨叶　　　1—桶壁；2—沉积硬化层；3—桶壁刮刀

　　2015 年中冶长天开发的立式强力混合机经中冶集团鉴定达到"国际先进"水平。相同工况条件下，与进口爱立许立式强力混合机相比，一次性投资成本可降低 40%，运行成本可降低 20%，且耐磨件使用寿命更长，完全可替代进口产品。

3.1.2.3　强化制粒技术

A　圆筒强化制粒技术

在制粒工艺一定时，制粒效果与制粒设备参数和结构息息相关。混合料制粒设备主要有两种，即圆筒制粒机和圆盘制粒机，两者效果相差不大（见图3-24）。生产实践表明，圆筒制粒机工作更为可靠并易实现大型化。当烧结混合料的性质不变时，圆筒制粒机的制粒性能主要取决于转速、圆筒倾角及填充率[2]。

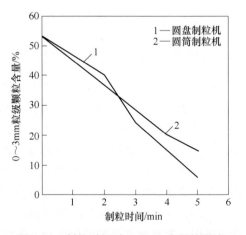

图 3-24　制粒时间对 0~3mm 含量的影响

　　圆筒转速主要影响物料运动状态，根据圆筒转速不同，物料运动状态分为滑移、阶梯、滚动、小瀑布、大瀑布和离心六种状态，其中物料处于滚动状态时制粒状态最佳，如图 3-25 所示。

一般来说，圆筒制粒机适用于制粒的最佳转速为 $0.25N_c \sim 0.35N_c$。

$$N_c = \frac{42.3}{\sqrt{D}} \tag{3-7}$$

式中　N_c——筒体的临界转速，r/min；

　　　D——筒体的有效直径，m。

圆筒倾角大小直接影响制粒时间，倾角越小，制粒时间越长。图 3-26 是圆筒制粒机制粒时间与混合料粒级含量的关系。可以看出，制粒时间延长到 4min 时，混合料中 0~3mm 粒级含量从 53% 降低到 14%，3~10mm 部分从 49% 增至 77%，大于 10mm 者从 5% 增加至 10%。

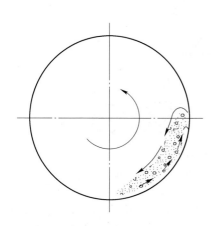

图 3-25　制粒适用的"滚动"状态

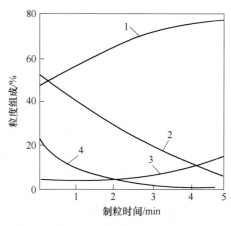

图 3-26　圆筒制粒机制粒时间对粒度组成的影响
1—3~10mm；2—0~3mm；3—大于 10mm；4—0~1mm

一般来说，圆筒制粒机适用于制粒的最佳倾角为 1.72°~2.86°。

填充率是指筒内物料平均横截面积占筒体有效横截面积的百分比。填充率过大，混合料运动状态不佳，不能获得适宜的运动轨迹，制粒效果不好，如果填充率过小，物料仍处于滚动状态，但滚动距离较小，制粒效果也不好。

一般来说，圆筒制粒机适用于制粒的最佳填充率为 8%~15%。

B　返矿分流制粒技术

日本研究工作者提出的"准颗粒"模型认为[3]，混合料中大于 0.7mm 的颗粒作为核颗粒，小于 0.2mm 的颗粒作为黏附粉，而介于这两种粒度之间的颗粒不参与制粒，称之为中间颗粒。但对于三种颗粒的粒度范围没有形成统一的认识，有的定义中间粒子范围为 0.25~1.0mm，甚至有的认为是 0.3~2mm。范晓慧[4] 则认为混合料原始粒度组成中黏附粉和核颗粒的粒度界限为 0.5mm，当小于 0.5mm 的黏附粉含量占比在 40%~50% 时制粒效果最佳。

　　返矿作为烧结料制粒时的成核粒子，可一定程度上改善制粒效果。但是，对于粒度较粗的粉矿为主的烧结原料，黏附粉含量过低而核颗粒过剩，制粒时返矿充当造粒核心的功能有所弱化。返矿自身粒度大一方面使湿混合料混匀效果变差，另一方面在一定程度上会破坏制粒过程中小球的正常长大，造成成分和粒度偏析严重，对烧结矿质量造成较大影响。通过返矿分流技术，粗粒返矿不参与制粒，而是在制粒后期加入，可不破坏细粒料成球，对于提高当前制粒效果有利，同时可发挥支撑作用，从而增加料层的透气性。

　　返矿分流烧结流程简图如图 3-27 所示。铁矿石、焦粉、熔剂经一混混匀后入二混制粒，在完成制粒前均匀给入返矿，使返矿与制粒小球混合均匀，然后进行烧结。

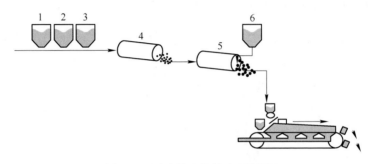

图 3-27　返矿分流烧结流程简图
1—铁矿石；2—焦粉；3—熔剂；4——混；5—二混；6—返矿

　　采用国内某烧结厂物料为试验原料，通过烧结杯试验，研究了返矿分流对制粒效果、烧结矿产质量指标的影响。含铁原料中粉矿占比 77%、烧结返矿外配18%、高炉返矿外配 12%。两种返矿的粒度组成如表 3-3 所示。烧结返矿平均粒度为 2.29mm，其粒度以小于 5mm 为主；高炉返矿的平均粒度为 5.36mm，其粒度以 3~8mm 为主，占比达 96.45%。可见将粒度相对较粗的高炉返矿进行分流更为合适，在制粒后期加入不会对制粒小球的粒度组成，尤其是细粉末含量有太大影响。

表 3-3　返矿粒度组成

矿种	粒度组成/%							平均粒度/mm
	>8mm	5~8mm	3~5mm	1~3mm	0.5~1mm	0.25~0.5mm	<0.25mm	
烧结返矿	0.00	2.62	23.65	52.14	15.08	5.13	1.38	2.29
高炉返矿	1.12	55.09	41.36	1.56	0.00	0.00	0.86	5.36

　　在高炉返矿全部进行分流的条件下，不同水分对制粒效果的影响，如表 3-4，图 3-28 和图 3-29 所示，可知：

（1）在制粒水分为 7.75% 时，返矿分流后，平均粒度由 4.27mm 提升至 4.58mm，返矿分流后 3~8mm 的比例较分流前有明显增加，同时小于 3mm 粒度的比例也大幅减少。这表明，在同等水分下，返矿分流可以有效改善制粒效果；

（2）高炉返矿饱和吸收量为 1.77%，扣除高炉返矿制粒过程所需的水分，剩余水分占混合料的 7.58%，在此条件下制粒，相比返矿不分流、制粒水分为 7.75%，返矿分流后，平均粒度由 4.27mm 提升至 4.41mm，返矿分流后 3~8mm 的比例较分流前有明显增加，同时小于 3mm 粒度的比例也大幅减少，进一步表明返矿分流可以有效改善制粒效果。

表 3-4 不同水分配比对制粒效果的影响

返矿是否分流	制粒水分/%	粒度组成/%							平均粒度/mm
		>8mm	5~8mm	3~5mm	1~3mm	0.5~1mm	0.25~0.5mm	<0.25mm	
是	7.58	10.47	27.32	32.45	25.23	4.40	0.13	0.00	4.41
是	7.75	10.96	28.42	34.02	23.47	3.03	0.10	0.00	4.58
否	7.75	10.54	25.34	28.86	29.48	4.74	1.03	0.00	4.27

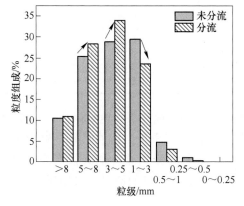

图 3-28 相同水分条件下（7.75%）返矿分流对制粒后混合料粒度组成的影响

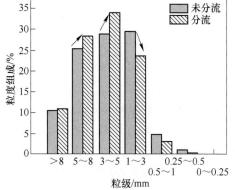

图 3-29 返矿不分流（制粒水分 7.75%）与返矿分流（制粒水分 7.58%）的制粒效果比较

进一步研究了在高炉返矿全部分流时，不同润湿比例对制粒效果以及烧结矿产质量的影响。已知高炉返矿饱和吸水率为 1.77%，因此对其进行预润湿时，只需根据高炉返矿所占比例，从总添加水中分出对应水分对其润湿即可，剩余水分即为制粒添加水分。返矿分流预润湿比例对制粒效果的影响如表 3-5 所示，可知：（1）返矿分流时，在相同制粒水分条件下，返矿润湿相比不润湿的混合料平均粒度更小；（2）相比返矿不分流，返矿分流不论润湿还是不润湿，制粒小球的平均粒度均有提高。

表 3-5　不同预润湿比例对制粒效果的影响

返矿是 否分流	润湿比 例/%	粒度组成/%							平均粒度 /mm
		>8mm	5~8mm	3~5mm	1~3mm	0.5~1mm	0.25~0.5mm	<0.25mm	
否	—	10.54	25.34	28.86	29.48	4.74	1.03	0.00	4.27
是	0	10.96	28.42	34.02	23.47	3.03	0.10	0.00	4.58
是	100	10.56	26.59	33.27	26.08	3.47	0.03	0.00	4.45

　　将高炉返矿进行分流后由于制粒效果和料层透气性得以改善，为厚料层烧结的实施打下了基础。返矿分流条件下不同料层高度对烧结指标的影响结果如表3-6所示，可知：抽风负压不增加的前提下，料层厚度由基准值700mm提高至780mm后，在保证烧结速度、利用系数不变的同时，烧结矿成品率和转鼓强度显著提高。

表 3-6　返矿分流条件下不同料层高度对烧结指标的影响

返矿是否分流	料层高度 /mm	烧结速度 /mm·min⁻¹	成品率/%	转鼓强度 /%	利用系数 /t·m⁻²·h⁻¹
否	700	21.66	76.22	63.67	1.46
是	700	23.86	74.65	63.27	1.54
是	740	22.57	77.74	63.53	1.51
是	780	21.54	77.35	64.60	1.47
是	820	19.75	78.19	64.27	1.34

　　取不同冶金原料装入混合桶，填充高度100mm，搅拌桨转速800r/h，混合桶转速5r/h，连续运行8h，然后测定最底层桨叶的减轻重量，结果如图3-30所示。研究表明，相比燃料、烧结原料、球团原料，烧结返矿对桨叶的磨损最为显著。因此，对于烧结混合料混匀制粒工艺中设置了强力混合机的情况，采用返矿分流技术后有助于延长桨叶使用寿命。

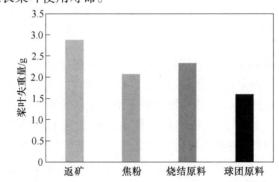

图 3-30　不同冶金原料对混合机桨叶的磨损程度

C 精矿分流制粒技术

对于粒度较细的精矿为主的含铁原料，由于制粒时黏附粉含量过高，核颗粒量不足，制粒小球中小于3mm的细颗粒量升高。精矿分流制粒技术将一部分细颗粒原料单独分出，配加一定量的生石灰作黏结剂，烧结返矿作制粒的成核粒子，并配入部分燃料，单独制粒成小球；而剩余的含铁原料、熔剂、燃料、高炉返矿另行制粒成小球，最后将两种制粒小球混匀后参与烧结。精矿分流技术路线与姜涛[2]等人提出的复合造块技术类似，工艺流程如图3-31所示。两部分物料分流的原则：确保分流后剩余物料的粒度组成（核颗粒含量和黏附粉含量的比例）更适宜制粒；将大部分生石灰加入被分流的细颗粒物料中，以提高该部分物料的成球效果；烧结返矿作为被分流的细颗粒物料的成核粒子，高炉返矿则加入剩余物料中。

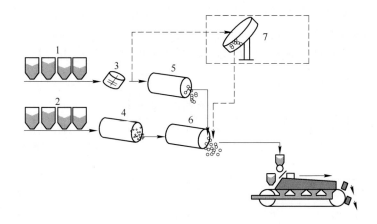

图 3-31 精矿分流制粒工艺流程简图

1—精矿为主物料；2—粉矿为主物料；3—强混；4——混；5—制粒；6—二混；7—圆盘造球

采用国内某烧结厂物料为试验原料，含铁原料中精矿占比70%，通过烧结杯试验，研究了精矿分流对制粒效果、烧结矿产质量指标的影响。

保证烧结混合料总水分8%的基础上，改变两部分物料制粒水分，返矿分流对制粒效果的影响如表3-7所示。可知：要想实现精矿分流强化制粒的目的，需调整两部分物料的制粒水分，应适当增加细颗粒物料中的水分，但也应保证剩余粗颗粒物料制粒对水分的要求。试验条件下，最佳水分配比为细颗粒物料水分8.25%、粗颗粒物料水分7.75%，相比未分流制粒的基准方案，虽然平均粒径相当，但分流制粒所得混合料中3~5mm粒级小球占比提高，从40.06%提高到49.22%。而+8mm的粗粒级小球和-3mm的细粒级小球均有所减少，表明制粒后混合料粒度分布更为合理。

表 3-7 水分配比对制粒效果的影响

细颗粒为主物料水分/%	粗颗粒为主物料水分/%	粒度组成/%							平均粒度/mm	JPU
		>8mm	5~8mm	3~5mm	1~3mm	0.5~1mm	0.25~0.5mm	<0.25mm		
未分流（水分8.0%）		11.39	26.42	40.06	21.76	0.35	0.03	0.00	4.67	4.48
8	8	7.53	27.82	39.08	25.25	0.31	0.00	0.00	4.48	4.20
8.25	7.75	6.40	29.22	49.22	14.30	0.78	0.08	0.00	4.67	4.50
8.5	7.5	9.32	28.95	26.45	35.15	0.13	0.00	0.00	4.39	4.23

保证烧结混合料总焦粉配比 5.6% 的基础上，改变焦粉在两部分物料中分配（如表 3-8 所示），返矿分流对烧结过程的影响如表 3-9 所示。可知：随着细颗粒物料中焦粉配比的增加，烧结速度和利用系数呈降低趋势，成品率变化不大，转鼓强度呈先增大后降低的趋势，但变化幅度不显著。当焦粉全部添加至粗颗粒物料中，烧结速度和利用系数均达到最大值，分别为 23.94mm/min，1.48t/（m² · h）。无论焦粉如何分配，精矿分流的烧结利用系数、烧结速度均比常规烧结大，成品率基本相当，转鼓强度提高。

表 3-8 焦粉配比分配方案

焦粉在精矿为主和粉矿为主的物料中分配比例	精矿为主的物料中焦粉配比/%	粉矿为主的物料中焦粉配比/%
0 : 100	0	10.32
25 : 75	2.97	7.95
50 : 50	5.76	5.45
100 : 0	10.90	0

表 3-9 焦粉分配对精矿分流烧结的影响

焦粉在精矿为主和粉矿为主的物料中分配比例	烧结速度/mm · min⁻¹	成品率/%	转鼓强度/%	利用系数/t · m⁻² · h⁻¹
未分流	22.63	74.46	56.40	1.41
0 : 100	23.94	74.76	57.80	1.48
25 : 75	23.37	75.34	58.80	1.48
50 : 50	23.35	74.24	58.20	1.46
100 : 0	23.05	74.39	56.60	1.43

3.1.2.4 偏析布料技术

烧结混合料的粒度范围较宽，约在 1~10mm 之间。烧结偏析布料一方面可使烧结料沿台车宽度方向平整，保证烧结料性质均一，另一方面可使烧结料沿台车高度方向上粒度分布由高到低逐渐增大（见图 3-32），增加料层透气性，燃料含量由高到低逐渐减少，实现均热烧结。

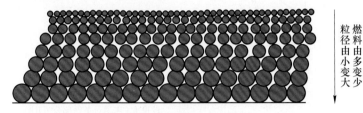

图 3-32 偏析料层结构

针对混合料层结构的偏析，有反射板型、筛子型等偏析布料技术。为了进一步提高偏析效果，近年来开发了磁辊偏析布料、条筛式偏析布料、气流偏析布料和辊式偏析布料技术。

A 磁辊偏析布料

磁辊布料法就是在普通圆辊布料器内固定安装一个由若干交变极性的永久磁铁组成的磁系，如图 3-33 所示。磁场强度一般为 55704~16200A/m 之间，布料时辊筒旋转，磁系固定不动。当磁辊转动出料时，混合料受磁场的作用，粒度粗、质量大、磁性弱的物料随辊子转动快速抛离辊筒表面，而粒度细、质量轻、磁性强的粉料则被吸附在辊筒表面上一起转动，到达磁系边缘下部才脱落，而介于两者之间的物料落在粗、细物料之间，实现混合料偏析[5]。

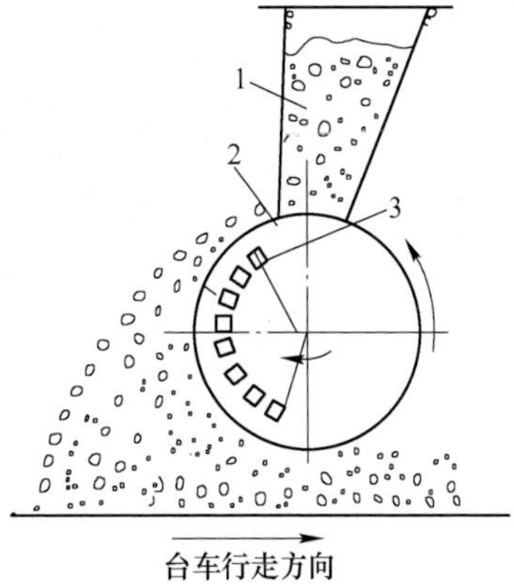

图 3-33 磁辊偏析布料

1—混合料仓；2—圆辊给料器；3—磁系

B 条筛式偏析布料

条筛式偏析布料装置如图 3-34 所示，混合料从圆辊给料器落下后经助走板进入棒条筛段，小颗粒混合料通过棒条筛间隙落下，并在筛下导流板的引流下落到台车料层的上层，而未通过筛条间隙的粗粒级部分溜下落至台车底部，从而形成粒度偏析。

在条筛式布料器的基础上将棒条布置方向变成沿料流方向，则形成强化筛分布料器，如图 3-35 所示。该装置每根棒条下端自由，上端有轴承支撑，棒条可以转动以防止粘料堵塞筛孔。棒条与棒条之间的距离即为筛隙（筛孔）。棒条设

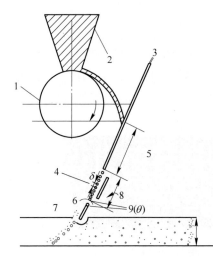

图 3-34　条筛式偏析布料

1—圆辊给料机；2—漏斗；3—助走板；4—条隙间距；5—助走距离；
6—条隙；7—下部溜板；8—条隙筛长；9—倾角

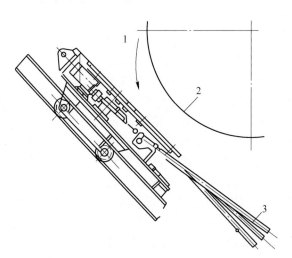

图 3-35　强化筛分布料

1—落料；2—圆辊给料机；3—棒条

置成上部筛隙小，下部筛隙大，棒条下端交错成上中下三层。当混合料由圆辊给料器给出时，首先落在助走板上，然后溜到棒条筛上，由于上部筛隙小可使混合料中的细粒级物料首先被筛出落到料层的上部，下部筛隙大，粗粒料则落到料层的下部和底部。由于棒条间隙从上至下连续由小变大，因而可产生连续的粒度偏析作用。同时由于筛子的筛分和分级作用使物料分散落下，减小了烧结料层的堆积密度，增大了孔隙率。在粒度偏析的同时，焦粉含量也产生了偏析。这种布料技术不仅具有较好的偏析效果，而且棒条具有松散物料的作用，而使得混合料的透气性得到改善[2]。

C　气流偏析布料

气流偏析布料示意如图 3-36 所示，在反射板与料面之间施加与料流相反的气流，混合料从反射板落下后，首先经过气流流场，再布到台车上，利用气流的作用，使具有不同粒级及物化性质的物料产生偏析。

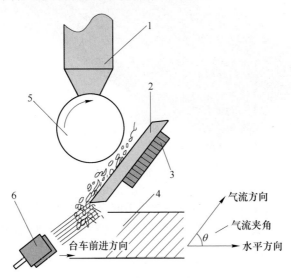

图 3-36　气流偏析布料示意
1—混合料仓；2—反射板；3—磁系；4—烧结料层；5—圆辊给料机；6—气流喷嘴

混合料颗粒沿反射板迎着空气流移动的速度取决于重力（作为推动力 $F_{推}$）与摩擦力和运动阻力（统称为制动力 $F_{制}$）之比。当 $F_{推} = F_{制}$ 时，则混合料顺粒保持相对静止。粗细不同的顺粒保持相对静止时的气流速度是不同的。如果从混合料下层向上层逐步降低空气流的速度，则混合料的各种颗粒就会在不同位置按照粒度和密度大小不同发生堆集。这样混合料中的小粒度和密度小的燃料会停留在上层，而大颗粒和密度大的物料会滚落到下层，这就达到了理想的偏析。对于烧结混合料而言，在气流的作用下，密度大的粗粒级矿石下落速度较快，首先布到料层的底部，而细粒级物料，特别是密度较小的焦粉等固体燃料下落速度较慢，而被铺在上部料层。

D　辊式偏析布料

辊式布料器（见图 3-37）利用粗、细粒级所受摩擦力不同，产生不同的加速度来使物料粒级偏析。布料过程中，布料辊向上旋转，使粗粒级的混合料加速度大于细粒级的混合料加速度[6]，从而实现混合料产生有益偏析和料面平整的状态。目前国内外大型烧结机上普遍采用辊式布料器。

图 3-37　辊式布料器

　　图 3-38 为采用了辊式偏析布料装置后不同料层混合料的平均粒度和燃料量，显然偏析效果良好，实现了上部料层粒度小、燃料多，下部料层粒度大、燃料少的合理料层结构。

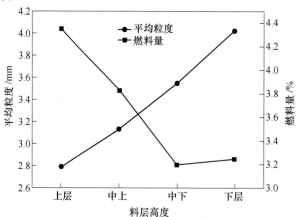

图 3-38　某公司偏析布料厚不同料层混合料平均粒度和燃料量

3.1.2.5　蒸汽预热混合料技术

　　烧结过程中过湿层的状态是影响烧结料层透气性主要因素之一。从水分的冷凝机制来分析，冷凝水量与气体和混合料的温度差成正比，气体和混合料的温度差越大，过湿带冷凝水量含量就越多，不同混合料料温烧结时冷凝水分见表 3-

10。提高混合料料温，使其达到露点温度以上，可以显著的减少料层中水汽冷凝而形成的过湿现象，提高透气性。根据饱和蒸汽压图表，查得烟气中含水汽 $120g/m^3$ 时，其相应露点温度为54℃。采用蒸汽将混合料料温预热至54℃以上时，理论上可以消除过湿带。

表 3-10　不同混合料料温烧结时冷凝水分

混合料温度/℃	混合料水分/%	烧结带中水分/%	冷凝水分/%
18	6.7	13.5	6.8
70	7.8	8.7	0.9

　　废气冷凝的前提条件是其水蒸气分压大于物料表面上的饱和蒸汽压，冷凝水的数量取决于两者的差值。而水蒸气分压取决于废气中的水分含量，饱和蒸汽压取决于料层的原始温度，温度越高则饱和蒸汽压越大。如当混合料温度从18℃提高到70℃时，冷凝水分大大减少，基本消除了过湿层，使烧结料层透气性得到明显改善。

　　蒸汽预热混合料技术主要是在二次混合机或者混合料槽内通入蒸汽来提高料温的饱和蒸汽压，从而防止烧结层过湿，提高料层透气性的方法。生产实践证明，蒸汽压力越高，预热效果越好，如鞍钢在二次混合机内使用蒸汽压力为（1~2）×10^5Pa 时，可提高料温 4.2℃；当压力增加到（3~4）×10^5Pa 时，可提高料温 14.8℃。

　　混合机内蒸汽预热混合料系统如图 3-39 所示，其优点是既能提高混合料料温又能进行混合料润湿和水分控制，保持混合料的水分稳定，同时也可以改善混合料的粒度组成，见表 3-11。但是混合机内蒸汽预热利用率一般只有 20%~30%，混合料预热温度也不高，热利用率低。

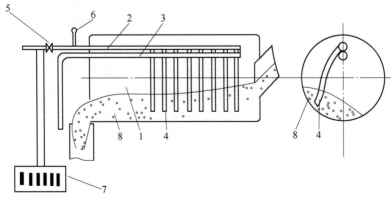

图 3-39　混合机内蒸汽预热系统

1—混合机圆筒；2—蒸汽总管；3—给水管；4—蒸汽支管；
5—电动阀；6—压力表；7—流量计；8—混合料

表 3-11　蒸汽预热对混合料粒度组成的影响

粒级/mm	混合机前/%	混合机后/%
>10	$\dfrac{9.1}{8.8}$	$\dfrac{21.2}{15.5}$
10~5	$\dfrac{13.0}{13.3}$	$\dfrac{14.3}{25.4}$
5~3	$\dfrac{13.2}{12.9}$	$\dfrac{20.2}{20.3}$
3~0	$\dfrac{64.7}{65.0}$	$\dfrac{44.3}{35.8}$

注：分子—未加入蒸气；分母—加入蒸气。

矿槽内蒸汽预热混合料系统如图 3-40 所示。混合料经过混合料矿槽、泥辊、九辊后立即布到台车上，在矿槽内预热，距离烧结机台车最近、热损失最小，同时蒸汽可最大限度与混合料接触，蒸汽热利用率高，可达 95%以上。

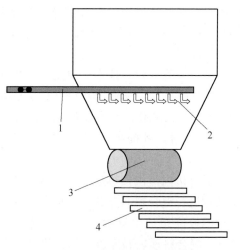

图 3-40　矿槽内蒸汽预热系统
1—蒸汽总管；2—蒸汽喷管；3—泥辊；4—九辊

3.1.3　烧结机漏风治理技术

烧结机作为可移动的烧结反应器，其产生漏风的原因主要有两方面：一是保证设备正常工作而设计的运动件与运动件、运动件与非运动件之间的预留间隙 δ'，这部分间隙主要包括台车与风箱结合面头尾端部的间隙、台车与风箱结合面两侧部的间隙、相邻台车端部之间的间隙；二是设备工作时，运动件与运动件、运动件与非运动件之间的磨损以及设备热疲劳变形及裂纹所产生的间隙 $\Delta\delta$，$\Delta\delta$ 除发生在预留间隙 δ' 处外，还包括台车端部起拱变形导致台车之间的间隙、风箱管道磨损导致的间隙、双层卸灰阀阀芯磨损导致的间隙。具体如图 3-41 所示。此时，烧结机总的漏风间隙 $\delta=\delta'+\Delta\delta$。

烧结机漏风治理技术是指从设备结构设计、材料选型等角度出发，针对烧结机不同的漏风部位，采取不同的密封结构和密封材质，系统性地降低或减小各漏风部位的漏风间隙，以达到最优的密封效果，使得烧结机总的漏风量最少，从而降低烧结机漏风率的技术手段。

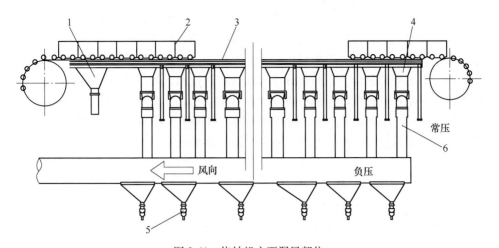

图 3-41 烧结机主要漏风部位

1—头部漏风；2—台车漏风；3—侧部漏风；4—尾部漏风；5—卸灰阀漏风；6—风箱管道漏风

3.1.3.1 台车与风箱结合面端部漏风治理技术

烧结机端部漏风位于烧结机头部与尾部，在烧结机两端风箱与台车底部之间的间隙处。端部密封需要在台车整个宽度方向与台车底面保持良好贴合，如图 3-42 所示。由于烧结台车宽度方向跨距较大，上部还要承受数吨的混合料重与抽风压力，且长期工作在高温环境下，因此设计时须考虑台车在宽度方向的机械变形和热变形，在端部（烧结机头、尾部）台车底部与密封板之间预留间隙，并设

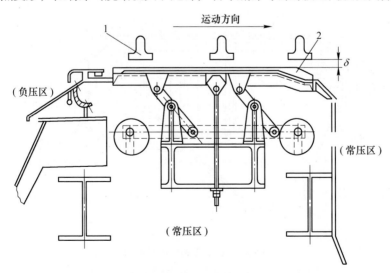

图 3-42 烧结机尾部与风箱的结合面示意图（头部结构相似）

1—台车梁；2—密封板

置补偿变形装置。实际运行时，由于工况条件复杂、恶劣，变形难以控制，补偿装置容易失效，从而使台车和密封板出现较大缝隙，最大时达到 30mm 以上，从而造成此处大面积漏风，是烧结机主要漏风部位，也是漏风治理的难点。

　　传统头尾端部密封采用的是分块式刚性密封技术，其主要由顶部密封板、浮动装置、支座及散料收集系统组成（见图 3-43）。密封板沿台车宽度方向分为多块（3~6 块），各块可通过独立的调节机构自行调整，配重用于在密封板上施加贴合力，使密封板尽量与台车底板贴合，提高密封效果。

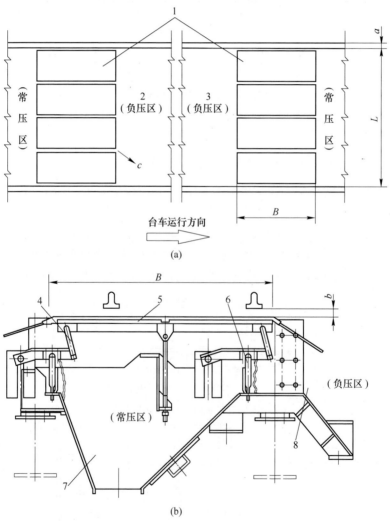

图 3-43　分块式刚性密封装置

（a）俯视图；（b）断面图

1，5—顶部密封装置；2—头部风箱；3—尾部风箱；4—浮动装置；6—支座；7—散料收集系统；8—风箱

分块式刚性密封技术漏风量由三部分组成：第一部分为密封板顶部与台车底部之间的漏风，第二部分为密封板侧部与风箱梁之间的漏风，第三部分为各块密封板之间的漏风。其漏风量的计算公式为：

$$Q_漏 = 0.083\,\frac{L}{B} \cdot \frac{b^3 \Delta p}{\mu} + 0.01\,\frac{L}{B} \cdot \frac{a^3 \Delta p}{\mu} + (n-1)\,0.005\,\frac{L}{B} \cdot \frac{c^3 \Delta p}{\mu} \qquad (3\text{-}8)$$

式中　L——台车宽度，m；

B——密封体长度，m；

a——侧部间隙，m；

b——顶部间隙，m；

c——分块密封体之间间隙，m；

Δp——压差，Pa；

μ——流体黏度，kg/(m·s)；

$Q_漏$——漏风量，m^3/s。

针对烧结机传统头尾端部密封装置存在的不足，近年来开发了负压吸附式端部密封、自适应柔性端部密封技术。

A　负压吸附式端部密封技术

负压吸附式端部密封技术原理如图 3-44 所示（密封装置三维图见图 3-45），其顶部密封板为一整块弹性板，下面设有上浮装置，当烧结机台车通过时，顶部密封板可以随着台车的底梁一起变形，使得台车的底梁与顶部密封板能很好的贴合，起到密封作用，这种结构不需要在顶部预留间隙，提高了密封效果，同时也可防止台车上的烧结灰从间隙中落下，从而省去了灰箱。在侧部密封板和端部密封板上设有柔性密封件，柔性密封件在压力差的作用下，紧贴在侧部密封板与侧梁衬板的连接处以及端部密封板与横梁框架的连接处，进一步提高烧结机端部密封装置的整体密封性能。

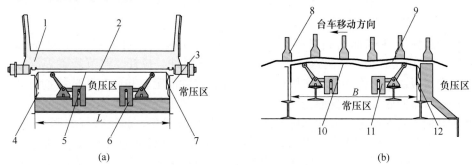

图 3-44　负压吸附式端部密封原理图

（a）密封装置横向断面图；（b）密封装置纵向断面图

1—烧结机台车；2，9—顶部间隙 b；3—风箱侧梁；4—密封板侧部；5，10—密封板顶部；

6，11—浮动装置；7，12—侧部间隙 a；8—烧结机台车梁

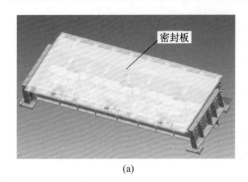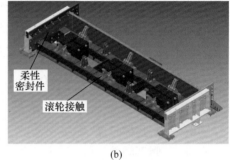

(a)　　　　　　　　　　　　　　　　(b)

图 3-45　负压吸附式密封装置三维图
(a) 密封板；(b) 柔性密封件

负压吸附式端部密封技术漏风量的计算公式为：

$$Q = 0.083 \frac{L}{B} \cdot \frac{b^3 \Delta p}{\mu} + 0.01 \frac{L}{B} \cdot \frac{\left(a - 0.06 \dfrac{BL\Delta p}{k}\right)^3 \Delta p}{\mu} \qquad (3\text{-}9)$$

式中　k——负压吸附式密封装置中柔性密封件的刚度。

从式（3-9）中可知：（1）负压吸附式端部密封技术采用整体结构，消除了分块式刚性密封技术装置中密封体之间的间隙 c 导致的漏风；（2）侧部间隙 a 由于柔性密封件的存在使其漏风量与烧结压差成负指数关系，即负压越大，漏风越少，当 $\Delta p > \dfrac{ak}{0.06BL}$ 可消除侧部间隙 a 的漏风；（3）顶部密封体采用柔性结构，使顶部间隙 b 趋于 0 时也不会影响烧结机的正常运行，从而降低了顶部间隙 b 的漏风。因此可见负压吸附式密封装置能够有效的降低烧结机端部（头、尾部）的漏风，且其以烧结机抽风系统的负压为动力，负压越大，贴合越严密，密封效果越好，从而有效地克服传统端部密封技术的不足，提高了密封效果。

B　自适应柔性端部密封技术

自适应柔性端部密封技术原理如图 3-46 所示（密封装置三维模型见图 3-47），其由密封板、密封座、波纹板、柔性密封件、拉杆、调节装置等部分组成。密封板由整块弹性板和多块衬板通过螺钉拧紧固定，并通过调整装置使其可以随着台车的底梁一起变形，这使得台车的底梁与顶部密封板能很好的贴合，又能使衬板之间不产生过大的间隙导致异物卡住破坏设备，起到很好的密封作用。密封座主要起受力、固定、调节的作用；弹簧在长期使用过程中有"老化"现象时，可以通过调节装置保证弹簧的刚度。波纹板是主要密封件，它将密封板和密封座很好地连接起来，使设备形成一个箱式密闭空间，构成第一道机械密封。同时在端部密封板上设有柔性密封件，柔性密封件在压力差的作用下，紧贴在密封座横板上，进一步提高烧结机风箱端部密封装置的整体密封性能，形成第二道密封，强化密封效果。

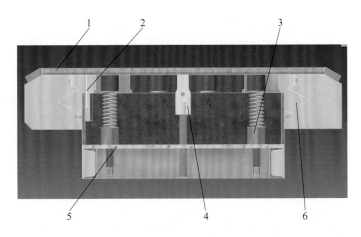

图 3-46 自适应柔性端部密封技术原理
1—密封板；2—柔性密封件；3—调节装置；4—拉杆；5—密封座；6—波纹板

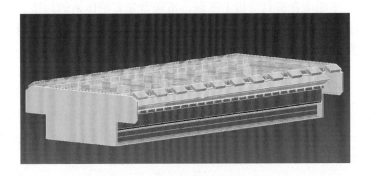

图 3-47 自适应柔性密封装置三维模型

3.1.3.2 台车与风箱结合面侧部漏风治理技术

烧结机侧部漏风位于风箱两侧滑道与台车滑板处，滑道密封用来减少侧部漏风。即在烧结台车两侧设台车密封装置，在风箱两侧设滑道，台车上的密封装置与滑道紧密结合并相对滑动。通常台车密封装置用螺栓装配在台车体两侧的下部，密封滑板采用高强耐磨碳钢制作，用销轴及弹簧将其装入密封槽中，其中弹簧以适当的压力将密封滑板压于风箱滑道上，以确保台车与风箱滑道之间的密封效果，如图 3-48 所示。

滑道密封装置漏风量主要由两部分组成：第一部分为密封装置与槽体之间的间隙导致的漏风；第二部分为滑道与密封装置之间由于不均匀变形和磨损引起密封体之间不均匀接触而导致的漏风。针对其存在的不足，开发了板弹簧柔性密封、波纹弹性滑道密封等新型技术。

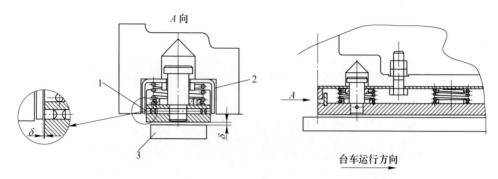

图 3-48　滑道密封装置

1—密封装置；2—槽体；3—滑道

A　板弹簧柔性密封技术

板弹簧柔性密封技术原理如图 3-49 所示，其包括密封槽、滑板、销和弹性部件。弹性部件（板弹簧）和销设在密封槽内，密封槽内的弹性部件上端压在槽体的内面，下端压在密封滑板上平面，滑板紧靠着槽体两侧内壁，销轴通过密封槽顶部的孔进行定位和限位，并与滑板连接。销轴一方面可控制滑板跑偏，另一方面也能防止板弹簧发生移动，避免影响密封效果。

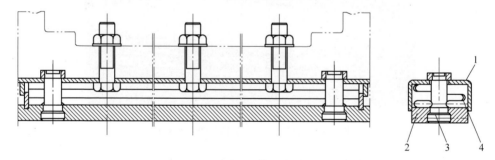

图 3-49　板弹簧柔性密封结构示意图

1—槽体；2—滑板；3—销轴；4—板弹簧

板弹簧柔性密封技术利用弹性部件板弹簧直接作用在滑板上，板弹簧消除了传统密封装置与槽体之间的间隙，同时可使滑板受力均匀，进而消除滑板和滑道之间的间隙，从而减少台车与风箱结合面侧部的漏风。

B　波纹弹性滑道密封技术

波纹弹性滑道密封技术原理如图 3-50 所示，密封装置（见图 3-51）由密封槽、波纹板、滑板，导向销轴、柱销弹簧等组成。密封槽体上表面用螺栓装配在台车车体两侧的下部凹槽内并贴合严密，两者之间运行时无相对运动，形成静密封。而密封装置的底面即滑板的下表面与固定在左右风箱侧梁上的滑道面贴合，两者之间运行时产生相对滑道，形成动密封。动密封在长度方向两侧的波纹板上、下表面分别固定在上部槽体与下部滑板上，运行时滑板的下表面与固定滑道间由打入的润滑脂所形成的油膜保持密封，同时槽体与滑板之间放置有可以自由伸缩的柱销弹簧，通过弹簧的压缩可以确保工作中滑板始终以一定的压紧力与固定滑道贴合，从而消除烧结机的侧部漏风。

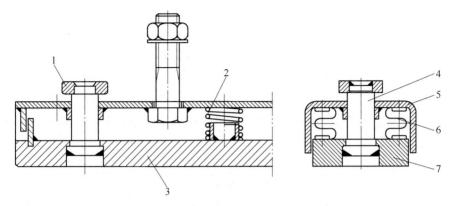

图 3-50　波纹弹性滑道密封技术示意图

1，4—导向销；2—柱销弹簧；3，7—滑板；5—槽体；6—不锈钢波纹板

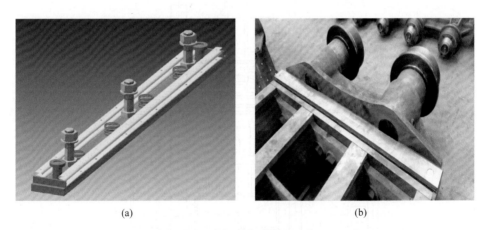

(a)　　　　　　　　　　　　(b)

图 3-51　波纹弹性滑道密封装置

（a）三维模型图；（b）实物图

另外，波纹弹性滑道密封工作时，槽体可以做极小的周向间隙沿导向销可上下浮动，可以保证两端的上下挡板之间仅需较小的运动间隙，从而减小密封装置两端的漏风量。

3.1.3.3　台车与台车之间漏风治理技术

烧结机是由许多个台车组成的一个敞开式反应器，其台车车体、台车栏板均为金属结构，由于加工制造精度原因，以及台车之间连续运行的要求，台车之间的接合部往往存在一定的间隙。同时，台车温度长时间在 200~500℃ 之间反复变化，为适应热膨胀要求，相邻烧结台车的栏板之间在设计时也要求保留一定的间隙。另外，台车反复热胀冷缩会出现热疲劳，导致不均匀热变形和裂纹。上述三种情况均可造成相邻烧结台车之间出现漏风。

A　烧结机尾部动密封技术

烧结机尾部动密封技术主要解决台车在受热后的膨胀问题[6]。目前主要有两种形式：一种是尾部摆架式，一种是尾部水平移动架式。移动架由于平衡锤的作用，始终被拉向尾部方向，使台车之间不产生间隙。其拉力可通过调节重锤的重量得到最佳的数值。这样，台车在温度作用下产生的热膨胀即被吸收了，而且不会使烧结机发生任何运行障碍[7]。对于大型烧结机，一般都采用尾部水平移动架式动密封技术。

尾部水平移动架结构如图 3-52 所示，其由尾部星轮、移动架托轮组、尾部弯道和平衡锤等装置组成。整个移动架是通过左右挂架上的托轮组坐落在尾部机架上，整个移动架可以沿轨道前后移动，平衡锤通过配重向头部星轮方向拉紧移动架，使台车靠紧，以减少台车之间的漏风。

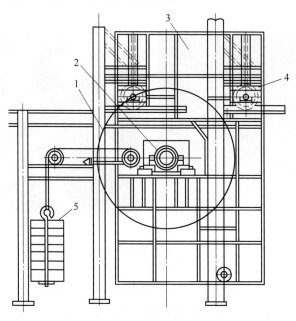

图 3-52　尾部水平移动架结构示意图

1—尾部星轮；2—轴承座；3—移动架；4—车轮；5—平衡锤

B　重力自适应台车栏板密封技术

重力自适应台车栏板密封装置如图 3-53 所示，包含活动密封板、导向柱、导向槽、限位板，活动密封板位于烧结机台车栏板上的一端，用来封闭与相连烧结机台车之间的缝隙。活动密封板上开设有导向槽，导向柱插入导向槽内并与烧结机台车栏板相连，活动密封板固定在导向槽上，可随导向槽一起沿导向柱滑动，导向柱的一端通过限位板与烧结机台车栏板相连，导向柱焊接于限位板上，限位板固定于烧结机台车栏板上。限位板一方面可以起到防止活动密封板掉落的现象，另一方面可以用来紧固导向柱。

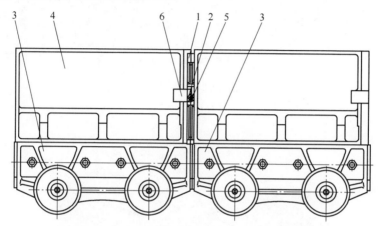

图 3-53　重力自适应台车栏板密封结构示意图

1—活动密封板；2—导向柱；3—烧结机台车；4—烧结机台车栏板；5 导向槽；6—限位板

烧结机台车通过头部星轮进入上水平轨道运行时，活动密封板利用自重可做垂直和水平两个方向的运动，即斜面运动，其水平方向运动产生的移动可消除烧结机台车栏板之间的缝隙，从而起着密封作用。当烧结机台车在水平轨道运行时，其一直起密封作用。当烧结机台车通过进入尾部星轮以及烧结机台车在下水平轨道运行时，活动密封板利用自重可回到原来的位置。该技术的特点在于，在满足烧结机运行要求的台车间隙前提下，实现台车栏板之间的有效密封。

另外，栏板材质中加入适量的钼，可改善栏板的高温稳定性，强化结构强度，减小不均匀变形，台车栏板合理结构设计也可减少栏板受热时热应力的不均匀分布，有效防止开裂，减少漏风。

C　星轮齿板齿形修正技术

烧结机在运行过程中，会出现台车的后轮往上抬，与轨道不接触，其高度在 5~60mm 不等，使回程道上的台车形成锯齿形，即台车起拱，如图 3-54 所示。台车起拱现象会加剧台车端部的磨损，增大台车与台车之间的间隙，使漏风量加剧[8]。

针对台车起拱导致的台车端部易磨损加大漏风的难题，通过对烧结机进行动力学仿真分析与优化，仿真模型如图 3-55 所示，开发出了星轮齿板齿形修正技术。

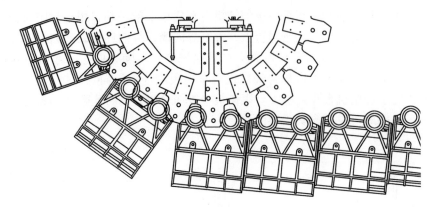

图 3-54　台车起拱

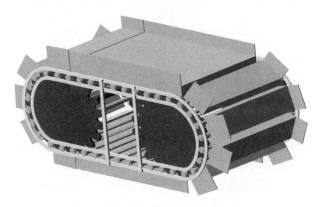

图 3-55　烧结机动力学仿真模型

　　星轮齿板齿形修正技术（见图 3-56）在传统齿板三种节圆直径的基础上，保持分界圆、节圆、卡轮圆三个同心圆的直径不变，将星轮齿板上的外圆直径适量减小并做一直径小于节圆直径的辅助圆，然后对齿弧曲线半径和过渡曲线半径进行优化。按本方法修正加工的星轮齿板与现有星轮齿板相比显得瘦小，安装于台车运行尾部，可显著减少台车起拱，减少烧结台车耐磨板的磨损速度，从而减少漏风。实践证明该齿板和弯道能使台车顺利运行，并能基本消除台车的起拱现象，起拱量达到不超过 5mm。可有效减少台车间的磨损，提高使用寿命。

3.1.3.4　风箱管道漏风治理技术

　　在烧结机抽风系统中，烧结风流经台车算条进入风箱，再由各风箱汇集于大烟道。风箱管道内局部风温高达 400℃，风速在 16m/s 左右，气流裹挟着粉尘和有尖角的颗粒在抽风管道内高速运动，遇到转弯或变径时，由于固体颗粒运动方向速度发生改变，对管壁产生强烈冲刷，造成严重磨损，直至管道穿孔或出现沙

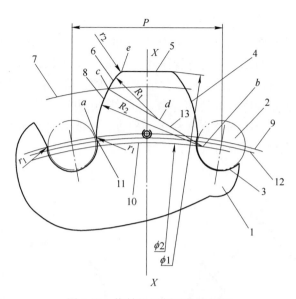

图 3-56 烧结机尾部星轮齿板图

1—星轮齿板；2—台车卡轮；3—齿根部圆弧曲线；4—由第一齿弧曲线与第二齿弧曲线组成的齿弧曲线；
5—星轮齿板外圆；6—第一齿弧曲线；7—分界圆；8—第二齿弧曲线；9—节圆；
10—辅助圆；11—直线；12—卡轮圆；13—辅助线

眼，引起漏风，影响管道系统的密封效果。

烧结机风箱管道漏风主要发生在弯管转折处的管体外壁，一般通过焊接一个由钢板组成的盖罩来减少磨损，降低漏风。盖罩与外壁内腔装有填充材料，即在弯管转折处，形成一个加厚的耐温、耐磨保护层，使它的使用寿命延长到与其他管壁同步，不需为转折处的磨损而中途检修，如图 3-57 所示。

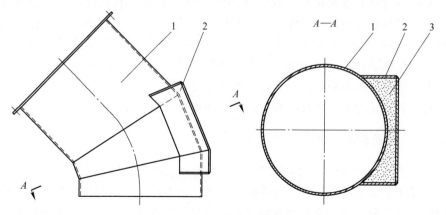

图 3-57 弯管转折处的管体外壁

1—弯管体；2—盖罩；3—填充材料

A　易检修式弯管耐磨技术

易检修式弯管耐磨技术结构示意如图 3-58 所示，包括弯管体和盖罩，盖罩由箱盒和盖板组成，箱盒一端与弯管体外壁固接，另一端设有法兰接口，盖板与箱盒的法兰接口端通过紧固件连接，并形成填充腔，填充腔内装填有耐温、耐磨填充材料，可延长耐磨弯管的使用寿命。同时，在耐磨弯管使用一段时间以后，可以拆下盖板对填充腔内的填充材料进行检查，必要时可对填充材料进行更换，并且可以取出填充材料后对弯管进行检修。

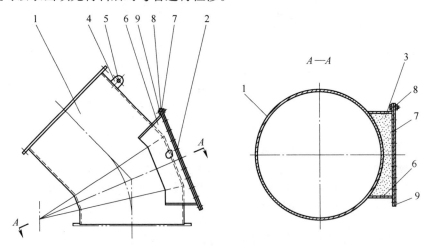

图 3-58　耐磨弯管装置简图

1—弯管体；2—盖罩；3—填充材料；4—吊装板；5—吊装孔；6—箱盒；7—盖板；8—密封垫；9—法兰

B　双胞弯管防磨技术

双胞弯管防磨技术结构示意如图 3-59 所示，即在风箱弯管体外壁的大弯径侧和小弯径侧同时设置局部保护，弯管体的大弯径侧和小弯径侧转折处的耐磨、耐高温能力同时提高，提高使用寿命。其主要由弯管体、弯管体外壁的大弯径侧、小弯径侧和固定盖罩组成，大弯径侧和小弯径侧分别固定有一件盖罩，各盖罩由多块钢板组焊而成，且与弯管体通过焊接相连，两个盖罩分别与弯管体围成一腔体，各腔体内均装填有耐磨、耐高温的填充材料。

3.1.3.5　双层卸灰阀漏风治理技术

烧结机工作过程中，大量的细颗粒灰尘穿过台车箅条间的空隙落入风管，如不及时排出，就会堵塞风管，造成通风不畅，严重时甚至引起烧结机停机。排放风管中的积灰时，势必造成短时间风管内部与外部大气短路，空气通过放灰口进入风管，引起漏风。理想的排灰方法必须满足：一方面可将风管中的积灰排出；另一方面，又不至于造成风管内部与大气短路，引起漏风。

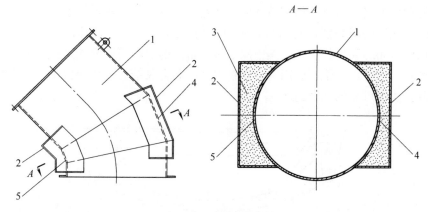

图 3-59　双胞耐磨弯管

1—弯管体；2—盖罩；3—填充材料；4—大弯径侧；5—小弯径侧

　　烧结机双层卸灰阀（见图 3-60）是用于大烟道灰箱排灰口时保证密封效果的设备。双层阀的排灰过程分两步进行：第一步，开启上层阀，下层阀保持关闭，积灰从大烟道进入阀体内部的灰仓；第二步，关闭上层阀，开启下层阀，灰仓中的灰从阀体内排出，完成一个排灰过程。排灰过程中，始终有一层阀门处于关闭状态，阻止了空气在灰箱排灰过程中进入大烟道。非排灰状态下，双层阀上下层均处于关闭状态。

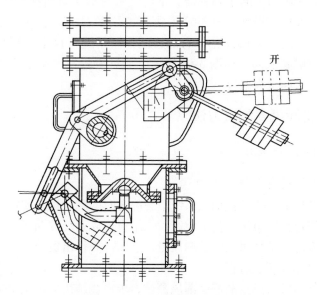

图 3-60　传统双层卸灰阀结构示意图

　　对于双层卸灰阀自身而言，其漏风主要是由于阀芯在含尘气流冲刷作用下导致的磨损间隙。

　　针对传统双层卸灰阀阀芯易磨损的问题，开发了分相密封技术，其将排灰作业中的气相和固相分别进行密封，阀门结构如图 3-61 所示，其核心构件主要包括双层碗状阀芯和环状阀座。其中双层碗状密封的上座用于固相密封，下层用于气相密封。该技术实施不会因为固相物料在阀芯上黏结、卡堵导致阀门气密封效果下降，确保可靠的气密封。

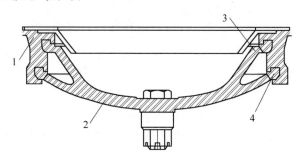

图 3-61　分相密封技术阀门结构示意图
1—双层阀座；2—双层阀芯；3—固相密封；4—气相密封影响

　　独立气密封双层卸灰阀上下阀门都采用分相密封技术阀门，由于实现了固相与气相分开密封，固相密封只需阻断物流，理论上无需气密封要求，即便防漏部受物料磨损影响或由于其他原因密封不好，气封部不受固体物料的干涉，密封严密，由于上层固相密封阻断了物料流，下层气密封不受固相物料的干涉与影响，密封严密，密封性显著提高，图 3-62 为独立气密封双层卸灰阀结构图。

　　独立气密封双层卸灰阀配备专有的智能控制系统可自主识别和排除阀门卡阻，形成智能双层卸灰阀，如图 3-63 所示，通过检测与控制手段进一步确保阀门的密封效果，从而减少漏风。

3.1.4　烧结机漏风率测试方法

3.1.4.1　静态流量测定法

　　A　静态流量测定漏风率的原理

　　相同负压条件下，烧结机抽风系统空载静态时的漏风量与实际生产时的漏风量相等。通过测定相同负压条件下空载时烧结机抽风系统的漏风量，以此作为同负压条件下负载时烧结抽风系统的漏风量，进而计算得出负载条件下烧结抽风系统的漏风率。具体分两步进行：

　　第一步：烧结机台车空载静态漏风测试，求得烧结机本体绝对漏风量。在烧结机空载不运转的情况下，用塑料布或橡胶布把烧结机正常有效透风区盖住，不让其透风，但局部敞开 2~4 个风箱上台车（见图 3-64），并将风箱隔板梁与台车下梁之间的间隙用型钢密封。此时启动主抽风机，从小到大方向调整风门开度，

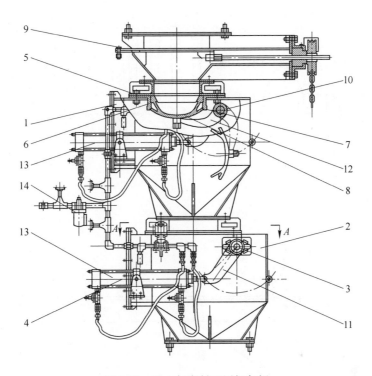

图 3-62 独立气密封双层卸灰阀

1—上阀体；2—下阀体；3—阀门传动装置；4—阀门驱动装置；5—支撑环；6—锥形挡板；7—密封环；
8—密封阀门；9—插板阀；10—转轴；11—传动臂；12—阀门连杆；13—气缸；14—管路控制阀

图 3-63 独立气密封智能双层卸灰阀

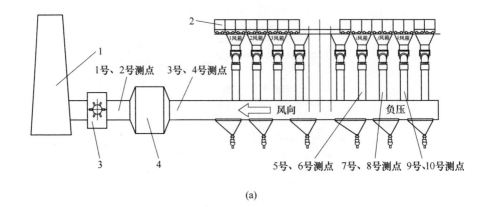

(a)

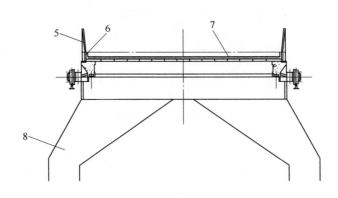

(b)

图 3-64　静态流量测定漏风率原理示意图

(a) 主视图；(b) 断面图

1—烟囱；2，5—台车；3—主抽风机；4—除尘器；6—辅底料高度；7—密封塑料；8—风箱支管

直到主抽风机达到额定负压，通过烟气分析仪测量主排烟道和风箱支管的气态参数（静压、动压、当地大气压、温度），求得标态总流量，在此基础上将主排烟道风量减去风箱支管风量即得到烧结机额定负载运行下的绝对漏风量 $Q_{本体漏(标况)}$。

第二步：烧结机台车额定负载动态测试，求得标态下烧结机本体总排出烟气量 $Q_{本体(标况)}$ 和主抽风机总抽出烟气量 $Q_{总(标况)}$。

这时，将其带入式（3-3）和式（3-4）计算求得烧结机本体的漏风率 $\eta_{本体}$ 和烧结系统漏风率 $\eta_{系统}$。

B　管道系统流量测定

大型烧结机系统烟气管道设有两个大烟道，风箱支管上部同风箱相接，下部连接主排大烟道，每个烟道配置一台主抽风机，根据管道结构设计测点布局如图

3-65 所示。主抽风机 1 入口设置 1 号检测点，在主抽风机 2 入口设置 2 号检测点，在大烟道 1 出口除尘器入口处设置 3 号检测点，在大烟道 2 出口除尘器入口处设置 4 号检测点，在第 i 个风箱对应的左右支管处设置 5 号、6 号检测点，在第 j 个风箱对应的左右支管处设置 7 号、8 号检测点，在第 k 个风箱对应的左右支管处设置 9 号、10 号检测点。

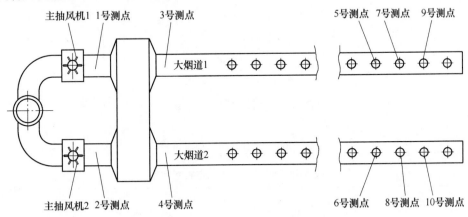

图 3-65　管道系统测点布置

此时，空载时烧结机本体的漏风量为：

$$Q_{本体漏} = (Q_{3号} + Q_{4号}) - (Q_{5号} + Q_{6号} + Q_{7号} + Q_{8号} + Q_{9号} + Q_{10号}) \quad (3\text{-}10)$$

负载工作时烧结机的本体烟气量为：

$$Q_{本体} = Q_{3号\text{-}负载} + Q_{4号\text{-}负载} \quad (3\text{-}11)$$

烧结系统的漏风量为：

$$Q_{系统漏} = Q_{本体漏} + (Q_{1号\text{-}负载} + Q_{2号\text{-}负载} - Q_{3号\text{-}负载} - Q_{4号\text{-}负载}) \quad (3\text{-}12)$$

烧结主抽风机总烟气量为：

$$Q_{总} = Q_{1号\text{-}负载} + Q_{2号\text{-}负载} \quad (3\text{-}13)$$

C　管道截面内流量测定

烧结机主抽风机管道、大烟道、风箱支管为圆形截面，在管道截面上划分若干个同心圆，在同心圆半径上设置检测点（见图 3-66），圆形管道内的测点数量见表 3-12。

同心圆与圆心的距离 R_i 按式（3-14）计算：

$$R_i = R\sqrt{\frac{2i - 1}{2n}} \quad (3\text{-}14)$$

式中　R——管道半径，m；

　　　R_i——管道中心到检测点-i 的距离，m；

　　　i——同心圆序数；

　　　n——检测点数。

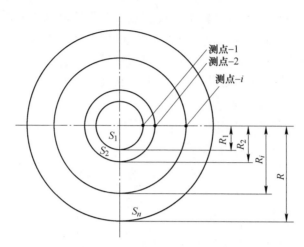

图 3-66　管道截面内测点布置

表 3-12　圆形管道内测点布置数量

直径/m	<0.5	0.5~1	1~2	2~3	3~5
测点数量	1	2	3	4	5

　　管道截面内各测点的风量 Q 根据各测点所在管道截面内测点所测得的压力 P、温度 T、流速 v 求解。圆截面管道测点将截面分成若干圆环，整个截面的风量为：

$$Q = Q_1 + Q_2 + \cdots + Q_i + \cdots + Q_n$$

$$Q_n = S_1 \times v_1 + S_2 \times \frac{v_1 + v_2}{2} + \cdots + S_i \times \frac{v_{i-1} + v_i}{2} + \cdots + S_n \times \frac{v_n}{2} \quad (3\text{-}15)$$

式中　　Q_1，Q_2，$\cdots$，Q_i，$\cdots$，Q_n——管道截面内各圆环面内的风量，m^3/s；

　　　　　v_1，v_2，$\cdots$，v_i，$\cdots$，v_n——管道截面内各测点所测得的流速，m/s；

　　　　　S_1，S_2，$\cdots$，S_i，$\cdots$，S_n——圆环的面积，m^2。

3.1.4.2　烟气成分分析法[2]

A　烟气成分分析法测定漏风率的原理

　　烟气成分分析法是根据各部位测点烟气成分（O_2、CO_2、CO）结果，按质量平衡计算漏风率的方法。

　　假如烧结机抽风系统完全不漏风，则台车底部的烟气成分与抽风系统的其他各段管道乃至风机出口处的烟气成分是完全相同的。但实际上，由于烧结机漏风，吸入了外界的空气，使烟气成分发生了变化。在生产实践上，算条下部的烟气含 O_2 量低，含 CO_2 量高。其他各部位漏入空气后，烟气中的 O_2 含量就会升高，

CO₂含量则相应降低。因此，可根据台车底部与某部分烟气中烟气成分的变化对比关系，推算出漏风率。

B 烟气成分分析法的测定及计算

在烧结机正常生产时，即料面平整不拉沟，操作稳定时，在布料前将取样管放在台车的算条上（对于有铺底料者适用），或放在台车的算条下（对于无铺底料者适用），随台车移动，或把取样管固定在每一个风箱的最上部。当测定烧结机漏风时，台车上的烟气样应从机头连续取到机尾。当取样管相继经过各个风箱时，同时从台车上、风箱弯管、除尘系统前后用真空泵和球胆抽出烟气试样（见图 3-67），并用皮托管、压差计和温度计测出各个风箱和除尘系统前后的动压、静压和烟气温度，再用气体分析仪（测氧仪、CO₂分析仪、煤气热值仪等）分析烟气中 O₂、CO₂、CO 的百分含量，以便进行漏风率的计算。

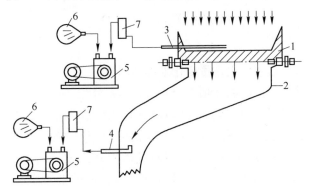

图 3-67 烟气分析法测定漏风率
1—台车；2—风箱；3—炉算处烟气取样管；4—风箱弯管处取样管；
5—真空泵；6—装气球胆；7—除尘器

a 氧平衡计算漏风率

氧是烟气中主要成分之一，且含量比较稳定，允许所取气体放置较长时间。由于环境气体是稳定的（氧含量为 21%）供氧源，烟气中氧含量的相对变化不仅能直观地判断烧结终点，而且便于及时纠正气体分析误差和便于气体分析数据的取舍。

氧平衡计算漏风率方程如下：

$$\eta_{O_2} = \frac{\varphi(O_2)_{后} - \varphi(O_2)_{前}}{\varphi(O_2)_{大气} - \varphi(O_2)_{前}} \times 100\% \tag{3-16}$$

式中　η_{O_2}——以测点前后氧含量变化求得的漏风率，%；

　$\varphi(O_2)_{前}$——所测部位前测点中氧含量的体积分数，%；

　$\varphi(O_2)_{后}$——所测部位后测点中氧含量的体积分数，%；

　$\varphi(O_2)_{大气}$——所测部位大气中氧含量的体积分数，%。

b　碳平衡计算漏风率

烧结机本体漏风测定一般分两段进行：第一段是从烧结机台车至各风箱闸门后风箱立管之间，第二段是从大烟道到除尘系统入口之间，相应的漏风率计算也按以上两段分段进行。

在烧结过程中考虑到 CO_2 在烟气中含量最多，拟测部位前后含量差明显，便于计算准确。但是，烧结料层中碳燃烧时，最先生成"碳-氧"过度络合物 C_xO_y，CO_2 和 CO 是这种物理化学络合物的分解产物，且分解产物中 CO_2 和 CO 间的比例随着温度不同而改变，为了避免烟气中 CO_2 和 CO 含量不稳定造成的问题，则采用碳平衡计算漏风率，计算方法如下：

$$\eta_C = \frac{\left(\dfrac{3}{11} \times \varphi(CO_2)_{前} + \dfrac{3}{7}\varphi(CO)_{前}\right) - \left(\dfrac{3}{11} \times \varphi(CO_2)_{后} + \dfrac{3}{7}\varphi(CO)_{后}\right)}{\dfrac{3}{11} \times \varphi(CO_2)_{前} + \dfrac{3}{7}\varphi(CO)_{前}} \times 100\%$$

(3-17)

式中　η_C ——以测点前后碳含量变化求得的漏风率，%；

$\varphi(CO_2)_{前}$ ——所测部位前测点烟气中 CO_2 的体积分数，%；

$\varphi(CO)_{前}$ ——所测部位前测点烟气中 CO 的体积分数，%；

$\varphi(CO_2)_{后}$ ——所测部位后测点烟气中 CO_2 的体积分数，%；

$\varphi(CO)_{后}$ ——所测部位后测点烟气中 CO 的体积分数，%。

烧结机各风箱所测部位的漏风率取上述两种计算结果的算术平均值

$$\eta_i = \frac{\eta_{O_2} + \eta_C}{2}$$

(3-18)

式中　η_i ——烧结机各风箱所测部位的漏风率，%。

各风箱所测部位的漏风率以立管中流量大小进行加权平均可得第一段的烧结机漏风率：

$$\eta_1 = \frac{\sum_{i=1}^{n}(Q_i\eta_i)}{\sum_{i=1}^{n}Q_i}$$

(3-19)

$$Q_i = 60Ak_p\sqrt{\frac{2p_d}{\rho}}$$

(3-20)

式中　η_1 ——第一段烧结机的漏风率，%；

n ——风箱编号；

Q_i ——第 i 个风箱立管中烟气的流量（标态），m^3/min；

A ——烟气管道截面积，m^2；

k_p——皮托管修正系数；

p_d——管道内烟气绝对压强，Pa；

ρ——烟气工况密度。

在分段漏风率的计算中，第一段以风箱弯管中的烟气流量为100%计算，第二段以除尘系统入口处的烟气流量为100%计算，此时要计算烧结机本体的漏风率，则需要把一段计算的漏风率折算成以除尘系统入口处烟气量为100%的漏风率，再加上第二段的漏风率，即为烧结机本体的漏风率。

3.2 烟气循环烧结技术

烟气循环烧结是将一部分烧结烟气返回至烧结机台车料面再次利用的烧结方法。这种方法一方面可以明显减少废气的排放量，烟气循环使用过程中还可使部分粉尘被吸附滞留于烧结料层中，部分 PCDD/Fs 和 NO_x 被分解，SO_2 得以富集，这都有助于降低脱硫脱硝装置的投资和运行成本。另一方面，烧结烟气中还带有显热和潜热（CO），循环烧结过程中部分热量被回收利用，一定程度上可以节约固耗。

目前我国对烟气循环烧结技术的应用研究仍处于起步阶段，而在国外一些钢铁企业已经广泛投入使用，主要包括[9~14]：荷兰艾默伊登钢厂的 EOS 工艺、德国 HKM 的 LEEP 工艺、奥钢联林茨钢厂的 EPOSINT 工艺、日本新日铁区域性废气循环工艺。从工业应用情况来看，烧结烟气循环技术在减少污染物排放、节约燃料、减少二氧化碳排放等方面取得了良好的效果。

3.2.1 烟气循环烧结基础研究

烟气循环烧结技术的实施，总体原则是在烧结矿产、质量指标不受明显影响的前提下，提高烧结清洁生产的水平。相比常规烧结的空气，烧结烟气具有氧含量低、湿度大、温度高、污染物成分复杂等特点。将烧结烟气作为烧结气流介质有可能存在以下问题：（1）当循环烟气选择区域不当时，由于烟气氧含量较低，影响烧结矿的产、质量指标；（2）由于抽入的是热风，降低了空气密度，增加了抽风负荷，实际穿过料层的氧量也相对降低，使烧结速度受到一定的影响；（3）烧结烟气中含有大量的水蒸气，循环使用后将增加料层的过湿现象；（4）若循环烟气中的 SO_2 浓度过高，在烧结过程中部分硫可能会残留于烧结矿中，从而增加后续高炉工艺的硫负荷。

合理的烟气循环方式，是确保烧结指标不受影响的关键。范晓慧、余志元[9,15]等人针对不同烧结原料结构，结合常规烧结烟气各气体成分的平均排放浓度，研究了烟气成分（O_2、CO、CO_2、$H_2O(g)$、SO_2 和 NO_x 等）、温度对烧结矿产质量指标的影响规律，以及烟气污染物在循环过程中的减排行为。

3.2.1.1　气流介质条件对烧结过程的影响[15]

基于烧结烟气排放特点，设计循环烟气成分和温度范围（见表 3-13，1×10^{-6} ＝1ppm）进行烧结杯实验，研究气流介质条件对烧结矿指标的影响。

表 3-13　循环烟气成分和温度范围

循环烟气品质	$\varphi(O_2)$/%	$\varphi(CO_2)$/%	$\varphi(CO)$ /%	$\varphi(H_2O)(g)$ /%	$\varphi(NO_x)$ /$\times 10^{-6}$	$\varphi(SO_2)$ /$\times 10^{-6}$	温度/℃
变化范围	21~10	0~12	0~2	0~12	0~500	0~1000	25~300

A　O_2 含量的影响

循环烟气中 O_2 含量对烧结矿产量、质量的影响如图 3-68 所示。可知，随循环烟气中 O_2 含量降低，烧结速度变慢，利用系数减小，烧结矿成品率和转鼓强度降低。当 O_2 含量从 21% 降低至 18% 时，烧结速度由 26.15mm/min 下降至 25.80mm/min，利用系数由 $1.69t/(m^2\cdot h)$ 下降至 $1.58t/(m^2\cdot h)$，成品率由 69.24% 下降至 66.02%，转鼓强度由 52.7% 下降至 48.3%；当 O_2 含量继续降低至 18% 以下时，烧结矿产量、质量指标急剧下降，此氧含量为烧结指标明显受到影响的临界点。对于赤铁矿为主、磁铁矿为主、褐铁矿为主的不同烧结铁原料，该临界值又有所差异。磁铁矿氧化需要额外消耗氧量，褐铁矿因燃料用量高而氧消耗量大，氧含量临界值更高。烧结实验证明，三种原料体系的氧含量临界值分别为 15%、17%、18%。因此，通常情况下要求循环至烧结料面的气流介质中 O_2 含量不宜低于 18%。

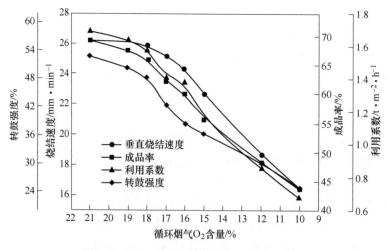

图 3-68　循环烟气 O_2 含量对烧结指标的影响

　　循环烟气中 O_2 含量对料层（距离料面 185mm）温度曲线的影响如图 3-69 所示。可知，常规烧结（O_2 为 21%）的料层最高温度为 1294℃，当循环烟气中 O_2 含量为 18% 时，料层最高温度为 1256℃，且料层温度曲线后移，烧结速度减慢；O_2 含量继续降低到 15% 时，料层温度曲线后移幅度增大，料层温度降低到 1220℃，且高温（高于 1200℃）持续时间显著缩短，对烧结矿强度产生不利影响。

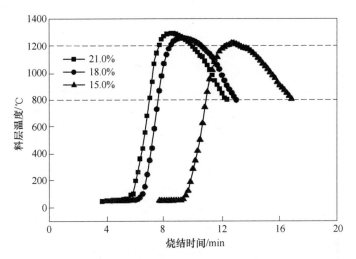

图 3-69　循环烟气中 O_2 含量对料层温度的影响

B　CO 的影响

　　研究了循环烟气 CO 含量对烧结矿指标的影响，结果如图 3-70 所示。可知，随着循环烟气中 CO 含量从 0% 增加到 2%，烧结矿转鼓强度得到明显改善，当 CO 含量为 2% 时，转鼓强度由 52.70% 提高到 57.45%；而烧结速度、成品率和利用系数随 CO 含量增加无明显变化，均处于同一水平。这是由于循环烟气中的 CO 经过烧结料层高温带时会发生二次燃烧反应，其燃烧释放的热量可以重新得到利用，在改善烧结矿产量、质量指标的同时，可以降低烧结固体燃烧。

　　将烧结矿沿料层垂直方向（从上到下）等距离分为四层，分别检测在有（无）CO 条件下，各层烧结矿的成品率及转鼓强度，结果如图 3-71 所示。可知，与无 CO 相比，CO 含量为 2% 时，第一、第二层烧结矿质量得到明显改善，如第一层烧结矿成品率由 55.15% 升高至 71.36%，而第一层烧结矿转鼓强度由 43.52% 升高至 55.31%；第三、四层烧结矿质量进一步改善，但其改善效果并无第一、二层明显。

　　图 3-72 是在有（无）CO 气体条件下，烧结料层（第一、二层）温度分布，由图可知，当循环烟气中 CO 含量为 2% 时，第一层的料层最高温度由 1288℃提

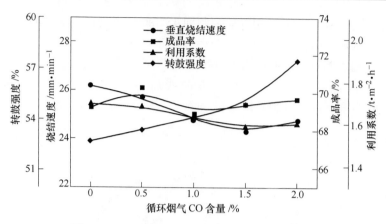

图 3-70　循环烟气 CO 含量对烧结矿指标的影响

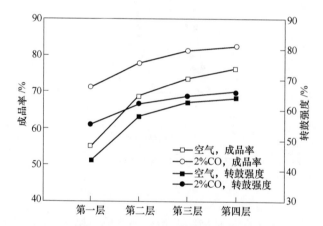

图 3-71　循环烟气 CO 含量对各层烧结矿质量的影响

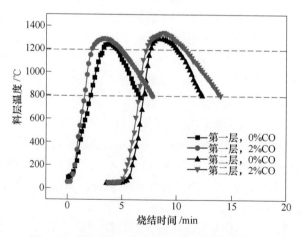

图 3-72　循环烟气中 CO 含量对料层温度的影响

升至 1294℃，料层的高温持续时间由 1.3min 延长至 2.5min，且冷却速度降至 108℃/min。循环烟气中 CO 的再燃烧可提高烧结料层的温度，这有利于改善烧结矿质量。

C　CO_2 的影响

循环烟气中 CO_2 含量对烧结矿指标的影响如图 3-73 所示，可知，当循环烟气中 CO_2 含量从 0% 增加到 6% 时，垂直烧结速度和利用系数逐渐增加，而烧结矿转鼓强度和成品率则逐渐降低，但幅度较小；当 CO_2 含量继续增加至 9%~12% 时，烧结矿的转鼓强度、成品率和利用系数等指标持续显著降低，而垂直烧结速度仍继续增加。这是由于烧结气流介质中 CO_2 在高温下可与燃料发生布多尔反应，促进燃料的燃烧，但 CO_2 含量太高，燃料的不完全燃烧程度增加，导致燃料的热利用效率下降。因此，循环烟气中 CO_2 含量不宜超过 6%。

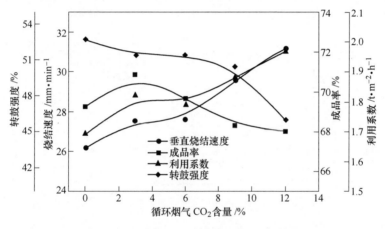

图 3-73　循环烟气 CO_2 含量对烧结矿质量的影响

图 3-74 是循环烟气 CO_2 含量对料层温度的影响。由图 3-74 可知，当循环烟气中 CO_2 含量增加时，料层的温度曲线前移，表明烧结速度加快；同时，当 CO_2 含量由 0% 上升至 6% 时，料层的最高温从 1294℃ 下降至 1280℃，且高温持续时间缩短，继续提高 CO_2 含量至 12% 时，料层最高温下降明显，不利于烧结过程物料成矿及冷凝结晶。由于同一温度下，CO_2 气体的体积比热容明显大于空气的体积比热容，循环烟气中 CO_2 的存在有利于料层的热传导，加快烧结速度，但过量的 CO_2 会导致料层温度降低，对烧结矿强度产生恶化影响。

D　SO_2 的影响

研究了循环烟气中 SO_2 含量对烧结指标的影响。图 3-75 为循环烟气中 SO_2 含量对烧结矿产质量指标影响的规律，可知，当循环烟气中 SO_2 含量从 0 增加到 500×10^{-6}（500ppm）时，烧结各项指标相对变化不大。当循环烟气中 SO_2 含量继

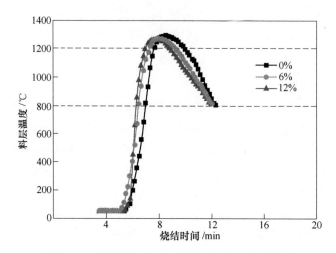

图 3-74   循环烟气中 CO_2 含量对料层温度的影响

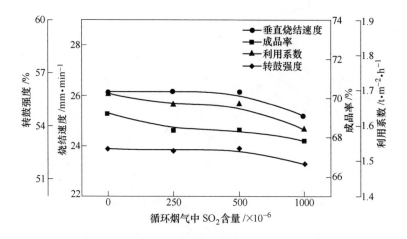

图 3-75   循环烟气 SO_2 含量对烧结矿指标的影响

续升高时，烧结矿指标开始有所降低。循环烟气 SO_2 含量对烧结矿残硫量的影响如图 3-76 所示，烧结矿中的残硫量随着循环烟气中 SO_2 含量的增加而增加，与常规空气介质（烧结气流介质中无 SO_2 气体）获得的烧结矿相比，表明 SO_2 在成品烧结矿中发生了富集。当循环烟气中 SO_2 的含量为 500×10^{-6}（500ppm）时，S 在烧结矿中的残硫量不足 0.04g，S 在烧结矿中的富集程度相对较弱；而当循环烟气中 SO_2 含量增加至 1000×10^{-6}（1000ppm）时，S 在烧结矿中的残硫量激增至 0.08g，比常规烧结矿的残硫量升高了 6 倍，且主要富集在上、中层烧结矿内。由循环烟气带入的绝大部分 SO_2 则继续富集在烧结烟气中而排出，这在另外的烧结试验中得以证明，结果如图 3-77 所示。

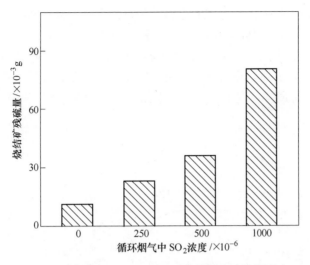

图 3-76 循环烟气中 SO_2 含量对烧结矿残硫量的影响

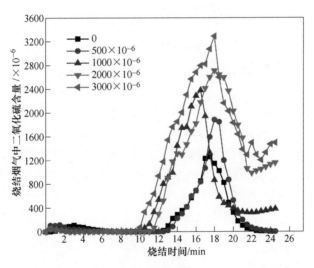

图 3-77 循环烟气中 SO_2 含量对烧结烟气中 SO_2 含量的影响

E 水蒸气的影响

研究了循环烟气中 $H_2O(g)$ 含量对烧结指标的影响，如图 3-78 所示，可知，当循环烟气中 $H_2O(g)$ 含量逐渐增加，烧结速度、成品率、转鼓强度和利用系数等烧结指标呈现先增加后降低的趋势。这是由于烧结气流介质中水蒸气在高温下会与燃料发生水煤气反应而起促燃作用，可以在一定程度上减轻烟气氧含量下降对燃料燃烧的不利影响，少量的水蒸气对烧结过程有促进作用。但水蒸气含量过高，会增加烧结过程料层的过湿，对各项烧结指标不利。烧结实验表明：赤铁矿为主、磁铁矿为主、褐铁矿为主的原料，各自的水蒸气含量临界值不同。由于磁铁矿主要以精矿为主，其制粒水分相对较高，而褐铁矿在烧结过程中的结晶水脱除会增加烟气中的水蒸气含量，使得磁铁矿和褐铁矿更容易过湿，其对烧结气流介质中水蒸气含量的要求更为严格。三种原料下的水蒸气含量临界值分别为 8%、6%、6%。因此，通常情况下循环烟气中 $H_2O(g)$ 含量不宜超过 8%。

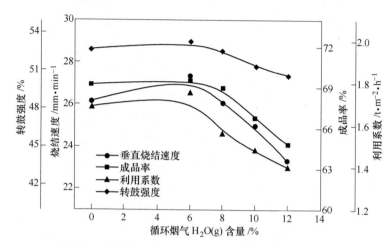

图 3-78　循环烟气中 $H_2O(g)$ 含量对烧结矿指标的影响

　　图 3-79 为 $H_2O(g)$ 含量对料层温度的影响规律图，由图可知，当 $H_2O(g)$ 含量由 0% 增加到 8% 时，料层的最高温度基本不变，且高温持续时间维持在 1.5min，而当 $H_2O(g)$ 含量继续增加到 12% 时，料层的温度曲线明显后移，且烧结料层的最高温度降低，高温持续时间缩短。产生此现象的主要原因是：当 $H_2O(g)$

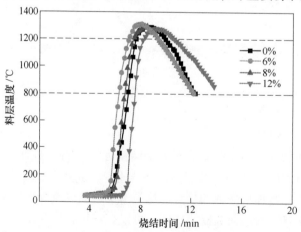

图 3-79　循环烟气中 $H_2O(g)$ 含量对料层温度的影响

含量过高时，大量的水蒸气会在烧结料底层冷凝，料层出现过湿现象，对烧结料层透气性产生不利影响，同时烧结料层中水分的增加，导致其受热蒸发所需的热量增加，使得料层温度降低。

此外，研究发现：随着循环烟气中水蒸气含量的增加，一方面循环烟气中 SO_2 在烧结矿中的富集现象加重；另一方面在烧结机长度方向上烧结烟气中 SO_2 含量的峰值逐渐提高，这是由于水蒸气含量增加后过湿带的持水量相应增加，较多的 SO_2 被吸附在过湿带。当过湿带消失时，被吸附的 SO_2 在短时间内被再次释放出来，从而出现了 SO_2 含量较高的峰值，但总量有所减少。

F　NO_x 的影响

研究了循环烟气中 NO_x 含量对烧结矿产质量的影响，结果见图 3-80。可知，随循环烟气中 NO_x 含量从 0 增加到 300×10^{-6}（300ppm），烧结指标变化不大；继续增加 NO_x 含量至 500×10^{-6}（500ppm），烧结指标开始略有下降。与循环烟气中 SO_2 类似，循环烟气中 NO_x 含量较低，对烧结矿产质量指标无明显影响。

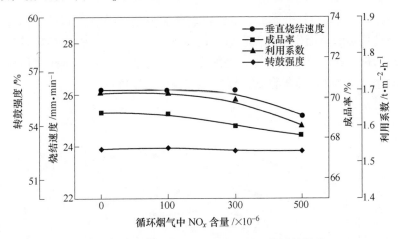

图 3-80　循环烟气 NO_x 含量对烧结矿指标的影响

图 3-81 是循环烟气 NO_x 含量对烧结过程 NO_x 平均排放浓度和 NO_x 减排率的影响，可知，随着循环烟气中 NO_x 含量增加，烧结烟气中 NO_x 的排放浓度逐渐增加，当循环烟气中 NO_x 浓度为 500×10^{-6}（500ppm）时，烧结烟气中 NO_x 平均排放浓度达到 659×10^{-6}（659ppm），比常规烧结条件下 NO_x 排放浓度（272×10^{-6}（272ppm））高出了 387×10^{-6}（387ppm）。值得注意的是，尽管大部分循环烟气中 NO_x 被富集在新的烧结烟气中，仍有一部分 NO_x 得以分解，在循环烟气中 NO_x 浓度为 500×10^{-6}（500ppm）时，烧结过程 NO_x 的减排率可达 41.46%。

G　气体温度的影响

研究了循环烟气温度对烧结指标的影响，结果如图 3-82 所示。当循环烟气

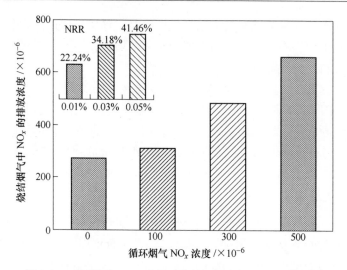

图 3-81　循环烟气 NO$_x$ 含量对烧结过程 NO$_x$ 减排率的影响

温度在 200℃ 范围内逐渐升高时，烧结矿转鼓强度得到改善，有助于弥补氧含量下降对烧结指标的负面作用。但当烟气温度超过 200℃ 时，除烧结矿转鼓强度外其他烧结指标均开始下降，这主要是因为在等压条件下，根据理想气体状态方程（$PV = nRT$），气体受热体积膨胀，导致通过料层的气体量减少。

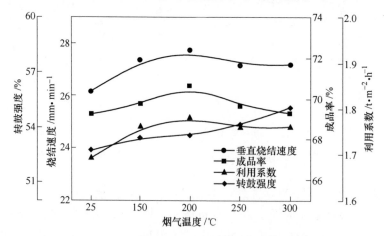

图 3-82　循环气体温度对烧结矿指标的影响

在 150℃ 热风条件下，对烧结矿进行分层采样并分别检测各层烧结矿成品率及转鼓强度，结果如图 3-83 所示。与常规烧结相比，当导入 150℃ 热风时，可改善上部料层（第一、二层）烧结矿的成品率和转鼓强度，对下部料层（第三、四层）烧结矿质量的改善效果相对较小。循环烟气温度对各层烧结矿质量的影响与 CO 效果相似。

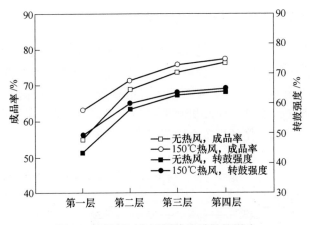

图 3-83 热风对各层烧结矿质量的影响

　　由于直接抽入冷空气导致表层烧结矿冷却速度过快，易形成骸晶状赤铁矿和玻璃质等不利于烧结矿强度的矿物，同时烧结矿易产生热应力而形成裂纹，不利于烧结矿强度。当高温热废气循环至烧结料层表面时，可有效地改善表层烧结矿的热状态。研究了热风温度对上部料层温度的影响，如图 3-84 所示。

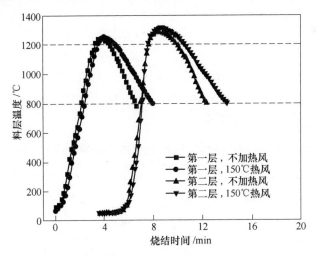

图 3-84 热风对料层曲线的影响

　　可知，当导入热风后，上部料层的温度提升，且高温持续时间延长，还能降低料层冷却速度。当导入的热风温度提高到 150℃ 时，第一层料层最高温由 1240℃ 上升至 1262℃，表层烧结矿的高温持续时间延长 0.5min，且冷却速度可降低至 110℃/min 以下。因此，当引入热风后，可提高烧结上部料层温度，延长高温区间，进而改善烧结矿质量。

3.2.1.2 烟气循环对污染物减排的影响

根据烧结烟气排放特征，从长度方向可将烧结机划分为Ⅰ、Ⅱ、Ⅲ、Ⅳ、Ⅴ五个区域。根据循环烟气中 O_2 含量尽可能高、SO_2 含量尽可能低的原则，如图 3-85 所示，在固定选取Ⅰ、Ⅴ两区域烟气的基础上，有选择性地搭配使用Ⅱ、Ⅲ和Ⅳ三区域烟气，并引入环冷机热废气使得循环烟气温度控制为 200℃ 左右，O_2 含量高于 18%，烟气循环烟罩全覆盖于烧结台车。

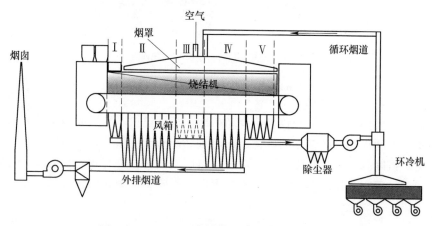

图 3-85　区域选择性烟气循环烧结工艺流程图

表 3-14 是常规烧结与三种区域选择性烟气循环烧结烟气排放的平均浓度。可知，当采用区域选择性烟气循环烧结工艺，烧结烟气中的 O_2 逐渐降低，而其他烧结烟气成分均有一定的富集。

表 3-14　常规烧结与区域选择性烟气循环烧结烟气排放平均浓度 （$1×10^{-6} = 1ppm$）

循环比例/%	循环模式	$\varphi(O_2)/\%$	$\varphi(CO_2)/\%$	$\varphi(CO)/\%$	$\varphi(NO_x)/ ×10^{-6}$	$\varphi(SO_2)/ ×10^{-6}$
0	—	12.95	9.41	0.92	272	233
41.9	$I + \frac{3}{4}III + V$	9.09	14.29	1.19	334	368
40.9	$I + \frac{1}{4}II + V$	9.34	13.69	1.15	323	378
37.2	$I + \frac{1}{6}IV + V$	10.40	11.47	1.12	311	350

图 3-86 为区域选择性烟气循环烧结工艺下，烧结过程烟气减排量以及 CO、NO_x 减排效率[15]。可知，当采用区域选择性烟气循环工艺后，烧结烟气外排量可减少 30% 以上，且烧结烟气中的 CO、NO_x 排放总量得到明显减排。四种烟气循环模式中，当采用"Ⅰ+Ⅴ"模式时，烧结过程 CO 和 NO_x 减排效率最低；当

"$I+\dfrac{3}{4}III+V$"和"$I+\dfrac{1}{4}II+V$"模式下，CO 和 NO$_x$ 减排效率较高；当采用

"$I+\dfrac{1}{6}IV+V$"模式时，除了可实现 CO、NO$_x$ 减排外，还能同时有效地减少烧结烟气中粉尘、二噁英类及重金属等污染物。

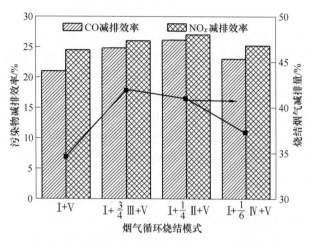

图 3-86　区域选择性烟气循环烧结过程烟气减排量以及 CO、NO$_x$ 和 SO$_2$ 减排效率

　　此外，俞勇梅、李咸伟[16]等人将高浓度二噁英的烧结风箱支管的烟气返回至烧结料面进行循环使用，借助烧结过程 1200℃ 左右的高温，烟气中不同形态的二噁英都有不同程度的分解，相对于基准实验，烟气中的二噁英排放减少了35.2%。研究还发现循环烟气的温度是影响二噁英排放的重要因素，循环烟气温度越高，越利于二噁英的形成；降低循环烟气的氧含量可减少二噁英的生产量，但应注意氧含量降低对烧结矿产质量的不利影响。欧洲克鲁斯烧结机采用烟气循环技术后，二噁英减排量达到 70%。

3.2.2　烟气循环烧结工艺流程研究

　　风量和氧量平衡控制是烟气循环烧结工艺方案制定的关键性环节。由于烧结机运行过程中存在大量漏风，烧结产生的烟气量要明显高于台车面的有效进风量，采用烟气循环工艺时应选取适宜的烟气循环率。循环率过高会导致循环至台车上部密封罩中的烟气量过饱和，烟气无法被全部有效利用，由密封罩外溢；循环率过低则节能减排效果不明显。为了保证循环至烧结料面的气流介质中氧含量达 18% 以上，烧结烟气中可配加富氧气体提高含氧量，例如纯氧或空气。目前，烧结系统环冷机前段 250℃ 以上的热废气通常由余热锅炉产生蒸汽，然后推动汽轮发电机组发电；而剩余的大量尾段热废气则开发利用困难，基本外排。但外排部分废气温度仍为 180℃ 左右，成分近似于空气，且有害气体及粉尘浓度较低，

可以考虑将其作为烧结循环烟气的富氧气体加以使用，不仅实现了富氧的目的，而且带入了大量的物理热。

3.2.2.1　烟气循环烧结遵循的原则

结合前述试验研究成果及烧结生产经验，制定烟气循环烧结工艺方案时应注意以下原则：

（1）烟气循环烧结设计应以烧结机设计为依据，与烧结主系统相匹配。

（2）循环至烧结料面的气流介质条件应根据不同烧结原料通过烧结试验确定，一般要求氧含量应不低于 18%、SO_2 不高于 500×10^{-6}（500ppm）、CO_2 含量不高于 6%、水蒸气含量不高于 6%、烟气温度宜为 120~250℃[9]。对于赤铁矿为主的含铁原料，可适当放宽烧结气流介质中氧含量的要求，不宜低于 15%；而对于磁铁矿和褐铁矿为主的含铁原料，烧结气流介质中氧含量不宜低于 17% 和 18%。且对于烧结料中含湿量较高的磁铁矿和褐铁矿，应严格控制烧结气流介质中水蒸气含量，不宜高于 6%。

（3）烟气循环烧结工艺的循环风量大小应在满足风量平衡和氧量平衡的前提下而确定，应考虑烧结机漏风对循环风量平衡产生的影响。

（4）采用烟气循环烧结工艺，应保证烟气循环罩中为微负压，烟气循环罩与烧结机台车之间应采取密封措施。

（5）烧结生产过程中，烟气循环比例会随工况条件波动而变化，宜采用变频调速的循环风机。

（6）将部分烧结烟气循环使用后，外排系统除尘装置入口烟气温度应高于露点温度。

（7）循环烟罩宜采用可移动的分段结构，其长度应根据循环烟气量来确定，并应留出台车检修空间。

3.2.2.2　烟气循环烧结工艺分类

烧结烟气循环工艺分为两种，即内循环和外循环（见图 3-87）。内循环是从主抽风机前的风箱支管分流烟气进行循环烧结的方法；外循环是从主抽风机出口烟道分流烟气进行循环烧结的方法。

3.2.2.3　烟气循环烧结风氧平衡研究

常规烧结总烟气量为 $Q_{总}$，假设烧结机漏风率为 η，烧结烟气中水蒸气含量为 λ，则烧结机台车面有效进风量 $Q_{有效风}$ 为：

$$Q_{有效风} = Q_{总} \times (1 - \eta) \times (1 - \lambda) \tag{3-21}$$

A　氧量平衡

为了保证烧结矿质量，烧结过程要求助燃空气的氧含量不低于 h，此时需要

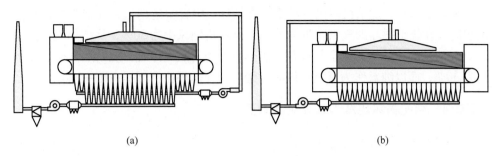

(a)   (b)

图 3-87 烧结烟气循环模式

(a) 内循环；(b) 外循环

在烧结循环烟气中兑入部分富氧气体，以提高循环气体中的氧含量。假设富氧气体中氧含量为 β，则至少需兑入的富氧气体量 $Q_{富氧}$ 满足式（3-22）：

$$Q_{烧结循环} \times \alpha + Q_{富氧} \times \beta = (Q_{烧结循环} + Q_{富氧}) \times h \tag{3-22}$$

式中 $Q_{烧结循环}$——被循环使用的烧结烟气量；

         α——循环使用的烧结烟气中 O_2 体积含量。

B   风量平衡

循环烟罩所覆盖的所有风箱支管烟气量之和 $\sum Q_{覆盖}$ 满足：

$$Q_{烧结循环} + Q_{富氧} = \sum Q_{覆盖} \times (1 - \eta) \times (1 - \lambda) \tag{3-23}$$

需要循环使用的烧结烟气量 $Q_{烧结循环}$ 为：

$$Q_{烧结循环} = \frac{\sum Q_{覆盖} \times (1 - \eta) \times (1 - \lambda)}{1 + \dfrac{h - \alpha}{\beta - h}} \tag{3-24}$$

需要循环使用的富氧气体量 $Q_{富氧}$ 为：

$$Q_{富氧} = \frac{\sum Q_{覆盖} \times (1 - \eta) \times (1 - \lambda) \times \dfrac{h - \alpha}{\beta - h}}{1 + \dfrac{h - \alpha}{\beta - h}} \tag{3-25}$$

循环比例，即循环使用的烧结烟气量占烧结总烟气量的比例 $\varphi(\%)$ 为：

$$\varphi = \frac{Q_{烧结循环}}{Q_{总}} \times 100\% = \frac{\sum Q_{覆盖} \times (1 - \eta) \times (1 - \lambda)}{\left(\dfrac{h - \alpha}{\beta - h} + 1\right) \times Q_{总}} \times 100\% \tag{3-26}$$

由式（3-26）可知，烧结烟气循环比例与循环烟罩所覆盖的长度范围、烧结循环烟气氧含量、烧结机漏风率、烧结烟气含湿量及富氧气体氧含量等参数有关。设置循环烟罩时，除了要避开点火保温炉罩、机尾罩外，还应留出台车检修空间。对于内循环工艺，为了避免循环气流短路、重复循环，某风箱烧结烟气被循环使用时，相对应的台车料面处不宜被循环烟罩所覆盖。烧结循环烟气和富氧气体氧含量越高，烧结机漏风率越低，烧结烟气中含湿量越低，烧结烟气循环比例越高。在烧结循环烟气氧含量为16%，烧结机漏风率为30%，烧结烟气含湿量为10%的基准条件下，以空气或环冷机热风作为富氧气体时，烧结烟气循环比例约为30%；而以纯氧作为富氧气体时，烧结烟气循环比例可提高至45%。

3.2.2.4　烟气循环烧结工艺方案及配置

A　内循环工艺方案及配置

以国内某典型360m² 烧结机（共24个风箱）为研究对象，测试其常规烧结烟气特征。通过风氧平衡计算，选取1~4号风箱、21号和22号风箱单侧支管及23号和24号风箱的烧结烟气循环使用，再取适量的环冷机热风（余热发电后的尾端低温热风，约为180℃）作为富氧气体，最终的混合气体循环至5~20号风箱所对应的台车面上。21~23号风箱所对应的台车面敞开，以备台车检修。1~4号风箱上方被点火保温炉罩覆盖，24号风箱上方被机尾除尘罩覆盖。21号和22号风箱另一侧支管烧结烟气则作为循环预留量来实时调节生产。图3-88为内循环工艺示意图，设计过程中将温度和氧含量均较高的23和24号风箱废气固定通入循环管道，1~4号、21和22号风箱所对应的各支管都安装切换阀，其烟气可选择性地进入循环系统或净化系统。内循环工艺配置如图3-89所示，包含烧结循环风机、循环烟道、烧结烟气除尘器、混气装置、烟气分配器、循环烟罩及相应的调节装置。内循环工艺的烧结循环烟气取自主抽风机前的风箱支管，故烧结烟气循环风机进口负压应克服烧结料层阻力、烧结烟气除尘器阻力及进口循环烟道阻力，宜取-17~-19kPa；出口正压应克服出口循环烟道、混气装置及烟气分配器阻力，宜取1.0~2.0kPa。冷却循环风机进口负压应克服冷却机取风点至风机入口间的阻力，宜取-1.0~-2.0kPa；出口正压应克服出口循环烟道、混气装置及烟气分配器阻力，宜取1.0~2.0kPa。循环风机的选择应根据循环烟气的风量、温度及压力确定。

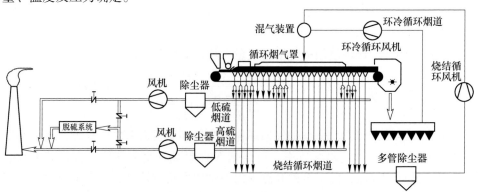

图3-88　内循环工艺示意图

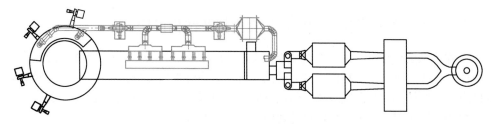

图 3-89 内循环工艺系统配置图

B 外循环工艺方案及配置

根据测试的常规烧结烟气特征,通过风氧平衡计算,从主抽风机和电除尘器后烧结烟道分流约 30% 的烧结烟气循环使用,同样取适量的环冷机热风作为富氧气体,最终的混合气体循环至 5~21 号风箱所对应的台车面上。22 号和 23 号风箱所对应的台车面敞开,以备台车检修。1~4 号风箱上方被点火保温炉罩覆盖,24 号风箱上方被机尾除尘罩覆盖。图 3-90 为外循环工艺示意图,图 3-91 为外循环工艺系统配置图,包含烧结循环风机、循环烟道、混气装置、烟气分配器、循环烟罩及相应的调节装置。外循环工艺的烧结烟气循环风机进口负压只需克服进口循环烟道阻力,宜取 -0.5~-2.0kPa;出口正压应克服出口循环烟道、混气装置及烟气分配器阻力,宜取 1.0~2.0kPa。冷却循环风机进口负压和出口正压与内循环工艺类似。

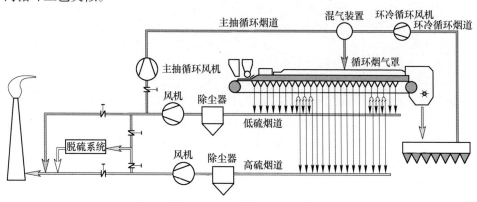

图 3-90 外循环工艺示意图

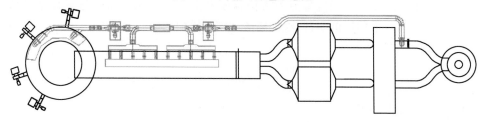

图 3-91 外循环工艺系统配置图

3.2.3　烟气循环系统关键装置仿真模拟及结构设计

为了保证整个烟气循环系统中烧结烟气与环冷废气混合均匀，管路气流稳定、循环烟气按需进入烧结料面，并为管路系统耐磨设计提供依据，以国内某大型烧结机内循环烧结工艺为研究对象，借助 ANSYS 模拟软件，对循环系统的烟气混合器、分配器及循环罩三大核心部件进行建模、流场仿真及结构优化[17]。

3.2.3.1　仿真模型的建立

A　物理模型

图 3-92 为循环系统的物理模型，烧结循环烟气由管道 1 经过除尘后与来自管道 2 的环冷循环废气在烟气混合器内混匀后由管道 3 送往烟气分配器，最后再按需分布于烟气循环罩内。针对建立的烟气循环系统三维模型，采用六面体网格划分，将模型离散化。

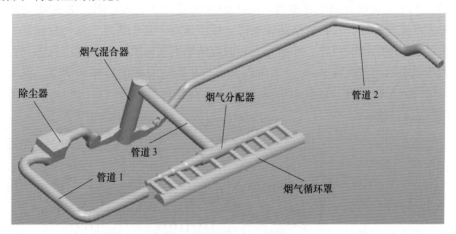

图 3-92　循环系统的物理模型
1—除尘器；2—烟气混合器；3—烟气分配器；4—烟气循环罩

B　数学模型

对于烟气循环系统的流场模拟，采用以下的求解模型：（1）采用 k-epsilon 模拟气体流动；（2）采用能量方程模拟温度变化；（3）采用组分输运模型模拟烟气成分；（4）采用拉格朗日-欧拉离散元模型模拟灰尘流动。

a　连续性方程

$$\frac{\partial \rho}{\partial t} + \frac{\partial}{\partial x_i}(\rho \boldsymbol{u}_i) = S_m \tag{3-27}$$

式中　ρ——流体密度；

　　　　$\boldsymbol{u}$——速度矢量；

t——时间；

x——流动方向的位移；

S_m——质量源相。

b 动量方程

$$\frac{\partial}{\partial t}(\rho \boldsymbol{u}_i) + \frac{\partial}{\partial x_j}(\rho \boldsymbol{u}_i \boldsymbol{u}_j) = -\frac{\partial p}{\partial x_i} + \frac{\partial \boldsymbol{\tau}_{ij}}{\partial x_j} + \rho g_i + \boldsymbol{F}_i \quad (3\text{-}28)$$

式中 $\boldsymbol{F}$——外部体积力；

p——压强；

g——重力加速度；

$\boldsymbol{\tau}$——应力张量；

$\boldsymbol{u}$——速度矢量。

c 能量方程

$$\frac{\partial}{\partial t}(\rho E) + \frac{\partial}{\partial x_i}[\boldsymbol{u}_i(\rho E + p)] = \frac{\partial}{\partial x_i}\left(k_{\text{eff}}\frac{\partial T}{\partial x_i}\right) - \sum_{j'} h_{j'} J_{j'} + \boldsymbol{u}_j (\boldsymbol{\tau}_{ij})_{\text{eff}} + S_k$$

$$(3\text{-}29)$$

式中 右边前三项分别为导热项，组分扩散项和黏性耗散项；

$E = h - \dfrac{p}{\rho} + \dfrac{\boldsymbol{u}_i^2}{2}$ ；

k_{eff}——有效导热系数；

h——理想气体的显熵；

J——组分扩散通量；

T——温度；

S_k——化学反应热及用户定义的其他体积热源项。

d 标准 $k - \varepsilon$ 模型

$$\frac{\partial}{\partial t}(\rho k) + \frac{\partial}{\partial x_i}(\rho k \boldsymbol{u}_i) = \frac{\partial}{\partial x_j}\left[\left(\mu + \frac{\mu_t}{\sigma_k}\right)\frac{\partial k}{\partial x_j}\right] + G_k + G_b - \rho \varepsilon - Y_M + S_k$$

$$\frac{\partial}{\partial t}(\rho \varepsilon) + \frac{\partial}{\partial x_i}(\rho \varepsilon \boldsymbol{u}_i) = \frac{\partial}{\partial x_j}\left[\left(\mu + \frac{\mu_t}{\sigma_\varepsilon}\right)\frac{\partial \varepsilon}{\partial x_j}\right] + C_{1\varepsilon}\frac{\varepsilon}{k}(G_k + C_{3\varepsilon}G_b) - C_{2\varepsilon}\,\rho\,\frac{\varepsilon^2}{k} + S_k$$

$$(3\text{-}30)$$

式中 G_k——由于平均速度梯度引起的湍动能；

G_b——用于浮力影响引起的湍动能；

Y_M——可压速湍流脉动膨胀对总的耗散率的影响；

μ——湍流黏性系数；

C——湍流常数；

σ——湍流普朗特系数；

k——湍动能；

ε——耗散系数。

e　颗粒的作用力平衡方程

$$m_i \frac{\mathrm{d}V_i}{\mathrm{d}t} = F_{\mathrm{d},i} + m_i g + \sum (F_{n,ij} + F_{t,ij}) - V_p \nabla p \tag{3-31}$$

式中　　m_i——颗粒质量；

$F_{n,ij}$，$F_{t,ij}$——颗粒 i 受到颗粒 j 的方向力和切向力；

V_p，∇p——颗粒体积及其颗粒处的压力梯度。

C　仿真目标

为了烟气循环系统能稳定运行，提出以下四个仿真目标：（1）整个系统管路在满足工艺要求前提下压降较小；（2）要求烧结烟气和环冷废气混合均匀，混合后氧气含量不小于18%；（3）要求烟气分配器各支管出口流量相对均匀；（4）要求烟气罩内烧结料面处为微负压，烟气罩内气流分布在台车宽度方向上相对均匀。

3.2.3.2　仿真分析结果

A　烟气混合器仿真分析与优化

混合器采用立式圆筒结构，内部设置锥形导流筒，烧结循环烟气与环冷循环废气由混合器底部进入，二者入口错位180°，两股气流在圆筒侧板内壁与锥形导流筒之间混合、高速旋转，形成旋流，混匀后的循环烟气由混气装置上部排出。

烟气混合器的流速云图如图 3-93 所示，压降云图如图 3-94 所示，中间区域风速基本为 0，圆周附近风速较大，旋流效果明显，但出口烟气流速不够均匀。为此，将原烟气混合器的结构和进出口过渡段进行优化，优化后烟气混合器的流速云图如图 3-95 所示，压降云图如图 3-96 所示，出口流场明显得以改善，烧结循环烟气压降和环冷循环废气压降相比优化前减小 30~50Pa。

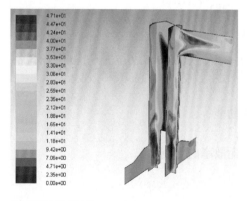
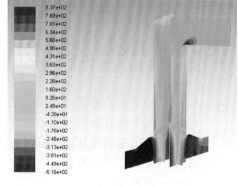

图 3-93　优化前混合器流速云图　　　　图 3-94　优化前混合器压降云图

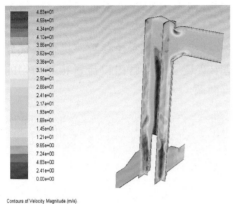

Contours of Velocity Magnitude (m/s)

图 3-95　优化后混合器流速云图

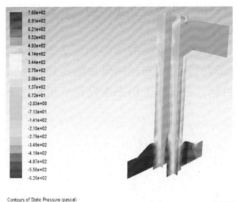

Contours of Static Pressure (pascal)

ANSYS F

图 3-96　优化后混合器压降云图

烟气混合器出口的氧气含量分布如图 3-97 所示，混合前烧结循环烟气氧含量约为 15%，环冷循环烟气氧含量约为 21%，烟气混合器出口截面氧浓度较为均匀，均为 18.5%。

混合器内灰尘浓度分布如图 3-98 所示，在螺旋沉降作用下，混合器有较好的除尘效果。灰尘在混合器中上部位置处流线断裂，灰尘基本清除干净。因此，需要在烟气混合器的中下部设置耐磨涂层。

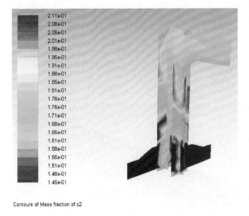

Contours of Mass fraction of o2

图 3-97　烟气混合器氧气含量图

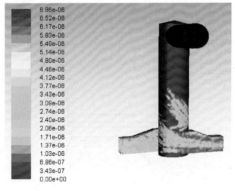

Contours of DPM Concentration (kg/m3)

图 3-98　混合器灰尘浓度图

B　烟气分配器仿真分析与优化

烧结循环烟气和环冷循环废气经烟气混合器混匀后进入烟气分配器，烟气分配器由主管和支管构成。主管段根据通风管道设计原理，采用变径式的管状结构，并在中间位置增设导流板，以保证烟气分配器各支管出口流量相对均匀。支管段可采用圆形或矩形断面，在烧结机长度方向上的布置可根据现场实际情况而定。

　　烟气分配器的结构如图 3-99 所示。多次改变主管段变径参数，优化烟气分配器的流量分布，结果如图 3-100 所示，基本实现了各支管出口流量相对均匀的目标，各支管上仍需增设调节阀对气流进行微调。

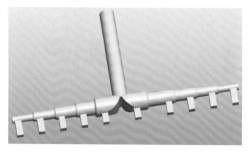 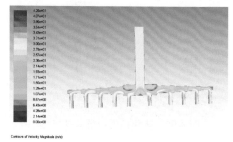

图 3-99　烟气分配器结构　　　　图 3-100　优化后烟气分配器流速云图

C　烟气循环罩流场仿真分析与优化

　　烟气循环罩为拱形结构，如图 3-101 所示，主要由拱形罩体、支架、进风口支管法兰、罩体两端的端部密封、压力补偿装置、台车栏板密封装置等组成。烟气循环罩通过立柱支撑在烧结机骨架上，罩于台车栏板上部。混合后的循环烟气内含有 SO_2、粉尘和一定的温度，基于环保要求，烟气循环罩与烧结机台车间采取密封措施，在纵向要求与台车栏板密封，在端部要求与料面密封，从而避免气体外泄。

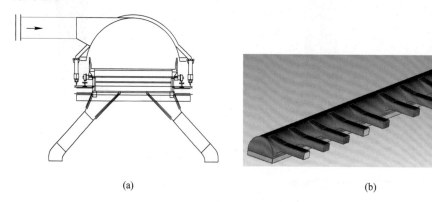

(a)　　　　　　　　　　　　　　　(b)

图 3-101　烟气循环罩结构
（a）横截面；（b）三维示意

　　图 3-102 为烟气循环罩内初始流速云图，可见烟气在循环罩内有一定的扩散，但不够均匀，受分配器支管出口流速的影响，明显偏向于一侧。为了解决以

上问题，将烟气循环罩顶端进一步适当抬高，烟气循环罩进气口改为喇叭式，并在罩内增设导流板。优化后烟气罩出口流速如图 3-103 所示，可见，烟气循环罩内背风一侧流速明显改善，气流分布在台车宽度方向上相比优化前更为均匀。

图 3-102　优化前烟气罩出口流速云图

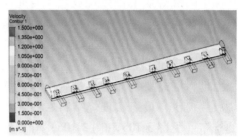

图 3-103　优化后烟气罩出口流速云图

3.3　基于氢系介质喷吹的清洁烧结技术

3.3.1　燃气喷吹烧结技术

3.3.1.1　燃气喷吹技术机理

基于烧结蓄热原理，为了实现均热烧结，料层高度方向自上而下各单元燃料的合理配比应遵从图 3-104 中曲线规律。利用燃料在烧结料中粒度的差异，通过烧结料粒度的偏析可在一定程度上实现燃料的偏析，但偏析效果很难达到理想状态，致使烧结固耗高，下部热量过剩。

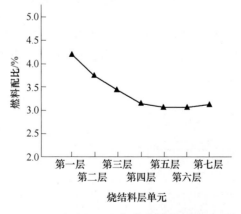

图 3-104　烧结料层中各单元理论焦粉配比图

燃气喷吹技术是一项以清洁燃气代替部分固体燃料，优化料层高度方向热量分布，实现节能、减排、提质的新兴烧结技术[18]。其技术原理是在点火炉后一定范围内的烧结料面顶部以一定浓度、一定流速喷入一定量的煤气，使其在烧结负压的作用下被抽入烧结料层内并在料层中的燃烧层上部燃烧放热。与此同时，可按照料层中、下部实际需要热量来减少烧结料层内整体固体燃料比例，使得中、下部料层的热量靠蓄热弥补，而上部料层需要补充的热量则由煤气燃烧放热提供，最终实现烧结料层内热量的均布（见图 3-105 和图 3-106）和固体燃料消耗的降低。

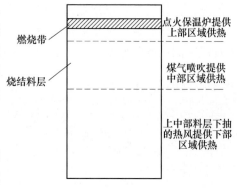

图 3-105　燃气喷吹烧结技术原理示意图

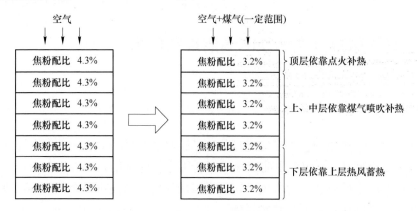

图 3-106　燃气喷吹烧结料层均热分布示意图

在使用燃气喷吹技术强化烧结时，由于料面吸入气体介质的成分发生了变化，导致烧结过程中的化学反应随之发生了变化，如图 3-107 所示。

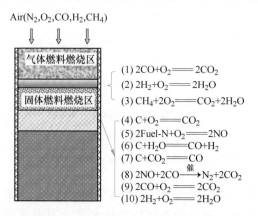

图 3-107　燃气喷吹烧结吸入介质与化学反应变化示意图

3.3.1.2 燃气喷吹主要工艺参数及装置

A 喷吹起始点

三种不同起始点喷吹制度下（见图 3-108），烧结指标和粒度组成的比对分析如表 3-15、表 3-16 所示。

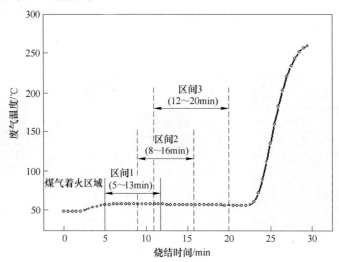

图 3-108 不同起始点的煤气喷吹制度

表 3-15 焦炉煤气喷吹区间对烧结指标的影响

喷吹区间	烧结速度 /mm·min^{-1}	成品率/%	转鼓强度/%	利用系数 /t·m^{-2}·h^{-1}
未喷吹	23.22	70.70	65.37	1.38
未喷吹	23.28	68.81	64.93	1.34
1	24.05	71.84	68.40	1.44
2	24.13	70.68	66.47	1.41
3	23.76	70.19	64.93	1.36

表 3-16 焦炉煤气喷吹区间对烧结矿粒度组成的影响

喷吹区间	粒度组成（质量分数）/%						平均值 /mm
	>40mm	25~40mm	16~25mm	10~16mm	5~10mm	<5mm	
未喷吹	5.92	11.85	16.02	17.37	21.04	27.80	14.73
1	7.28	15.06	19.35	15.34	17.74	25.23	16.36
2	6.77	13.56	19.02	15.98	18.54	26.14	15.79
3	5.87	13.06	18.35	16.34	19.14	27.23	15.28

无论是成品率、转鼓强度、利用系数还是粒度组成指标上，喷吹区间 1 都比另外两个区间要更优，这说明在普遍减碳的条件下，煤气越早喷入，对于原本所需热量最多的顶层越有利，进而整体料层的成品矿指标也会越优。但并不能盲目地将煤气喷吹时间点提前，试验证明，在烧结杯点火 t_0 分钟后，燃烧的红矿料面基本消除（见图 3-109），此时喷吹煤气较安全，而在这个时间点之前喷吹煤气，由于烧结料面上尚存在少量红热高温点，易将喷入的煤气在料面引燃，从而失去强化烧结的效果。

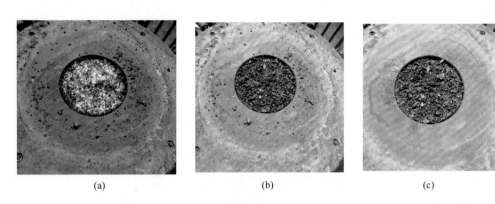

(a)　　　　　　　　　　(b)　　　　　　　　　　(c)

图 3-109　点火后不同时间烧结表层形貌

(a) 点火后 0min；(b) 点火后 1.5min；(c) 点火后 3min

B　喷吹持续时间

表 3-17、表 3-18 为改变煤气喷吹持续时间从 $0 \sim t_5$ 的成品矿强度及粒度组成指标的比对分析。

表 3-17　焦炉煤气喷吹时间对烧结指标的影响

喷吹时间	烧结速度 /mm·min⁻¹	成品率 /%	转鼓强度 /%	利用系数 /t·m⁻²·h⁻¹
未喷吹	23.28	68.81	64.93	1.34
t_1	23.22	69.01	65.70	1.34
t_2	23.78	69.70	66.23	1.36
t_3	24.13	71.68	66.47	1.43
t_4	24.53	70.48	64.86	1.41
t_5	24.26	71.04	62.40	1.42

表 3-18　焦炉煤气喷吹时间对烧结矿粒度组成的影响

喷吹时间	粒度组成/%						平均值/mm
	>40mm	25~40mm	16~25mm	10~16mm	5~10mm	<5mm	
未喷吹	5.92	11.85	16.02	17.37	21.04	27.80	14.73
t_1	5.95	12.29	16.57	16.89	20.61	27.69	14.90
t_2	6.30	13.01	17.75	16.37	19.67	26.90	15.34
t_3	6.77	13.56	19.02	15.98	18.54	26.14	15.79
t_4	6.50	13.75	19.23	15.44	19.37	25.70	15.76
t_5	6.44	13.49	18.77	15.80	19.59	25.91	15.63

从表中可看出：煤气喷吹持续时间为 t_3 以前，成品矿各项指标是随着持续时间延长而逐渐上升的，但在持续时间超过 t_3 以后，各项指标反而随之下降。这是因为煤气喷吹时会抢走部分烧结所需要的氧气，在超过临界值后，烧结杯底部料层因为氧气供应不足，故次品率反而大幅上升。

将最优喷吹持续时间 t_3 结合前文所述最优喷吹起点所对应的烧结时间 t_0，可得出：在使用燃气喷吹烧结技术时，其最优的喷吹时间范围区间为 t_0~t_0+t_3[19]。

C　喷吹浓度

适宜的喷吹浓度 W 在煤气料面顶吹生产中极其重要。在适宜混合料水分 7.0%、焦粉配比 5.3%的条件下，研究了喷吹焦炉煤气对烧结产量、质量指标的影响，结果如表 3-19、表 3-20 所示。

表 3-19　焦炉煤气喷吹浓度对烧结成品指标的影响

喷吹浓度/%	烧结速度/mm·min^{-1}	成品率/%	转鼓强度/%	利用系数/t·m^{-2}·h^{-1}
0	23.28	68.81	64.93	1.34
W_1	23.58	68.98	65.67	1.37
W_2	23.75	69.80	66.10	1.39
W_3	24.13	70.68	66.47	1.41
W_4	23.83	71.05	67.50	1.40
W_5	23.47	69.76	65.27	1.38

表 3-20   焦炉煤气喷吹浓度对烧结矿粒度组成的影响

喷吹浓度 /%	粒度组成/%						平均值 /mm
	>40mm	25~40mm	16~25mm	10~16mm	5~10mm	<5mm	
0	5.92	11.85	16.02	17.37	21.04	27.80	14.73
W_1	6.09	12.22	16.91	16.89	20.26	27.63	14.97
W_2	6.25	12.90	17.69	16.26	19.63	26.97	15.25
W_3	6.77	13.56	19.02	15.98	18.54	26.14	15.79
W_4	7.06	13.88	19.87	15.52	18.02	25.65	16.06
W_5	6.57	12.85	17.58	16.49	19.59	26.91	15.37

在减少焦粉配比的条件下，烧结成品矿质量指标与喷入煤气浓度值成正比例关系，且当喷入煤气浓度值在 W_4 时，成品矿质量指标达到最优。这是因为料层内在整体减碳后，从上部补入煤气，优化了料层内热量分布，减少了料层内存在的局部过高温度点，进而促进了复合铁酸钙的生成。

D   焦气置换率

分别对不同煤气喷吹体积浓度所对应的最优减碳配比量（以该工况下的成品率和转鼓强度不低于未减碳时的指标为依据）进行统计和分析，并绘制出其相关曲线图，如图 3-110 所示。

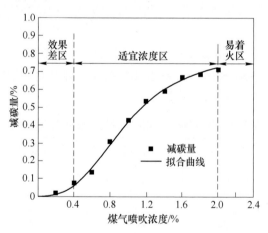

图 3-110   各浓度下最佳减碳配比量曲线图

在焦炉煤气喷吹小试试验中，当煤气体积浓度低于 W_1 时，焦气置换率 λ 明显不高，此时煤气对烧结节能减排的有益效果反应不明显。当煤气体积浓度高于 W_5 时，煤气在料面被点燃的几率大幅上升，此时煤气极易着火导致生产安全事故。故此，得出结论，焦炉煤气喷吹较适宜的体积浓度区间为 $W_1 \sim W_5$，在此区间内的最优减碳量随着煤气浓度值上升而上升，但在接近 W_5 时，焦气置换率 λ

呈现下降趋势，这是因为此时煤气体积浓度已趋近料层能够吸纳的饱和程度，煤气没有完全被吸入料层导致。

E 最大允许喷入量

通过改变烧结料层内的制粒水分，形成了从高到低不同透气性指标的多种混合料（如表 3-21 所示），试验中以装置顶部 H_2 检测仪检测到的 H_2 浓度超过 600×10^{-6}（600ppm）为煤气逃逸的判断依据（根据焦炉煤气中 H_2 量约为 CO 量的 12 倍，CO 报警浓度为 50×10^{-6}（50ppm）推出），摸索出各个不同压力降指标的料层对应的煤气逃逸浓度值（即发生煤气逃逸时当前的煤气喷吹体积浓度），并拟合出了两者的关联曲线，如图 3-111 所示。

表 3-21 混合料水分对及压力降的影响

编 号	制粒水分/%	压力降/Pa	煤气逃逸浓度/%
透气性-1	6.25	530	1.07
透气性-2	6.50	450	1.12
透气性-3	6.75	365	1.17
透气性-4	7.00	278	1.27
透气性-5	7.50	210	1.43
透气性-6	7.75	168	1.52
透气性-7	8.00	102	1.81

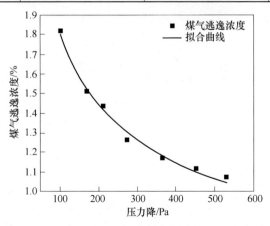

图 3-111 料层压力降与煤气逃逸浓度值关联曲线图

随着料层阻力增大，喷吹煤气生产时的煤气逃逸浓度值随之逐渐变低，这说明在生产时，料层透气性越差，煤气越难被吸入，煤气向上逃逸的可能性就越大，换句话说，此时煤气允许的最大喷入量 Q 就越小，而反之，则煤气允许的最大喷入量 Q_{max} 就越大[20,21]。

F　喷吹高度

喷吹高度是喷吹装置中的一项重要参数，高度太低易导致煤气没有足够时间与罩内大气混合均匀而直接冲入料层，高度太高易导致煤气无法受到料面负压影响稳定下行。针对应用较多的 H_1、H_2、H_3 进行模拟比对分析，其中 $H_1 < H_2 < H_3$。

图 3-112 为三种方案的 H_2 体积浓度云图，由图可以看出，当喷吹管距离料面高度为 H_1 时，煤气出口距离烧结料面过近，从管中喷出的燃料气体没来得及与环境气体扩散混合即被吸入料层，导致料层上方煤气浓度场分布不均，影响喷吹效果；当喷吹管距离料面高度为 H_3 时，煤气出口距离烧结料面过远，料面负压不足以提供煤气向下的抽力，煤气在浮力作用下向上漂浮，导致少量煤气从喷吹罩顶部逃逸，存在安全隐患；当喷吹管距离料面高度为 H_2 时，煤气全部被抽入烧结料层，同时，煤气在进入料层之前具有足够的时间与环境气体扩散混合，在料层附件各处，煤气浓度已趋于均匀。综上，仿真实验表明，喷吹管高度设置为 H_2 时，煤气喷吹效果最好。

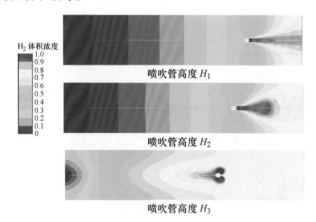

图 3-112　三种喷吹管高度下的 H_2 浓度云图对比

G　喷吹管翼型防逃逸板装置

烧结生产中，负压波动是常见事件，为了减小料面负压波动对料层吸收效果的负面影响，设计喷吹管用翼型防逃逸板装置，可有效避免当料面负压变小导致料面对喷吹气体抽力不足时，喷吹气体向上逃逸从而引发的煤气逃逸现象，增强喷吹装置运行的安全性和稳定性。对安装装置前、后的流场效果进行了模拟比对分析。

图 3-113 和图 3-114 分别为防逃逸板安装前和安装后的 H_2 浓度云图，在安装

防逃逸板前，当料面负压短时间不足时，大量 H_2 往上逃逸造成能源浪费；在安装防逃逸板后，短时间内即使料面负压不足，大部分 H_2 仍可被防逃逸板控制在料面负压区内不会造成逃逸，当料面负压恢复正常后，这部分被控制的 H_2 即可被吸入料层参与生产。

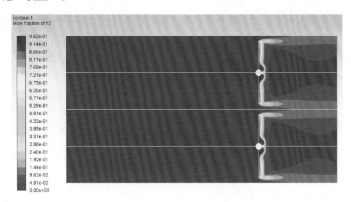

图 3-113　安装前 H_2 浓度云图

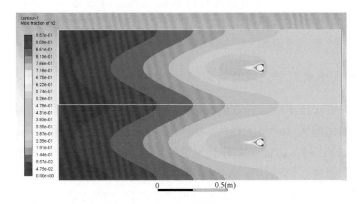

图 3-114　安装后 H_2 浓度云图

H　防侧风用罩顶半渗透式挡风板装置

在煤气喷吹技术生产中，由于罩内要求是稳定有序的下行流场，故对于喷吹罩体抗外界侧风干扰的能力要求较高，特别是一些沿海工厂，在强风量、高风速的海风影响下，会在喷吹罩内侧壁面附近产生涡流，扰乱罩内流场，引起罩内煤气逃逸，从而影响喷吹装置运行效果。针对此问题，设计了防侧风用罩顶半渗透式挡风板装置，并对安装前、后的效果进行了模拟比对分析[22,23]。

图 3-115 和图 3-116 分别为半渗透式挡风板装置安装前、后的流场流线图，在安装装置前，遇到较大风速的侧风（风速大于 5m/s）时，罩内区域形成了涡流，严重干扰了原本稳定下行的层流流场，在此情况下罩内 H_2 会大量逃逸；而

在安装装置后，即使侧风风速加大，罩内也仅在迎风内壁面形成反射流，而不会影响罩内的下行层流场，从而不会影响煤气正常下抽。

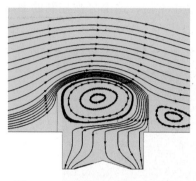

图 3-115　装置安装前流场流线图

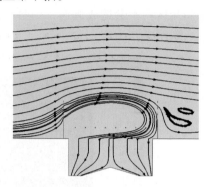

图 3-116　装置安装后流场流线图

I　稳流用顶部百叶窗板装置

为了确保生产时煤气喷吹罩内的稳定有序流场，且喷吹至料面上方的煤气浓度值均匀合理，设计了稳流用顶部百叶窗板装置，即使遇到上方斜下吹的风流时，通过稳流板也能将其稳流从而确保料面附近区域的空气浓度基本均匀，从而保证技术辅助效果不受影响。

3.3.1.3　燃气喷吹对节能减排的影响

采用燃气喷吹技术后，一方面，按照热量等值置换的原则，可减少固体燃耗配入量（例如每配入 $1m^3$ 焦炉煤气，相当于可减少焦粉配入量 0.54kg 或无烟煤配入量 0.67kg）；另一方面，充分利用了料层蓄热，喷入一定热值的煤气可降低更多热值的配碳量。而清洁型燃气烧结过程中燃烧产生的 CO_x、SO_x、NO_x 等各污染物的总量通常要低于固体燃料燃烧所产生的污染物总量，即燃气喷吹技术有助于从源头实现污染物的减量化。

此外，由于燃气喷吹技术有利于实现低碳均热烧结，强化了烧结气氛中的氧势，消除了下部料层局部高温点，提高了烧结矿中复合铁酸钙的生成量。图 3-117 为喷吹焦炉煤气后烧结矿的微观结构，针柱状铁酸钙含量明显增加，且烧结矿中的大孔数量减少。图 3-118 为燃气喷吹前后烧结矿中主要矿物成分的变化，可见喷吹焦炉煤气后，复合铁酸钙所占比例得到了大幅增加，与之相应的是玻璃相硅酸盐比例大幅减少。从 2.3.4.2 节可知，铁酸钙作为催化剂可促进 CO 还原 NO_x 的反应。故而，使用燃气喷吹技术又可实现 NO_x 的过程控制。

综上，在应用燃气喷吹技术后，其理论节能、减排、提质效果如表 3-22 所示。

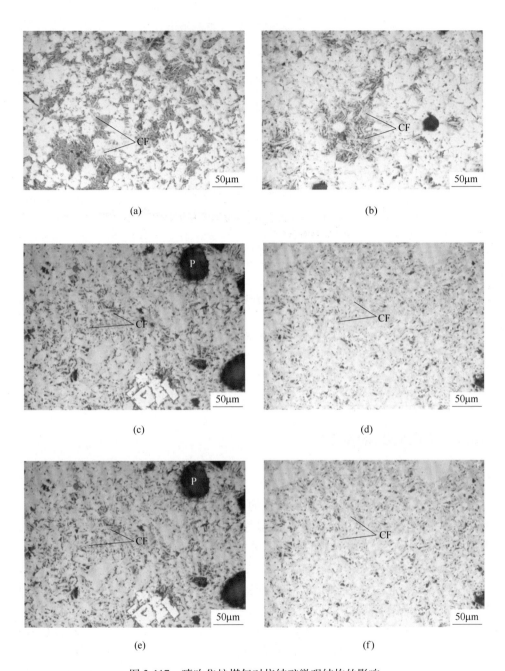

图 3-117 喷吹焦炉煤气对烧结矿微观结构的影响

（a）未喷吹焦炉煤气上层成品矿矿相结构；（b）喷吹焦炉煤气上层成品矿矿相结构；

（c）未喷吹焦炉煤气中层成品矿矿相结构；（d）喷吹焦炉煤气中层成品矿矿相结构；

（e）未喷吹焦炉煤气下层成品矿矿相结构；（f）喷吹焦炉煤气下层成品矿矿相结构

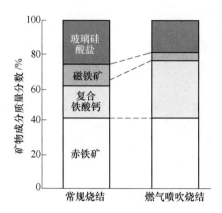

图 3-118　矿物成分质量分数变化示意图

表 3-22　燃气喷吹烧结技术效果

节　能	减　排	提　质
吨矿节约焦粉量，1.5~2kg/t_{-s}； 吨矿喷入煤气量，0.8~1.2m³/t_{-s}； 热量置换比，1∶2.57	SO_2 排放量，在原基础上降低 4%~7% 左右； NO_x 排放量，在原基础上降 10%~15% 左右； CO_2 排放，在原基础上降 2%~5% 左右	成品矿转鼓强度，0.5% 左右小幅提升； 筛分指数：0.5% 左右小幅提升； 5~10mm 比例，2%~3% 左右降低； 大于 40mm 比例，2%~3% 左右提升； 平均粒径，1mm 左右增加； FeO 含量，0.1% 左右小幅降低

3.3.2　蒸汽喷吹烧结技术

3.3.2.1　蒸汽喷吹技术机理

蒸汽喷吹烧结技术是依据加湿燃烧的机理提出的，利用水蒸气催化碳燃烧、提高料面空气吸入速度及改变氯的形态等作用，在显著降低烧结废气 CO 和二噁英含量的同时，改善烧结矿的矿产质量，实现污染物的过程控制。

传统烧结过程空气中的氧与燃料中的碳发生反应如反应式（3-1）~反应式（3-4）所示；在应用烧结料面蒸汽喷吹技术，往料面喷吹水蒸气后，增加的反应有反应式（3-5）~反应式（3-8）。

$$C + O_2 \mathrel{=\!=} CO_2 \qquad\qquad 反应（3-1）$$
$$2C + O_2 \mathrel{=\!=} 2CO \qquad\qquad 反应（3-2）$$
$$2CO + O_2 \mathrel{=\!=} 2CO_2 \qquad\qquad 反应（3-3）$$
$$CO_2 + C \mathrel{=\!=} 2CO \qquad\qquad 反应（3-4）$$

水蒸气与碳反应 $\Delta G\text{-}T$ 图如图 3-119 所示[24]，烧结过程中，当温度达到 900℃ 和 1000℃ 以上后，反应式（3-5）和反应式（3-6）的 ΔG 小于 0，两个反应

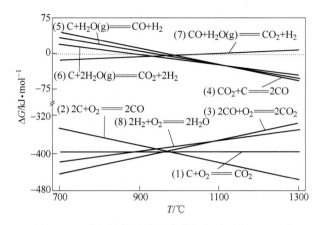

图 3-119 碳氧燃烧反应和水蒸气与碳反应 $\Delta G\text{-}T$ 图

均可以发生；在900~1100℃反应式（3-6）略强，在1100℃以上则反应式（3-5）略强。

$$C + H_2O(g) \Longrightarrow CO + H_2 \qquad\qquad 反应（3-5）$$
$$C + 2H_2O(g) \Longrightarrow CO_2 + 2H_2 \qquad\qquad 反应（3-6）$$

反应式（3-7）在低于1100℃时，其 ΔG 值为负，可以进行；而且低于900℃时反应式（3-7）较反应式（3-5）和反应式（3-6）更易发生。

$$CO + H_2O(g) \Longrightarrow CO_2 + H_2 \qquad\qquad 反应（3-7）$$

反应式（3-5）~反应式（3-7）的产物 CO 和 H_2 则极易与 O_2 反应生成 CO_2 和 H_2O 而放热，分别如反应式（3-3）和反应式（3-8）所示：

$$2H_2 + O_2 \Longrightarrow 2H_2O(g) \qquad\qquad 反应（3-8）$$

因此水蒸气从热力学上是可以参与烧结燃烧反应的，总反应式为反应式（3-5）和反应式（3-8）或者反应式（3-6）和反应式（3-8）的综合反应，如反应式（3-9）或反应式（3-10）所示：

$$C + H_2O(g) + O_2 \Longrightarrow CO_2 + H_2O(g) \qquad\qquad 反应（3-9）$$
$$C + 2H_2O(g) + O_2 \Longrightarrow CO_2 + 2H_2O(g) \qquad\qquad 反应（3-10）$$

而在氧不足的条件下（烧结高温带氧分压低）也有反应式（3-7）和反应式（3-8）的综合反应式（3-11）

$$CO + H_2O(g) + \frac{1}{2}O_2 \Longrightarrow CO_2 + H_2O(g) \qquad\qquad 反应（3-11）$$

因此，整体上看水蒸气在热力学上可参与碳的燃烧过程，而且从反应式的两端看，水蒸气起到了类似"催化剂"的效果。

碳的燃烧属多相反应，其特点是在燃料的表面、缝隙上进行。反应后在相界面充满气幕，影响了碳氧接触，尤其烧结过程很多燃料被矿粉包裹，这使得燃料的燃烧并不完全，但当烧结料面喷吹水蒸气后：

（1）H_2O 与燃料碳的气化反应能扩大燃料的孔隙度，增加碳氧反应面积，有利于燃料燃尽。

（2）H_2 和 H_2O 能增强烟气的扩散能力和传热。H_2、H_2O、CO 和 CO_2 的扩散系数如表 3-23 所示。由于分子量小，同温度下分子的平均移动速度大，扩散系数都比 CO 和 CO_2 高，因此，它们的存在有利于燃料缝隙中的烟气扩散，便于碳氧接触和快速燃烧及传热。

表 3-23　标准大气压下几种物质的扩散系数　　　　（cm^2/s）

温度　　　气体	H_2	H_2O	CO	CO_2
278K	0.611	0.216	0.185	0.16
800K	4.74	1.52	1.19	0.97

（3）激活的氢原子引起碳和 CO 燃烧的链锁和分支链锁反应（水蒸气助燃主要机理）；H_2O 可加快 CO 的燃烧。

以氢为活化核心的链锁反应和分支链锁反应如图 3-120 所示。当燃料附近氧充足时，若两个激活了的氢原子（H^+）来不及充分地结合成氢分子便遇到了空气中的氧，则生成活性氢氧游离基（OH^-）和活性原子氧（O^-），它们与碳和 CO 起反应，则可降低化学反应所需要的活化能，引起碳和 CO 燃烧的链锁反应，即爆燃效应，这使化学反应速度加快。

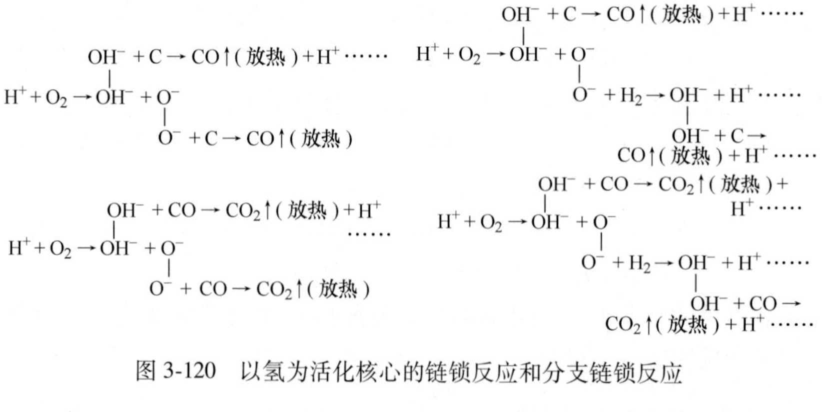

图 3-120　以氢为活化核心的链锁反应和分支链锁反应

其总反应式是：$2H^+ + 2O_2 + 2C \rightarrow 2CO_2 + 2H^+$，即两个 H^+ 快速地燃烧了两个碳原子，同时又生成两个活性 H^+ 继续这种链锁反应。如果链锁反应遇到了已经结合的氢分子，则可引起碳和 CO 燃烧的分支链锁反应，其结果为又分别增加了两个链头继续分支链锁反应。由此可见，水蒸气在燃烧过程中只是一种"催化剂"。

当燃料附近氧不足时，如果 H_2O 进入焦炭层的缝隙或其高温带的缺氧空间而与高温 CO 相遇，还可按反应式（3-8）生成 CO_2 和 H_2，即在缺氧的地方只要有水蒸气的存在，同样可以"燃烧"碳和 CO。这一定程度上减轻了碳燃烧对氧的依赖，提高了燃料的完全燃烧程度。

综上，在烧结料面喷吹蒸汽后，由于提高了碳的燃尽程度，最终提高了碳和 CO 的燃烧速度且减轻了对氧的依赖。

3.3.2.2 蒸汽喷吹主要工艺参数

A 喷吹位置

在蒸汽喷吹烧结生产时，其喷吹位置 ξ 对于强化效果有直接影响。适宜蒸汽喷吹的范围为点火后一段时间到废气升温点前。这是由于：喷吹位置 ξ 过于靠前，此时料层刚被点火，形成的高温带较薄，喷吹蒸汽容易使水煤气反应的吸热量占高温带热量的权重过大，导致有"灭火"的可能。喷吹位置过于靠后，烧结料层大多已烧结完毕转化成烧结矿，蒸汽不再参与高温反应，难以起到原设计强化烧结的作用。图 3-121 所示为喷吹位置与喷吹效果示意图。

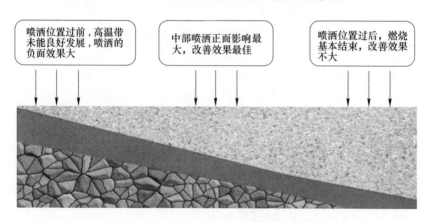

图 3-121 喷吹位置与喷吹效果示意图

考虑到前 10% 位置为烧结点火位置（加保温炉），点火后 5min 也占据烧结机 10%~15% 的位置。因此，确定较佳喷吹位置为烧结机长度方向 30% 到废气升温点前。以 100m 长度的烧结机为例，即第 30~70m 为较佳喷吹范围。

B 喷吹量

在确定好合适喷吹位置参数的基础上，进一步摸索较优的蒸汽喷吹量 $Q_{蒸汽}$ 参数范围，对于强化该技术效果极其重要。蒸汽喷吹量 $Q_{蒸汽}$ 过少，无法达到技术强化的效果；蒸汽喷吹量 $Q_{蒸汽}$ 过多，则多余的水汽容易在料层内吸热并加重过湿层，反而对生产能耗和污染物排放量等指标造成负面影响。通过多次现场试验，

摸索出蒸汽喷吹量 $Q_{蒸汽}$ 和烧结固耗之间的关系如图 3-122 所示。

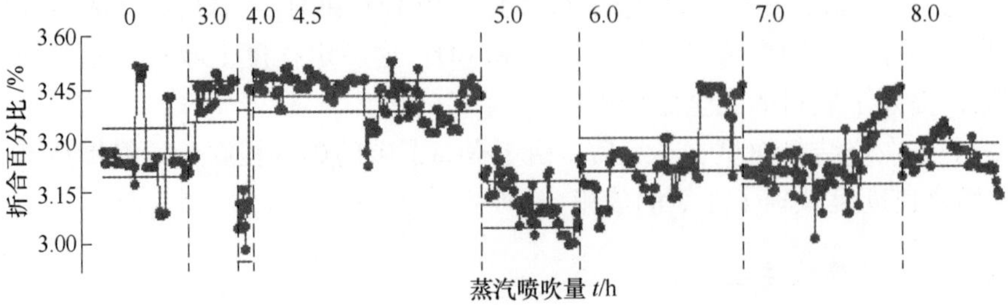

图 3-122　燃料配比折合百分比与蒸汽喷吹量的关系图

从图中可看出，在适宜喷吹位置的喷吹量 $Q_{蒸汽}$ 不宜超过 7t/h，以 5~6.5t/h 为宜。此时可以在保证烧结矿质量的同时，降低燃料消耗。

C　喷吹强度

依据工业试验情况，在采用蒸汽料面顶吹技术生产时，蒸汽空气体积比不宜超过 8%。在保证此条件下，分别计算烧结料面喷吹蒸汽量从 2t/h 到 8t/h 时的蒸汽管道数量，并推算出其喷吹强度。计算结果如表 3-24 所示。

表 3-24　不同蒸汽喷吹量配套参数表

喷吹量 /t·h⁻¹	喷吹管个数 /m	喷吹管覆盖长度/m	喷吹宽度/m	喷吹面积/m²	料面风速 /m·s⁻¹	空气量 /m³·min⁻¹	蒸汽占空气比例 /g·m⁻³	烧结总配水量 /t·h⁻¹	喷吹蒸汽占总水/%	喷吹强度 /kg·m⁻²·min⁻¹
2	60	30	5	150	0.3	2700	12.3	68.25	2.9	0.22
2	8	4	5	20	0.3	360	92.6	68.25	2.9	1.67
2	30	15	5	75	0.3	1350	24.7	68.25	2.9	0.44
3	30	15	5	75	0.3	1350	37	68.25	4.4	0.67
3.3	60	30	5	150	0.3	2700	20.4	68.25	4.8	0.37
4.5	60	30	5	150	0.3	2700	24.7	68.25	5.9	0.44
3.3	80	40	5	200	0.3	3600	15.3	68.25	4.8	0.28
4	60	30	5	150	0.3	2700	24.7	68.25	5.9	0.44
5.5	60	30	5	150	0.3	2700	34	68.25	8.1	0.61
6	60	30	5	150	0.3	2700	37	68.25	8.8	0.67
8	60	30	5	150	0.3	2700	49.4	68.25	11.7	0.89

分析表 3-24，在满足蒸汽管道数量与蒸汽喷吹量相匹配、蒸汽空气体积比以不超过 8% 的条件下，适宜的蒸汽喷吹强度应在 0.2~0.6kg/(m²·min) 左右。

3.3.2.3 蒸汽喷吹对节能减排的影响

蒸汽喷吹烧结技术是通过提高烧结料层中燃料的燃烧效率和燃尽程度来实现节能减排的[25]。

烧结烟气中的 CO 主要是燃料燃烧不充分、燃烧效率低造成的。尽管烧结过程整体上为氧化性气氛，O_2 较碳呈现过剩状态，但在高温区由于有碳的燃烧，局部的 O_2 量不足，存在还原性气氛，反应产物将生成较多的 CO[26]。采用蒸汽喷吹技术后，H_2O 与碳和 O_2 反应，将 CO 转化为 CO_2，从而达到降低 CO 的目的。

采用蒸汽喷吹技术后，由于燃料燃烧更充分，在保证同等热量供入条件下可降低固体燃料的消耗，进而从源头实现了 SO_2 和 NO_x 的减排。按喷吹蒸汽提高燃烧效率 5%有助于降低固体燃耗 2~2.5kg/t$_{-s}$（平均值 2.25kg/t$_{-s}$）来分析，固体燃料的 S 含量 0.8%，脱硫率 90%，烟气单耗（标态）2000m³/t$_{-s}$，则 SO_2 降低量（标态）计算如下：

$$\Delta Q_{SO_2} = 2.25 \times 0.8/100 \times 1000000/2000 \times 0.9 \times 2 = 16.2mg/m^3 \quad (3\text{-}32)$$

蒸汽喷吹技术降低烧结二噁英排放，主要是从碳源控制和氯源控制两方面来实现的[27]。烧结料面喷吹蒸汽后，水蒸气会在燃烧带发生反应加速烧结燃烧带中碳的燃烧，使得碳充分燃尽，由燃烧带进入干燥带的残碳将会有所减少，从而从源头上减少了二噁英从头合成反应所需的碳源，有利于减少二噁英排放。此外，喷吹水蒸气和料层中的碱金属和碱土金属按照反应式（3-12）和反应式（3-13）反应，反应后游离的单质 Cl_2 转变为 HCl 并以 HCl 的形成存在。HCl 气体同 Cl_2 气相比，HCl 气体结合苯环的能力比 Cl_2 气体的结合能力小。已有研究表明，氯气容易形成氯的自由基，易与苯环结合形成二噁英。因此，将单质 Cl_2 转变为 HCl 气体的化学反应是抑制二噁英形成的重要原因。

$$MeCl_n + H_2O =\!=\!= MeO + 2HCl_{n/2} \qquad 反应（3\text{-}12）$$

$$Cl_2 + H_2O =\!=\!= 2HCl + 1/2O_2 \qquad 反应（3\text{-}13）$$

综上，在应用蒸汽喷吹技术后，其理论节能、减排、提产效果如表 3-25 所示。

表 3-25 蒸汽喷吹理论技术效果

节　　能	减　　排	提　　产
吨矿节约焦粉量，2~2.3kg/t$_{-s}$； 吨矿喷入蒸汽量，10~11m³/t$_{-s}$； 热量置换比，1:22	CO 排放量，在原基础上降低 20%~25%左右； 二噁英排放量，在原基础上降低 45%~50%左右	可在原基础上提升产量 2%~2.5%左右

3.4　基于燃料预处理的低 NO$_x$ 烧结技术

由第 2 章可知，烧结烟气中 NO$_x$ 主要来自于固体燃料，且以燃料型为主。而燃料型 NO$_x$ 的产生量主要由两个因素决定，一是燃料 N 在含氧气氛下向 NO$_x$ 的正向氧化反应；二是烧结过程中烟气中的 CO 对 NO$_x$ 的逆向还原反应。可见，燃料型 NO$_x$ 的生成和排放与燃料的燃烧环境密切相关，如何在保证烧结矿产质量不变的前提下，通过降低燃料表面气体界膜内的氧浓度来抑制 NO$_x$ 的产生；通过催化和强化逆向还原反应来降解已生的 NO$_x$，是实现 NO$_x$ 减排的有效方法。

众多研究已证明[28-31]在烧结原料中加入适量的 Ca-Fe 氧化物对烧结 NO$_x$ 减排具有一定的促进作用，并且随着反应温度的升高和氧气浓度的降低，促进作用越来越明显。基于以上研究结果，提出燃料预处理低 NO$_x$ 烧结技术，一方面，通过改善燃料在烧结制粒小球中的分布状态，降低燃料燃烧时表面气氛中的氧势；另一方面促使燃料表面快速形成逆向还原反应的催化剂，即铁酸钙系物质，最终在保证烧结指标不降低的前提下，综合利用两者的特点实现烧结烟气 NO$_x$ 的减排。

3.4.1　燃料预处理对单一焦粉燃烧过程 NO$_x$ 生成的影响

3.4.1.1　黏附 CaO 对单一焦粉燃烧过程 NO$_x$ 生成的影响

在焦粉表面分别黏附 10%、20%、50% 的 CaO，在 1100℃ 焙烧温度、空气气氛条件下，研究了 CaO 黏附比例对焦粉燃烧 NO$_x$ 生成的影响，结果如图 3-123 和图 3-124 所示。可知：随着 CaO 黏附量的增加，NO$_x$ 排放峰值下降；但对 N 的转化率影响不大。

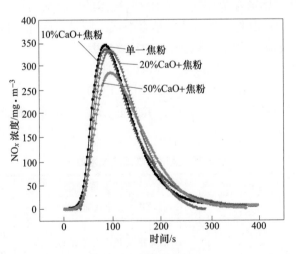

图 3-123　CaO 黏附量对焦粉燃烧过程 NO$_x$ 排放的影响

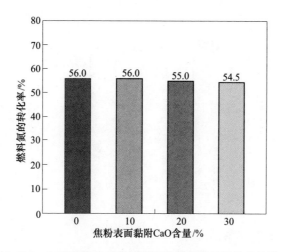

图 3-124　CaO 黏附量对焦粉燃烧过程燃料氮转化率的影响

3.4.1.2　黏附铁矿粉对单一焦粉燃烧过程 NO$_x$ 生成的影响

在焦粉表面黏附 5%、20%、50%Fe$_2$O$_3$，在 1100℃、空气气氛条件下，研究了 Fe$_2$O$_3$ 黏附比例对焦粉燃烧 NO$_x$ 生成的影响，如图 3-125、图 3-126 所示。随着铁矿粉黏附比例增高，NO$_x$ 排放峰值降低，燃料氮的转化率降低；焦粉表面黏附 50%Fe$_2$O$_3$ 时，燃料氮的转化率从 56.0% 降到 49.8%；Fe$_2$O$_3$ 抑制燃料氮转化的作用比 CaO 强，但其黏附难度大。

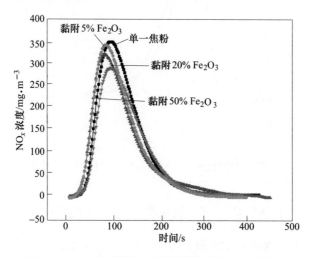

图 3-125　Fe$_2$O$_3$黏附量对燃料燃烧过程 NO$_x$ 的影响

分别对焦粉黏附 5%Fe$_2$O$_3$、5%Fe$_3$O$_4$，在 1100℃、空气气氛条件下，研究了不同铁矿类型对焦粉燃烧 NO$_x$ 排放的影响，如图 3-127、图 3-128 所示。当焦粉

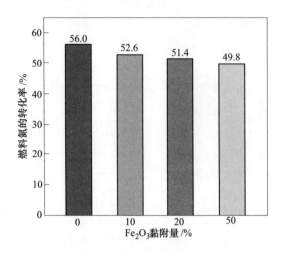

图 3-126　Fe₂O₃黏附量对焦粉燃烧过程燃料氮转化率的影响

黏附相同量的 Fe_2O_3、Fe_3O_4时，黏附 Fe_3O_4的抑制作用更明显，燃料氮的转化率下降到 49.5%。

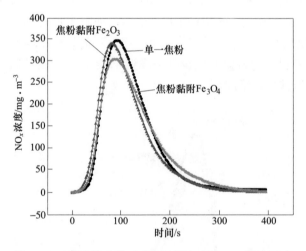

图 3-127　黏附铁矿类型对焦粉燃烧过程 NO_x 排放影响

3.4.1.3　黏附铁矿粉和 CaO 混合物对单一焦粉燃烧过程 NO_x 生成的影响

CaO 与 Fe_2O_3按物质的量比值 1:2、1:1、2:1 混合，然后分别按 20% 比例黏附到焦粉表面，在 1100℃、空气气氛条件下，研究 $n(CaO):n(Fe_2O_3)$ 变化对焦粉燃烧过程 NO_x 排放的影响，如图 3-129、图 3-130 所示。随着 $n(CaO):n(Fe_2O_3)$ 的提高，焦粉燃烧产生的 NO_x 排放量有明显减少，燃料氮的转化率降

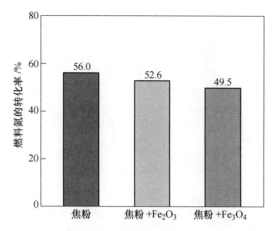

图 3-128　黏附铁矿类型对焦粉燃烧过程燃料氮转化率的影响

低。当焦粉表面黏附的 $n(CaO)$: $n(Fe_2O_3)$ 为 2：1 时，燃料氮的转化率从
56.0% 降到 42.6%。

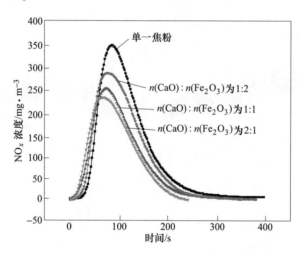

图 3-129　黏附层中 CaO 与 Fe$_2$O$_3$ 的比例对焦粉燃烧过程 NO$_x$ 排放的影响

　　通过燃烧后残留物的 XRD 分析，研究了燃烧过程黏附层 CaO 与 Fe$_2$O$_3$、燃
料灰分之间的反应，其 XRD 分析如图 3-131 所示。可知，CaO 与 Fe$_2$O$_3$ 物质的量
之比为 1：2 时，生成铁酸半钙和少量铁酸钙；CaO 与 Fe$_2$O$_3$ 物质的量之比为 1：
1 时，易生成铁酸一钙；CaO 与 Fe$_2$O$_3$ 比例为 2：1 时，生成大量铁酸二钙。
　　铁酸钙是烧结过程中 CaO 与 Fe$_2$O$_3$ 反应生成的一种含钙铁酸盐。主要有铁酸
二钙（2CaO·Fe$_2$O$_3$）、铁酸一钙（CaO·Fe$_2$O$_3$）和铁酸半钙（CaO·2Fe$_2$O$_3$）。
将合成的 3 种铁酸钙分别黏附到燃料表面（黏附 5%），在 1100℃、空气气氛下，

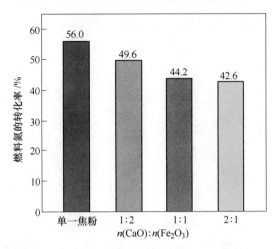

图 3-130   黏附层中 CaO 与 Fe$_2$O$_3$ 的比例对焦粉燃烧过程燃料氮的转化率的影响

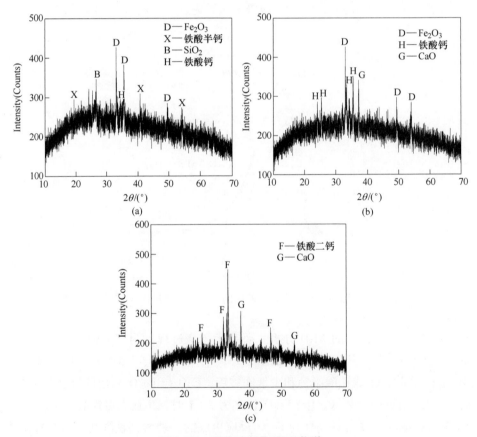

图 3-131   燃烧残留物 XRD 能谱

(a) 1:2;(b) 1:1;(c) 2:1

研究不同类型铁酸钙对焦粉燃烧 NO$_x$ 排放的影响，见图 3-132、图 3-133。可知，焦粉黏附不同类型铁酸钙后，燃烧过程 NO$_x$ 生成都可得到抑制，燃料氮的转化率降低。抑制燃料氮转化的能力大小依次为：铁酸二钙>铁酸钙>铁酸半钙。

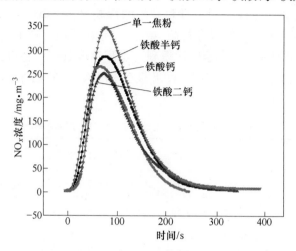

图 3-132　不同类型铁酸钙对焦粉燃烧过程 NO$_x$ 排放的影响

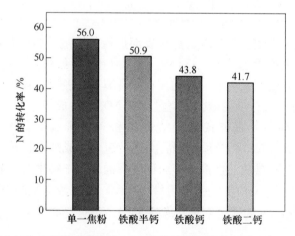

图 3-133　不同类型铁酸钙对焦粉燃烧过程燃料氮转化率的影响

3.4.2　燃料预处理对烧结过程和 NO$_x$ 排放的影响

3.4.2.1　燃料预处理方式的影响

分别采用以下三种方式对燃料进行预处理：（1）加生石灰，焦粉与生石灰直接加入搅拌机中进行搅拌，焦粉自身含有水分可黏附少量生石灰；（2）加消石灰，按理论消化水将生石灰消化后，焦粉和消石灰加入搅拌机，利用消石灰的黏性使其部分黏附在焦炭表面；（3）将生石灰与水按质量 1∶1 的配比制成石灰乳后，加入焦粉中进行搅拌。上述三种方式中，生石灰与焦粉质量比为 1∶2。探究三种燃料预处理方式对烧结混合料制粒、烧结指标及 NO_x 排放的影响。

　　不同的预处理方式下，对混合料制粒的影响见表 3-26。可知：相较基准实验，燃料预处理有利于改善混合料制粒效果，制粒后混合料平均粒径有所增大，小于 1mm 的含量明显减少，透气性得到一定程度改善。三种方式中，采用消石灰对焦粉预处理时，改善制粒的效果最为明显，制粒后平均粒度由基准的 4.27mm 增加到 4.45mm。

表 3-26　不同燃料预处理方式对制粒效果的影响

预处理方法	粒度组成（质量分数）/%							平均粒度 /mm
	>8mm	5~8mm	3~5mm	1~3mm	0.5~1mm	0.25~0.5mm	<0.25mm	
基准（未处理）	10.54	25.34	28.86	29.48	4.74	1.03	0.00	4.27
生石灰	9.42	24.34	34.49	31.18	0.57	0.10	0.00	4.34
消石灰	10.02	28.37	30.16	28.98	2.27	0.20	0.00	4.45
石灰乳	10.02	24.37	32.16	31.98	1.27	0.20	0.00	4.32

　　进一步研究了石灰乳预处理对焦粉表面形貌的影响，图 3-134 中（a）、（b）所示为普通焦粉表面形态，图 3-134 中（c）、（d）为焦粉表面黏附石灰乳形态。可见，焦粉表面黏附石灰乳后，气孔被石灰乳填充，表面气孔明显减少，可阻碍焦粉与 O_2 的充分接触，从而减少燃烧过程中 NO_x 的生成量。

　　三种不同燃料预处理方式对烧结过程和 NO_x 排放的影响见表 3-27 和图 3-135、图 3-136。可知：燃料预处理后，烧结速度、成品率、转鼓强度、利用系数均有所提高，NO_x 排放浓度都有不同程度降低，其中将生石灰制成石灰乳后黏附在焦粉上，对抑制 NO_x 生成的作用最大，NO_x 排放浓度从基准 220mg/m³ 降低到 179mg/m³，燃料 N 的转化率从基准的 54.2% 降低至 47.6%。

表 3-27　不同燃料预处理方式对烧结指标的影响

预处理方法	烧结速度 /mm·min⁻¹	成品率 /%	转鼓强度 /%	利用系数 /t·m⁻²·h⁻¹	烟气 NO_x 平均浓度 /mg·m⁻³
基准（未处理）	21.66	76.22	63.67	1.47	220
生石灰	23.26	77.18	65.55	1.58	203
消石灰	23.02	76.53	65.05	1.56	195
石灰乳	22.93	77.41	65.02	1.54	179

图 3-134　焦粉表面黏附生石灰前后的形态变化

（a），（b）未处理焦粉；（c），（d）预处理后焦粉

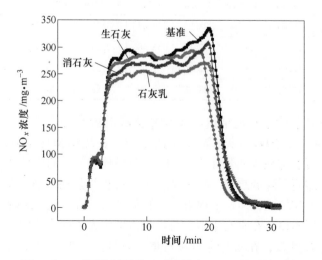

图 3-135　不同燃料预处理对烧结过程 NO$_x$ 排放的影响

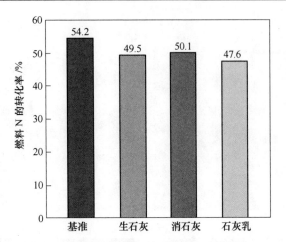

图 3-136　不同燃料预处理对烧结过程 N 转化率的影响

3.4.2.2　石灰乳黏附量的影响

将生石灰与水按质量比 1：1 的配比制成石灰乳，再按生石灰与焦粉 1：4、1：2、3：4 的质量比对焦粉预处理。研究了不同石灰乳黏附量对混匀料制粒效果的影响，结果见表 3-28。可知：随石灰乳黏附比例的增加，制粒后小球的平均粒度呈增加趋势，烧结制粒效果得以改善，细粒级（<1mm）颗粒量明显减少，混合料各粒级分布更加合理，更有利于烧结。

表 3-28　不同石灰乳黏附层厚度对制粒效果的影响

m(水)：m(生石灰)：m(焦粉)	粒度组成（质量分数）/%							平均粒度/mm
	>8mm	5~8mm	3~5mm	1~3mm	0.5~1mm	0.25~0.5mm	<0.25mm	
基准（未处理）	10.54	25.34	28.86	29.48	4.74	1.03	0.00	4.27
1：1：4	11.42	20.91	32.16	36.48	2.54	0.03	0.00	4.31
1：1：2	10.02	24.37	32.16	31.98	1.27	0.20	0.00	4.32
3：3：4	10.83	25.95	28.88	32.99	1.28	0.07	0.00	4.38

不同石灰乳黏附量对烧结指标和 NO_x 排放的影响如表 3-29、图 3-137、图 3-138 所示。可知，随着石灰乳黏附量的增加，各烧结指标呈先增高后降低的趋势，水与生石灰与焦粉质量比为 1：1：2 时最佳。NO_x 的排放浓度则随着石灰乳黏附量的增加而呈降低趋势，特别是水与生石灰与焦粉质量比提高至 1：1：2 时，排放浓度下降较快，NO_x 平均浓度降低至 179mg/m³，继续提高黏附量，NO_x 排放浓度变化不明显，在水与生石灰与焦粉质量比为 3：3：4 时，N 的转化率低至 46.7%。综合可知，在水与生石灰与焦粉质量比为 1：1：2 时，烧结指标和 NO_x 减排整体效果最佳。

表 3-29 不同石灰乳黏附层厚度对烧结指标的影响

m(水)：m(生石灰)：m(焦粉)	烧结速度 /mm·min^{-1}	成品率 /%	转鼓强度 /%	利用系数 /t·m^{-2}·h^{-1}	烟气 NO$_x$ 平均浓度/mg·m^{-3}
基准（未处理）	21.66	76.22	63.67	1.47	220
1:1:4	21.95	76.95	63.67	1.50	184
1:1:2	22.93	77.41	65.02	1.54	179
3:3:4	22.61	76.14	64.27	1.52	180

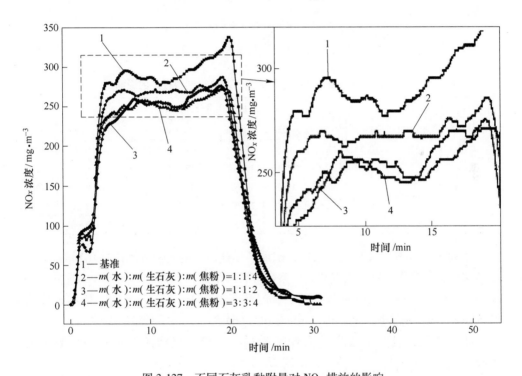

1—基准
2—m(水)：m(生石灰)：m(焦粉)=1:1:4
3—m(水)：m(生石灰)：m(焦粉)=1:1:2
4—m(水)：m(生石灰)：m(焦粉)=3:3:4

图 3-137 不同石灰乳黏附量对 NO$_x$ 排放的影响

3.4.2.3 黏附赤铁矿粉与石灰乳混合物的影响

采用石灰乳与赤铁矿粉的混合物对焦粉进行预处理，研究其对烧结指标以及 NO$_x$ 排放的影响。采用的赤铁矿粉为巴西精矿，赤铁矿与石灰乳比例对制粒效果影响如表 3-30 所示，可知：燃料预处理时，石灰乳中加入过多的赤铁矿粉后，制粒效果呈变差的趋势，制粒小球中粒度小于 3mm 的颗粒量增加。

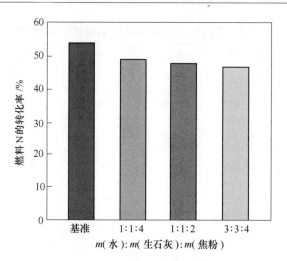

图 3-138　不同石灰乳黏附量对 N 的转化率影响

表 3-30　燃料黏附含有铁精矿的石灰乳对制粒效果的影响

| $m(水):m(生石灰):$ | 粒度组成（质量分数）/% | | | | | | | 平均粒 |
$m(赤铁矿粉):m(焦粉)$	>8mm	5~8mm	3~5mm	1~3mm	0.5~1mm	0.25~0.5mm	<0.25mm	度/mm
基准（未处理）	10.54	25.34	28.86	29.48	4.74	1.03	0.00	4.27
1:1:0:2	10.02	24.37	32.16	31.98	1.27	0.20	0.00	4.32
1:1:0.5:2	9.63	26.70	31.66	30.65	1.33	0.02	0.00	4.40
1:1:1:2	6.57	28.62	34.09	28.67	2.05	0.00	0.00	4.34
1:1:2:2	6.38	27.11	34.28	31.18	1.05	0.00	0.00	4.28

由表 3-31 可知，相比基准条件，配加了赤铁矿粉的石灰乳黏附在焦粉表面后，烧结速度、成品率、转鼓强度和利用系数等各项烧结指标均有不同程度的提升。当 $m(水):m(生石灰):m(赤铁矿粉):m(焦粉)$ 为 1:1:1:2 时，烧结速度为 23.54mm/min，成品率为 77.34%，转鼓强度为 64.05%，利用系数为 1.69t/($m^2 \cdot h$)，综合指标达到最佳。继续提升赤铁矿粉加入比例，烧结速度和利用系数有所下降。

表 3-31　燃料黏附含有铁精矿的石灰乳对烧结指标的影响

$m(水):m(生石灰):$ $m(赤铁矿粉):m(焦粉)$	烧结速度 /mm·min^{-1}	成品率/%	转鼓强度/%	利用系数 /t·m^{-2}·h^{-1}	烟气 NO$_x$ 平均 浓度/mg·m^{-3}
基准（未处理）	21.66	76.22	63.67	1.47	220
1:1:0:2	22.93	77.41	65.02	1.54	179
1:1:0.5:2	23.37	76.76	65.62	1.59	176
1:1:1:2	23.54	77.34	64.05	1.62	166
1:1:2:2	23.32	77.01	64.72	1.53	168

由图 3-139 和图 3-140 可知，焦粉预处理时，石灰乳中加入赤铁矿后，NO$_x$ 排放浓度明显降低，在 m(水)：m(生石灰)：m(赤铁矿粉)：m(焦粉)为 1:1:1:2 时，减排效果最好，NO$_x$ 排放浓度可降到 166mg/m³，N 的转化率为 40.9%。较大程度降低了 NO$_x$ 排放。

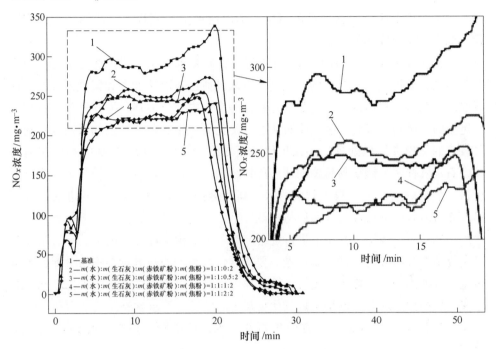

图 3-139 燃料黏附含有铁粉的石灰乳时 NO$_x$ 排放情况

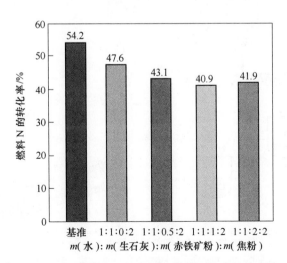

图 3-140 燃料黏附含有铁粉的石灰乳时 N 的转化率情况

综合可知，当 $m($水$)$：$m($生石灰$)$：$m($赤铁矿粉$)$：$m($焦粉$)$ 为 $1:1:1:2$ 时，不但烧结效率提高，而且 NO_x 排放得以降低。

3.4.3　燃料预处理工艺流程

为了实现上述燃料预处理的目的，提出两种工艺流程，目前均处于研究阶段，尚未开发出成熟的装备。

工艺流程 1 如图 3-141 所示，首先将生石灰和水在制浆罐内充分搅拌，使生石灰过消化而形成黏度极强的石灰乳。石灰乳通过浆液缓冲罐和浆液循环泵，连续稳定的输入裹覆筒内，与定量的焦粉在裹覆筒内充分搅拌，搅拌过程中再配入一定量的铁矿粉。最终，利用生石灰过量消化而产生的黏度极强的石灰乳对疏水性较差的焦粉进行预处理，并在焦粉表面黏附少量铁矿粉，形成一种以焦粉为核、石灰乳挂浆、铁矿粉裹覆的新型燃料结构。经预处理后的焦粉与剩余烧结混合料（包括剩余的生石灰、剩余的水、其他熔剂、含铁原料）一并进入一次滚筒或强力混合机进行混匀，而后与常规烧结工艺类似进入二次滚筒进行制粒，制粒后小球布置于烧结机台车上进行烧结。为了考虑预处理后焦粉至下一工序（与其余烧结混合料混匀）的运输问题，要求含铁矿粉的石灰乳量与焦粉量配比不可过高，否则预处理后焦粉在皮带运输过程中可能会出现过湿淌水的现象；同时为了保证焦粉预处理对降低烧结氮氧化物减排的效果，要求含铁矿粉的石灰乳量与焦粉量配比又不能太低。适宜的生石灰、水、铁矿粉、焦粉配比还需进一步研究。

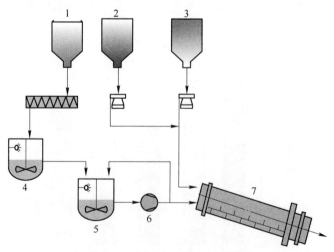

图 3-141　燃料预处理工艺流程 1

1—石灰仓；2—精矿仓；3—焦粉仓；4—制浆罐；5—浆液缓冲罐；

6—浆液循环泵；7—裹覆筒

工艺流程 2 如图 3-142 所示,它是借鉴现有烧结用生石灰双级消化工艺流程的基础上提出的。生石灰在一级消化器中过消化而形成石灰乳,并被输送至二级裹覆装置内。经称重后的焦粉由溜槽进入二级裹覆装置被预处理,利用石灰仓就近的粉尘仓中的含铁原料代替铁矿粉。与双级消化器相比,燃料预处理装置的物料处理量更大,且要求石灰乳、含铁原料和焦粉能充分搅拌和混匀。

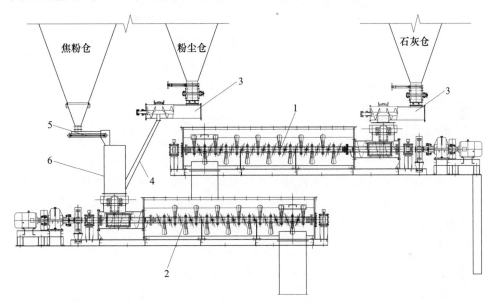

图 3-142　燃料预处理工艺流程 2

1—消化器;2—裹覆装置;3—带阀门输料装置;4—粉尘落料溜管;5—焦粉称重秤;6—大溜槽

3.5　生物质类燃料及尿素类添加剂技术

3.5.1　生物质类燃料技术

目前,烧结厂铁矿烧结所使用的燃料,主要是焦粉和煤两种,是烧结生产过程 CO_x、SO_x、NO_x 等污染物的主要来源。利用可再生清洁能源代替焦粉和煤,可从源头减少烧结过程有害元素的带入量及污染物的产生量。

研究发现,生物质燃料具有和煤炭极其相似的物化性能和燃烧特性,如果在不改变原有烧结设备和生产习惯的条件下使用低硫、低氮的生物质类燃料代替部分焦粉或煤,不仅可从源头上降低污染物的生成,而且可以降低矿物能源的消耗,减缓能源危机,有利于烧结工艺生产清洁化[32]。

3.5.1.1　生物质燃料来源及特性[33,34]

由于烧结生产规模大,所需的燃料用量大,当前能为铁矿烧结提供燃料的生物质资源主要是林木类生物质、农业秸秆废弃物和加工废弃物，这些生物质资源相对集中，便于收集，储量丰富。

生物质燃料和常规化石燃料的主要化学成分如表 3-32 所示，可知，相比常规燃料焦粉，生物质燃料的 H、O 含量高，而 S、N 含量低，木质炭的 C 含量最高，其次为果核炭，这两种生物炭的 C 含量比焦粉高，而秸秆炭的 C 含量比焦粉低。

表 3-32　燃料的主要元素含量　　　　　　　　　（%）

燃料种类	$C_总$	H	O	S	N
焦粉	81.84	2.46	1.03	0.500	0.72
木质炭	94.64	2.77	1.17	0.037	0.19
果核炭	82.67	4.12	5.23	0.075	0.28
秸秆炭	71.60	4.76	6.88	0.083	0.32

生物质燃料和常规化石燃料的工业分析见表 3-33。可知，相比焦粉，生物质燃料的灰分低、挥发分高。灰分和挥发分含量最低的为木质炭，其次为果核炭，再次为秸秆炭；而木质炭、果核炭的固定碳和热值比焦粉高，秸秆炭的固定碳和热值最低。

表 3-33　燃料的工业分析

燃料种类	灰分/%	挥发分/%	固定 C/%	热值/MJ·kg^{-1}
焦粉	19.54	5.88	74.68	26.84
木质炭	5.10	7.55	87.34	30.77
秸秆炭	11.25	18.55	70.20	24.79
果核炭	10.61	14.28	75.11	28.96

3.5.1.2　生物质能烧结的理论基础[34,35]

A　燃烧与传热规律

生物质燃料对烧结过程中燃烧前沿传递的影响如图 3-143 所示。生物质燃料替代焦粉比例对燃烧前沿的影响表明，随着替代比例的提高，燃烧前沿速度加快；生物质类型对燃烧前沿的影响表明，三种生物质替代 40% 的焦粉都将提高燃烧前沿速度，提高幅度从大到小的顺序为秸秆炭>木质炭>果核炭。

在烧结生产过程中，当传热速度与燃烧速度一致时，此时高温带厚度适中，烧结料层温度较高，有助于获得较好的烧结指标。由图 3-143 可知，当采用焦粉为燃料时，传热前沿速度为 35.71mm/min，燃烧前沿速度为 34.11mm/min，两个前沿的传播速度基本相当；当生物质替代焦粉时，随着替代比例的增加，燃烧前沿速度逐

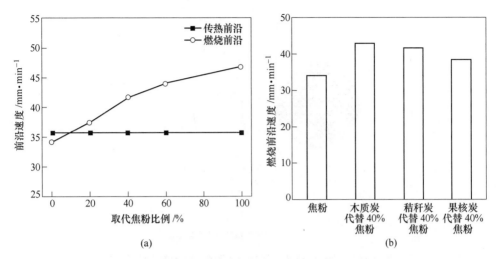

图 3-143 生物质替代焦粉对燃烧前沿速度和传热前沿速度的影响
(a) 取代比例的影响；(b) 生物质种类的影响

渐加快，而传热前沿速度变化不大，使得两者的协调性遭到破坏。当替代比例为 40% 时，燃烧前沿的速度提高到 41.67mm/min，比传热前沿速度 35.71mm/min 快 5.96mm/min；而当完全替代焦粉时，燃烧前沿速度达 46.90mm/min，加剧了两个前沿传播速度的差异。

B　气固扩散变化机理

可用固体燃料在高温下的燃烧模型分析生物质燃料的燃烧行为。固体燃料的高温燃烧模型如图 3-144 所示。在烧结燃烧带的高温下，燃料颗粒表面附近主要发生布多尔反应，燃料颗粒与锋面二次燃烧生成的 CO_2 发生气化反应，生成的 CO 扩散到锋面与 O_2 发生二次燃烧反应。因此，碳颗粒燃烧可分为两个区域，一个为锋面的二次燃烧反应，一个为碳颗粒表面的气化反应，这两个反应决定了燃料的燃烧程度。一般来说，在静态环境下，只要 O_2 充足，碳粒周围气化反应产生的 CO 能在锋面充分燃烧生成 CO_2。但在烧结抽风的作用下，CO 在向外扩散时，有少部分 CO 来不及燃烧而被带入废气中，废气往下抽的过程中，经过干燥预热带温度很快下降，这部分 CO 来不及发生二次燃烧反应而进入烧结烟气中。

当生物质替代焦粉后，由于生物质的反应性好，易与 CO_2 快速反应，在生物质表面生成大量的 CO，使得有更多的 CO 在锋面来不及燃烧而进入烧结烟气；另外生物质燃料的燃烧速度快，导致单位时间内消耗更多 O_2，使得废气中 O_2 含量降低，这不利于二次燃烧反应，也是导致最终烧结烟气中 CO 含量增大的原因。

C　对烧结矿产质量指标的影响

生物质燃料替代焦粉对烧结矿产量、质量的影响见表 3-34。可知：（1）随

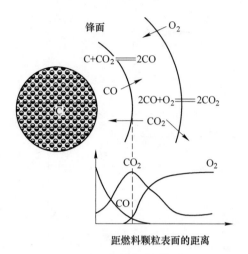

图 3-144　静止固体燃料燃烧时表面附近气体浓度的分布

着生物质替代焦粉比例的增加，烧结适宜水分呈现增大的趋势，这是由于生物质燃料密度小、孔隙率高，其吸水能力比焦粉大的原因；（2）随着替代比例的增加，烧结速度加快，但成品率、转鼓强度和利用系数都呈降低的趋势，生物质替代焦粉比例有适宜值，当木质炭替代焦粉比例超过 40% 时，烧结矿产量、质量指标迅速下降；（3）三种生物质燃料秸秆炭、木质炭、果核炭替代焦粉的适宜比例分别为 20%、40% 和 40%。

表 3-34　生物质替代焦粉对烧结指标的影响

燃料种类	取代比例焦粉/%	混合料适宜水分/%	烧结速度/mm·min⁻¹	成品率/%	转鼓强度/%	利用系数/t·m⁻²·h⁻¹
焦粉	—	7.25	21.94	72.66	65.00	1.48
木质炭	20	7.25	24.58	68.69	64.40	1.52
木质炭	40	7.50	24.73	65.30	63.27	1.43
木质炭	60	7.50	27.20	55.35	54.67	1.32
木质炭	100	7.75	27.17	41.11	23.87	0.93
秸秆炭	20	7.50	24.05	66.12	63.52	1.42
秸秆炭	40	7.75	25.21	59.56	57.12	1.21
秸秆炭	60	8.00	27.05	48.37	45.22	1.02
果核炭	20	7.25	22.89	71.36	65.12	1.51
果核炭	40	7.50	23.67	67.32	63.76	1.46
果核炭	60	7.50	24.34	61.38	58.98	1.35
果核炭	100	7.75	25.15	52.67	40.22	0.96

3.5.1.3 生物质能烧结对污染物减排的影响[35]

A CO$_x$ 的变化规律

生物质替代焦粉对单位烧结矿 CO$_x$ 排放量的影响见表 3-35。

表 3-35 生物质替代焦粉对 CO$_x$ 排放的影响

生物质类型	取代比例/%	单位烧结矿排放量/kg·t$_s^{-1}$		
		CO$_2$	CO	CO$_x$
焦粉	—	201.49	26.61	228.10
木质炭	20	180.26	28.34	208.60
木质炭	40	155.04	30.53	185.57
木质炭	60	142.11	36.82	178.93
木质炭	100	81.49	60.55	142.04
秸秆炭	20	182.37	29.32	211.69
果核炭	40	147.77	29.43	177.20

由于生物质释放出的 CO$_2$ 参与大气循环,单位烧结矿 CO$_2$ 排放量应扣除生物质释放出的 CO$_2$,因此,随着生物质替代焦粉比例的增加,单位烧结矿排放 CO$_2$ 量减少,而 CO 排放量增加,但 CO$_x$ 的排放总量减少。

B SO$_x$ 的变化规律

生物质替代焦粉比例以及生物质类型对 SO$_x$ 排放的影响见图 3-145。可知,随着取代比例的提高,SO$_x$ 的排放量降低,当取代比例从 0% 提高到 20%、40%、60%、100% 时,SO$_x$ 排放量从 1.73kg/t$_s$ 依次降低到 1.54kg/t$_s$、1.07kg/t$_s$、0.96kg/t$_s$、1.04kg/t$_s$。

C NO$_x$ 的变化规律

生物质替代焦粉比例对 NO$_x$ 排放的影响见图 3-146。可见,随着取代比例的提高,NO$_x$ 的排放量降低。当取代比例从 0% 提高到 20%、40%、60%、100% 时,单位烧结矿 NO$_x$ 排放量从 0.71kg/t$_s$ 依次降低到 0.58kg/t$_s$、0.52kg/t$_s$、0.49kg/t$_s$、0.57kg/t$_s$。

3.5.2 尿素类添加剂技术

3.5.2.1 对脱硫的影响

试验所用尿素为常规工业尿素,其 N 含量不小于 46%,在烧结混合料中外配一定比例的尿素,研究不同尿素配比条件下烧结废气中 SO$_2$ 质量浓度的变化规律,结果如图 3-147 所示。

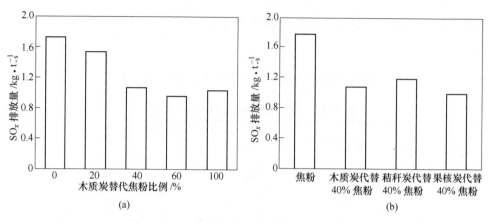

图 3-145　生物质替代焦粉对 SO_x 排放的影响
（a）取代比例的影响；（b）生物质种类的影响

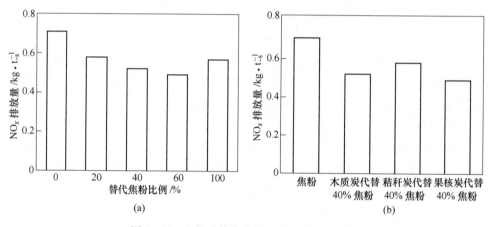

图 3-146　生物质替代焦粉对 NO_x 排放的影响
（a）取代比例的影响；（b）生物质种类的影响

从图 3-147 可以看出，随着尿素配比的增加，烧结烟气中的 SO_2 下降明显，从正常烧结时的 670mg/m³ 降低到 100mg/m³ 以下。当尿素的配比分别为 0.05%、0.1% 和 0.5% 时，烟气中的 SO_2 排放量分别减少了 52%、80% 和 88%[36,37]。

烧结过程添加的尿素与 SO_2 发生如下反应：

$$(NH_2)_2CO + H_2O \longrightarrow NH_4COONH_2 \qquad 反应（3-14）$$

$$NH_4COONH_2 \longrightarrow 2NH_3 + CO_2 \qquad 反应（3-15）$$

$$SO_2 + 2NH_3 + H_2O + 0.5O_2 \longrightarrow (NH_4)_2SO_4 \qquad 反应（3-16）$$

$$\Delta G = -1083.2 + 1.3474T(kJ/mol)$$

由反应式（3-16）可以看出，在烧结生产过程中，NH_3 和 SO_2 反应生成

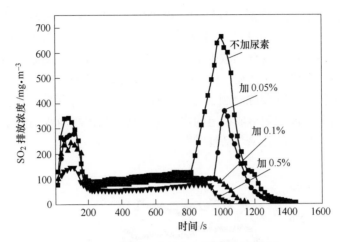

图 3-147 尿素对废气中 SO_2 的排放的影响

$(NH_4)_2SO_4$，反应的吉布斯自由能随着温度升高而增大。当温度超过 800K 时，反应将不能进行。这也说明反应式（3-16）只能发生在料层中下部，也就是烧结终点之前的一段时间。$(NH_4)_2SO_4$ 不会存在于烧结矿中，因为烧结过程燃烧带的温度大于 1200℃，$(NH_4)_2SO_4$ 会完全分解。

3.5.2.2 对脱硝的影响

通过在烧结混合料中外配一定比例的尿素，研究不同尿素配比条件下烧结废气中 NO_x 质量浓度的变化规律，结果如图 3-148 所示[36]。可知，尿素的加入量不宜超过 0.05%，少量添加可以一定程度的降低 NO_x 排放量，进一步增加则会造成 NO_x 快速增加，而总体排放规律基本不变。这是因为在烧结上部料层的温度升高后，即可迅速的发生 NH_3 与 O_2 的反应式（3-17），如果 O_2 充足，还会继续氧化发生反应（3-18），即生成一定量的 NO_2。

$$4NH_3 + 5O_2 \longrightarrow 4NO + 6H_2O \qquad \text{反应（3-17）}$$
$$2NO + O_2 \longrightarrow 2NO_2 \qquad \text{反应（3-18）}$$

基于尿素在选择性非催化还原（SNCR）中的作用机理，结合烧结生产工艺特点，可以考虑在烧结料层的下部或者铺底料上喷射少量尿素（喷射位置如图 3-149 所示），从而达到低氮氧化物排放的目的。

3.5.2.3 对二噁英的影响

通过在烧结混合料中外配一定比例的尿素，研究不同尿素配比条件下烧结废气中二噁英质量浓度的变化规律，结果如图 3-150 所示。可知，随着尿素配比的增加，二噁英排放浓度显著降低。在未加尿素时烧结烟气中二噁英同系物浓度为

0.777ng-TEQ/m³，当尿素配比分别加入 0.05%、0.1% 和 0.5% 后，烧结烟气中二噁英的排放浓度分别为 0.287ng-TEQ/m³、0.258ng-TEQ/m³ 和 0.217ng-TEQ/m³，相比未加尿素的排放浓度分别减少了 63%、67% 和 72%，说明尿素对烧结过程二噁英的形成有显著的抑制作用。这是因为，呈弱碱性的尿素在加热过程中形成的一些化合物不仅对 HCl 脱除有利，还可强烈吸附在飞灰等碱性氧化物表面的活性反应位上，与金属催化剂形成稳定的惰性化合物，从而减弱或消除了金属及其氧化物催化形成二噁英的几率与活性[38]。

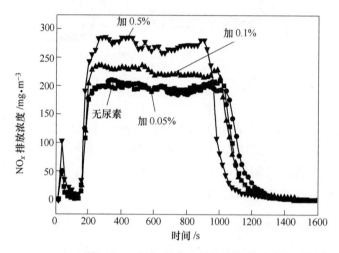

图 3-148　烟气中 NO_x 的排放浓度

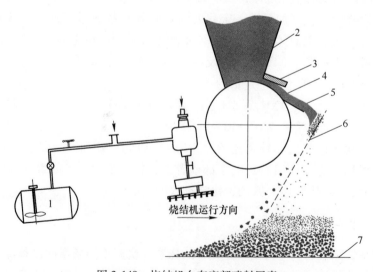

图 3-149　烧结机台车底部喷射尿素

1—尿素；2—料仓；3—控制阀门；4—混合料；5—混合料导料板；6—偏析布料装置；7—烧结机台车

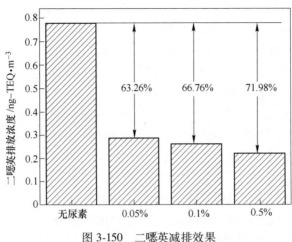

图 3-150　二噁英减排效果

俞勇梅等人[39]的研究同样证明添加 0.01% 的尿素即可对二噁英的生成产生明显的抑制作用，减排量可达 50% 以上。对烟气中 NH_3 的变化进行跟踪发现，随着尿素添加量的增加，烟气中 NH_3 的浓度增加，由于烧结烟气中同时含有水分以及 SO_2、SO_3 等，可能会增加烟道和除尘器等设备的腐蚀风险。同时增加尿素的添加量还直接导致运行成本的增加以及氨逃逸，建议生产应用中以 0.01% 的添加比例为宜。

3.5.2.4　对烧结指标的影响

尿素的添加对烧结指标的影响结果如表 3-36 所示。从表 3-36 可以看出，随着尿素含量的增加，垂直烧结速度加快，烧结利用系数从 1.49t/(m^2·h) 提高到 1.70t/(m^2·h)，但是，转鼓强度从 62.19% 降低到 58.54%，影响偏大。

表 3-36　烧结指标的对比

条　件	利用系数/t·m^{-2}·h^{-1}	成品率/%	转鼓强度/%
不添加尿素	1.49	83.01	62.19
添加 0.05%	1.55	83.82	62.13
添加 0.1%	1.67	83.88	60.81
添加 0.5%	1.70	83.59	58.54

3.6　小结

（1）烧结漏风的原因主要有两个方面：1）装置系统中风箱内外存在压差为漏风提供了动力，其大小由烧结料层的透气性决定；2）装置系统中存在间隙为漏风提供了条件，其大小由设备结构、材质、工况条件决定。生石灰消化技术、强力混匀、强化制粒、偏析布料、蒸汽预热混合料等技术能有效提高料层透气性，这些技术可单独使用，也可组合使用，预计可使烧结料层阻力降低 800～2000Pa。烧结机综合密封技术可使烧结机漏风率降到 20% 以下，大大减少了烧结生产对空气的消耗量，减少了被污染空气的总量。目前，烧结机的漏风率测试还缺乏权威的标准，这是行业亟须解决的问题。

（2）烟气循环烧结技术是将部分烧结烟气（循环量一般为 20%～50%）作为气流介质循环至料面再次参与烧结的方法。采用烟气循环烧结技术后，烟气净化系统烟气总处理量可相应减少；循环烟气中携带的 NO_x 和二噁英可被部分分解；烧结烟气中的显热和潜热可被部分回收利用。

（3）借助烧结混合料中生石灰的强黏结性对烧结燃料进行预处理，一方面可改善制粒效果，优化燃料分布状态，降低燃料燃烧时表面气氛的氧势，抑制 N 到 NO_x 的正向氧化，从而减少烧结过程 NO_x 的生成量。另一方面，可调控燃料燃烧行为，促使燃料表面快速形成铁酸钙系物质，催化 NO_x 到 N 的逆向还原，从而增强烧结过程烟气中 CO 对已生成 NO_x 的还原分解。实验研究表明，采用燃料预处理技术后，烧结烟气中 NO_x 可减少约 10%～20%。

（4）采用燃气喷吹烧结技术，有助于节约固体燃料，并实现料层内热量的合理分布。工业实践证明，烧结料面每喷入 $1m^3$ 焦炉煤气（标态），可减少焦粉量 1.5～1.8kg，降低 CO_2 排放 2%，降低 NO_x 排放 11%，提高成品率 0.3%。采用蒸汽喷吹清洁烧结技术，水蒸气可催化碳燃烧、提高料面空气渗入速度及改变氯的形态，从而使烧结废气中 CO 量减少 25%，二噁英量减少 7.9%。

（5）生物质是一种可再生的清洁能源，具有和煤炭极其相似的物化性能和燃烧特性，用其替代部分传统烧结用固体燃料可实现烧结过程污染物的源头减量化。在烧结混合料中外配一定量的尿素可显著降低烧结烟气中二噁英的排放浓度，减排效果达 60% 以上，但尿素配加量不宜超过 0.01%，否则将会造成氨逃逸、NO_x 生成量增加。

参 考 文 献

[1] 刘文权. 强力混合机在烧结中的应用和创新 [A]. 第九届中国钢铁年会 [C]. 北京，2014.
[2] 姜涛. 烧结球团生产技术手册 [M]. 北京：冶金工业出版社，2014.
[3] 古井健夫. 烧结料造块的作用 [J]. 烧结球团，1983，6：69～75.
[4] 范晓慧. 铁矿烧结优化配矿原理与技术 [M]. 北京：冶金工业出版社，2013.
[5] 殷吉余，缪琦. 国外烧结混合料偏析布料方法 [J]. 烧结球团，1991，2：43～46.
[6] 王金虎. 浅析多辊布料器的应用 [J]. 矿业工程，2006，6（4）：54～56.

[7] 范晓慧. 烧结球团厂设计原理［M］. 长沙：中南大学出版社，2016.

[8] 宋良友. 烧结机台车起拱原因分析及对策［A］. 第十一届全国大高炉炼铁学术年会［C］. 承德，2010：335~339.

[9] 余志元. 高比例烟气循环铁矿烧结的基础研究［D］. 长沙：中南大学，2016.

[10] 卡佩尔 F，韦塞尔 H. EOS 废气循环优化烧结法-增强环境保护的铁矿石烧结新工艺［J］. 烧结球团，1993，4：33~36.

[11] 郑绥旭，张志刚，谢朝明. 烧结烟气循环工艺的应用前景［J］. 中国高新技术企业，2013，252（9）：62~64.

[12] Fleischanderl A, Aichinger C, Zwittag E. New developments for achieving environmentally friendly sinter production-eposint and MEROS［C］. 5th China International Steel Congress, Shanghai, China, 2008：102~108.

[13] Fleischanderl A, Fingerhut W. MEROS-latest state of the air in dry sinter gas cleaning［C］. 2007 年中国钢铁年会论文集，北京：中国金属学会，2007：453~460.

[14] Ikehara S, Kuba S, Tarada Y, et al. Application of exhaust gas recirculation system to Tobata No. 3 sinter plant［J］. Journal of the Iron and Steel Institute of Japan, 1995, 81（11）：49~52.

[15] Fan X H, Yu Z Y, Gan M, et al. Appropriate Technology Parameters of Iron Ore Sintering Process with Flue Gas Recirculation［J］. ISIJ International, 2014, 54（11）：2541~2550.

[16] 俞勇梅，李咸伟，王跃飞. 烧结烟气二噁英减排综合控制技术研究［A］. 第十届中国钢铁年会暨第六届宝钢学术年会论文集［C］. 上海：中国金属学会，2015，1~8.

[17] 杨正伟，王兆才，温荣耀，等. 烧结烟气循环系统仿真模拟研究［J］. 2018，43（3）：63~68.

[18] 周浩宇，李奎文，雷建伏，等. 烧结燃气顶吹关键装备技术的研发与应用［J］. 烧结球团，2018，（4）：22~26.

[19] 周浩宇. 可自适应调节喷吹起始点的烧结机喷吹装置及其喷吹方法［P］. 中国：201710456774. 9，2017.

[20] 周浩宇. 一种喷吹辅助烧结法用燃气浓度精准控制装置及其控制方法［P］. 中国：201611037536. 6，2016.

[21] 周浩宇. 一种燃气喷吹罩 CO&H_2检测装置及检测方法［P］. 中国：201610597599. 0，2016.

[22] 周浩宇. 一种消除侧风影响的燃气喷吹装置及喷吹方法［P］. 中国：201810262191. 7，2018.

[23] 周浩宇. 一种自适应可调式防逃逸的燃气喷吹装置及其方法［P］. 中国：201711178587. 5，2017.

[24] 裴元东，史凤奎，吴胜利，等. 烧结料面喷吹蒸汽提高燃料燃烧效率研究［J］. 烧结球团，2016，41（6）：16~52.

[25] Pei Y D, Xiong J, Wu S L, et al. Research and Application of Sintering Surface Steam Spraying Technology for Energy Saving and Quality Improvement［A］. TMS Annual Meeting & Exhibition ［C］. 2018：785~796.

[26] 裴元东，欧书海，马怀营，等. 烧结料面喷吹蒸汽对烧结矿质量和 CO 排放影响研究［J］. 烧结球团，2018，43（1）：35~39.

[27] Pei Y D, Zhang S B, Wu S L, et al. Sintering Surface Spraying Steam to Reduce NO_x and Diox-

in Emissions in Shougang [A]. TMS Annual Meeting & Exhibition [C]. 2018: 53~58.

[28] 潘建. 铁矿烧结烟气减量排放基础理论与工艺研究 [D]. 长沙: 中南大学, 2007.

[29] Wu S L, Sugiyama T, Morioka K, et al. Elimination reaction of NO gas generated from coke combustion in iron ore sinter bed [J]. Tetsu-to-Hagané, 1994, 80: 276.

[30] Koichi M, Shinichi I, Masakata S, et al. Primary application of the "in-bed-de NO_x" process using Ca-Fe oxides in iron ore sintering machines [J]. ISIJ, 2000, 40 (3): 280~285.

[31] Gan M, Fan X H, Lv W, et al. Fuel pre-granulation for reducing NO_x emissions from the iron ore sintering process [J]. Powder Technology, 2016, 301: 478~485.

[32] 季志云. 应用秸秆制备铁矿烧结用生物质燃料的研究 [D]. 长沙: 中南大学, 2013.

[33] 王大山. 发展生物质气化利用可再生能源 [J]. 节能与环保, 1998 (6): 18.

[34] 范晓慧, 季志云, 甘敏, 等. 生物质燃料应用于铁矿烧结的研究 [J]. 中南大学学报, 2013, 44 (5): 1747~1752.

[35] 甘敏. 生物质能铁矿烧结的基础研究 [D]. 长沙: 中南大学, 2012.

[36] 龙红明, 肖俊军, 李家新, 等. 尿素法烧结烟气污染物综合减排的实验研究 [J]. 全国烧结烟气综合治理技术研讨会论文集, 2013.

[37] 张健, 龙红明, 沈续雨, 等. 基于添加尿素的烧结过程中 SO_2 减排 [J]. 安徽工业大学学报, 2012, 29 (2): 99~101.

[38] 龙红明, 李家新, 王平, 等. 尿素对减少铁矿烧结过程二噁英排放的作用机理 [J]. 过程工程学报, 2010, 10 (5): 944~949.

[39] 俞勇梅, 李咸伟, 王跃飞. 烧结烟气二噁英减排综合控制技术研究 [A]. 第十届中国钢铁年会暨第六届宝钢学术年会论文集 [C]. 上海: 中国金属学会, 2015, 1~8.

4 钢铁烧结烟气净化技术

数字资源4

我国烧结烟气治理应用研究与电厂相比起步较晚。由于烧结烟气与燃煤电厂烟气存在差异，若直接借鉴燃煤电厂脱硫+SCR脱硝组合式技术，会面临如流程长、副产物难处理、能耗高等问题。为实现超低排放，对烧结烟气净化技术提出了新的要求：

（1）多污染物协同高效脱除。《关于推进实施钢铁行业超低排放的意见》明确指出：烧结机机头烟气在基准含氧量16%下，颗粒物、二氧化硫、氮氧化物排放浓度小时均值分别不高于$10mg/m^3$、$35mg/m^3$、$50mg/m^3$。虽然意见中未对《钢铁烧结、球团工业大气污染物排放标准》（GB 28662—2012）中二噁英类污染物的排放浓度限值进行下调，但考虑到较多发达国家如日本、德国等，已规定烧结机机头烟气中二噁英排放浓度限值为$0.1ng\text{-}TEQ/m^3$，国内生活垃圾焚烧烟气中二噁英排放浓度限值也为$0.1ng\text{-}TEQ/m^3$，烧结烟气排放的二噁英总量远大于生活垃圾的焚烧，因此烧结烟气净化装置宜同步考虑对二噁英的治理。

（2）副产物无二次污染。烟气中的污染物脱除后，副产物不能或尽量少的产生二次污染，充分实现资源化。

（3）烟气净化系统作业率高。钢铁行业属于典型的多流程工艺，有原料、烧结、球团、炼焦、炼铁、炼钢、轧钢、自备电站和石灰窑等多段工序，每段工序的稳定生产都会对整个钢铁流程生产造成影响，而烧结作为钢铁流程的源头工序，其稳定生产至关重要。因此，要求烟气净化系统能长期安全稳定运行，与烧结系统同步作业率高。

（4）烟气净化装置性价比高。在满足污染物排放浓度和排放总量要求的前提下，烟气净化装置应具有良好性价比，即投资相对较省、运行成本低、资源消耗相对较少。

（5）能耗少、环境负荷低。通过对能量和物质利用以及由此造成的环境排放进行辨识和量化比较，评价各种烟气净化工艺的生命周期能量和物质利用效率，以及废物排放对环境的影响，寻找生命周期环境负荷低的烟气处理方式。

2018年3月23日，生态环境部在北京召开的钢铁行业超低排放研讨会上，与会的专家们根据近几年环保技术推广应用实践的经验，认为活性炭法烟气净化技术及其与SCR脱硝技术的组合应为钢铁领域烟气净化主流技术，《钢铁企业超低排放改造工作方案（征求意见稿）》中明确指出"鼓励采用活性炭（焦）脱硫脱硝技术"，因此本章重点阐述活性炭法烟气净化技术和 SCR 脱硝技术。

鉴于许多企业前期已投资建设了脱硫装置，为了减少企业环保投入，因厂制宜开展环保升级改造，本章简单介绍了一些比较成熟且应用广泛的传统脱硫技术，并阐述了传统脱硫技术与活性炭烟气净化技术、SCR 脱硝技术的组合应用方案，以供环保工程技术人员和管理人员在进行环保升级改造时参考。

烟气中粉尘脱除是降低颗粒物排放浓度的重要措施，关于除尘技术的专著较多，故本书不做详细介绍。

4.1　典型的脱硫技术

在国外脱硫技术基础上，我国科研人员及工程技术人员对此类技术进行了大量的改进和创新，目前成功应用的脱硫技术可分为湿法技术和半干法技术。

4.1.1　湿法脱硫及烟羽治理

烧结烟气湿法脱硫已应用的技术主要有石灰石—石膏法、氨法、镁法[1]。由于湿法脱硫外排烟气为低温饱和湿烟气，遇冷凝结成微小液滴，产生白色烟羽。随着环保标准日益严苛，多省市对烟羽提出了治理要求。

4.1.1.1　石灰石—石膏法

A　技术原理

（1）吸收反应，SO_2 先溶解于吸收液中，然后电离。烟气与喷嘴喷出的循环浆液在吸收塔内有效接触，循环浆液吸收 SO_2，反应如下：

$$SO_2 + H_2O = H_2SO_3 \qquad\qquad 反应（4-1）$$

$$H_2SO_3 = H^+ + HSO_3^- \qquad\qquad 反应（4-2）$$

（2）中和反应，脱硫剂石灰石的溶解度很低，但石灰石颗粒能与溶液中的 H^+ 反应，使吸收液保持一定的 pH 值，中和后的浆液在吸收塔内再循环。中和反应如下：

$$Ca^{2+} + HSO_3^- + \frac{1}{2}H_2O = CaSO_3 \cdot \frac{1}{2}H_2O + H^+ \qquad 反应（4-3）$$

$$CaCO_3 + 2H^+ + SO_4^{2-} + H_2O = CaSO_4 \cdot 2H_2O + CO_2\uparrow \qquad 反应（4-4）$$

（3）氧化反应，一部分 HSO_3^- 在吸收塔喷淋区被烟气中的氧所氧化，其他的 HSO_3^- 在反应池中被氧化空气完全氧化，反应如下：

$$HSO_3^- + \frac{1}{2}O_2 = HSO_4^- \qquad\qquad 反应（4-5）$$

$$2CaSO_3 \cdot \frac{1}{2}H_2O + 3H_2O + O_2 = 2CaSO_4 \cdot 2H_2O \qquad 反应（4-6）$$

（4）其他副反应，烟气中其他污染物如 SO_3、HCl、HF 粉尘都可被循环浆吸收和捕集。SO_3、HCl、HF 与石灰石发生的反应为：

$$CaCO_3 + SO_3 \Longrightarrow CaSO_4 + CO_2 \uparrow \qquad 反应（4-7）$$
$$CaCO_3 + 2HCl \Longrightarrow CaCl_2 + H_2O + CO_2 \uparrow \qquad 反应（4-8）$$
$$CaCO_3 + 2HF \Longrightarrow CaF_2 + H_2O + CO_2 \uparrow \qquad 反应（4-9）$$

B 典型工艺流程

典型的烧结烟气石灰石—石膏法脱硫工艺流程如图 4-1 所示。

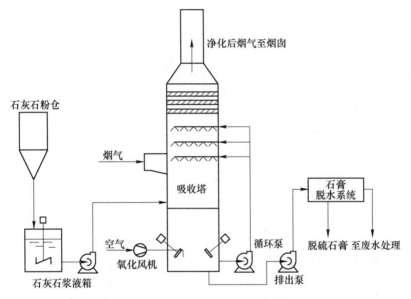

图 4-1 石灰石—石膏法脱硫工艺流程图

石灰石—石膏法脱硫装置主要包括烟气系统、吸收系统、氧化空气系统、吸收剂制备系统和副产物处理系统。

a 烟气系统

从烧结机主抽风机后的主烟道上引出的烟气，通过增压风机升压后进入吸收塔，向上流动穿过吸收区，经除雾器除去水雾后排出。一般在吸收塔前入口烟道应设置烟气降温设施，来防止高温烟气对吸收塔非金属衬层可能造成的破坏。

烧结烟气的温度波动较大，通常在 120~180℃ 之间，在计算烟道内烟气流速时应充分考虑高温工况，将最大烟气流速控制在 18m/s 以内，降低烟道阻力，避免烟道振动。增压风机布置在吸收塔上游烟气侧，以保证整个脱硫系统均为正压操作，同时避免增压风机可能受到的低温烟气的腐蚀。增压风机的最大风量按正常运行风量并富余10%考虑，最大压头按脱硫系统正常运行时的阻力加20%的余量。

b　吸收系统

吸收塔内配有喷淋层，吸收了污染物的循环液进入浆液池。

吸收剂（石灰石）浆液被引入吸收塔内循环，使吸收液保持一定的 pH 值。浆液池内设置搅拌装置，防止悬浮物沉积；循环浆液泵入口装设过滤网，防止大的固体物质堵塞喷嘴。排出泵连续地把吸收浆液送至石膏脱水系统，通过控制排出浆液流量，维持循环浆液浓度在 8% ~ 25%。

吸收塔宜采用钢结构，内壁采用衬胶或树脂鳞片或合金板。塔内外应考虑检修维护措施。

c　氧化空气系统

氧化风机将氧化空气鼓入浆液池，氧化空气在塔内分散为细小的气泡并均匀分布于浆液中。氧化风机出口管入塔前宜设置喷淋增湿降温设施，防止氧化空气入塔温度大于塔内浆液温度而在接触浆液端发生蒸发而导致结垢堵塞。为了确保吸收塔内亚硫酸钙及时、充分地氧化为硫酸钙，有效地防止吸收塔内浆液中亚硫酸钙与硫酸钙生成复合晶垢而在吸收塔内结垢，经实践证实：当采用氧化空气喷枪对浆液进行氧化时，氧硫摩尔比应不小于 2；当采用氧化空气分布管对浆液进行氧化时，氧硫物质的量之比应不小于 2.8。

d　吸收剂制备系统

用于脱硫的石灰石中 $CaCO_3$ 的含量宜高于 90%。石灰石通过斗提机送入储仓，储仓中石灰石经称重皮带机送入磨粉机，研磨后的石灰石进入磨机浆液循环箱，经磨机浆液循环泵送入旋流器，合格的浆液自旋流器溢流口流入浆液箱，不合格的从旋流器底部流出再送入磨机进行再次研磨。浆液箱中的浆液经浆液泵送入吸收塔，输送管上设置分支循环回到浆液箱，以防止浆液在管路中沉积。

因烧结机烟气 SO_2 浓度波动较大，为了使浆液制备系统出力适应烧结烟气特点，吸收剂制备系统的出力应按设计工况下石灰石消耗量的 150% 选择，石灰石浆液箱容量宜不小于设计工况下 6 ~ 10h 的石灰石浆液消耗量。

e　副产物处理系统

吸收塔内质量分数约为 25% 的石膏浆液，经排出泵送至石膏浆液旋流器，浓缩至约 55% 的底流浆液自流至真空皮带脱水机，一般控制脱水系统的副产石膏含水率应不大于 10%。脱水石膏经工业水冲洗降低 Cl^- 浓度，冲洗水和滤液由滤液泵输送至石灰石浆液制备系统和吸收塔。脱水后石膏的存储容量不小于 12h，石膏仓应考虑防腐和防堵措施。

烧结机烟气中通常含有氯化氢（HCl），Cl^- 将在吸收塔内不断富集，加剧了脱硫装置设备和管道的腐蚀。因此，脱硫装置应排放一定量的脱硫废水而维持浆液中的 Cl^- 不超出设计值。另一方面，为实现脱硫废水循环利用的要求，应设置脱硫废水处理系统。脱硫废水中的重金属、悬浮物和氯离子可采用中和、混凝、化学沉淀、离子交换和膜技术等工艺去除。若厂内有污水处理系统，脱硫废水可根据实际情况，不单设废水处理系统，可经过除重金属和悬浮物等简单处理后排入厂区废水处理系统作深度处理。

脱硫废水处理系统的设计处理能力应考虑一定富余量，为保证废水处理系统稳定可靠运行，应尽量考虑连续运行。脱硫废水经处理合格回用时，回用设施应有防氯离子腐蚀的措施。脱水后污泥含有一定重金属，应妥善处置。

C 技术特点

（1）脱硫效率高达 95% 以上，脱硫后的烟气不但二氧化硫浓度很低，而且烟气含尘量也大大减少。

（2）技术成熟，运行可靠性好。石灰石—石膏法脱硫装置投运率一般可达98%以上。

（3）适应性强。该工艺基本适应于任何含硫量的烟气脱硫。

（4）吸收剂资源丰富，价格便宜。石灰石在我国分布很广，资源丰富，性能指标较好。

（5）脱硫石膏品质还不是很稳定，没有比较成熟的脱硫石膏利用技术和完善的政策保障，再利用难度较高。

（6）湿法脱硫本身会产生气溶胶，是次生 PM2.5 和雾霾的成因之一，影响空气质量。

4.1.1.2 氨—硫酸铵法

A 技术原理

（1）吸收反应。烟气与循环浆液在吸收塔内有效接触，循环浆液吸收 SO_2，反应如下：

$$SO_2 + H_2O \Longrightarrow H_2SO_3 \qquad \text{反应（4-10）}$$
$$H_2SO_3 + (NH_4)_2SO_4 \Longrightarrow NH_4HSO_3 + NH_4HSO_4 \qquad \text{反应（4-11）}$$
$$H_2SO_3 + (NH_4)_2SO_3 \Longrightarrow 2NH_4HSO_3 \qquad \text{反应（4-12）}$$

（2）中和反应，一般采用 20% 的氨水作为吸收剂，氨易溶于水，对酸性溶液有很好的中和效果，中和反应如下：

$$H_2SO_3 + NH_3 \Longrightarrow NH_4HSO_3 \qquad \text{反应（4-13）}$$
$$NH_4HSO_4 + NH_3 \Longrightarrow (NH_4)_2SO_4 \qquad \text{反应（4-14）}$$
$$NH_4HSO_3 + NH_3 \Longrightarrow (NH_4)_2SO_3 \qquad \text{反应（4-15）}$$

（3）氧化反应，部分 HSO_3^- 在吸收塔喷淋区被烟气中的氧所氧化，其他的 HSO_3^- 在反应池中被氧化空气完全氧化，反应如下：

$$SO_3^{2-} + \frac{1}{2}O_2 \Longrightarrow SO_4^{2-} \qquad \text{反应（4-16）}$$

$$HSO_3^- + \frac{1}{2}O_2 \Longrightarrow HSO_4^- \qquad\qquad 反应（4-17）$$

（4）其他副反应，烟气中其他污染物如 SO_3、Cl^-、F^- 和粉尘都被循环浆吸收和捕集。SO_3、HCl、HF 与氨水发生的反应为：

$$2NH_3 + SO_3 + H_2O \Longrightarrow (NH_4)_2SO_4 \qquad 反应（4-18）$$

$$NH_3 + HCl \Longrightarrow NH_4Cl \qquad\qquad 反应（4-19）$$

$$NH_3 + HF \Longrightarrow NH_4F \qquad\qquad 反应（4-20）$$

B　典型工艺流程

氨法烟气脱硫装置主要由烟气系统、吸收系统、硫铵排出系统、硫铵蒸发系统、硫铵结晶干燥系统、氨水系统等组成。工艺流程如图 4-2 所示。

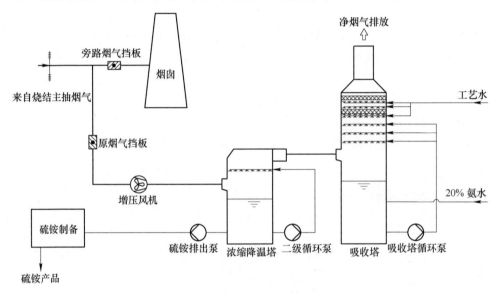

图 4-2　氨法脱硫工艺流程图

a　烟气系统

主抽风机后的烧结烟气经增压风机增压后，送入浓缩降温塔降温，然后进入吸收塔，在吸收塔内净化后由塔顶烟囱排放。烟气系统主要由增压风机、在线烟气监测系统及烟道等。增压风机为烟气提供气压，使烟气能克服整个烟气脱硫系统受到的阻力。增压风机应在设计风量 30%～100% 负荷下，仍能保证较高的运行效率。设计风量应为主抽风机的风量，并且考虑有一定的富余。每套脱硫装置设置有两套在线烟气监测系统，分别安装在增压风机前、吸收塔塔顶烟囱上，用来调节脱硫参数和监视脱硫系统的运行状况。

b　吸收系统

吸收系统是脱硫装置的核心部分，浓缩降温塔和吸收塔一般采用喷淋塔，喷淋塔结构简单，运行可靠，不会因为浆液中的固态物质和灰分在塔内沉积而引起的堵塞、结垢等故障。吸收系统包括：浓缩降温塔（含浆液池、浓缩降温段）、吸收塔（含浆液池、吸收段（喷淋层）、除雾器）、吸收塔循环泵、二级循环泵、氧化风机等设备。在浓缩降温塔和吸收塔内，吸收浆液宜与烟气逆流接触。

当吸收液通过喷嘴雾化喷入吸收塔时，吸收液分散成细小的液滴并覆盖吸收塔的整个断面。这些液滴在与烟气逆流接触时 SO_2 被吸收。吸收液的氧化和中和反应在吸收塔底部的浆池区完成并最终生成硫酸铵。

c 硫铵排出系统

随着二氧化硫的不断吸收，浓缩降温塔内硫酸铵溶液的浓度越来越高，硫酸铵排出泵定时向外排出一部分硫酸铵溶液。在吸收塔内脱硫的同时，也脱除了烟气中的粉尘。为了除去烟气中的粉尘，将排出泵输送出来的硫酸铵溶液经过压滤机过滤后，得到清澈的硫酸铵溶液。硫酸铵溶液输送至硫酸铵蒸发干燥车间。滤渣含铁较高，可以作为烧结料送至烧结配料。通过提高亚硫酸铵的氧化率与加强板框压滤机房室内通风，来改善板框压滤机房的操作环境。

d 硫铵蒸发系统

硫酸铵溶液通过进料泵进入预热器后，再进入一效加热器，在一效蒸发器内进行蒸发，蒸发出的二次蒸汽供二效加热器使用，由于真空作用，一效蒸发器蒸发过的溶液进入二效加热器再次加热并进入二效蒸发器进行蒸发，在二效蒸发过程中，考虑到有部分晶体析出，因此在二效蒸发器下部各加装强制循环泵，避免结晶的物料黏附到加热管的内壁上。

e 硫铵结晶干燥系统

硫酸铵溶液到一定浓度后通过出料泵进入硫酸铵结晶器进行结晶，晶体进入离心机分离得到硫酸铵颗粒产品。将硫酸铵晶体通过干燥设备达到含水要求后，落入硫酸铵储仓。硫酸铵储仓考虑一定的缓冲时间，并采取防堵措施。硫酸铵颗粒由下料斗下料至包装机包装，得到成品硫酸铵。

f 氨水系统

氨水系统主要用来存储和输送氨水，氨水储罐容量设计为脱硫系统 20%氨水48h 的需要量。氨水系统包括氨水储罐，卸氨泵，氨水输送泵等。氨水通过氨水输送泵，输送至吸收塔，其流量根据烟气量、二氧化硫浓度、吸收液 pH 值自动调节。

C 技术特点

（1）氨吸收烟气中的 SO_2 是气-液或气-气反应，反应速率快、完全，可以达到很高的脱硫效率；

（2）合格的副产品硫酸铵是一种常用的化肥，可以实现副产品的综合利用，降低运行成本；

（3）系统腐蚀性高，需做好管路、塔体的防腐工作；

（4）氨法气溶胶逃逸现象比较突出，要从设计及控制参数上减少氨逃逸，控制颗粒物排放浓度。

4.1.1.3　镁法

A　技术原理

（1）氧化镁浆液的制备。氧化镁原料粉和工艺水按照比例混合在一起，在一定温度下制成氢氧化镁浆液，主要反应有：

$$MgO + H_2O = Mg(OH)_2 \qquad 反应（4-21）$$

（2）SO_2 吸收。氢氧化镁浆液送入吸收反应塔，浆液自上而下和烟气中的二氧化硫进行逆向接触反应。主要的反应有：

$$Mg(OH)_2 + SO_2 = MgSO_3 + H_2O \qquad 反应（4-22）$$

$$MgSO_3 + SO_2 + H_2O = Mg(HSO_3)_2 \qquad 反应（4-23）$$

$$Mg(HSO_3)_2 + Mg(OH)_2 = 2MgSO_3 + 2H_2O \qquad 反应（4-24）$$

（3）氧化反应。吸收塔或氧化塔中进行强制地氧化，95%以上的亚硫酸镁将被强制氧化成硫酸镁，主要的反应有：

$$MgSO_3 + \frac{1}{2}O_2 = MgSO_4 \qquad 反应（4-25）$$

B　典型工艺流程

镁法烟气脱硫装置主要包括吸收液制备系统、吸收系统、氧化系统及副产物处理系统。工艺流程如图 4-3 所示。

a　吸收液制备系统

把脱硫剂仓库 MgO 粉剂加入已注水的反应罐中，形成 $Mg(OH)_2$ 溶液。罐内设置了搅拌机以防止沉淀，同时通入蒸汽。$Mg(OH)_2$ 溶液通过输送泵送至脱硫塔内脱硫。

b　吸收系统

烟气在增压风机作用下进入脱硫塔入口，喷水降温后进入脱硫塔内。烟气进入脱硫塔，在上升的过程中经过反应层，与喷淋的 $Mg(OH)_2$ 浆液充分接触反应，去除 SO_2。经除雾器除去液滴，从烟囱排出。

c　氧化系统

氧化风机将空气鼓入吸附塔下部的浆液池中，将塔内亚硫酸镁氧化为硫酸镁，将氧化好的溶液排入过滤系统。

d　副产物处理系统

吸收塔内浆液浓度达到一定值后，由排出泵排至过滤系统，过滤掉脱硫剂带入的不溶物与浆液捕集到的烟气中的粉尘，清澈的硫酸镁溶液再送至硫酸镁回收

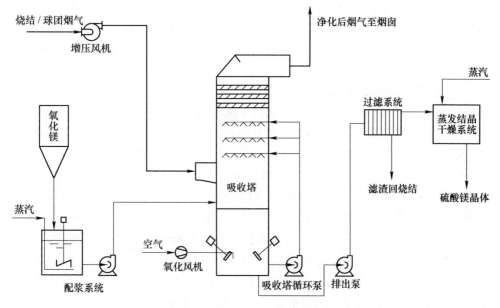

图 4-3 镁法脱硫工艺流程图

系统。通过蒸汽加热蒸发结晶，并干燥，生产七水硫酸镁晶体，并包装外售。

C 技术特点

（1）脱硫效率较高。一般情况下，MgO 的脱硫效率可达到 95% 以上。

（2）运行可靠。镁法脱硫相对于钙法而言，系统发生设备的结垢堵塞问题少。

（3）副产物可综合利用。镁法脱硫产物是硫酸镁，综合利用价值高。

4.1.1.4 烟羽治理技术

当前国内大部分的钢铁烧结采取了湿法脱硫工艺，排放的湿烟气温度在 45~55℃，含湿量接近饱和状态。饱和湿烟气直接经烟囱排放，与温度较低的环境大气混合，烟气中大量的水蒸气遇冷凝结为小液滴，经光线的折射或散射作用，湿烟气呈现白色或者灰色，即所谓的"白烟"。

结合"白烟"的形成和消散机理，可设法改变湿烟气排除时的初始状态点，使湿烟气在扩散过程中始终为非饱和状态，消除"白烟"现象，常见的技术途径有升温除湿、冷凝除湿、降温再热等几类方法[2]。

A 烟气升温"脱白"技术

烟气再热的目的是升高烟温，降低烟囱出口湿烟气的相对含湿量。为减轻"白烟"现象，一些发达国家对湿烟气排放温度作为硬性规定，如德国规定排放温度需高于 72℃，英国规定排烟温度高于 80℃，日本规定排烟温度在 90~

100℃。烟气再热方法可分为直接法和间接法。直接法是将高温气体与脱硫后饱和湿烟气直接混合，实现湿烟气的升温，直接加热技术投资较低，但因其所需热量大，热源运行费用太高，作为湿烟羽治理的手段代价过大，在实际应用中案例也极少。

间接法采用换热器来加热湿烟气，通常利用现场余热作为加热热源，改变烟囱出口的状态点，达到消除白烟的目的。间接升温除湿的代表技术为烟气换热器（GGH），低低温省煤器（MGGH）、蒸汽加热器等。GGH 是利用脱硫前高温烟气的热量来加热脱硫后净烟气，该技术可降低进入脱硫塔的高温烟气温度，有利于 SO_2 吸收，可增加排烟温度至 80℃，降低饱和烟气对烟囱腐蚀，有利于烟气的抬升和扩散。在实际应用，采用 GGH 再热器会造成换热器堵塞、腐蚀、串烟导致排烟超标等问题，影响上游工序的正常运行。MGGH 工艺是在脱硫塔前后设置 2台氟塑料换热器，以水为传热介质，未脱硫的高温原烟气经过 1 台 MGGH 与循环水进行换热，然后进行脱硫处理，脱硫塔出口的低温饱和湿烟气与升温后的循环水在另一台 MGGH 进行换热，湿烟气升温后进入烟囱排放。MGGH 与 GGH 相比，设置降温和升温两组换热器单独布置，优点在于成功克服了串烟、堵塞的问题，但设备造价高，占地面积大。

B　烟气降温冷凝"脱白"技术

烟气降温冷凝"脱白"技术采用冷源介质对脱硫塔出口的饱和湿烟气进行冷却，烟气沿饱和湿度曲线降温，烟气达到过饱和状态，大量水蒸气冷凝析出，该过程烟气的绝对含湿量大幅下降。

根据烟气冷凝换热方式的差异，冷凝"脱白"技术主要分为两大类：直接换热和间接换热。烟气与冷媒直接换热主要采用空塔喷淋工艺，冷媒与饱和湿烟气直接接触，进行剧烈的传热传质，换热效率高，系统较复杂。间接换热多采用多氟塑料换热器作为换热设备，冷媒与饱和湿烟气不直接接触，系统简单。对脱硫后饱和湿烟气进行冷凝除湿消白处理，不仅可以降低烟气中相对含湿量，还能够进一步捕捉微细颗粒物、SO_3 等多种污染物。因此，烟气冷凝"脱白"技术在治理湿烟羽的过程中，既可以显著改善"白烟"这种视觉污染，还可以达到多污染物联合脱除的目的，同时，冷凝下来的水可用于脱硫系统的补水。但要使冷凝除湿脱白技术经济可行，首先必须解决大量廉价冷源，其次是低温余热和冷凝水必须得到充分利用，第三是换热器的选择需要合理实用。

C　烟气降温再热"脱白"技术

烟气降温再热技术是前述两种方式组合使用的技术，通过这种先降温再加湿烟气的方法，不仅可以在降温过程中回收湿烟气冷凝放热量和凝结下料的水，而且将冷凝后湿烟气需要再加热的温度降低，水分析出后湿烟气的定压比热降低，故冷却后湿烟气需要再加热的热量大为减少。

总之，受环境温度和湿度的影响，烟气降温再热"脱白"的使用范围最大，烟气直接加热次之，烟气直接降温最小。各种方式各有利弊，实际工程中应根据综合投资和运行费用选择方案。

4.1.1.5 湿法脱硫技术优化

为适应超低排放需求，湿法脱硫（主要以石灰石—石膏湿法为主）可在传统工艺及设备技术上优化改进：

（1）浆液池优化措施。脱硫塔浆液池是脱硫剂浆液循环停留和石膏氧化结晶的场所，针对该部分的超低排放改造措施有加高浆液池、增加塔外浆液池和浆液池区采用 pH 值分区改造。更换或增加搅拌设备和循环泵，加高浆液池或增加塔外浆液池的目的均是增大浆液池容积，以解决由于提高液气比而导致循环浆液停留时间变短的问题；pH 值分区改造是将脱硫塔浆液池分为两个区域：上部低 pH 值（约 5.3）区域有利于 HSO_3^- 的氧化和石膏的结晶；下部高 pH 值（约 6.1）区域为石灰石供浆和循环浆液抽取之处，有利于喷淋浆液对 SO_2 和烟尘的脱除反应。

（2）喷淋系统优化措施。脱硫塔喷淋系统改造措施实际上是对喷淋吸收区的结构进行优化，常见的措施由增加喷淋层数量或间距，更换高效喷淋嘴或增加喷嘴数量，设置增效环，设置托盘或类似结构的增效装置。

（3）除雾器优化措施。钙基湿法脱硫的除雾器性能直接影响着最终的烟尘排放浓度，因此在超低排放改造时，必须采用高效除雾器以拦截夹带的浆液。常用的高效除雾器有管束式旋流除雾器和多级高效屋脊式除雾器。在超低排放改造工程中，常采用三级高效屋脊式除雾器或一级管式+三级高效屋脊式除雾器。

4.1.2 半干法脱硫技术

4.1.2.1 技术原理

半干法烟气脱硫常利用 CaO 加水制成的 $Ca(OH)_2$ 悬浮物或直接采用成品 $Ca(OH)_2$ 粉与烟气接触反应，去除烟气中的 SO_2、HCl、HF、SO_3 等气态污染物的方法。

（1）生石灰消化反应：
$$CaO + H_2O \rule[0.5ex]{2em}{0.4pt} Ca(OH)_2 \qquad \text{反应（4-26）}$$

（2）SO_2 被液滴吸收反应：
$$SO_2(g) + H_2O \rule[0.5ex]{2em}{0.4pt} H_2SO_3 \qquad \text{反应（4-27）}$$

（3）吸收剂与 SO_2 反应：
$$Ca(OH)_2 + H_2SO_3 \rule[0.5ex]{2em}{0.4pt} CaSO_3 + 2H_2O \qquad \text{反应（4-28）}$$

（4）液滴中 $CaSO_3$ 过饱和沉淀析出：

$$CaSO_3 \Longrightarrow CaSO_3(s) \qquad\qquad 反应（4-29）$$

（5）被溶于液滴中的氧气所氧化生成硫酸钙：

$$2CaSO_3 + O_2 \Longrightarrow 2CaSO_4 \qquad\qquad 反应（4-30）$$

（6）$CaSO_4$ 难溶于水，便会迅速沉淀析出固态 $CaSO_4$：

$$CaSO_4 \Longrightarrow CaSO_4(s) \qquad\qquad 反应（4-31）$$

4.1.2.2　工艺流程

半干法烟气脱硫已应用的技术主要有循环流化床法（CFB）和旋转喷雾干燥法（SDA）[1]。

A　循环流化床法

循环流化床法烟气净化工艺是基于流态化原理，通过吸收剂的多次再循环，延长吸收剂与烟气的接触时间，大大提高了吸收剂的利用率，（在一定钙硫比下）脱硫效率可达到90%左右。典型的脱硫系统由烟气系统、吸收塔系统、脱硫除尘器系统、脱硫灰循环及输送系统等组成，如图4-4所示。

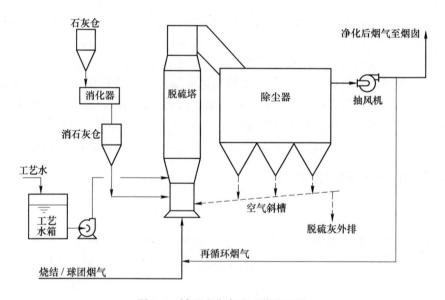

图 4-4　循环流化床法工艺流程图

a　烟气系统

脱硫烟气系统主要包括入口烟道、出口烟道、清洁烟气再循环烟道以及配套的关断、调节风挡等设备等。

b　吸收塔系统

吸收塔是整个脱硫反应的核心，脱硫吸收塔为文丘里空塔结构，整个塔体由普通碳钢制成。为建立良好的流化床，预防堵灰，吸收塔内部气流上升处均不设内撑，故称为空塔。吸收塔采用七孔文丘里喷嘴形式。由于脱硫系统始终在烟气露点温度 10~20℃ 以上运行，加上吸收塔内部强烈的碰撞与湍动，SO_3 基本全部除去。因此，吸收塔内部不需要防腐内衬。

c 脱硫除尘器系统

除尘器系统采用脱硫专用低压回转脉冲布袋除尘器，保证脱硫除尘器出口粉尘浓度达标。其结构主要由灰斗、烟气室、净气室、进口烟箱、出口烟箱、低压脉冲清灰装置、电控装置、阀门及其他等部分组成。

从吸收塔出来的烟气采用上进风方式进入布袋除尘器，其中粗颗粒粉尘利用重力原理直接进入灰斗。整套布袋除尘器系统采用不间断脉冲清灰方式，利用不停回转的清灰臂，对滤袋口进行脉冲喷吹。

d 脱硫灰循环系统

脱硫除尘器灰斗内的灰大部分通过空气斜槽输送回吸收塔，进行循环利用，一部分物料通过仓泵外排至脱硫灰库。脱硫灰循环系统设两条空气斜槽，将脱硫布袋除尘器各灰斗的脱硫灰分别输送回吸收塔，其中根据吸收塔压降信号调节循环流量控制阀开度，从而控制循环灰量。脱硫布袋除尘器灰斗及空气斜槽皆专设风机进行流化，保证脱硫灰良好的流动性。

e 脱硫灰输送系统

脱硫后除尘器设有脱硫灰输送系统，采用正压浓相气力输灰系统，脱硫时根据灰斗的料位信号进行外排。外排的脱硫灰通过气力输送系统进入脱硫灰库，再通过干灰散装机外运处理或通过双轴搅拌机加湿后外运处理。

f 技术特点

（1）占地面积小，简单易操作，设备可用率高。

（2）主要用于低浓度 SO_2 烟气的治理。

（3）脱硫灰不易处理，难以有效利用。

B 旋转喷雾干燥法

旋转喷雾干燥烟气脱硫技术是丹麦 Niro 公司开发的一种喷雾干燥吸收工艺。1980 年，Niro 公司的第一套 SDA 装置投入运行；1998 年，德国杜伊斯堡钢厂烧结机成功应用旋转喷雾干燥脱硫装置，经过 30 年的发展，旋转喷雾干燥法现已成为非常成熟的半干法烟气脱硫技术之一，主要包括吸收剂储存及浆液制备系统、烟气及 SO_2 吸收系统、脱硫灰收集及灰渣再循环系统等，典型的工艺流程如图 4-5 所示。

a 吸收剂储存及浆液制备系统

该系统主要目的是将氧化钙制备成反应活性好的 Ca(OH)$_2$ 浆液，喷雾干燥烟气脱硫工艺大多采用 CaO 含量尽可能高的生石灰作为脱硫剂。该系统由石灰粉

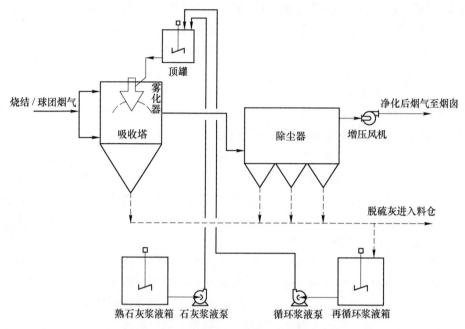

图 4-5 旋转喷雾干燥法工艺流程图

仓、振动筛、计量螺旋给料机、消化罐、浆液罐、浆液泵、浆液管道和阀门等组成。制备好的石灰浆液由石灰浆液泵根据 SO₂ 浓度定量送入脱硫塔雾化器,经旋转雾化器雾化成雾滴与进入塔内的烟气接触发生反应。

b 烟气及 SO₂ 吸收系统

烟气由烧结机引出,进入反应塔,离心雾化机或压力雾化喷嘴雾化后的石灰浆液在脱硫塔内与热烟气接触,脱硫后的烟气温度约为 65~70℃,通过除尘器除尘后经增压风机排出烟囱。

c 脱硫灰收集及灰渣再循环系统

浆液在反应塔中经烟气干燥后一部分随烟气在除尘器中收集,大部分从反应塔底部排出,其中一部分在除尘器收集的脱硫灰渣排至配浆池与吸收剂浆液混合后循环利用,以充分利用石灰,降低钙硫比。

d 技术特点

旋转喷雾干燥脱硫工艺具备如下特点:

(1)运行阻力低。SDA 不需要大量固体在塔内循环,也不需要脱硫后烟气回流来保证塔内固体脱硫灰处于流化状态,因此,SDA 吸收塔的阻力不超过 1000Pa。

(2)脱硫效率较高。根据原烟气 SO₂ 浓度情况及排放指标要求,其脱硫效率通常可在 90%~97%的范围内调节。

（3）合理而均匀的气流。脱硫塔顶部及塔内中央设有烟气分配装置，确保塔内烟气流场分布均匀，使烟气和雾化的液滴充分混合，有助于烟气与液滴间质量和热量传递，使干燥和反应条件达到最佳。

（4）脱硫灰不易处理，难以有效利用。

4.1.2.3　半干法脱硫技术提高效率的措施

为适应 SO_2、粉尘超低排放要求，可采取以下措施：

（1）SDA 一般采用增加脱硫剂用量的方法来增加脱硫效率，但要注意这会造成雾化浆液增加，喷入的水也会增加，易造成除尘器堵塞。

（2）CFB 法一般采用增加 Ca 与 S 物质的量之比的方法来增加脱硫效率，但会造成运行费用增加，同时副产物中 $Ca(OH)_2$ 含量更高，副产物无法综合利用。

（3）除尘效果一般通过降低布袋过滤气速，选用高效率布袋，增加在线检修室来保证出口粉尘浓度（标态）不高于 $10mg/m^3$。

（4）在烟气入口喷入适量活性炭（焦）粉末，可达到脱除部分二噁英的作用。

4.2　SCR 烟气脱硝技术

4.2.1　催化脱硝基础理论

选择性催化还原法（selective catalytic reduction，SCR）是目前应用最为广泛的烟气脱硝技术。SCR 技术的核心是催化剂，在催化剂的催化作用下，还原剂选择性还原 NO_x[3]。

4.2.1.1　催化作用

催化剂是一种能改变化学反应达到平衡的速率而反应结束后其自身不发生非可逆变化的物质。催化剂可以加速反应速率，也可以减缓反应速率，但通常工业上使用的催化剂，往往都是加速某个反应的速率。可以这样理解催化剂和催化作用：一个热力学上允许的化学反应，由于某种物质的加入而使反应速率增加，在反应结束时该物质并不消耗，这种物质被称为催化剂，它对反应施加的作用称为催化作用。

4.2.1.2　催化剂组成

烟气净化所用的催化剂通常由活性组分、载体和助催剂组成[4,5]。

A　活性组分

可单独对反应产生催化作用的物质。催化作用一般发生在主活性物质的表面

20~30nm 内，因此活性组分一般附着在载体上。

B　载体

通常是惰性物质，它具有两种作用：一是提供大的比表面积，节约主活性物质，提高催化剂活性；二是增强催化剂的机械强度、热稳定性及导热性，延长催化剂的寿命。常用的载体有活性活化铝、硅胶、活性炭、硅藻土、分子筛、陶瓷、耐热金属等。

C　助催剂

本身无催化性能，但它的少量加入可以改善催化剂的性能。助催剂和主活性物质一样，都依附在载体上，做成各种形状以供选择。

4.2.1.3　脱硝机理

目前脱硝行业中，对于高温、中温、低温脱硝催化剂的活性温度窗口没有明确限定，一般规定高温温度窗口在 420~600℃，中温温度窗口在 280~420℃，低温温度窗口在 120~280℃。对于固定源脱硝来说，主要是采用在 280~420℃ 的烟气中喷入尿素或氨，将 NO_x 还原为 N_2 和 H_2O[6,7]。

如果尿素做还原剂，首先要发生水解反应[7]：

$$NH_2—CO—NH_2 =\!=\!= NH_3 + HNCO（异氰酸）$$

　　　　　　　　　　　　　　　　　　　　　　反应（4-32）

$$HNCO + H_2O =\!=\!= NH_3 + CO_2 \qquad 反应（4-33）$$

NH_3 选择性还原 NO_x 的主要化学反应式如下：

$$4NH_3 + 4NO + O_2 =\!=\!= 4N_2 + 6H_2O \qquad 反应（4-34）$$

$$8NH_3 + 6NO_2 =\!=\!= 7N_2 + 12H_2O \qquad 反应（4-35）$$

除了发生以下反应外，在实际过程中随着烟气温度升高还存在如下副反应：

$$4NH_3 + 3O_2 =\!=\!= 2N_2 + 6H_2O（>350℃） \qquad 反应（4-36）$$

$$4NH_3 + 5O_2 =\!=\!= 4NO + 6H_2O（>350℃） \qquad 反应（4-37）$$

$$4NH_3 + 4O_2 =\!=\!= 2N_2O + 6H_2O（>350℃） \qquad 反应（4-38）$$

$$2NH_3 + 2NO_2 =\!=\!= N_2O + N_2 + 3H_2O \qquad 反应（4-39）$$

$$6NH_3 + 8NO_2 =\!=\!= 7N_2O + 9H_2O \qquad 反应（4-40）$$

$$4NH_3 + 4NO_2 + O_2 =\!=\!= 4N_2O + 6H_2O \qquad 反应（4-41）$$

$$4NH_3 + 4NO + 3O_2 =\!=\!= 4N_2O + 6H_2O \qquad 反应（4-42）$$

$$2NH_3 =\!=\!= N_2 + 3H_2 \qquad 反应（4-43）$$

在 SO_2 和 H_2O 存在条件下，SCR 系统也会在催化剂表面发生如下不利反应：

$$2SO_2 + O_2 =\!=\!= 2SO_3 \qquad 反应（4-44）$$

$$NH_3 + SO_3 + H_2O =\!=\!= NH_4HSO_4 \qquad 反应（4-45）$$

$$2NH_3 + SO_3 + H_2O =\!=\!= （NH_4）_2SO_4 \qquad 反应（4-46）$$

$$SO_3 + H_2O \Longrightarrow H_2SO_4 \qquad 反应（4-47）$$

目前工业上已成熟应用的催化剂主要是以 TiO_2 为载体的 V_2O_5 基催化剂，通常包括 V_2O_5/TiO_2、V_2O_5/TiO_2-SiO_2、V_2O_5-WO_3/TiO_2、V_2O_5-MO_3/TiO_2 等类型。研究者们对这一类催化剂的脱硝反应机理进行了较多研究，表明 NO 在催化剂表面的吸附非常弱，一般可忽略不计，吸附态的 NH_3 与气相中的 NO 或弱吸附态的 NO 在催化剂表面反应，V_2O_5 催化剂表面同时存在 Bronsted 酸性位和 Lewis 酸性位。一般认为 V_2O_5 催化剂 SCR 脱硝反应按照 Eley-Rideal 机理进行[8,9]。

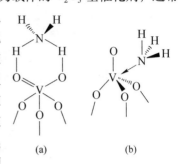

图 4-6　V_2O_5 催化剂上吸附态的 NH_3 结构示意图

（a）Bronsted-bonded NH_4^+；
（b）Lewis-bonded NH_3

NH_3 吸附在 V_2O_5 催化剂表面 B 酸性位与 L 酸性位上的结构示意图，如图 4-6 所示。

NH_3 吸附在 B 酸性位的代表性理论是托普所等提出的反应历程，他认为吸附在 B 酸性位上的—NH_4^+ 脱氢形成—NH_3^+ 是 SCR 反应的关键，提出的催化循环如图 4-7 所示。

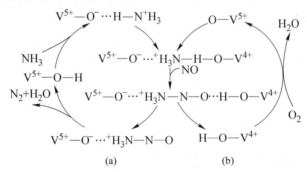

图 4-7　托普所等提出的 SCR 反应机理
（a）Acid；（b）Redox

从图 4-7 可以看出，托普所等提出的催化反应分为以下 4 个步骤：

（1）NH_3 首先在 B 酸性位上吸附形成—NH_4^+；

（2）—NH_4^+ 将其中的 1 个 H 转移到 V^{5+}—O^- 得到活化形成—NH_3^+，同时 V^{5+}—O^- 被还原成 V^{4+}—OH；

（3）气相中 NO 和—NH_3^+ 反应形成中间产物—NH_3^+NO，该中间产物快速分解成 N_2 和 H_2O；

（4）V^{4+}—OH 在 O_2 的作用下重新氧化成 V^{5+}—O。

认为 NH_3 吸附在 L 酸性位中心的研究者大多支持"酰胺—氮化酰胺（NH_2—NH_2NO）机理"，该机理的过程如图 4-8 所示。

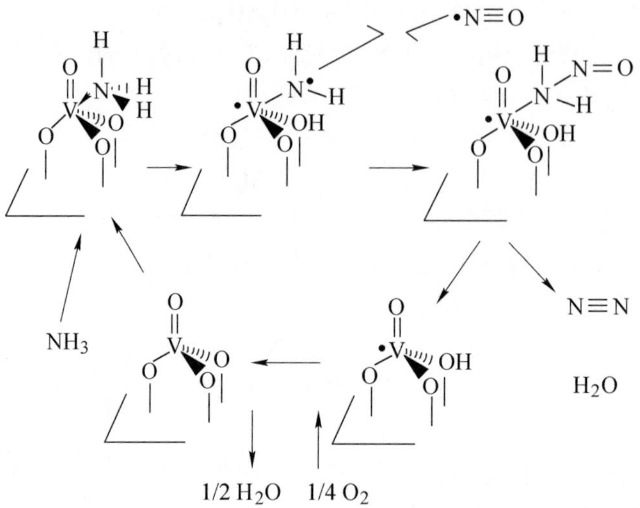

图 4-8　V_2O_5 催化剂上 SCR 反应的"酰胺-氮化酰胺机理"示意图

　　首先 NH_3 吸附在 L 酸性位上活化形成酰胺物种，酰胺物种与气相 NO 耦合生成氮化酰胺中间产物，此中间产物极易分解为 N_2 和 H_2O。最后气相中的 O_2 将还原了的催化剂再氧化，从而完成整个催化循环。

　　从目前的研究来看，无论 NH_3 吸附在 L 酸性位还是 B 酸性位，在 SCR 反应中，NH_3 都先活化吸附在 V_2O_5 活性中心上，然后经过氧化脱氢，再参与 SCR 反应，与 NO 形成中间产物，最终在氧的作用下重新生成钒活性中心。NH_3 的吸附位存在分歧导致对 SCR 反应催化机理研究的差异，可能是由于催化剂的构成、反应温度等实验条件不同引起的。

4.2.2　催化剂制备及性能评价

4.2.2.1　工业 SCR 催化剂制备

　　V_2O_5-WO_3/TiO_2 脱硝催化剂在世界范围内得到了广泛应用，目前商用催化剂主要有蜂窝式、板式两种[10,11]。蜂窝式催化剂为均质催化剂，将 TiO_2、V_2O_5、WO_3 等通过挤压设备挤出，制成一定规格的标准模块。板式催化剂以不锈钢金属板压成的金属网为基材，将 TiO_2、V_2O_5 等的混合物黏附在不锈钢网上，经过压制、煅烧后，将催化剂板组装成催化剂模块。

　　A　蜂窝式催化剂制备

　　a　蜂窝式催化剂原料及作用

　　蜂窝式催化剂具有比表面积大、长度易控制、活性高等优点，在整个脱硝行业内应用最广。蜂窝式催化剂有主要原料和辅助原料两类，主要原料有钛白粉、三氧化钨、黏土、偏钒酸铵等；辅料主要有催化剂回收料、硬脂酸、单乙醇胺、玻璃纤维、乳酸、羧甲基纤维素、聚氧化乙烯、木浆、氨水、去离子水等。

主要原料中钛白粉为催化剂载体，具备大的比表面积，可提高活性组分和助催化剂成分的分散度；三氧化钨为助剂，可提高载体的热稳定性，增强催化剂的酸性，减少 SO_2 的氧化；黏土为无机黏合剂，提高催化剂的抗压、磨损强度；偏钒酸铵为活性组分 V_2O_5 的前驱体，焙烧时分解成 V_2O_5 分布在整体催化剂中。

辅料中催化剂回收料是催化剂废料粉碎并磨细后作为原料，避免固废处理的同时节省成本；硬脂酸为固体润滑剂，减少内摩擦，便于形成塑性泥料和挤出成型；单乙醇胺作为溶剂，溶解催化剂活性组分前驱体偏钒酸铵，还能起到助挤、调节酸碱性的作用；玻璃纤维为结构助剂，增加催化剂机械强度、防止开裂和变形；乳酸为吸附剂，利于还原物质在活性位上的吸附，增强催化活性；羧甲基纤维素在混炼中形成高黏度的交替，起着胶黏、可塑、保水等作用；木浆为造孔剂，被烧毁形成微孔，增大比表面积；氨水调节泥料的酸碱性；去离子水在粉体表面包覆一层很薄的"水膜"，加强粉体间润滑，依靠水的内聚力将相邻泥料颗粒"抱紧成团"，改善泥料的结合力和塑形。

b 蜂窝式催化剂生产工艺

催化剂生产工艺流程如图 4-9 所示。

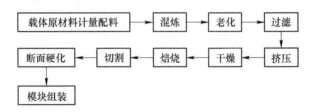

图 4-9 催化剂生产工艺流程图

（1）混炼：混炼是成型催化剂中很重要的步骤，一方面要保证活性组分能够均匀地负载在载体上，另一方面也要保证催化剂有适当的塑形、强度以及含水量，便于催化剂成型，因此添加剂对催化剂的成型有很大影响。催化剂的混炼步骤为：首先将活性组分钒的前驱体溶液、助剂钨的前驱体溶液、去离子水等加入二氧化钛中进行充分搅拌，保证均匀的负载在二氧化钛表面，然后将造孔剂和助剂等加入混料中继续搅拌均匀，最后加入黏结剂进行搅拌至水分到一定含量为止，此时催化剂具有一定的黏性和强度，易于挤出。

（2）老化：老化时将混炼后泥料密封后置于温度为 20~30℃、湿度不小于 80% 的老化室一段时间，以消除泥料应力，使泥料水分等更加均匀，进一步提高泥料性能。

（3）过滤成型：混炼后的物料需进行过滤去除物料中的杂质，以防止在成型时堵塞模具影响催化剂成型。过滤后的物料经挤出机挤压成型。一般物料从上方进入挤出机后经螺旋杆挤压炼泥，并挤压进入真空室，真空室采用抽气泵进行真空处理，主要是为了提高物料的密实度以及催化剂的强度，防止物料中由于空气造成的大孔在成型时使物料开裂，之后物料进入挤出机的下半段挤出成型。

（4）干燥：催化剂成型后需进行干燥以去除多余的水分。若直接高温干燥使水分快速蒸发容易在催化剂体相中形成大孔，虽然可以提高孔容和孔径，但容易造成成型催化剂的破裂以及机械强度的降低，另外水分的蒸发会使成型催化剂有一定程度的收缩，温度过高或干燥箱内湿度较低容易造成局部水分蒸发过快，也容易造成催化剂局部开裂和收缩，不利于催化剂的成型。

干燥一般有两级干燥，其中一级干燥是催化剂制备中关键的工序，用热蒸汽加热和加湿，通过温度逐渐上升和湿度逐渐下降来干燥。一级干燥中催化剂温度分布与热传递、湿度梯度方向相反，阻碍自由水的迁移，为避免干燥过快产生的应力导致催化剂开裂或变形，加热周期内多次经过恒湿升温、恒温恒湿、恒温降湿阶段，最后平缓降温，等温度降至室温后，方可取出。二级干燥是将一级干燥后的催化剂送入隧道窑内，在温度（60 ± 5）℃，湿度为$20\%\pm5\%$下进一步鼓风干燥，直至水分降至3%以内，否则焙烧时容易产生裂纹，影响产品质量。

（5）煅烧：煅烧也是催化剂制造的关键工序，煅烧过程生成活性物质，形成大的比表面积、微孔及机械强度。煅烧时应注意控制窑内各段的温度场，防止添加剂的燃烧分解对催化剂孔结构的影响，防止催化剂煅烧温度上升过快导致催化剂开裂，一般采用程序升温控制。在不同温度段，催化剂发生一系列化学反应，加入物料、有机物和助剂会在不同的温度开始挥发、分解或炭化，其中最重要的是活性物质 V_2O_5 的生成反应。

煅烧温度需严格控制，因为煅烧温度过低添加剂分解不完全，而煅烧温度过高会造成催化剂烧结，二氧化钛晶型发生改变，比表面积降低，催化剂活性下降。因此适宜的煅烧温度对催化剂的热稳定性和活性均具有一定的影响。

（6）切割：切割是将经煅烧后的催化剂用双端面切割锯床切割成设计尺寸，应避免切割时催化剂不平稳导致掉角破损，或位置偏移导致催化剂过多切割、漏切现象发生。

（7）端部硬化：端部硬化是催化剂端部强化，提高抗磨损强度，延长寿命。将催化剂一端浸入硬化液中，浸渍后晾干，硬化液一般为硫酸铝和有机酸的水溶液，煅烧后在断面覆盖一层致密的氧化铝。

（8）模块组装：模块组装是催化剂单体组合成一个整体的过程，组装质量影响着脱硝性能的发挥。将催化剂单体整体排列填满模块箱，硬化段位于烟气入口方向，模块箱与催化剂接触处覆盖陶瓷纤维棉，以保证密封。侧板通过螺栓固定在顶板和底板上，并通过侧板的挤压力将催化剂紧固在模块箱内，侧板间间隙采用角钢焊接牢固,并在模块格栅顶板面安装防大颗粒灰尘的金属过滤网,模块用塑料膜打包密封,并内置干燥剂防潮。

B　板式催化剂制备

板式催化剂为非均质催化剂。板式催化剂以 V_2O_5、WO_3、TiO_2 为主要活性组分,将活性成分压覆在金属网骨架上并切割后煅烧而成。由于板式催化剂的金属网骨架不具有催化活性,因此当其表面被灰分磨损破坏后,不能保持原有的催化活性。

板式脱硝催化剂的制造工艺可分为混炼、压覆、切割成型、单体组装、煅烧和包装六个工序。

(1) 混炼:板式催化剂的混炼工序和混炼设备与蜂窝式催化剂的生产工艺相似,也是将钛白粉、添加剂等所有原辅材料在一定的温度和湿度下混炼捏合,使混炼后的物料在微观结构、黏合度和化学组分均匀性等方面达到预期的要求。

(2) 压覆:板式催化剂混炼后的物料被机械力均匀压覆在金属网上。

(3) 切割成型:压覆有催化剂的金属网根据催化剂的设计节距切割成带有褶皱的单板,使之满足设计要求。

(4) 单体组装:将一定数量的切割成型后的金属网板装入铁盒中组成催化剂单体。

(5) 煅烧:组装后的催化剂单体进入窑炉煅烧。在煅烧过程中,催化剂中的混炼助剂、结构助剂等物质挥发形成最终的孔结构,催化剂中的前驱体活化生成具有活性的氧化物。

(6) 包装:将煅烧之后的催化剂单体组装成催化剂模块,板式催化剂的标准模块放置两层单体。

C　催化剂类型比较

目前已投入运行的 SCR 装置中,75%采用蜂窝式催化剂,新建机组采用蜂窝的比例也基本相当。蜂窝式和板式催化剂的比较如下[12]:

(1) 从体积上看,蜂窝式催化剂单位体积内接触面积大,同等设计条件下所需总体积比板式催化剂小。

(2) 从催化剂本身性能来看,蜂窝式催化剂整体均匀的物理、化学结构具备更强的抗中毒能力,同时也具备更好的耐磨性,因而使用寿命更长。

(3) 从生产工艺来看,蜂窝式催化剂的挤出工艺具备体积与性能相匹配的能力,即需要多长就可按需切割。而板式催化剂由于受限于层高的规格,显得灵活性不足,而每个框架内两层催化剂设置,为今后的更换带来一定不便。

(4) 从安全性来看,催化剂的主要事故一般由积灰的燃烧引起,蜂窝式催化剂全部由陶瓷性的活性材料制成,不会助燃;板式催化剂带有金属架构,发生火灾会导致整个催化剂的破坏。另外，板式催化剂两层之间容易积灰，增大了堵塞和燃烧的风险。

（5）从经济性来看，蜂窝式催化剂由于使用了更多的催化剂活性物质和更为复杂的加工工艺，单价要比板式高，但由于总体积要比板式小，因此总造价二者相差不大。

4.2.2.2　催化剂性能评价

催化剂性能指标主要包括活性、选择性和稳定性[13]。

A　活性

活性是指催化剂的效能（改变化学反应速度的能力）的高低，是催化剂最重要的性能指标。催化剂活性测定方法分为静态法和流动法，静态法中反应系统是封闭的，供料不连续；流动法中反应系统是开放的，供料连续或半连续，催化剂活性评价方法本质上是对工业催化反应的模拟。而由于工业生产中的催化反应多为连续流动系统，所以一般流动法应用最广，实验室中由于条件限制，多采用静态法评价方式。

实验室中催化剂活性评价属于动力学范畴，可以用反应速率、速率常数、活化能、转化率、活性温度窗口等指标来考察一个催化反应体系的活性。在 SCR 反应中，NO 转化率及最佳活性温度窗口常被直观地用来表示催化剂的活性，总之，在催化剂的活性评价过程中，必须测定在特定条件下通过一定量催化剂的反应物的转化率或产物的产率。因此，在实验装置方面，无论是利用工业反应器还是实验室装置进行活性评价时，都需要测定进出口反应物或产物的浓度。用于进出口物质浓度的烟气分析仪是活性评价中常用的检测仪器。

B　选择性

在热力学上，某些反应可以按照不同的途径得到不同的产物，选择性是指能使反应朝生成某一特定产物的方向进行的可能性。催化剂可通过优先降低某一特定的反应步骤的活化能，从而提高以这一步骤为限速步骤的反应速率，最终影响反应的选择性。由于烟气中组分复杂，不可能对污染物事先分离和纯化，因此选择性对于 SCR 催化具有更加重要的意义。无论是应用于柴油机、稀释汽油机尾气净化，还是应用于燃煤电厂、烧结烟气净化，都要求催化剂在大量氧存在的条件下，利用有限的还原剂选择性地还原排气中少量的 NO_x（10^{-5} 到 10^{-4} 数量级，即数十至数百 ppm）。

SCR 反应的催化产物一般为 N_2 和 N_2O。N_2O 是一种对环境有害的气体，因此，评价 SCR 催化剂的产物选择性主要是 N_2 的选择性。

C　稳定性

催化剂使用寿命分为单程寿命和总寿命。单程寿命是指催化剂在使用条件下，维持一定活性水平的时间；总寿命是指催化剂在每次活性下降后经再生而又恢复到许可活性水平的累积时间。

根据催化剂的定义，一个理想的催化剂可以永久的利用下去。然而实际上由于种种原因催化剂的活性和选择性随着使用时间的延长均会下降。当活性和选择性下降到低于某一特定值后可以认为催化剂失活。催化剂稳定性关系到催化剂能否工业化应用，在催化剂开发过程中需要给予足够重视。催化剂稳定性包括对高温热效应的耐热稳定性，对摩擦、冲击、重力作用的机械稳定性和对毒化作用的抗毒稳定性。

a　耐热稳定性

在 SCR 催化剂中，催化剂往往需要具有较高的耐热稳定性。例如，电厂尾气温度为 400℃，机动车尾气出口温度可达 600℃，甚至在一些特殊情况下会达到上千摄氏度。因此，良好的催化剂应能在高温的反应条件下保持足够长时间的活性。然而，大多数催化剂都有自己的极限温度，这主要是因为高温容易使催化剂活性组分的微晶烧结长大、晶格破坏或者晶格缺陷减少。

b　机械稳定性

机械强度是指催化剂抗拒外力作用而不致发生破坏的能力。强度是任何固定催化剂的一项主要性能指标，它也是催化剂其他性能赖以发挥的基础，一般以抗压强度和粉化度来表征。SCR 催化剂往往需要催化剂具有较高的机械强度。例如，用于燃煤电厂烟气脱硝的挤压成型催化剂，必须有很高的机械强度以承受来自烟气中大量粉尘的机械冲刷。汽车尾气净化的陶瓷蜂窝载体涂覆的三效催化剂也必须能够承受汽车运行带来的机械冲击和温度剧烈变化带来的收缩和膨胀的冲击。

c　抗毒稳定性

由于有害杂质（毒物）对催化剂的毒化作用使得催化剂的活性、选择性或寿命降低的现象称为催化剂中毒。催化剂的中毒现象本质是催化剂表面活性中心吸附了毒物或进一步转化为较稳定的没有催化活性的表面化合物，使活性位被钝化或永久占据。由于 SCR 催化的特殊性，一般处理的烟气量极大，化学成分复杂，所以反应体系中往往含有大量的对催化剂造成毒害的物质，如 SO_2、H_2O、重金属等。因此抗毒稳定性是 SCR 催化剂的及其重要的性质。

催化剂中毒一般分为两类：第一类是可逆中毒或暂时中毒，这类毒物与活性组分作用较弱，可通过撤除毒物或用简单方法使其恢复活性；第二类是永久中毒或不可逆中毒，这时毒物与活性组分作用较强，很难用一般方法恢复活性。以 SCR 反应为例，水蒸气导致的中毒是可逆中毒，消除水蒸气后可以恢复活性；而 SO_2 中毒导致催化剂表面产生硫酸盐就是不可逆中毒。

4.2.3　SCR 脱硝技术工艺流程

　　钢铁烧结烟气具有排放量大，污染物成分复杂的特点，是工业领域大气污染控制的重点和难点。烧结烟气净化难点是对 NO_x 的脱除，目前，中温 SCR 脱硝技术，在火电燃煤锅炉烟气脱硝中应用十分成熟，基于此，可以结合烧结烟气特点，将中温 SCR 脱硝技术改进、移植至烧结烟气净化中。

4.2.3.1　典型工艺流程

　　鉴于烧结烟气温度在 120~180℃，为适应中温脱硝催化剂的最佳活性温度窗口，在系统启动时，需将烧结烟气加热到 280℃以上，能耗较大，在正常运行过程中，通过 GGH 换热器回收热量再利用，只需要额外再补充 30℃左右温升即可[14]。

　　中温 SCR 工艺流程如图 4-10 所示。

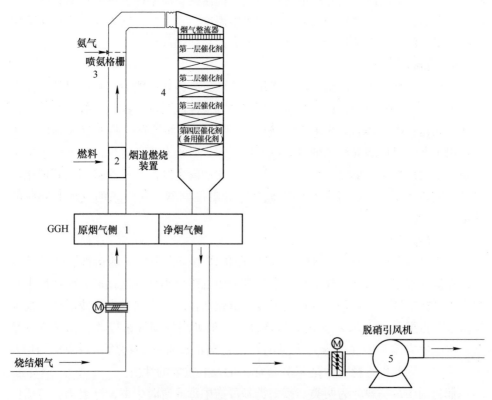

图 4-10　烧结烟气 SCR 脱硝工艺流程图

1—烟气-烟气加热器（GGH）；2—烟道燃烧装置；3—喷氨格栅；4—SCR 反应器；5—脱硝引风机

　　SCR 烟气脱硝系统主要由还原剂 NH_3 的储存与供应系统，烟气加热系统、脱硝反应器组成。

A　还原剂 NH_3 的储存与供应系统

液氨储存、制备、供应系统包括液氨卸料压缩机、储氨罐、液氨蒸发槽、液氨泵、氨气缓冲槽、稀释风机、混合器、氨气稀释槽、废水泵、废水池等。此套系统提供氨气供脱硝反应使用。液氨的供应由液氨槽车运送，利用液氨卸料压缩机将液氨由槽车输入储氨罐内，用液氨泵将储槽中的液氨输送到液氨蒸发槽内蒸发为氨气，经氨气缓冲槽来控制一定的压力及其流量，然后与稀释空气在混合器中混合均匀，再送达脱硝装置。

B　烟气加热系统

烟气加热系统主要包括气气换热器（GGH）和燃烧器，GGH 采用热管式或回转式换热器，利用脱硝后的高温烟气加热从除尘器除尘或经脱硫后进入脱硝反应器前的烟气，合理利用热能，节省能量消耗，经 GGH 预热后的烟气还不能达到催化剂的最佳反应温度，因此需要加热，利用焦炉煤气（或高炉煤气），采用燃烧器燃烧将烟气加热到催化剂催化所需的合适温度。达到一定温度的烟气进入后续的脱硝反应器。

C　脱硝反应器

脱硝反应器主要包括喷氨系统、脱硝反应器本体及附件、催化剂。

氨/烟气混合均布系统（AIG）布置在烟气流分布均匀处，由氨/空气混合系统来的气体进入位于烟道内的氨注入格栅，在注入格栅前设置调节阀和流量指示器，在系统投运时根据烟道进出口检测出的 NO_x 浓度来调节氨的分配量。

脱硝反应器主要为脱硝提供反应通道和场所，须保证烟气与催化剂均匀接触，并便于催化剂的整体维护和更换。

4.2.3.2　工艺参数对脱硝效率的影响

影响脱硝效率的主要因素有反应温度、停留时间和空速、氨氮比、混合程度等[15]。

A　反应温度

反应温度不仅决定反应物的反应速度，而且决定催化剂的反应活性。一般来说，反应温度越高，反应速度越快，催化剂的活性也越好，这样单位反应所需的反应空间小，反应器体积变小。

NO_x 的还原反应只有在特定的温度区间才会发生。SCR 过程使用的催化剂降低了 NO_x 还原反应最大化要求的温度区间。在适合的温度区间以下，反应动力降低，超出此温度范围，会生成 N_2O 等，并且存在催化剂烧结、钝化等不利现象。在 SCR 系统中，最适宜的温度取决于过程中使用的催化剂类型和烟气成分。

在烧结烟气 SCR 脱硝工程实践过程中，反应器内的烟气温度与火力发电厂的情况有所不同，火力发电厂中的 SCR 反应器布置在锅炉省煤器之后、空预器之前，因此，随着锅炉负荷的变化，烟气温度是波动的。而烧结烟气的温度一般在 120~180℃ 之间，一定会有一个加热的过程，而加热是可控的。因此从控制方面来说，在设定一个反应温度后（如 280℃），就可以将烟气温度维持在定值，基本上可以不考虑反应温度的波动对于脱硝效率的影响。

B 停留时间和空速

停留时间是反应物在反应器中与 NO_x 进行反应的时间，停留时间长，通常 NO_x 脱除效率高。温度也影响所需要的停留时间，当温度接近还原反应的最佳温度，所需的停留时间减少。停留时间通常表示成空速，空速是 SCR 的一个关键设计参数，它是烟气在催化剂容积内的停留时间尺度，即停留时间的倒数，它在某种程度上决定反应物是否完全反应，同时也决定着反应器催化剂骨架的冲刷和烟气的沿程阻力。空速通常是根据 SCR 反应塔的布置、脱硝效率、烟气温度、允许的氨逃逸以及粉尘浓度来确定。空速大，反应器相对较小，烟气在反应器内的停留时间短，但反应有可能不完全，氨的逃逸量可能较大，同时烟气对催化剂骨架的冲刷也大。

C 氨氮比（NH_3/NO）

根据 SCR 化学反应方程式，理论上氨氮物质的量之比应为 1:1。在脱除效率达到 85% 之前，NH_3 和脱除的 NO_x 之间有 1:1 的线性关系，但在效率 85% 以上时，脱除效率开始稳定，要得到更高的效率需要比理论值更多的氨量。典型 SCR 系统采用每摩尔 NO_x 消耗 1.05mol 氨的化学当量比。在工程实践中如果加入过多的氨，多余的 NH_3 会与烟气中的 SO_2 和 SO_3 等反应形成铵盐，导致烟道积灰与腐蚀，也会造成氨泄漏到大气，产生新的污染。

D 混合程度

SCR 装置设计的关键是达到 NH_3 与 NO_x 的最佳的湍流混合。因此，脱硝反应物必须被雾化并与烟气尽量混合，以确保与被脱除反应物有足够的接触。混合由喷射系统通过向烟气中加入气态氨完成，喷射系统控制喷入反应物的喷入量、喷射角、速度和方向。

烟气和氨在进入 SCR 反应器之前进行混合，如果混合不充分，NO_x 还原效率降低，SCR 设计必须在氨喷入点和反应器入口有足够的管道长度来实现混合。混合时还可通过以下几点进行改善：（1）在反应器上有安装静态混合器；（2）提高给予喷射流体的能量；（3）提高喷射器的数量或喷射区域；（4）修改喷嘴设计来改善反应物的分配、喷射角和方向。

4.2.4 低温 SCR 脱硝技术

烧结烟气排烟温度低，无法达到常规 SCR 处理技术的应用要求，目前，已有的烧结烟气低温 SCR 工艺温度在 170~280℃ 之间，烟气需要再加热才能满足催化剂使用要求，存在运行成本相对高、能耗高等问题。因此，烧结烟气排放温度窗口下的低温 SCR 工艺开发日益成为研究者关注的焦点，旨在省去烟气再热环节，降低能耗，但目前暂无成功案例[16]。

低温 SCR 脱硝除了满足低温下催化剂的活性问题，还要满足低温下催化剂抗硫抗水性能[17,18]。Shell 公司研发了世界上唯一商业化的低温 NH_3-SCR 脱硝技术，包括 Ti 基 V 催化剂和利用颗粒催化剂的夹板式填充床反应器。但该技术只能适用于粉尘含量低于 $10mg/m^3$、SO_2 体积分数低于 10×10^{-6}（10ppm）的烟气，包括硝酸厂、燃气、无硫废弃物燃烧烟气等，工作温度在 $120 \sim 300$℃ 之间，在世界上已经推广应用了数百套，显示了低温脱硝技术的巨大市场潜力，但是 Shell 的催化剂属于颗粒状，压降大，该技术对含尘及同时含 SO_2、水蒸气的烟气不适用[19]。为了避免高粉尘、高 SO_2 浓度对催化剂使用寿命的影响，将低温 SCR 工艺置于除尘、脱硫之后成为一个较佳的选择。但是需要注意的是，即使把低温 SCR 后置，烟气中仍不可避免地存在 SO_2、H_2O，低温下催化剂活性以及对 H_2O、微量粉尘及 SO_2 的抗中毒能力仍然是此工艺工业化的关键影响因素[20]。SO_2 和 H_2O 对催化剂的影响具体如下：

首先，烟气中的 SO_2 会在催化剂的作用下被氧化成 SO_3，这一反应对于 SCR 脱硝反应而言是极为不利的，因为 SO_3 可以和烟气中的 H_2O 以及 NH_3 反应，生成 $(NH_4)_2SO_4$ 和 NH_4HSO_4。这些硫酸盐沉积在催化剂的表面造成催化剂的中毒失活。

其次，SO_2 可以与催化剂活性中心发生反应生成相应的硫酸盐导致催化剂的失活，Kijlstra 等以 γ-Al_2O_3 为载体，醋酸锰为前驱体，采用浸渍法制备 MnO_x/Al_2O_3 催化剂，$383 \sim 623K$ 内催化剂表现出良好的活性和选择性，通入 SO_2 数小时后，随着 SO_2 在催化剂表面吸附量的增加，催化剂的活性有了比较明显的下降，借助于微观分析，认为造成催化剂失活的原因是 $MnSO_4$ 的生成导致了活性中心的减少，而不是硫酸铵的沉积和 $Al_2(SO_4)_3$ 的生成。由于 $MnSO_4$ 的分解温度在 1020K 左右，造成了此类催化剂再生的困难。

再者，SO_2 和 NO 在催化剂的表面发生竞争吸附导致了 NO 转化率的下降。唐晓龙等制备了无载体的 MnO_x 催化剂，80℃ 下 NO_x 的转化率可以达到 98.25%。通入 $10\%H_2O$ 和 $0.01\%SO_2$ 后，催化剂的活性下降程度较大，约 2h 后趋于稳定，NO_x 的转化率降低到 70% 左右。借助于 TPD 分析，他们认为造成活性下降的主要原因是 SO_2 与 NO 之间的竞争吸附导致了催化剂活性的下降。

由此可见，SO_2 和 H_2O 对催化剂往往具有较大的影响，而 SO_2 和 H_2O 是烟气中的固有成分，因此在保证催化剂具有较高的低温活性的同时解决催化剂同时抗硫抗水性能就成为低温 SCR 催化剂应用于工业实际的关键。

大量的科学研究发现，Mn 基催化剂显示出较好的低温选择催化活性，但是

　　单纯的 Mn 基催化剂存在低温下 N_2 选择性不高、抗硫性能差的特点，比较有前景的改性手段是从活性组分的添加（助剂）及载体的选择两方面对其进行改善，以期得到选择性更好、活性更高及抗中毒性能更优异的低温 SCR 催化剂[21~24]。

　　总之，截至目前，低温 SCR 催化剂的研制仍是一个世界性难题，目前，国内外有一些生产催化剂的厂家，经过多年的努力，在低温催化剂的制备方面取得了一些进展，但尚未大规模应用的主要制约因素是无可长期应用于低温烟气工况下的催化剂。

　　鉴于烧结烟气的排放特征和近些年我国已经投产了一批单纯烧结烟气脱硫装置的现实情况，如果低温 SCR 脱硝工艺及装备能够研发成功，对烧结烟气超低排放的升级改造具有重要意义。为此，中冶长天和太钢开展了低温 SCR 脱硝半工业化试验，流程如图 4-11 所示。

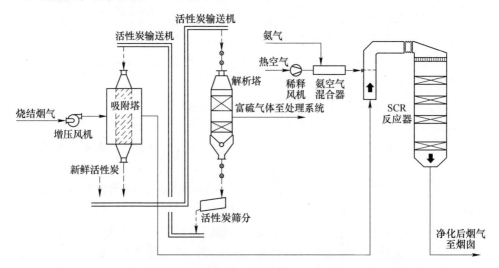

图 4-11　烧结烟气活性炭脱硫后布置低温 SCR 脱硝半工业化流程图

　　半工业化实验将致力于低温 SCR 关键技术及装备的研发：

　　（1）催化剂的研发及使用性能评价。考察不同组分催化剂的使用情况，优化催化剂的设计和制备技术；考察铵盐生成情况、催化剂堵塞、磨损、中毒、寿命等情况，研究烟气条件-铵盐生成-催化剂使用性能之间的关系。

　　（2）运行控制参数调控及优化研究。考察烟气温度、NH_3/NO_x 比、SO_2 浓度、含氧量、含水量、含尘量、碱金属等对脱硝效率的影响，同时考察氨逃逸率、SO_2/SO_3 氧化率。

　　（3）反应器结构及烟气流场优化。SCR 反应器入口烟道流场优化，测试脱硝反应器烟气速度分布及温度场，优化导流板及整流格栅布置方案，确保满足 SCR 系统反应所要求的流场环境；氨气/烟气混合效果优化，测试还原剂 NH_3 在反应器内分布情况，调整喷氨格栅布置形式及氨气喷入特征，保证氨浓度分布与 NO_x 分布相一致。

4.2.5 SCR 脱硝主体装备

4.2.5.1 脱硝反应器

SCR 反应器为氨气与 NO_x 反应的主要设备，反应器结构如图 4-12 所示。

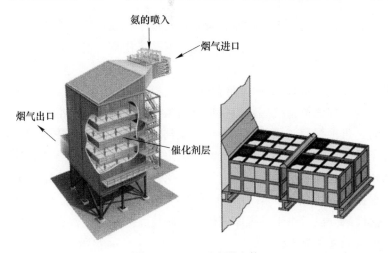

图 4-12 SCR 反应器本体

SCR 反应器的主要功能有以下几点：烟气与氨混合均匀、保证烟气均匀分布、承载催化剂、预留加装备用层催化剂的空间、密封装置、吹灰器、保障催化剂的维护和更换等。SCR 反应器采用底部支撑，反应器内部考虑防磨措施。反应器内部设置加强板、支架均设计成不易积灰的形式，同时考虑热膨胀的补偿措施。

A SCR 反应器的流场设计

反应器设计需要满足烟气气流顺畅、平均流速合理、流速均匀，喷氨格栅合理布置以使 NH_3 在流场中分布均匀、避免出现死角，为了满足上述要求，通常要进行流场仿真分析[25,26]。

B 催化剂布置方式

催化剂应根据烟气的特性合理选择孔径大小并设计有防堵措施，以确保催化剂不堵灰；催化剂设计应尽可能的降低压力损失；应考虑烧结燃料和矿石中含有的任何微量元素可能导致的催化剂中毒。

催化剂在烧结机生产负荷调整、运行时应有良好的适应性，在烧结机的启动、停机及负荷变动等运行条件下能可靠和稳定地连续运行，并能适应启停次数的要求。

催化剂应采用模块化设计以减少更换催化剂的时间。催化剂模块必须设计有效防止烟气短路的密封系统，密封装置的寿命不低于催化剂的寿命。催化剂各层模块一般应规格统一、具有互换性。

每层催化剂应设计有可拆卸的催化剂测试部件。在加装新的催化剂之前，催化剂体积应满足脱硝效率和氨的逃逸率等的要求。催化剂模块应采用钢结构框架，并便于运输、安装、起吊。

为最大化提高催化剂的利用率，降低运行成本，设计反应器时，设置有一层备用催化剂安装空间，即催化剂效率降低时安装备用催化剂，提高原装催化剂的利用率。

因此，催化剂一般按照 $N+1$ 布置的方式，即初次装填 N 层，预留一层加装催化剂的空间。催化剂最终层数以根据烟气条件进行的设计为准。

运行时，可根据每年催化剂检测结果来判断是否需要更换或增加催化剂。如根据设计条件，可在第 4 年初装填预留层催化剂，之后每隔 2~3 年更换一层催化剂，具体什么时候实施应根据实际运行和催化剂活性检测报告决定。更换下来的催化剂可根据其强度情况，采用催化剂再生，将失去活性的催化剂通过浸泡洗涤、添加活性组分以及烘干的程序使催化剂恢复大部分活性，也可按危险废弃物相关标准进行无害化处理。

C　吹灰器

吹灰器的设计应根据吹灰点的烟温和灰的性质，选择合理的吹灰流量、吹灰压力，不应超压（吹灰蒸汽在催化剂表面的压力不能超过 0.6MPa），距催化剂表面高度约 500mm。

吹灰管路系统应按每台吹灰器单台单独顺序运行设计，管路设计应有流量和压力裕度。

吹灰管道设计应满足吹灰系统的整体技术要求，必须考虑膨胀不对吹灰器施加外力，保证吹灰流量，压降及疏水要求。吹灰蒸汽管道在吹灰时不发生振动。

吹灰器的疏水系统应能满足自动控制的要求，吹灰器的疏水管道应避免积水，管道布置应有 1%~3% 坡度。

反应器内支撑的设计及布置应保证吹灰器热态进退灵活，不应有卡涩现象，支撑支吊同时注意和反应器内部结构配合。吹灰器的后部支撑应充分考虑反应器钢架布置，避免与钢架斜撑相撞。吹灰器耙的设计应充分考虑因自重和其他外力可能产生的挠度。

吹灰器应有可靠的传动装置及挠度修正结构，吹灰器本体与管道连接的法兰应考虑热伸缩影响。

吹灰器与反应器壁接口连接处应有防止烟气及灰泄漏的自密封装置。

吹灰器蒸汽阀门均应配备微调装置，以满足调整吹扫压力及流量的要求。吹灰管材料应适应各种烟温和可能的腐蚀工况。

随吹灰器配供的行程开关等就地控制设备应良好可靠，满足集中控制要求。吹灰器控制系统为 PLC 远程和就地控制两种控制方式（需配备远程/现场切换开关），即吹灰控制系统能在主控制室内（吹灰系统采用集中 PLC 远程 I/O 控制）和就地现场控制柜上完成对吹灰装置的正常启、停操作，实现对反应器自动程控吹灰控制，完成正常的运行监控、现场控制/DCS 控制切换监控、故障诊断操作[27,28]。

4.2.5.2 氨喷射系统

喷氨格栅（见图 4-13）具有保证氨和烟气的均匀混合及 NH_3/NO 沿烟道截面均匀分布的功能，是 SCR 脱硝系统普遍采用的一种喷氨技术，即将烟道截面分成不同的控制区域，每个区域有若干个喷射孔，每个分区的流量单独可调，以匹配烟气中氮氧化物的浓度分布。喷氨格栅包括喷氨管道、支撑、配件和氨分布装置等。其主要特点是结构简单、分布效果好、不易积灰，可有效保护喷氨格栅喷嘴的磨损，减少脱硝反应器入口氨与烟气的混合距离，提高脱硝催化剂的利用率，降低脱硝反应器的高度。喷射系统配有调节阀来调节氨的合理分布，在对 NO_x 浓度进行连续分析的同时，调节必要的氨量从喷氨格栅中喷出，通过格栅使氨与烟气混合均匀。

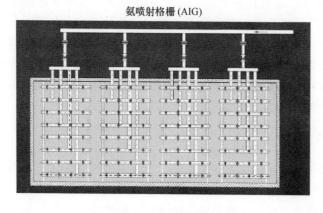

图 4-13 喷氨格栅

喷射系统需具有良好的热膨胀性、抗热变形性和抗振性，同时氨喷射调节点应设置操作平台[29,30]。

4.2.5.3   烟气换热器

GGH（见图 4-14）通过进出脱硝系统的原、净烟气间的换热，使脱硝系统需要的热量绝大部分留在脱硝系统内部循环使用，从而降低烟气再热需要的能量，减少加热炉的负荷要求，对于高温 SCR，可大大降低脱硝系统的运行费用，在原烟气侧，烟气进入 GGH 预热至约 250℃后，进入脱硝反应器入口烟道与加热炉送来的高温烟气混合后达到 280℃；净烟气侧，经 SCR 反应器处理后的净烟气通过 GGH 换热降温至不低于 100℃，高于烟气水蒸气露点。因此，净烟气经过 GGH 后基本没有冷凝水凝聚现象，可通过原烟囱排放。

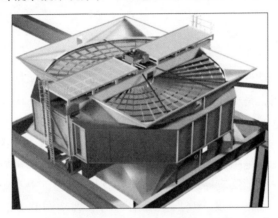

图 4-14   烟气换热器（GGH）示意图

为防止 GGH 在运行过程中，原烟气泄漏到净烟气中从而影响脱硝效率，系统应配置低泄漏风机，将一部分净烟气增压送回至 GGH 中部，来避免原烟气泄漏到净烟气中。

GGH 须配置吹灰器，吹灰方式有蒸汽吹灰、高压水吹灰和压缩空气吹灰，具体形式根据实际情况确定。通过设置有效的吹灰形式来保证 GGH 的洁净，同时采取有效措施防止 GGH 的堵塞。

4.2.5.4   烟气加热炉

烧结原烟气温度通常在 140℃左右，采用中低温 SCR 脱硝，通过 GGH 换热后，也需将原烟气升温 30~40℃，一般使用加热炉。

烟气加热炉的燃料，一般采用高炉煤气和焦炉煤气。煤气通过燃烧器在加热炉中燃烧产生 1000℃以上的高温烟气，该烟气与原烟气混合，从而将原烟气温度提升至催化还原反应所需要的温度。

烟气加热炉（见图 4-15）主要由燃烧装置本体、燃烧器、点火器、火焰检测系统等组成，设置必要的温度、压力、流量测点以及连锁保护。

图 4-15　烟气加热炉

焦炉煤气燃料通常来自烧结厂区的焦炉煤气母管上，在烟气加热炉进口煤气母管上，设置电动盲板阀、气动快关阀和排空阀，在烟道燃烧装置的入口煤气管段上，设置气动调节碟阀、电动碟阀和手动阀。

每一套烟道燃烧装置配置两台鼓风机，互为备用，烟道燃烧装置入口风管上设有气动调节碟阀，以满足不同燃烧工况下的供风，烟道燃烧装置的火检冷却器设置两台冷却风机，一用一备。

烟气换热器、烟气加热炉，对于烧结烟气低温 SCR 脱硝工艺可不用，如4.2.4 节所述，采用低温 SCR 工艺与活性炭组合工艺，SCR 置于活性炭脱硫之后，进脱硝前烟气中（标态）SO_2 浓度 $35mg/m^3$，在低温 SCR 系统喷入氨时，NH_3 与 SO_2 依旧会在催化剂作用下，在催化剂表面反应生成硫酸铵，附着在催化剂表面，影响催化活性，鉴于此，可以保留烟气换热器、烟气加热炉，对催化剂间歇式升温再生提供热源。再生过程是在氮气保护下，以一定的升温速率，提高反应器内的温度，保持一段时间，然后再逐步降温，使沉积在催化剂表面上的铵盐受热气化、分解，吸附在催化剂表面的 SO_2 气体发生脱附，一起随惰性气体吹出反应器，使催化剂的比表面积、孔容、孔径等物理性能得到恢复，催化性能得以改善。

4.3　活性炭法烟气脱硫脱硝技术

4.3.1　活性炭法烟气净化基础理论

4.3.1.1　吸附基础理论

吸附是指当流体与多孔固体接触时，流体中某一组分或多个组分在固体表面处产生积蓄的现象。吸附的物质称作吸附剂，被吸附的物质称作吸附质，由于活性炭具有丰富的比表面积和孔隙结构，常用作吸附剂[31]。

A　吸附的作用力

有吸附作用力的存在才能产生吸附作用，吸附作用力是指吸附剂与吸附质之间存在能量方面的相互作用，承担这种相互作用的是电子。在发生吸附时，随着吸附剂表面和吸附质分子中性质的差异，其相互作用的组合状况也不同。相互作用主要可以分为5种，即伦敦（London）色散力相互作用、偶极子相互作用、氢键、静电吸引力和共价键。

伦敦色散力是5种相互作用力中最弱的力，其普遍存在于原子与分子之间，包括惰性原子、分子间也都存在，在活性炭吸附中也是非常重要的相互作用力。

除了伦敦色散力之外，偶极子相互作用也是一个相当微弱的相互作用力。表面上电负性（电子的亲和性）不同的原子化学结合在一起时，由于电负性的差异导致对电子吸引强弱的不同产生电子的偏移，电子向电负性较大的一边集中分布，于是在相互结合的原子之间产生称作偶极矩的极矩。在有这种偶极子的表面原子组或者有极性的表面官能团与具有偶极子的分子之间，引发力的作用，这种力叫作偶极子的相互作用。当大小相等、方向相反的两组极矩非常接近地存在时，则变成四重极矩。上述的伦敦色散力、偶极子相互作用力和四重极矩作用力，总称为范德华力（Vander Waals）。

氢键的强度一般为范德华力的5~10倍，其产生于一个氢原子与两个以上其他原子结合的过程。通常，固体表面上多多少少地存在一些具有氢原子的极性官能团，如羟基（—OH）、羧基（—COOH）和氨基（—NH$_2$）等。这些表面官能团中的氢原子易与吸附分子中的负电性大的氧、硫、氮等的非共价电子对形成直线形的氢键。同理，表面官能团的氧、氮、氟等原子中有非共价电子对的存在，使其易与吸附分子的极性官能团的氢原子形成氢键。

静电引力也是非常强的相互作用力，目前产生电位的机理还不太清楚。但即使固体、液体等绝缘体接触时表面仍会产生静电，即使电量极少也能形成很强的电场。因此，这种表面带电的结果就使在发生吸附时产生了静电引力。

表面能够发生氧化、还原、分解等反应的吸附剂，容易与吸附质之间形成共价键，可产生非常强有力的吸附作用。

B　物理吸附与化学吸附

根据吸附剂与吸附质之间相互作用方式的不同，吸附形式可以分为物理吸附与化学吸附两种。从机理上讲，物理吸附是由范德华力引起的吸附，化学吸附是生成化学键或者伴随着电荷移动相互作用的吸附。在物理吸附中，电子轨道在吸附质与吸附媒体表面层不发生重叠；相反地，在化学吸附中电子轨道的重叠起着至关重要的作用。也就是说，物理吸附基本上是通过吸附质与吸附媒介表面原子间的微弱相互作用而发生的；而化学吸附则源自吸附媒介表面的电子轨道与吸附质的分子轨道的特异的相互作用。所以，物理吸附中往往发生多分子层吸附；化学吸附则是单分子层。而且，化学吸附伴随着分子结合状态的变化，吸附导致电子状态、振动发生显著的变化。物理吸附与化学吸附的区别如表 4-1 所示。

表 4-1　物理吸附和化学吸附的比较

项　目	物理吸附	化学吸附
吸附质	无选择性	有选择性
生成特异的化学键	无	有
固体表面的物性变化	可以忽略	显著
温度	低温下吸附量大	在比较高的温度下发生
吸附热	小，相当于冷凝热	大，相当于反应热
吸附量	单分子层吸附量以上	单分子层吸附量以下
吸附速度	快	慢
可逆性	有可逆性	有不可逆的场合

活性炭在吸附过程中既可能发生物理吸附，也可能发生化学吸附。物理吸附受吸附剂孔隙率的影响，化学吸附受吸附剂表面化学特性的影响。一般来说，影响吸附量的主要因素有：吸附剂的孔分布结构、表面化学官能团等。

a　孔分布结构

颗粒状活性炭，其孔隙结构呈三分散系统，即它们的孔径很不均匀，主要集中在三类尺寸范围：大孔、中孔和微孔。

大孔又称粗孔，是指半径 100~200nm 的孔隙。大孔的内表面与非孔型碳表面之间无本质的区别，其所占比例又很小，可以忽略它对吸附量的影响。大孔在吸附过程中起吸附通道的作用。

中孔也称介孔，其半径常处于 2~100nm。中孔的尺寸相对大孔小很多，尽管其内表面与非孔性碳表面之间也无本质的差异，但由于其比表面已占一定的比例，所以对吸附量存在一定的影响。但一般情况下，它主要起粗、细吸附通道的作用。

微孔有着与被吸附物质的分子属同一量级的有效半径（小于 2nm），是活性炭最重要的孔隙结构，决定其吸附量的大小。微孔内表面，因为其相对避免吸附力场重叠，致使它与非孔性碳表面之间出现本质差异，因此影响其吸附机制。

物理吸附首先发生在尺寸最小、势能最高的微孔中，然后逐渐扩展到尺寸较大、势能较低的微孔中。微孔的吸附并非沿着表面逐层进行，而是按溶剂填充的方式实现，而大孔、中孔却是表面吸附机制。所以，活性炭的吸附性能主要取决于它的孔隙结构，特别是微孔结构，存在着大量中孔对吸附也有一定的影响。

b　表面化学官能团

活性炭的吸附特性不但取决于它的孔隙结构，而且取决于其表面化学性质。比表面积和孔结构影响活性炭的吸附容量，而表面化学性质影响活性炭同极性或非极性吸附质之间的相互作用力。活性炭的表面化学性质主要由表面化学官能团、表面杂原子和化合物确定，不同的表面官能团、杂原子和化合物对不同的吸附质有明显的吸附差别。通常来说，表面官能团中酸性化合物越丰富越有利于极性化合物的吸附，碱性化合物则有利于吸附弱极性或者是非极性物质。

C　吸附热

体系的任何变化都会伴随着能量的变化，大部分的能量变化都会以热的形式体现出来，因此，通过测定体系的温度变化就能够知道体系的能量变化，在吸附过程中，伴随吸附产生的热量叫做吸附热。在气相吸附场合，吸附质分子受到的束缚表示体系杂乱程度的热力学数量的熵在减少，即 $\Delta S<0$，吸附过程是热力学的自发过程，且吉布斯自由能为 $\Delta G<0$，根据焓变 $\Delta H = \Delta G + T\Delta S$，所以 ΔH 也常为负值。因此，气相吸附时伴随着发热，发热现象意味着，低温有利于增大物理吸附的吸附量，在化学吸附时，吸附量与化学吸附反应的吸热、放热特性有关。

活性炭脱硫过程中存在两种放热反应：

a　化学放热

$$2SO_2 + O_2 + 2H_2O =\!=\!= 2H_2SO_4 \qquad\qquad 反应（4-48）$$

以上反应为强放热反应，每摩尔 SO_2 转化为硫酸放热 275.35kJ/mol，按活性炭比热容 0.84kJ/(kg·K)、活性炭硫容为 10% 计算，当完全转化为硫酸时单位质量活性炭升温约 330℃。

b　挥发分放热

活性炭中含有一定挥发分，与空气接触，会发生氧化反应，并放出热量，如果热量不能及时排出，会使炭层的温度升高，又加速了炭的氧化反应速度，这样就使得炭层温度越来越高，当温度超过活性炭的自燃点时，就会自燃。根据煤粉中挥发分与着火点的关系如图 4-16 所示，从中可知，挥发分越高，活性炭着火点越低。

因此，以活性炭为吸附剂对 SO_2 进行吸附时，由于有发热现象，必须注意温度管控及活性炭品质控制。

4.3.1.2　活性炭对不同污染物的脱除机理

A　除尘机理

与常规过滤集尘一样，活性炭床层通过碰撞、遮挡及扩散捕集来实现除尘功能。通常超过 1μm 粒径的灰尘颗粒通过碰撞进行捕集，而小于 1μm 粒径的灰尘颗粒则通过遮挡及扩散捕集来实现捕集，因此活性炭床层应有必要的径深长度。

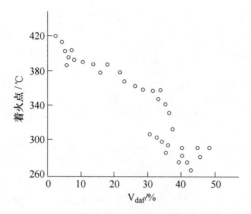

图 4-16　煤粉挥发分与着火点关系曲线

　　活性炭净化装置置于静电除尘系统之后，静电除尘器对烧结烟气中粗颗粒物的脱除效率可达 99%，但对 PM2.5 的脱除效率低至 60% 左右。尤其碱金属氯化物的 PM2.5，其比电阻高达 $10^{12} \sim 10^{13}\Omega \cdot cm$（见图 4-17），远高于静电除尘适宜的比电阻范围（$10^{4} \sim 10^{11}\Omega \cdot cm$），致使其脱除效率更低。实验研究发现，经过电除尘，外排烟气中的 PM10 占总颗粒物的比例高达 95% 左右，其中 PM2.5 的比例高达 80% 以上，主要的物质为 KCl、NaCl 等氯化物。

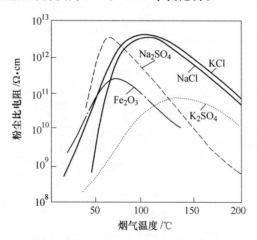

图 4-17　烧结烟气中不同组分比电阻

　　活性炭在制备过程中经过碳化活化工序，其表面粗糙不平，凹陷区域丰富，广泛分布大于等于 $10\mu m$、$5 \sim 10\mu m$、$1 \sim 2\mu m$、$0 \sim 1\mu m$ 孔洞（见图 4-18）。烧结烟气经过活性炭床层时，烟气中 PM10、PM2.5 被活性炭吸附，其脱除比例分别可达 70%、60%。KCl 等颗粒物主要吸附在活性炭孔隙、凹陷区等。

　　活性炭吸附粉尘的机理如图 4-19 所示。

图 4-18   活性炭表面孔洞

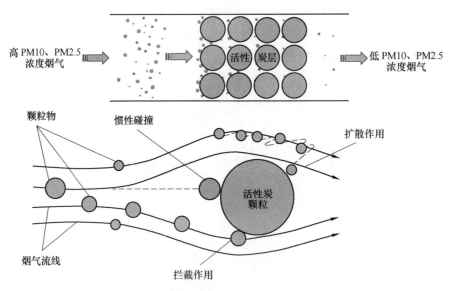

图 4-19   活性炭吸附 PM10、PM2.5 的作用机理示意图

从图 4-19 所示，PM10 和 PM2.5 中较大粒径（大于 $2\mu m$）主要经惯性碰撞、拦截等方式在活性炭孔洞、凹陷区域沉积，而较小粒径（小于 $1\mu m$）主要经扩散作用在表面沉积。

需指出的是活性炭烟气净化技术尽管具有较好的除尘性能，特别是对 PM2.5 以下粉尘效果更好，但利用活性炭装置作为除尘是不可取的，过多的粉尘，特别是可溶性碱金属物质将会显著降低活性炭的比表面积，影响吸附效果[32,33]。

B 脱硫机理

硫氧化物大多为二氧化硫，通过物理吸附和化学吸附来脱除。首先，二氧化硫通过吸附作用力，从气相移动到活性炭粒子表面进行捕集（即物理吸附）。随后，二氧化硫在活性炭细孔内氧化生成 SO_3 并与 H_2O 发生反应成为 H_2SO_4 进行捕集[34]。

$$SO_2 = SO_2^* \qquad\qquad 反应（4-49）$$

$$SO_2^* + \frac{1}{2}O_2^* = SO_3^* \qquad\qquad 反应（4-50）$$

$$SO_3^* + nH_2O^* = H_2SO_4^* \cdot (n-1)H_2O \qquad 反应（4-51）$$

式中　*——在活性炭细孔内的吸附状态；

　　　n——根据烧结烟气中的水分、SO_2 浓度和废气温度不同而有所不同，一般为 2。

吸附了污染物的活性炭为了循环使用，需进行再生，以热再生为例，反应如下：

（1）硫酸的分解反应：

$$H_2SO_4 \cdot H_2O = SO_3 + 2H_2O \qquad\qquad 反应（4-52）$$

$$SO_3 + \frac{1}{2}C = SO_2 + \frac{1}{2}CO_2 \qquad\qquad 反应（4-53）$$

$$H_2SO_4 \cdot H_2O + \frac{1}{2}C = SO_2 + 2H_2O + \frac{1}{2}CO_2 \qquad 反应（4-54）$$

（2）酸性硫铵的分解反应：

$$NH_4HSO_4 = SO_3 + NH_4 + H_2O \qquad\qquad 反应（4-55）$$

$$SO_3 + \frac{2}{3}NH_3 = SO_2 + H_2O + \frac{1}{3}N_2 \qquad\qquad 反应（4-56）$$

$$NH_4HSO_4 = SO_2 + 2H_2O + \frac{1}{3}N_2 + \frac{1}{3}NH_3$$
$$反应（4-57）$$

（3）碱性化合物（还原性物质）的生成：

$$-C \cdot \cdot O + NH_3 = -C \cdot Red + H_2O \qquad\qquad 反应（4-58）$$

（4）表面氧化物的生成和消耗：

$$-C \cdot \cdot + O = -C \cdot \cdot O \qquad\qquad 反应（4-59）$$

$$-C \cdot \cdot O + \frac{2}{3}NH_3 = -C \cdot \cdot H_2O + \frac{1}{3}N_2 \qquad 反应（4-60）$$

C 脱硝机理

活性炭法脱硝分为物理吸附、催化氧化、催化还原、非催化还原等四个部分。

　　a　催化氧化

　　活性炭表面微孔和近微孔的结构为 NO_x 吸附提供了微反应器。活性炭脱除 NO_x 的过程包括 NO/NO_2 吸附和催化转化，脱硝反应起始阶段吸附起主要作用，当物理吸附达到平衡后，脱硝率由活性炭表面官能团催化转化 NO_x 能力决定。活性炭表面极性/碱性官能团，如作为电子给体-受体的芳香环大 π 键和质子化吡啶氮/吡咯氮等促进 O_2 和 NO 吸附，化学吸附氧含量的增加有利于 NO 氧化为 NO_2。对脱硝后的活性炭进行水浸泡，对浸泡后的溶液进行分析，也发现硝酸盐的存在。

　　b　催化还原

　　活性炭表面酸性官能团（用 A 表示）与 NH_3 提供的孤对电子结合，形成 $A—NH_3$，吸附 NH_3 在活性吸附氧作用下失去 H 形成中间体 $A—NH_2$（ad）。吸附态 NO 或 NO_2 与吸附态 NH_3 或中间体 $A—NH_2$(ad) 在氧作用下发生歧化反应生成 N_2 和 H_2O。活性炭脱硝反应随着酸性表面官能团的增加而增强，因此酸性官能团吸附 NH_3 是 $NH_3—NO—O_2$ 反应的关键步骤。活性炭表面脱除 NO_x 的可能反应途径如下。式中"（ad）"和"g"分别代表吸附状态和气态物质，∗ 代表活性炭表面活性位，(A)∗ 和 (B)∗ 分别代表酸性和碱性活性位。

$$* + \frac{1}{2}O_2(g) = {}^*O(ad) \qquad\qquad 反应（4-61）$$

$$(B)^* + NO = (B)^*—NO(ad) \qquad\qquad 反应（4-62）$$

$$NO(g) + {}^*O(ad) = {}^*NO_2(ad) \qquad\qquad 反应（4-63）$$

$$(A)^* + NH_3(g) = (A)^*—NH_3(ad) \qquad\qquad 反应（4-64）$$

$$(A)^*—NH_3(ad) + {}^*O(ad) = (A)^*—NH_2(ad) + {}^*OH(ad)$$
$$反应（4-65）$$

$$(A)^*—NH_2(ad) + (B)^*—NO(ad) = N_2 + H_2O + (A)^* + (B)^*$$
$$反应（4-66）$$

$$(A)^*—NH_3(ad) + {}^*NO_2(ad) = N_2 + H_2O + {}^*OH(ad) + (A)^*$$
$$反应（4-67）$$

$$2{}^*OH(ad) = H_2O + {}^*O(ad) + {}^* \qquad\qquad 反应（4-68）$$

$$4NO + 4NH_3 + O_2 = 4N_2 + 6H_2O \qquad\qquad 反应（4-69）$$

　　c　非催化还原反应

　　液氨注入后，会与吸附在活性炭上的 SO_2 发生反应，生成氧化硫氨或硫氨，但是在活性炭再生时会作为—NH_n 基化合物残存于活性炭细孔之中。这种—NH_n 基物质被称为碱性化合物或还原性物质。活性炭在再生之后以含有这种碱性化合物的状态循环到吸附塔，与烟气中的 NO 直接反应还原成为 N_2。这种反应是活性炭特有的脱硝反应，称为 Non-SCR 反应：

$$NO + —NH_n \longrightarrow N_2 + H_2O \qquad 反应（4-70）$$

D　二噁英脱除机理

二噁英是 polychlorodibenzo p-dioixins（PCDDs）和 polychlorodibenzo furans（PCDFs）的总称，由于其高毒性，故成为被限制排放的对象。二噁英类物质因其氯元素的量不同，各自的沸点与熔点也不同，在废气中分别以气体、液体或固体形式存在，而气体与液体形式的二噁英类物质会被活性炭物理吸附。液体形式的二噁英类物质既有单独存在的情况，也有与废气中的尘粒冲撞吸附的情况。固体形式的二噁英类物质是极微小的颗粒，吸附性很高，吸附在废气中尘粒上的可能性很大。被废气中尘粒吸附的液体形式和固体形式二噁英类物质称为粒子状二噁英，这种粒子状二噁英会通过活性炭床层的集尘作用（冲撞捕集与扩散捕集）而去除。

在解吸过程中，吸附了二噁英的活性炭在解吸塔内加热到 400℃ 以上，并停留 1.5h 以上，二噁英在催化剂的作用下苯环间的氧基被破坏，发生结构转变裂解为无害物质，其分解率与加热温度、时间的关系如图 4-20 所示。

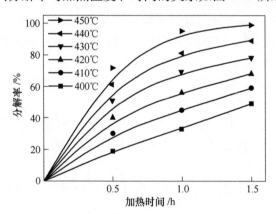

图 4-20　二噁英分解率与加热温度、时间的关系

E　有害金属脱除机理

煤炭等化石燃料及含铁原料中含有的少量 K、Na 等碱金属以及 Pb、Zn、As 等重金属，在烧结过程中会部分析出进入烧结烟气。活性炭具有良好的孔隙结构、丰富的表面基团，可很好的吸附碱金属及重金属。以汞为例说明，汞在烟气中一般以气态汞（Hg）、二价汞（Hg^{2+}）和颗粒态汞（Hg^p）存在。其中，气态汞占汞总量的 79% 以上，气态汞可吸附于活性炭的微孔中，颗粒汞可被活性炭捕集，二价态汞会与吸附的 SO_2 后生成的硫酸反应，生成硫酸盐，表示如下：

$$Hg \Longrightarrow Hg^* \qquad 反应（4-71）$$

$$Hg^{2+} + SO_4^{2-} \Longrightarrow HgSO_4 \qquad\qquad 反应（4-72）$$

F　脱除有机污染物机理

有机污染物是继颗粒物、SO_2、NO_x 之后的一种主要大气污染物，对人体和生态环境都有很大的危害，而且是光化学污染的前驱物。对于有机污染物净化，活性炭吸附技术简单有效，成本低，应用范围广，是目前有机污染物净化的主流技术之一。含有机污染物的气态混合物与多孔性固体活性炭接触时，利用活性炭表面存在的未平衡的分子吸引力或化学键力，把混合气体中的有机污染物组分吸附留在固体表面，再通过高温，将吸附的有机污染物进行处理。

4.3.1.3　活性炭损耗机理

活性炭在运行过程中存在物理损耗和化学损耗。

A　物理损耗

物理损耗包括磨损、破损两方面。

磨损发生在活性炭与活性炭之间、活性炭与装备表面之间在有压力和相对运动作用下，产生磨损现象，磨损量主要受以下几种因素影响：

（1）活性炭耐磨强度。耐磨强度由活性炭的配方、制备工艺决定，而耐磨强度高，磨损量少，即运行过程中产生的炭粉减少，活性炭使用寿命长，因此在保证活性炭活性指标前提下，尽量提高耐磨性。

（2）活性炭形状。如新鲜活性炭表面棱角分明，磨损量大，经过多次循环后，棱角有失，磨损量降低。

（3）活性炭工作条件。设备壁面材质坚硬，越粗糙，磨损越严重，活性炭在运行时，活性炭之间，活性炭与装备壁面间正压力越大，相对速度越大，磨损越严重。

破损的产生是由活性炭转运过程中的摔损和机械挤压造成的，主要影响因素包括：

（1）活性炭本身的耐压强度；

（2）活性炭转运过程中的次数和高度差；

（3）输送设备的结构形式等。因此在满足活性炭活性要求前提下，还要尽量提高耐压强度，减少转运次数和转运时落差。输送设备和卸料设备尽量减少对活性炭的挤压。

B　化学消耗

化学消耗是吸附—解吸过程中，活性炭参与化学反应，在活性炭净化工艺中不可避免，化学消耗量由烟气量和污染物浓度有关。具体方程式如反应式（4-54）所示。

某 $600m^2$ 烧结机采用活性炭烟气净化工艺，解吸气体制备硫酸，工程中年生产 98% 浓硫酸 1.21 万吨,依据上述化学反应方程式计算,与硫酸反应的年消耗活性炭约为 740t。在烟气中 SO_2 浓度较低时,活性炭的物理损耗会大于化学损耗。

4.3.1.4 活性炭特征分析

由松散、分离、形状尺寸相当的颗粒所组成的群体,称为散粒体,烟气净化行业使用的活性炭具有典型散粒体特性。为了合理设计吸附塔、解吸塔及输送机结构,实现烟气净化系统高效安全运行,必须从一般散粒体流动规律入手了解活性炭的相关特性,主要包括摩擦特性、流动特性以及散粒体对容器的压力特性等。

A 摩擦特性

当散粒物料之间以及物料和所接触的固体表面间发生相对运动或有运动趋势时,均存在阻碍运动的力,把这一阻碍运动的力称作摩擦。作用在相对静止表面间的摩擦力为静摩擦力,作用在相对运动表面间的摩擦力为动摩擦力。物料在克服其与接触表面的摩擦力之前,不可能产生相对运动。一旦开始运动,摩擦力会相应减少。

摩擦定律:

$$f = \frac{F}{N} \tag{4-1}$$

现代摩擦理论认为:摩擦力是作用在一个平面内的力,在这个平面内只有少数几个接触点,同时还会有若干复杂的凸凹啮合,真实接触面积很小,故实际接触压力极大。因此,物料在接触处会发生塑性流动或黏合作用。

摩擦力与实际接触面积成正比,并与所接触物料的特性有关。它由两部分组成,一部分是剪切接触表面凸凹不平所需的剪切力,另一部分是克服接触表面之间的黏附和黏聚所需的力。

散粒物料的摩擦特性可用滑动摩擦角、滚动稳定角、休止角和内摩擦角来表述。滑动摩擦角、滚动稳定角是反映散粒体与接触固体表面间的摩擦性质,而休止角与内摩擦角则反映散粒体间的内在摩擦性质。

滑动摩擦角 φ 表示散粒物料与接触固体相对滑动时,散粒体与接触面间的摩擦特性,其正切值为滑动摩擦系数。滑动摩擦系数与正压力无关,受滑动速度影响也很小,但物料含水量对其影响较大。

滚动稳定角 φ_s,反映单粒柱状、球形或类似球形物料与所接触表面的滚动摩擦特性,它是物料输送机械、清选机械等重要设计参数之一。滚动阻力系数与接触表面的刚性有关,表面越硬,滚动阻力系数越小。滚动稳定角是指物料在斜面上开始下滚时的斜面倾角为滚动的静态稳定角;物料在斜面上匀速下滚时的斜面倾角为滚动的动态稳定角。滚动稳定角和物料形状、尺寸、质量以及接触表面性质有关。

休止角是指散粒物料从一定高度自然连续地下落到平面上时，所堆积成的圆锥体母线与底平面的夹角，用 φ_r 表示。它反映了散粒物料的内摩擦特性和散落性能。当位于圆锥体斜面上的物料，它的重力沿斜面分力等于或小于物料间的内摩擦力时，则物料粒子在斜面上静止不动。因此，休止角越大的物料，内摩擦力越大，散落性越小。散粒物料的休止角与其形状、尺寸、含水率等有关。对于同一种物料，粒径越小休止角越大。这是由于细小的粒子之间相互黏附性较大的缘故。粒子越接近于球形，其休止角越小。物料的休止角随含水率增加而增大，这是因为每个粒子被潮湿的表层包围，使其内摩擦力和粒子间吸附作用增加。

内摩擦角 φ_i 是反映散粒物料间摩擦特性和抗剪强度，它是确定储料仓仓壁压力以及设计重力流动的料仓和料斗的重要设计参数。如果把散粒物料看成一个整体，在其内部任意处取出一单元体，此单元体单位面积上的法向压力可看作该面上的压应力，单位面积上的剪切力可看作该面上的剪应力。物料沿剪切力方向发生滑动，可以认为整体在该处发生流动或屈服。即散粒物料的流动可以看成与固体剪切流动破坏现象相类似。这样，就可以应用莫尔强度理论来研究散粒物料的抗剪强度，进而得出确定内摩擦角的理论和方法。

在活性炭烟气净化工程中，经常要用到活性炭的摩擦系数、休止角、内摩擦角等参数来进行工程设计，经过实验研究，测得活性炭的摩擦系数、休止角、内摩擦角见表 4-2。

表 4-2　烧结烟气净化工程用活性炭摩擦特性参数

项　　目	数　　值
对钢板摩擦系数	0.5
休止角	32°
内摩擦角	35°

B　流动特性

储存液体或气体的装置称为储罐，储存粉体的装置称为料仓和料斗。工程上往往要求散粒体能以一定的速度在料仓或料斗中流动，才具有功能价值，由此，设计料仓时，必须找出散粒体的流动条件，使之在仓内形成整体流或群流，防止、避免漏斗流及结拱现象[35]。

日本学者进行了散粒体流经小孔的一系列实验后，得出关于粉体孔口的质量流量与孔口直径 D_0 之间有下列经验关系：

$$W_0 = \alpha_0^* D_0^n \rho \qquad (4-2)$$

式中　ρ——散粒体密度，t/m^3；

　　　α_0——与物料性质有关的比例常数；

n——指数，$n=2.5\sim3.0$（通常接近2.7）。

在活性炭料仓设计时，可以此公式作为参考进行孔口设计。

a 仓内物料的流动类型

整体流：散粒物料在料仓或料斗内能像液体那样在不同高度上同时均匀全部地向下流动，则称为整体流。整体流动时无论中心部分还是靠料斗壁处的物料都充分流动，先装进的物料先流出来，使物料迅速排空而无死区存在，如图4-21（a）所示。

漏斗流：如果散粒物料在料仓和料斗的中心部分产生漏斗状的局部流动，而周围其他区域的物料停滞不动，则称为中心流或漏斗流。漏斗流流动时，先装进去的物料可能后流出来，漏斗状通道周围的静止物料形成死区，减少了料仓的有效空间。在狭窄的漏斗状通道中流动不稳定，速度不均匀，容易在料斗内"结拱"，引起流动中断如图4-21（b）所示。

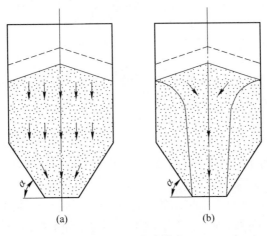

图4-21 流动形式
（a）整体流；（b）漏斗流

对于散粒体流动状态而言，漏斗流状态下散粒体只能在料仓内局部性流动，容易产生塌落、结拱等不稳定现象，散粒体流动呈无序状态，不能保证粉体先进先出，甚至产生后入先出等现象，这给操作、控制和计量均带来一系列困难，同时还减少了料仓的有效容积（减少了仓储量）；在气—固传质过程中，散粒体整体流能保证气固之间均匀接触、高效反应。因此在有多相传质要求的工程上必须防止漏斗流。而整体流在整个仓内不同高度上的料层几乎同时均匀地向下流动，不易发生塌落和拱塞现象，因此可按要求有规律地操作、控制和计量料流。

b 整体流与漏斗流的判别

杰宁克和约翰尼斯对散粒体形成整体流的条件进行了一系列实验[36]，得出了如图 4-22 所示的判别曲线，即在物料不同有效内摩擦角 φ_i 条件下，可由实验曲线上按壁面摩擦角 φ_w 得到形成整体流的料仓半锥顶角 θ。

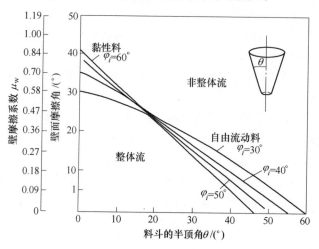

图 4-22　流动形式判别曲线

另外，根据粉体三向受压破坏机理分析，料仓内散粒体形成整体流的必要条件是料斗壁面的水平倾斜角 α 满足：

$$\alpha > 45° + (\varphi_i/2) \tag{4-3}$$

经过实测活性炭的内摩擦角为 35°，则当料斗壁面的水平倾斜角 α 大于 62.5° 时，如果其他设计结构与参数合理，则活性炭储仓或活性炭塔内会形成整体流。

c　散粒体拱塞现象消除方式

在散粒体料仓设计时，如果结构参数选择不正确，粉体进出口位置不合理，粉体潮湿或本身黏附性较强，料仓形状不合理等，加上颗粒间的内摩擦作用，物料便不能从排料口稳定地流出，从而产生堵塞现象，这就是在散粒体储仓内结拱，其主要特征是粉体在卸料口处蓬起，形成一个拱形，如图 4-23 所示。

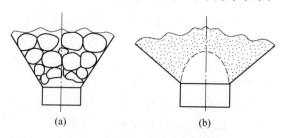

图 4-23　粉体在仓底的结拱现象

结拱是由于物料粒子之间及粒子和容器之间的摩擦、黏聚和黏附作用而产生的。散粒物料的粒径越小、粒子形状越复杂、重度越小、内摩擦角和含水率越大，则结拱现象越严重。料斗排料口越小、锥顶角越大、表面越粗糙，则越容易造成结拱。结拱现象非常复杂，目前还不能从根本上解决，只能采取措施减少结拱现象。防止结拱的办法有以下几种：加大排料口尺寸、减小料斗锥顶角、尽量使料斗光滑，减小摩擦力，将料斗作成非对称形或在料斗内加纵向隔板，破坏物料受力后形成的稳定静止层；在排料口上方加锥体结构，以减小排料口承受的物料压力；在料斗中悬吊链条或安装振动器等。

C 压力特性

活性炭是一种散粒物料，而吸附塔、解吸塔又相当于一种散粒物料的储仓，活性炭在吸附塔、解吸塔内的压力特性是吸附塔、解吸塔的强度设计依据之一。因此，必须对活性炭这种散粒物料的压力特性进行分析。

储仓内散粒物料的压力主要作用于侧壁和底部，也是储仓受到长期荷重的一部分。储仓设计时一定要保证其具有可靠的强度来承受物料的压力，否则，生产中会出现储仓开裂甚至倒塌的事故。储仓内的物料压力可分解为筒仓和斗仓两部分来计算。

a 筒仓部分物料压力

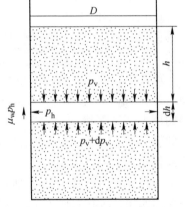

图 4-24 圆筒容器的物料压力

液体容器中，压力与液体深度成正比，同一液面上的压力相等。而且，帕斯卡原理和连通管原理成立。但是，这些对散粒体容器均不适用。

詹森对图 4-24 所示的圆筒容器内深度 h 处的散粒体压力进行了分析计算[5]。

计算前先做如下假设：

（1）容器内的物料层处于极限应力状态；

（2）同一水平面的垂直压力恒定；

（3）物料的基本物性和填充状态均一，因此内摩擦系数为常数。

设物料密度为 ρ_v，壁摩擦系数为 μ_w。取 h 深度处的微元物料层作垂直方向上的力的平衡，可写出下列平衡关系式：

$$\frac{\pi}{4}D^2 p_v + \frac{\pi}{4}D^2 \rho_v dh = \frac{\pi}{4}D^2(p_v + dp_v) + \pi D \mu_w p_h dh \quad (4-4)$$

将物料侧压系数 $k = p_h / p_v$ 中代入式（4-4）并整理后得：

$$(D\rho_v - 4\mu_w k p_v)dh = D dp_v \quad (4-5)$$

对上式从 $h = 0$ 到 $h = h$ 积分，并考虑当 $h = 0$ 时，$p_v = 0$ 的边界条件，则得如下所示的垂直压力 p_v 和水平压力 p_h 的表达式：

$$P_v = \frac{D\rho g}{4k\mu_w}\left[1 - e^{-\left(\frac{4k\mu_w h}{D}\right)}\right] \quad (4-6)$$

$$p_h = kp_v \qquad (4\text{-}7)$$

式中，$k = \dfrac{1 - \sin\varphi_i}{1 + \sin\varphi_i}$，$\varphi_i$ 为物料的内摩擦角。

此公式是詹森物料压力公式，对于棱柱形容器，若横截面积为 F，周长为 L，可以以 F/L 置换上式中的 $D/4$，得到物料压力表达式。

如图 4-25 所示，可以看出，p_v 呈指数曲线变化。当 $h \to \infty$ 时，$p_v \to p_\infty = \dfrac{D\rho g}{4k\mu_w}$，即当物料填充高度达到一定值后，$p_v$ 趋于常数，形成物料压力饱和现象，$4k\mu_w$ 值随物料物性和圆筒壁面的情况而定，对于一般的物料，通常取 $0.35 \sim 0.9$。例如，当 $4k\mu_w = 0.5$，$h/D = 6$ 时，$p_v/p_\infty = 0.9502$。换言之，当深度为直径的 6 倍时，物料的压力已达最大压力的 95%。一般来说，深度为筒径的数倍时，物料的压力几乎为定值。

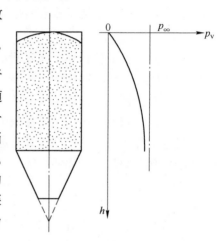

图 4-25　筒仓内物料压力分布

詹森公式表示的是物料静压力，但在筒仓进行装载和卸料时，物料为动态，物料的压力会显著增加。测定表明，大型筒仓的静压同詹森公式计算结果大致相同，但卸料时压力有明显的脉动，距筒仓下部约 1/3 高度处，壁面受到强烈冲击和反复载荷的作用，其物料压力可达静压的 3 至 4 倍。这种超负荷作用将使大型筒仓产生变形甚至破坏，危及生命财产的安全，影响生产的正常进行，应引起高度重视。

b　斗仓部分物料压力

斗仓的物料压力可按詹森公式加以推导。如图 4-26 所示，以圆锥假想的顶点为

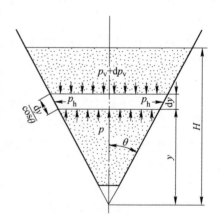

图 4-26　斗仓的物料压力

起点，取距锥顶距离为 y 处的微元物料层作垂直方向的力的平衡。

壁面垂直方向上单位面积的压力为：

$$p_h \cos^2\theta + p_v \sin^2\theta = p_v(k\cos^2\theta + \sin^2\theta) \qquad (4\text{-}8)$$

沿壁面单位长度上的摩擦力为：

$$p_v(k\cos^2\theta + \sin^2\theta)\mu_w(\mathrm{d}y/\cos\theta) \qquad (4\text{-}9)$$

所以，力平衡式为：

$$\pi(y\tan\theta)^2[(p_v + gd\rho_v) + \rho_v gdy]$$
$$= \pi(y\tan\theta)^2 p_v + 2\pi y\tan\theta(dy/\cos\theta)\mu_w(k\cos^2\theta + \sin^2\theta)p_v\cos\theta \quad (4\text{-}10)$$

经变形整理得：

$$\frac{dp_v}{dy} = -\rho_v g + \alpha\left(\frac{p_v}{y}\right) \quad (4\text{-}11)$$

式（4-11）中 α 计算式为：

$$\alpha = \frac{2\mu_w}{\tan\theta}(k\cos^2\theta + \sin^2\theta) \quad (4\text{-}12)$$

根据 $y=H$ 时，$p_v=0$ 的边界条件解此微分方程可得：

$$p_v = \frac{\rho_v gy}{\alpha - 1}\left[1 - \left(\frac{y}{H}\right)^{\alpha-1}\right] \quad (4\text{-}13)$$

图 4-27 所示为当 $H=1$，$\alpha=0.5$，1，2，5 时按上式计算所得到的斗仓压力分布。由图可见，α 值越小，即壁摩擦系数越小，亦即物料的流动性越好，则物料压力越大，并且斗仓中某一深度的最大值位置越接近锥顶。当 $\alpha=0$ 时，即物料壁摩擦系数为零时，物料的压力分布与流体相同，为一直线。

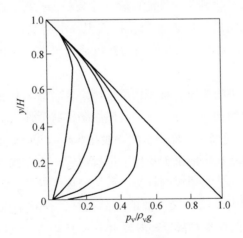

图 4-27　斗仓内物料压力分布

4.3.1.5　活性炭制备及性能评价

A　活性炭制备工艺

柱状脱硫脱硝活性炭的主要生产工艺一般都包括原料筛选、备煤（破碎、磨粉）、捏合、成型、干燥、炭化、活化、成品处理（筛分、包装）几个工序。其中原料筛选、备煤工序为预处理工艺单元，捏合、成型、炭化和活化工序为最核心的工艺单元，成品处理工序为后处理工艺单元。具体生产工艺流程图如图 4-28 所示。

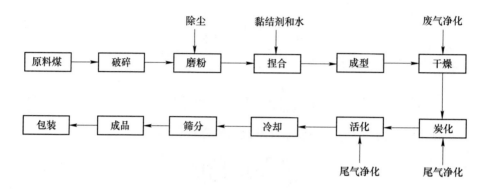

图 4-28　柱状脱硫脱硝活性炭生产工艺流程图

B　活性炭性能评价

活性炭的性能和质量决定了活性炭法烟气净化的效果和运行成本。活性炭产品质量的检测主要包括物理化学性能检验（主要检测指标包括水分、灰分、挥发分、粒度分布、堆积密度、比表面积、孔容积、耐磨强度、耐压强度和着火点等），污染物脱除性能检验（主要检测指标包括脱硫性能评价、脱硝率、碘吸附值等）。

水分采用干燥失重法测得，堆积密度采用定量容器填料称重法测得，二者作为活性炭产品最常规的技术指标，比如脱硫脱硝柱状活性炭水分含量一般要求出厂不大于 3% 或者不大于 5%，堆积密度一般在 560~650g/L 之间。

灰分是指活性炭在规定的试验条件下进行灼烧，所得残渣占原产品的质量分数，一般来说，灰分高低与原煤的种类、活化的程度以及是否进行脱灰工艺等因素相关，通过调研国内外活性炭厂商的产品指标，柱状活性炭的灰分在 10% ~ 20% 之间，脱硫脱硝活性炭对灰分一般要求不大于 20%。值得说明的是，活性炭生产工艺及配方的不同会导致灰分组分不尽相同，灰分中的某些成分对脱硫、脱硝会产生积极作用，同时又与活性炭着火点、吸附性能相关，灰分值并非越小越好或越大越好。

耐磨强度是指活性炭在一定的机械磨损条件下未磨损的量占原产品的质量分数，耐压强度是指使活性炭在外力作用下破碎的瞬间极限压力值，耐磨强度和耐压强度对活性炭的应用具有重要意义，尤其是脱硫脱硝工业中，大量的活性炭物料在系统内循环，合适的机械强度才能保障活性炭的使用寿命，从而保证脱硫脱硝系统运转的经济性，就目前耐磨强度和耐压强度的测试方法来说，存在与工程使用要求脱节的问题，研究活性炭耐磨强度、耐压强度值与工程上活性炭磨损量关系是活性炭使用方、生产厂家、科研机构及标准制定者等需要共同研究的课题。

着火点的测定原理是活性炭在一定的空气氛围及升温条件下突然着火的瞬间温度，在满足其他性能条件下，着火点越高，对工程应用越安全。

挥发分的测试原理是活性炭在一定的条件下隔绝空气加热一段时间损失的量占原活性炭质量的质量分数，挥发分与活性炭生产中活化工序是否充分、原料煤的种类及生产工艺相关，与活性炭的燃烧特性存在一定的对应关系，需特别重视。

碘吸附值是表征活性炭吸附性能的重要指标之一，碘吸附值代表了活性炭微孔的发达程度，与比表面积、孔容等指标联合使用表征活性炭的孔隙特征，与活性炭的吸附性能基本呈正相关的关系。

硫容（具体包括 4h 硫容、工作硫容、饱和硫容等概念）、脱硫值、脱硝率、汞容等指标是指活性炭在一定的实验室模拟烟气条件下对不同污染物的去除能力，较直观的代表了活性炭的实际使用性能，但需要注意的是，模拟条件下判断活性炭的使用性能能够推广使用的前提是需保证评价设备的标准化、并保证检测方法的可操作性和规范化。

目前，针对烧结烟气净化用活性炭性能指标要求主要参考《脱硫脱硝用煤质颗粒活性炭》（GB/T 30201—2013），该标准分别对水分、堆积密度、粒度、耐磨强度、耐压强度、着火点、脱硫值和脱硝率 8 个指标作了技术要求，并规定了相应的测试方法。随着活性炭法在烧结烟气净化领域的成功投运，活性炭法在工业烟气治理方面体现出了巨大的优势和生命力，各行业开始探索性的进行不同工况条件下的技术移植，鉴于活性炭法广阔的市场应用前景，北京清新环境技术股份有限公司、中冶长天联合国内知名企事业、高校等共同制定发布了《烟气集成净化专用碳基产品》（GB/T 35254—2017），如表 4-3 所示，该标准适用于燃煤电厂烟气、有色金属冶炼尾气、烧结尾气、焦化烟气、垃圾焚烧烟气中的二氧化硫、氮氧化物、汞等污染物脱除，并于 2018 年 7 月 1 日起正式实施。《烟气集成净化专用碳基产品》在《脱硫脱硝用煤质颗粒活性炭》的基础上，对 SO_2 脱除能力、NO 脱除能力、堆积密度、耐磨强度检测方法及技术指标作了调整，提出 4h 硫容和工作硫容的概念，将农业上用来测量谷物或者麦粒堆积密度的容重器用于活性炭堆密度测试，降低人工误差，并增加了汞容、灼烧残渣和碘吸附值等 3 个技术指标。

表 4-3　烟气集成净化专用碳基产品主要指标及技术要求

序号	主要指标	技术要求						B 类	C 类
		A1 类			A2 类				
		一级	二级	三级	一级	二级	三级		
1	4h 硫容/%	≥8			≥10			≥10	≥6
2	循环硫容/%	≥8	≥7	≥6	≥8	≥7	≥6	≥6	—
3	脱硝率/%	≥60	≥50	≥40	≥60	≥50	≥40	≥40	—
4	汞容*/kg · g^{-1}	实测			实测			实测	实测
5	灼烧残渣/%	≤20			≤20			≤20	≤20
6	耐磨强度/%	≥97	≥97	≥94	≥98	≥98	≥96	≥90	
7	抗压强度/N	≥400	≥370	≥300	—			—	
8	堆积密度/g · L^{-1}	550~700			550~650			500~600	
9	粒度分布/%	5.60mm~11.20mm, ≥90.0			3.15mm~6.30mm, ≥85.0			—	≤0.045mm, ≥95.0
10	水分/%	≤5			≤5			≤5	≤8
11	着火点/℃	≥120			≥420			≥420	≥400
12	碘吸附值/mg · g^{-1}	—			—			—	≥500

注："—"为可不检项目。

　　*为参考性指标，是否为约束性指标由供需双方协定即可。

4.3.2　活性炭法烟气净化典型工艺及参数

　　净化工艺按烟气流向与活性炭料层的相对移动方向的不同分为交叉流工艺和逆流工艺，其中交叉流是指烟气与活性炭运动方向相互垂直；逆流是指烟气从下往上，活性炭从上往下移动。

4.3.2.1　交叉流工艺

　　交叉流工艺中，吸附床层厚度根据污染物浓度及脱除效率要求确定，两相（固相和气相）流场相互干扰小，即活性炭流动状态受烟气流量波动影响较小，吸附塔结构设计上容易实现活性炭整体流状态，烟气与活性炭接触均匀。目前已实现工业应用的交叉流吸附装置主要有分层和不分层两种。

　　A　分层交叉流工艺

　　分层交叉流工艺中吸附塔结构形式如图 4-29 所示。活性炭床层从上到下充满吸附塔，上部连接塔给料仓，下部连接塔底料斗，排料采用长轴辊式排料装置，活性炭在重力作用下，依靠圆辊与活性炭间摩擦力而排出，保证在垂直气流的截面上活性炭下料速度均衡，同时根据烟气各组分浓度不同和排放要求，按与烟气接触的先后顺序，设置了前、中、后多个通道，并分别控制各通道的活性炭下料速度，实现不同污染物的高效协同脱除。

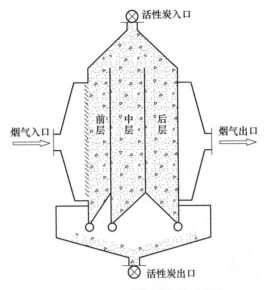

图 4-29 分层交叉流吸附塔示意图

a 单级吸附工艺

活性炭法单级烟气净化技术工艺流程如图 4-30 所示。主要包括：（1）脱除有害物质的吸附塔；（2）再生活性炭的解吸塔；（3）活性炭在吸附塔与解吸塔转运的输送机。烧结烟气经增压风机，加压后进入吸附塔，在活性炭床层中首先主要脱除 SO_2 和粉尘，然后在氨的存在下脱除 NO_x，吸附了污染物的活性炭经输送机运至解吸塔再生，活性炭再生时，分离出的高浓度 SO_2 进入副产品回收系统，实现副产物资源化利用。再生后的活性炭输送至吸附塔循环使用。

b 组合式双级吸附工艺

随着烧结烟气超低排放标准推行，单级吸附工艺已难以满足排放标准，基于活性炭在低 SO_2 条件下，具备更好的脱硝效果，开发了双级吸附活性炭法烟气净化工艺。此工艺又可分为前后组合吸附工艺和上下组合吸附工艺。上下组合工艺吸附反应器从外形上看为同一个塔（详见 4.3.3.1），基于维护检修的方便，目前大型烧结烟气净化多采用前后组合双级吸附工艺，如图 4-31 所示。

从图可知，活性炭整体料流方向与烟气气流方向相反，即烟气先过一级塔，再到二级塔，新鲜活性炭经解吸塔高温活化后先到二级塔，然后从二级塔输送到一级塔，吸附了污染物的活性炭从一级塔再通过输送机送至解吸塔中，完成活性炭料流循环。采用两级活性炭吸附工艺，一方面为选择性喷氨、选择性脱除烟气有害物质创造了有利条件，另一方面也为提高氨气利用效率、低温脱硝创造了条件。

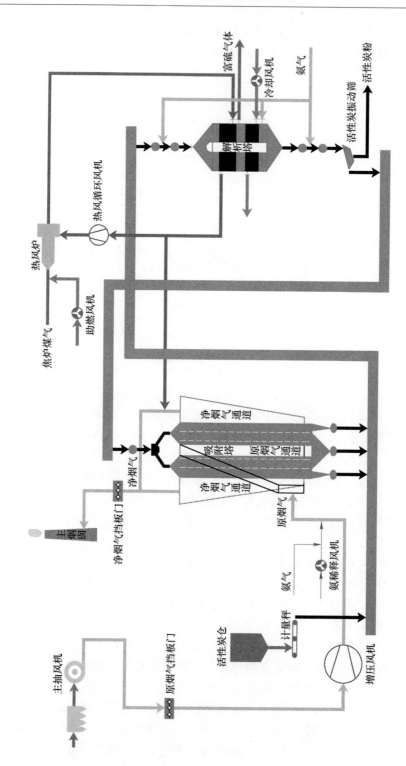

图 4-30　活性炭法脱硫脱硝工艺流程

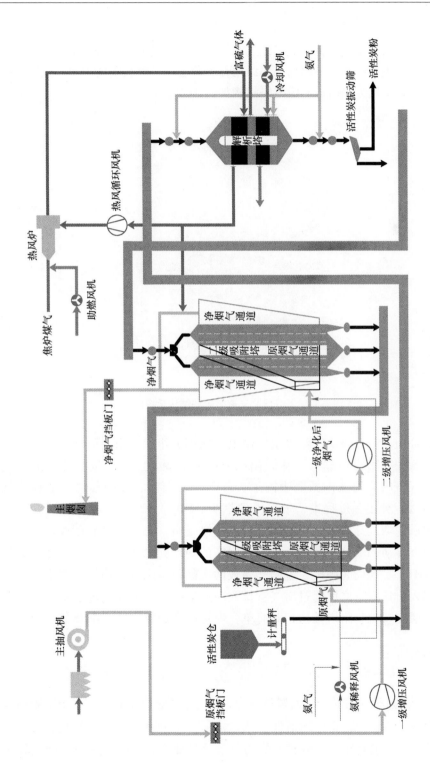

图 4-31 双塔并行组合吸附工艺

　　B　不分层交叉流工艺

　　不分层交叉流工艺与分层交叉流工艺，特别是与上下组合分层交叉流工艺在流程上相似，主要区别为吸附塔内部结构，不分层交叉流吸附塔为单一通道，上部为脱硝段，下段为脱硫段。吸附塔结构如图4-32所示。

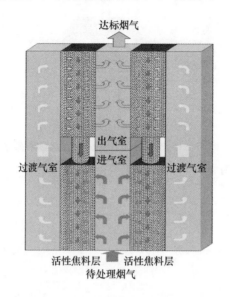

图4-32　不分层交叉流吸附塔结构示意图

　　从图可知，不分层交叉流吸附塔由上下两部分组成，塔内活性炭床层不分层，活性炭在吸附塔内靠重力从脱硝段下降到脱硫段。烟气进脱硫段的进气室，在进气室内均匀流向两侧吸附层，并与自上向下、缓慢移动的活性炭接触，在与活性炭接触过程中，烟气中的烟尘、SO_2、NO_x 等污染物被活性炭吸附。净化后的烟气穿过出气面格栅板进入过渡气室，之后进入脱硝段，并再次与自上向下移动的活性炭接触，提高吸附塔的 SO_2 去除效率，同时可在过渡气室喷入 NH_3，实现同时脱硫、脱硝。完成两次吸附净化后的烟气穿过出气面格栅板，汇入出气室，之后通过出气室排入净烟道系统，最终通过烧结主烟囱排放。不分层交叉流吸附塔结构相对简单，但对污染物脱除效率不及分层交叉流吸附塔。

4.3.2.2　逆流工艺

　　活性炭通过输送机送至吸附塔顶料仓，料仓上部设有密封阀。多个吸附塔模块连接到一个料仓，料仓中的活性炭依次流入上部的活性炭分配料仓、脱硝床层，再继续流入脱硫床层。排料装置为气动活塞驱动，安装在气体分配装置下方，该装置每次启动会降低吸附塔活性炭床层高度，不足的活性炭从料斗进入吸附塔活性炭床层。

逆流工艺流程如图 4-33 所示，烟气通入吸附塔，首先，烟气通过水平入口管道，然后向上进入逆流单元到达脱硫活性炭床层。烟气离开脱硫床层后水平方向经过气体分配器进入下一个逆流单元，即脱硝活性炭床层。在进入活性炭脱硝床层前，在气体分配器前注入氨和空气的混合气。分配器装有多个喷嘴，方便气体的注入。为维护方便，喷嘴可从外部取下。烟气在离开脱硝活性炭床层后，进入主烟道送至烟囱排放。

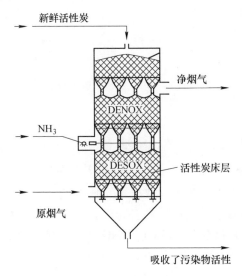

图 4-33　逆流法工艺流程

4.3.2.3　工艺参数

活性炭烟气净化工艺方案的选择要考虑三个方面：一是该工艺对烟气多污染物的净化效果，二是投资及运行成本，三是系统的安全稳定运行可靠性。投资及运行成本由排放要求和选定的技术方案决定，通过设计、制造、安装、运行等过程体现；对于确定的排放要求和选定的技术方案，净化效果与工艺参数的选择有关，主要工艺参数包括烟气流速、温度、活性炭循环量等因素[37]。

A　流速

流速是影响烟气净化效果的重要参数，脱硫、脱硝效率与烟气流速相关性强，图 4-34 是烟气流速对脱硝影响规律的实验，试验条件如下：烟气量（标态）60m³/h，氨氮比为 1∶1，反应温度为 135℃。结果表明：当流速增加时，脱硝效率降低，流速降低时，脱硝效率提高。

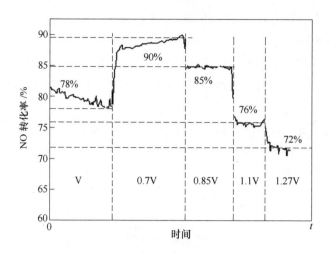

图 4-34　烟气流速对脱硝影响

B　温度

温度是活性炭烟气净化技术的重要控制指标，反应温度是对 NO 的催化还原具有重要影响，如图 4-35 所示，实验条件如下：烟气量（标态）为 60m³/h，氨氮比为 1∶1，空塔气速 v。从实验数据可知随着进口温度的升高，NO 转化率增加的比较显著，进口温度在 115℃ 左右时，脱硝率较低，在 125~135℃ 之间时，脱硝率提高，当进口温度超过 145℃ 时，NO 转化率显著提高。但为了系统安全，塔内温度建议不超过 150℃，因此需综合考虑脱硝率与安全性之间关系，严格管控系统温度。

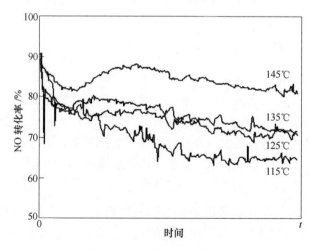

图 4-35　温度对脱硝影响

C 氨用量

氨气是 SCR 脱硝反应的反应物，增加氨气量，可以显著提高脱硝效率，如图 4-36 所示，试验条件如下：烟气量（标态）为 $60m^3/h$，反应温度为 135℃，空塔气速 v。实验结果表明：将氨气量从 $200×10^{-6}$（200ppm）提高到 $500×10^{-6}$（500ppm），脱硝率从 40% 升高到 80%，但氨用量提高，也会增加氨逃逸量，因此需综合控制氨气用量，一般选择氨氮比在 0.8 左右。

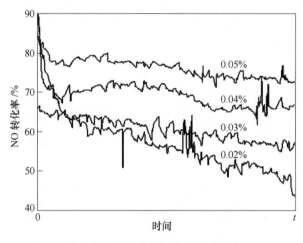

图 4-36 活性炭用氨量对脱硝影响

D 循环量

烟气中污染物的去除效率由活性炭的吸附效率、吸附量决定，增加系统循环量可以提高吸附系统对 SO_2、NO_x 的脱除能力，因此活性炭循环量会影响污染物的脱除性能，在宝钢的中试进行了活性炭循环量研究，实验条件如下：烟气量（标态）为 $30000m^3/h$，氨氮比为 1:1，反应温度为 140℃，空塔气速为 v。

研究结果如图 4-37 所示，从中可知提高活性炭整体循环量，可以增加脱硝效率。但同时要考虑到，活性炭循环量增大，也会显著提高活性炭磨损率，提高运行成本，基于此需综合考虑运行成本与脱除效率关系。同时，研究活性炭层中对脱除效果的影响规律，通过优化运行参数，提高对脱除效果敏感的那部分活性炭循环量，而降低循环总量的措施来提高脱除效果。

4.3.2.4 工艺特点对比及国内外主要工程应用

如上述可知，活性炭工艺按吸附方式不同分为交叉流工艺和逆流工艺。两种塔体物质流向如图 4-38 所示。

由图可以看出，交叉流与逆流工艺最大的不同点在于气相流（烟气）和固相流（活性炭）的接触方式，交叉流工艺两相流垂直交叉，而逆流工艺两相流

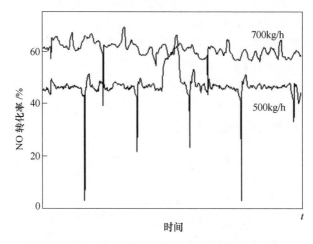

图 4-37   活性炭循环量对脱硝影响

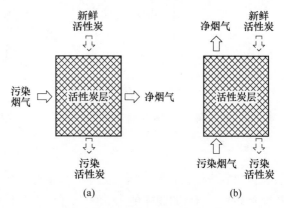

图 4-38   活性炭吸附塔物质流向示意图
（a）交叉流工艺；（b）逆流工艺

相向接触。这两种截然不同的气固接触方式，决定了两种工艺的吸附塔具有明显不同的结构形式和吸附特点。通过系统对比两种工艺，及结合实际运行情况，分析各自的优势与不足：

（1）在合理设计条件下，两种工艺都能获得较高的多污染物脱除效率。

（2）交叉流工艺气固为独立两相，干扰较小，活性炭下料更顺畅。交叉流工艺中气流横向穿过活性炭床层，对活性炭依靠重力自上而下的流动干扰较小；而逆流工艺气流与活性炭层流动方向相反，运行过程中气相流的波动可能影响活性炭层的流动状态。

（3）交叉流工艺吸附塔排料易于控制，安全性更高。如前所述，活性炭脱除污染物的过程为放热过程，若吸附污染物的活性炭长期滞留在塔内，会导致热量蓄积，更严重的是造成自燃。为避免这一现象发生，须要求烟气与活性炭均匀接触，活性炭呈整体流流动状态，没有滞留现象。逆流工艺中，烟气由吸附塔活性炭排料口的锥面百叶窗进入，为使烟气进入均匀，同时使活性炭顺利排出，需设置更多个锥形排料口。交叉流工艺中，排料由长轴辊式排料（详见4.3.3.1），排料口口少，料流易形成整体流状态，烟气垂直穿过呈整体流活性炭层时，均匀与活性炭接触，接触时间由长轴辊式排料机控制，脱除效率高，控制更稳定，安全。两种吸附塔结构框图如图4-39所示。

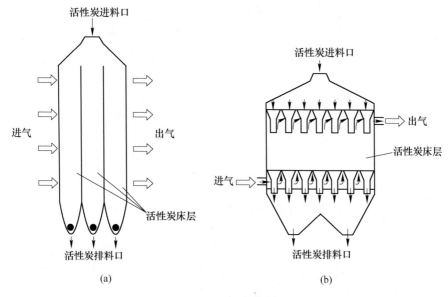

图 4-39　吸附塔结构示意图

(a) 交叉流工艺；(b) 逆流工艺

据韩国现代统计数据，处理 $1.4×10^6 m^3/h$ 烟气量（标态），交叉流工艺吸附塔约有72个排料口，而逆流工艺吸附塔排料口多达约10000个。排料口相对较为狭窄，若操作不当，易造成堵料，进而造成局部高温发生。因此，较多的排料口会使操作难度及风险系数增加。

（4）交叉流工艺烟气中氟、氯等元素可及时排出，系统连续作用率高。烟气中除含有 SO_2、NO_x 外，还含有大量盐酸、氟化氢，均会被活性炭层所拦截捕获。由于硫酸酸性强于盐酸、氟化氢，因此，盐酸、氟化氢很难在高二氧化硫条件下被脱除，而会随烟气进入吸附塔的中后段。一般的，对于交叉流工艺，第一级吸附塔用于脱硫脱硝，第二级吸附塔用于深度脱硝；对于逆流工艺，下部用于脱硫，上部用于脱硝。因此，烟气中的盐酸、氟化氢分别会进入交叉流工艺的一级吸附塔出气侧和二级塔内，及逆流工艺的吸附塔上部。

对于交叉流工艺，一级吸附塔出气侧的含高氟氯活性炭可通过对吸附塔进行分层，实现从系统中排出；对于逆流工艺，吸附塔上部的含高氟氯活性炭不能排出，而会进入吸附塔下部，并在吸附二氧化硫后重新释放出盐酸、氟化氢进入吸附塔上部，造成氟氯在系统内累积。逆流工艺吸附塔内氯累积过程示意图如图4-40所示。

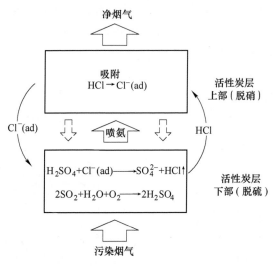

图4-40　逆流工艺吸附塔内氯累积过程示意图

由于脱硝过程需加入一定的氨水，当氟氯累积浓度过高时，则会在吸附塔内形成 NH_4Cl。NH_4Cl 具有一定的黏结性，且结晶后难以分解，因此，会导致吸附塔内部发生结块现象，进而引起滞料等不良影响，具有一定的安全隐患。

（5）交叉流工艺吸附塔可根据各污染物脱除需要进行多个分层，最大化地提高活性炭利用率及多污染物净化效率。如前所述，虽然活性炭具有脱硫、脱硝、除尘、脱重金属、脱二噁英等多污染物的特点。但活性炭对各污染物脱除机理及能力不同，这就要求活性炭层应具有多个不同功能区，各功能区可通过设置不同的床层厚度、下料速度等，以实现各污染物的最优去除。由于交叉流工艺的活性炭流向相对独立，受烟气流干扰较小，因此，可灵活地对活性炭床层进行多功能的分层，从而提高活性炭利用率及多污染物净化效率。

（6）逆流工艺活性炭层吸附效率高，交叉流工艺可利用合理参数提高吸附效率。逆流工艺中活性炭层与烟气逆向接触，从而有利于提高单位活性炭量吸附效率，污染物脱除效率高；交叉流工艺采用分层吸附时，如前所述，通过设定合适的工艺参数，可以获得更高的污染物脱除效率。

综上，交叉流工艺是一种更高效、更经济、更安全的活性炭烟气净化方法，目前已在国内外获得了广泛应用。截至2018年底，投产运行一年以上的国内外大型铁矿烧结活性炭烟气净化工程情况，如表4-4所示。

表 4-4　国内外主要大型烧结厂活性炭烟气净化工艺应用情况

使用厂家		处理能力 /×10⁴m³·h⁻¹ （标态）	投产时间	吸附塔结构	备注
国内	宝钢本部	200	2018	交叉流	—
		200	2016	交叉流	—
	宝钢湛江	180	2016	交叉流	—
		180	2015	交叉流	—
	安阳钢铁	125	2018	交叉流	—
		138	2018	交叉流	—
		165	2018	交叉流	—
	邯郸钢铁	165	2017	逆流	—
		165	2016	逆流	—
	日照钢铁	196	2015	交叉流	不分层
	联峰钢铁	198	2015	交叉流	不分层
	太原钢铁	200	2009	交叉流	—
		165	2009	交叉流	—
国外	神户制铁加古川制铁所	150	2010	交叉流	—
	新日铁君津制铁所	130	2004	交叉流	—
	新日铁大分制铁所	170	2004	交叉流	—
	日本 JFE 福山厂	170	2002	交叉流	—
		110	2001	交叉流	—
	新日铁名古屋制铁所	130	1999	交叉流	—
	韩国浦项	135	2010	交叉流	—
	韩国现代	160	2007	逆流	已拆除

4.3.3　活性炭法烟气净化关键技术及装备

4.3.3.1　吸附技术及装备

基于活性炭对污染物催化吸附规律及吸附过程放热的特点，有必要将活性炭床层进行分层处理并使其流动状态实现整体流。通过调控不同床层的活性炭下料速度，实现系统的高效、安全、稳定运行。

A　分层可控整体流技术

a　床层厚度对吸附效果的影响

活性炭床层是烟气脱硫脱硝除尘等的主要反应场所，一般情况，脱硫相对容易，床层厚度主要由脱硝能力决定。若床层厚度小，脱硝率低；床层厚度大，脱除效果高，但存在压差增大，投资及运行成本高的问题。

图 4-41 为床层厚度与 NO 出口浓度的关系，在烟气中加入氨，出口烟气中氮氧化物浓度随着活性炭层厚度的增加而逐步减少。

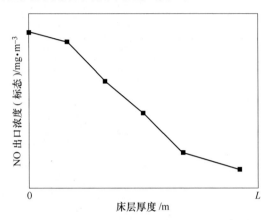

图 4-41　床层厚度与 NO 出口浓度关系

图 4-42 为一定条件下床层厚度与 SO_2 吸附量的关系，当活性炭从上向下移动时，与入口烟气接触的活性炭吸收 SO_2 量最多，当与入口相距 $(0.1 \sim 0.2)L$ 的位置处，SO_2 吸附量显著降低，在 $(0.4 \sim 0.5)L$ 之后，吸收量最低，并基本保持稳定，说明沿着气流走向，床层厚度在 L 范围内，基本上可以实现大部分脱硫。

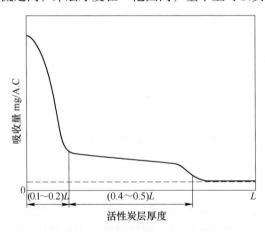

图 4-42　床层厚度与 SO_2 吸附量关系

图 4-43 为一定条件下床层厚度与除尘效率的关系，从图中可知，沿气流方向，在距入口较近位置，除尘效率就可达到 80%。床层厚度继续增加，对细颗粒去除效率影响不大。

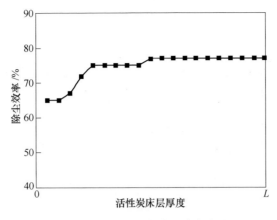

图 4-43 床层厚度与除尘效率关系

b 分层移动对吸附效果的影响

从图 4-37 可知，加大移动速度和循环量有利于提高脱硫脱硝效果，但如果活性炭层以同一速度移动，便会出现：当烟气通入净化装置时，烟气进气一侧的活性炭层会快速吸附饱和，并吸附大量的粉尘，从而造成较大的压降，此时后侧的活性炭层远未吸附饱和。为了提高烟气净化效果，减少运行成本，有必要考察活性炭床层不同位置对 SO_2、NO_x、粉尘的吸附规律，由图 4-41～图 4-43 可知，在活性炭料层中，SO_2 的反应速率大于 NO_x 的反应速率，SO_2 基本上在床层入风口前侧被吸附，且放出大量热量，烟气中粉尘也在料层入风口侧被收集，并影响料层阻力；而从图 4-44 可知，活性炭移动速度过快会加大活性炭之间的磨损，造成扬灰被烟气带出，影响外排烟气中的粉尘含量，因此将活性炭床层分为前、后两层，或者分为前、中、后三层，分别控制移动速度是合理的。分成三层时，前、中、后三层分别以 $d_前$、$d_中$、$d_后$ 表示。前层主要功能是 SO_2 吸附，粉尘的收集，宜快速移动确保料层中不会存在热的积聚；中层继续脱硫和脱硝，可中速移动；后层继续深度脱除 NO_x、SO_2，收集粉尘并抑制活性炭层自身产生粉尘，宜慢速移动。这样既消除了聚热升温，满足了 SO_2、粉尘、NO_x 的高效脱除，又减少了活性炭循环量。

c 活性炭流动状态对脱除效果的影响

保持系统高效和安全运行的前提是必须保证烟气与活性炭层的均匀接触，且活性炭从上向下流动过程中不能有滞料现象发生，因此，必须保证料流呈现整体流状态和烟气流场在进入活性炭床层时呈均压状态。如果活性炭流动不是整体流，则烟气不能与料流均匀接触，局部地方脱除率高，局部地方则脱除不净，更严重的是，料流慢甚至滞料的地方，可能产生局部高温，而影响系统安全运行。基于此，根据散粒体流动特性，工程上采用了长轴辊式给料机排料，开发了整体流排料结构，如图 4-45 所示。

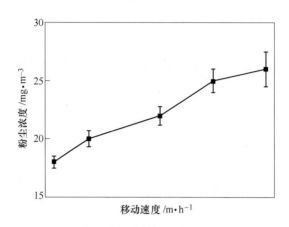

图 4-44　后层活性炭移动速度与粉尘含量关系

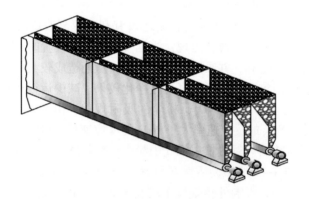

图 4-45　长轴辊式排料装置示意图

　　如图 4-46 所示，x 轴方向上，长轴辊式给料机的有效长度、活性炭下料口长度及塔体长度保持一致，并且给料机下料口高度相同，因此在同一高度 Z_1、同一厚度 Y_1 处，各层活性炭在 x 轴方向上下料速度相等，即前层中 $v_1 = v_{1x} = v'_{1x}$，中层中 $v_2 = v_{2x} = v'_{2x}$，后层中 $v_3 = v_{3x} = v'_{3x}$；同时在垂直长辊轴向截面，即 y 轴方向设计了渐进式排料口，保证在气固接触时，吸附塔内同一高度 z_1 处，各层活性炭在 y 轴方向上下料速度相等，即前层中 $v_1 = v_{1y} = v'_{1y}$，中层中 $v_2 = v_{2y} = v'_{2y}$，后层中 $v_3 = v_{3y} = v'_{3y}$，而活性炭依靠重力向下运动，可保证沿 z 轴方向上，活性炭下料体积流量相同，如此可以保证前层中各处活性炭料层均保持 v_1 的速度移动，中层中各处活性炭均保持 v_2 的速度移动，后层中各处活性炭均保持 v_3 的速度移动，从而实现塔内活性炭整体流运动。

　　由于机械摩擦，颗粒逐渐变小，孔隙率逐渐变小（但变化的幅度不大），对烟气流动的阻力从上到下，也由小到大（同样幅度也不大），但阻力在同一高度

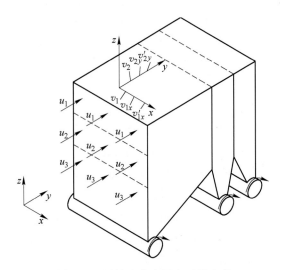

图 4-46　活性炭在床层内下料速度

是一致的。这种料层阻力分布的规律，使烟气通过量从上到下，呈现由大到小的趋势，而上部活性炭相对新鲜，吸附速率高，因此，这种料层分布，也有利于强化脱除效果。烟气在活性炭床层中速度分布为同一横向截面速度相等，从上到下截面上速度逐渐降低，即 $u_1 > u_2 > u_3$。

d　速度控制

如前所述，不同床层内活性炭的功能不同，为了高效吸附和安全运行，需根据烟气污染物成分及浓度调节各层下料速度，同时要求同一床层内活性炭均匀下料，避免活性炭滞留引发床层局部高温。

基于长轴辊式结构特点，研究了不同排料口结构参数下的活性炭下料量与圆辊转速等参数的关系，并通过理论推导和实验验证相结合的方法，得出了圆辊下料速度与圆辊转速、排料开口及其他结构尺寸之间数学关系式及各参数的取值范围与条件，计算式为：

$$W = 60\pi BhnD\rho\eta \tag{4-14}$$

式中　W——活性炭层下料量，t/h；

　　　　B——圆辊给料机排料长度，m；

　　　　h——活性炭层开口高度，m；

　　　　n——圆辊给料机转速，r/min；

　　　　D——圆辊给料机圆辊直径，m；

　　　　ρ——活性炭密度，t/m³；

　　　　η——圆辊给料机排料效率，%。

为进一步确定活性炭层的开口高度，研究了不同开口高度下圆辊转速与活性炭层下料速度关系，在相同圆辊排料开口高度下，活性炭下料速度随着圆辊转速的增加几乎呈直线上升，线性拟合度均大于99%；且下料速度与活性炭层开口高度呈正比关系，当圆辊转速保持不变时，活性炭层开口高度增加，下料速度明显加快。

B　气流均匀技术及仿真

要实现吸附塔高效的烟气净化效果，理想状态下，就必须使烟气均匀地通过活性炭床层，即在整个通过活性炭的烟气流通面上，烟气流速要基本保持一致。

烟气进入原烟气室，经活性炭层，进入净烟气室。此时，活性炭层是烟气中污染物过滤层，也是烟气流动的阻力层，由于活性炭料层阻力远大于管道及进气室结构形成的阻力，因此料层阻力相同的地方，烟气流速也应该相同，阻力不同，烟气流速也不会相同。据前面的分析，我们知道，吸附塔中，任一水平横截面上，活性炭的阻力基本相同，在高度方向上，阻力是上小下大。理论上，塔内的烟气流速应该是上大下小，且任一水平横截面上，流速相等。为了验证进行了仿真分析。

选用FLUENT流体仿真软件，采用k-ε模型模拟烟气流动、多孔介质模型模拟活性炭床层，烟气参数输入采用某工程实测值，对理想工况一（假设活性炭均匀无破损）和理想工况二（假定活性炭在同一高度上存在均匀破损）进行仿真模拟。建立的吸附塔仿真模型如图4-47所示。

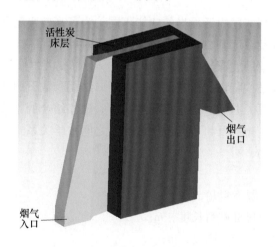

图4-47　烟气在吸附塔内流动状态示意图

理想工况一时，吸附塔横截面速度云图如图4-48所示，活性炭床层纵截面速度云图如图4-49所示，由以上两图可知，烟气进入活性炭床层后流速分布均匀。

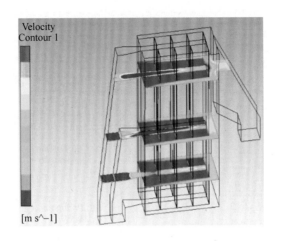

图 4-48 吸附塔横截面速度云图

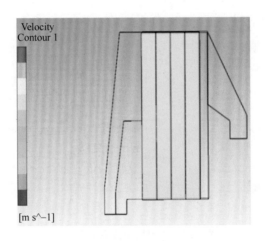

图 4-49 活性炭床层纵截面速度云图

理想工况二时，将活性炭由上到下沿高度分为三层，假定上层活性炭粒度为 10mm、孔隙率为 0.27，中层活性炭粒度为 9.95mm、孔隙率为 0.26，下层活性炭粒度为 9.90mm，孔隙率为 0.25，活性炭床层粒度及孔隙率假设如图 4-50 所示。

理想工况二时，吸附塔横截面压降云图如图 4-51 所示，速度云图如图 4-52 所示，由以上两图可知，同一横截面上，压降相同，吸附塔由上到下，烟气压降升高，系统压降较理想工况一大，由于烟气压降由上到下增加，相应的烟气流速由上到下降低。

实际工程中，由于破损和摩擦的存在，吸附塔中的活性炭粒径分布比理想工况二还要复杂，但趋势应该是相近的。

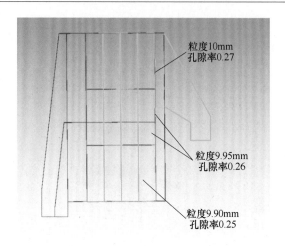

图 4-50　活性炭床层破损设定

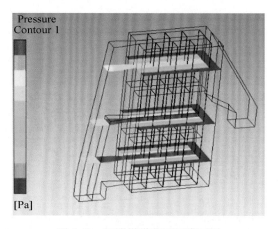

图 4-51　吸附塔横截面压降云图

C　多段喷氨技术

工程中，活性炭移动床本体高度可达到 20~30m，针对活性炭层的高度和烟气流场的分布规律，通过研究喷氨位置对脱硝的影响，开发了多层喷氨技术。从喷氨口开始，将烟气管道和吸附塔原烟气室按一定比例分为上下两部分，每个部分采用单独喷氨，根据理论及实验数据分别进行喷氨量的控制，从而达到提高脱硝率和降低氨气用量的作用。

图 4-53 为某工程（单级）投运初期，采用分层喷氨技术后，吸附塔不同高度位置 NO 检测值（标态）（烧结烟气中 NO 浓度在 200mg/m³ 左右），从图可知，在加氨量一定的情况下，整个塔体全部加氨，吸附塔底部检测 NO 转化率较高，中上部脱硝能力降低；单独采用上部加氨时，底部脱硝率略微低于整体加氨，上

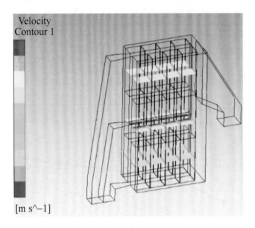

图 4-52　吸附塔横截面速度云图

部脱硝率高于整体加氨，但平均脱硝效率高于整体加氨；系统不加氨时，脱硝率均较低，说明采用选择性多段喷氨技术可提高 NO 的脱除效率，提高氨气利用率。

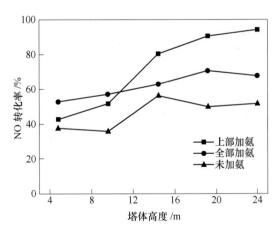

图 4-53　氨气对不同塔体高度活性炭脱硝效果的影响

　　由活性炭在吸附塔内的分布规律及分层交叉流移动方式可知，活性炭从上到下吸附污染物能力逐渐降低，即上部脱硫脱硝能力最强，下部最弱；由烟气气流分布规律可知，烟气在上部气流量大，下部气流量较小；将以上两种规律与多段喷氨技术相耦合，能提高活性炭的利用效率，提高对烟气中 NO_x 的脱除效果，降低运行成本。

　　D　预酸化处理技术

实验发现活性炭进行酸化处理后，脱硝率比未酸化的活性炭粉末提高 30%，如图 4-54 所示，说明酸化处理能够提高脱硝活性。在实际工程应用中，吸附塔底部不喷氨，活性炭吸附烟气中 SO_2，生成 H_2SO_4，然后在解吸塔中再生，相当于进行了酸化处理。也可在系统投运初期，前 5 次循环过程中，不加氨；5 次循环后加入氨，脱硫脱硝效果如图 4-55 所示。

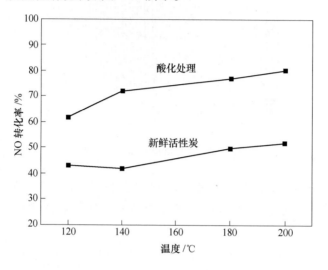

图 4-54　酸化对脱硝的影响

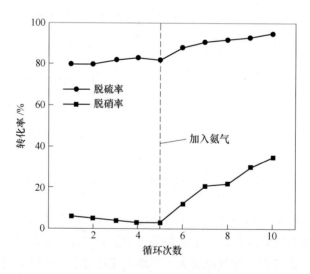

图 4-55　加氨时间对脱硝影响

E　吸附塔结构强度设计

吸附塔的设计为多通道的矩形箱体结构，由长轴辊式排料装置排料，保证料层整体流。活性炭对于吸附塔结构产生的载荷主要有以下几种：（1）活性炭对塔壁的侧压力；（2）活性炭对塔壁的摩擦力；（3）活性炭对下塔节挡料板法向力；（4）活性炭对下塔节挡料板切向力。

在吸附塔结构设计时，可根据前面所述的活性炭压力特性分析，利用詹森公式进行活性炭对吸附塔的侧压力、摩擦力、下塔节挡料板法向力、下塔节挡料板切向力的计算，以此计算结果作为载荷，结合塔体重力、风雪载荷、抗震等级等，进行吸附塔的强度设计和结构设计。

a 活性炭对塔壁的侧压力

如图 4-56 所示，物料顶面以下距离 $h(\mathrm{m})$ 处，物料作用于单位面积上的水平压力 $p_\mathrm{h}(\mathrm{kPa})$ 应按照下式计算：

$$p_\mathrm{h} = C_\mathrm{b} R \rho g (1 - \mathrm{e}^{-\mu_\mathrm{w} kh/R}) / \mu_\mathrm{w} \tag{4-15a}$$

$$k = \frac{1 - \sin\varphi_\mathrm{i}}{1 + \sin\varphi_\mathrm{i}} \tag{4-15b}$$

式中　C_b——深仓储料水平压力修正系数；

　　　ρg——储料的重力密度，$\mathrm{kN/m^3}$；

　　　R——筒仓水平静载面的水力半径，m，圆形筒仓为 $D/4$，棱柱形容器，若横截面积为 F，周长为 L，则 R 为 F/L；

　　　μ_w——储料与仓壁的摩擦系数；

　　　k——侧压力系数；

　　　e——自然对数的底；

　　　h——所计算截面距离活性炭顶部的距离，m；

　　　φ_i——储料的内摩擦角，（°）。

式中，C_b 根据实验研究得出取值为 1；ρg 为活性炭重力密度（取值 6.37）；R 为活性炭单元截面尺寸的水力半径（取值 0.77）；μ_w 为活性炭与钢板的摩擦系数（取值 0.5）；φ_i 为活性炭的内摩擦角（取值 35°）；k 取值 0.27。

简化得出：

$$p_\mathrm{h} = 9.8 \times (1 - \mathrm{e}^{-0.18h}) \tag{4-16}$$

活性炭侧压力值与物料顶面距离计算截面的距离的关系曲线如图 4-57 所示，由图可知，在 0～12m 区间内，侧压力值变化明显，12～24m 区间，侧压力值趋于稳定，变化不明显。

b 活性炭对塔壁的摩擦力

$$p_\mathrm{f} = p_\mathrm{h} \times \mu_\mathrm{w} \tag{4-17}$$

$$p_\mathrm{f} = 4.9 \times (1 - \mathrm{e}^{-0.18h}) \tag{4-18}$$

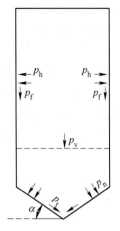

图 4-56　活性炭载荷示意图

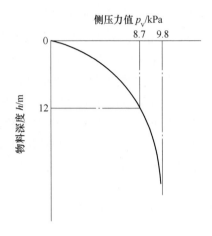

图 4-57　侧压力与深度的关系

c　活性炭对下塔节挡料板法向力

物料作用于下塔节斜板顶面处单位面积上的竖向压力 p_v(kPa) 应按照式（4-19）计算：

$$p_v = C_v R \rho g (1 - e^{-\mu_w kh/R}) / \mu_w k \tag{4-19}$$

式中　C_v——深仓储料压力修正系数，取值 1.0；

　　　h——储料计算高度，m，取值 24~26m。

$$p_v = 36.3 \times (1 - e^{-0.18h}) \tag{4-20}$$

其最大值趋于 36.3kPa，在这一压力下，单颗活性炭所受最大压力小于 10N，远小于活性炭的耐压强度。

作用于漏斗壁单位面积上的法向压力（kPa）应按照式（4-21）计算：

$$p_n = \xi p_v \tag{4-21}$$

ξ 的取值与斜板的角度有关，60° ξ 取 0.453，66° ξ 取 0.391，75° ξ 取 0.321，78° ξ 取 0.304。

$$60° p_n = 16.4 \times (1 - e^{-0.18h})$$
$$66° p_n = 14.2 \times (1 - e^{-0.18h})$$
$$75° p_n = 11.7 \times (1 - e^{-0.18h})$$
$$78° p_n = 11.1 \times (1 - e^{-0.18h})$$

d　活性炭对下塔节挡料板切向力

作用于漏斗壁单位面积上的切向压力（kPa）应按照式（4-22）计算：

$$p_t = C_v p_v (1 - k) \sin\alpha \cos\alpha \tag{4-22}$$

$$60° p_t = 11.4 \times (1 - e^{-0.18h})$$
$$66° p_t = 9.8 \times (1 - e^{-0.18h})$$

$$75°p_t = 6.6 \times (1 - e^{-0.18h})$$
$$78°p_t = 5.4 \times (1 - e^{-0.18h})$$

为了吸附塔设计可靠，在理论计算的基础上，还需进行吸附塔活性炭室的模拟侧压试验（见图4-58），验证所设计的吸附塔结构可靠性。

图 4-58 吸附塔活性炭室模拟侧压试验

F 塔体结构及模块化技术

如上研究，吸附塔是活性炭脱硫脱硝装置的主要反应场所，吸附塔主要由顶罩、上塔节、中塔节、下塔节、圆辊排料装置、料斗、插板阀、旋转阀、进气口和出气口组成，各部分之间组装完成后焊接或螺栓连接成一个整体的吸附塔，各焊接或螺栓连接部分均不能漏气。工程上，吸附塔吸附段的活性炭高度根据不同烟气量而定，这样一来，每个工程都要重新设计，工作量巨大。一般来说，吸附塔高度在30m左右，整个吸附段结构形式十分类似，如此庞大的设备如果不采取相应的制造、安装、运输方案，对工程实施难度极大。为了适应处理不同的烟气量以及方便设计、制造、安装，开发了模块化技术来进行设计、制作、运输、安装。

模块化的整体思路就是将吸附塔下塔节、吸附段按照一定尺寸大小分为标准模块，根据每个工程不同情况，类似于搭积木一样选择吸附段的模块数量，一层层叠加。安装时标准化模块可以互换，大大加快安装进度，模块化结构原理及实物图如图4-59所示。

G 双级吸附塔研制

前述分层交叉流吸附塔虽可同步脱除 SO_2、NO_x、粉尘、二噁英、重金属等，但由于 SO_2 与 NO_x 的反应速率不一样，反应的脱除最佳环境也不一致，为了以最佳性价比实现钢铁烧结烟气超低排放的要求，开发了活性炭法双级烟气净化技术。

图 4-59　吸附塔模块化设计及实物图

a　SO_2 对 NO_x 脱除的影响

如图 4-60 所示，在实验室研究中，无 SO_2 和水蒸气条件下，脱硝效率很高，在通入 SO_2、水蒸气后，脱硝效率急剧降低，当停止通入 SO_2 和水蒸气后，脱硝效率可以很快恢复原值。但是随着温度的增加，SO_2 和水蒸气的抑制作用对脱硝越来越弱，在 120℃ 下，在 2h 内脱硝率从 80% 降低到 10%；在 150℃ 下，在 2h 内脱硝率从 90% 降低到 50%。

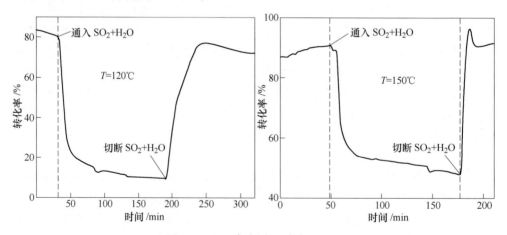

图 4-60　SO_2 存在时对脱硝的影响

进一步实验也证明：采用分级喷氨技术，脱硝效率明显高于单级吸附塔的脱硝能力。实验简图如图 4-61 所示，将活性炭床层分为前、中、后三个区间，分别在前室与中室、中室与后室之间预留一定加氨空间，实验过程如下，加氨点选择进入吸附塔之前（曲线 3）、前室出口与中室入口空间（曲线 1）、中室出口与后室入口空间（曲线2）。从图4-62中可知，在加氨量一定情况下，不同位置添加氨对系统中脱硝效率影响较大，其中NH_3在烟气入口位置加入时（曲线3），脱硝率在12h内逐渐降低，从70%降低到40%；一部分NH_3在中部（曲线1）或后部（曲线3）加入时，脱硝率均高于烟气入口位置加入，其中后部加入脱硝率最高，在12h内均能保持60%，说明采取后部加氨方式对提高脱硝率具有积极作用。

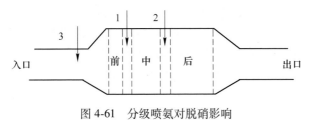

图4-61 分级喷氨对脱硝影响

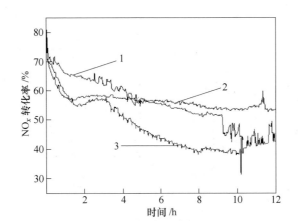

图4-62 分级喷氨对脱硝影响

工程上，考虑到氨与烟气的混匀需要足够的空间和时间，喷氨装置的检修也需要足够的安全设施。在实验时喷氨位置"2"或位置"1"在工业应用上难以实现，于是，分级吸附塔应运而生。

b 分级吸附塔的研制

基于上述分析，把脱硫脱硝分两级处理，流程上，烟气与活性炭流动方向相反，烟气先脱硫、后脱硝、再外排；活性炭先进行脱硝、后脱硫，再进入解吸塔再生，循环使用。设计上两级处理可布置为前后两级吸附和上下两级吸附。

（1）前后组合塔的研制。图4-63所示为前后两级组合吸附示意图，从图可知，烟气先通过一级塔，再通过二级塔，活性炭走向相反，先进入二级塔，再进入一级塔。各级塔采用交叉流，保证塔内活性炭的整体流并与烟气充分接触，烟气经一级吸附塔脱硫后,进入二级吸附塔时,因为 SO_2 污染物浓度较低,对脱硝影响较小,同时二级吸附塔中采用从解吸塔中解吸出来的活性炭,并在进入二级吸附塔时喷氨,重点在于脱硝;而在一级吸附塔中,SO_2、粉尘污染物浓度高,烟气侧吸附推动力高,吸附塔中采用在二级吸附塔吸附了少量污染物并残留少量 NH_3 的活性炭,重点在于脱硫,其他污染物也在这两级吸附被高效脱除。活性炭输送顺序的合理配置大大降低了活性炭的循环量,最大程度地降低解吸系统的解吸负荷。采用两级活性炭吸附工艺,一方面为选择性喷氨、选择性脱除烟气有害物质创造了有利条件,另一方面也为提高氨气利用效率、低温脱硝创造了条件。该技术已经成功应用到宝钢 $600m^2$ 烧结烟气净化工艺中,达到了烧结烟气超低排放的标准,三维效果图如图 4-64 所示。

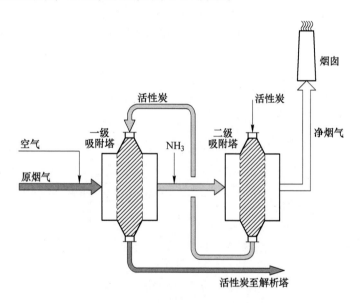

图 4-63　活性炭双塔并行组合式吸附工艺

（2）上下组合塔的研制。前后两级吸附虽然脱除效果好,检修方便,但占地较大,有时受场地等因素限制,因此需要采用上下两级组合塔,上下组合示意图如图 4-65 所示。

从图 4-65 可知,烟气首先进入下部吸附塔,经过脱硫后再进入上部吸附塔中脱硝,氨气在二级塔入口加入;解吸后的活性炭先进入上部吸附塔,经过脱硝后,在重力的作用下进入下层吸附塔进行脱硫、除尘,然后再进入解吸塔,完成一个完整循环,上下塔同样采用分层交叉流塔型,确保 SO_2、NO_x 及其他污染物被高效脱除。该布置形式减少部分输送设备和部分钢结构,投资成本及占地面积有所降低,三维效果如图 4-66 所示。

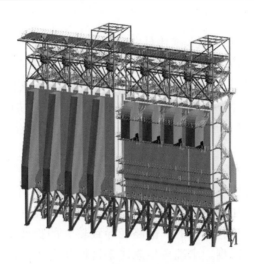

图 4-64　前后两级组合吸附塔三维图

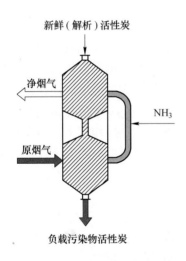

新鲜（解析）活性炭

净烟气

NH₃

原烟气

负载污染物活性炭

图 4-65　上下两级组合塔示意图

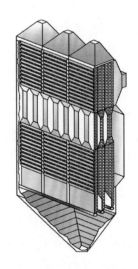

图 4-66　上下两级组合吸附塔三维图

4.3.3.2　再生技术及装备

活性炭再生，是指运用物理、化学等方法对吸附饱和后失去活性的炭进行处理，恢复其吸附性能，达到重复使用目的。

A　活性炭的再生方法介绍

活性炭的吸附过程是吸附质与活性炭之间由于相互作用力而形成一定的吸附平衡关系，活性炭的再生就是采取各种办法来改变平衡条件，使吸附质从活性炭中去除，针对脱硫脱硝活性炭的再生方法[38]如下。

　　a　加热再生法

　　加热再生法是发展历史最长应用最广泛的一种再生方法。加热再生过程是利用吸附饱和活性炭中的吸附质能够在高温下从活性炭孔隙中解吸的特点，从而使活性炭原来被堵塞的孔隙打开，恢复其吸附性能。施加高温后，分子振动能增加，改变其吸附平衡关系，使吸附质分子脱离活性炭表面进入气相。加热再生由于能够分解多种多样的吸附质而具有通用性，而且再生彻底，一直是再生方法的主流。

　　b　水洗再生法

　　固定床水洗再生方法是活性炭烟气脱硫脱硝再生的主要工艺，利用活性炭吸附的硫酸溶于水的原理，依靠浓度差作为水洗再生的动力，完成活性炭的再生过程。再生先发生在活性炭表层，距离活性炭表层较远的吸附质分子扩散必须一次经过中孔、大孔，较长的扩散路径导致较大的扩散阻力，因此水洗再生过程中深度活化较为困难。水洗再生总体来说操作简单，但该工艺存在耗水量大、酸浓度低、吸附塔切换时易产生"白烟"现象等缺点，只适用于小规模、低浓度 SO_2 烟气处理。

　　c　微波辐射再生法

　　微波辐射再生是指活性炭经过高温使有机物脱附，从而恢复其吸附能力的一种方法。微波是指电磁波谱中位于远红外和无线电波之间的电磁辐射。微波辐射过程中，污染物不能持续的吸收微波能量以达到降解所需的温度，而活性炭能有效吸收微波能量使温度达到1000℃以上。在微波作用下污染物克服范德华力吸引开始脱附，随着微波能量的聚集，在致热和非致热效应共同作用下，污染物被分解放出 SO_2、N_2。影响微波再生技术应用的主要因素是微波应用安全性及对活性炭的破损。

　　d　其他再生方法

　　活性炭再生的目的是除去吸附质、恢复活性炭吸附性能。由于污染物种类繁多，性质各异，从而决定了再生方法的多样性。除上述介绍的几种主要方法外，其他方法如超声波再生法、蒸汽再生法等均在实际中有所研究。

　　B　热再生技术

　　热再生法是目前工艺最成熟，工业应用最多的活性炭再生方法。具有再生效率高，再生时间短，应用范围广的优点。

　　a　热再生实验

　　实验系统由微型反应器、加热温控系统、气体配气系统和烟气尾气检测系统组成，装置示意图如图4-67所示。以直径 1cm、高 20cm 的石英玻璃管作为反应器，将其置于加热炉恒温区内，模拟烟气由 SO_2、O_2、NO、NH_3、N_2 等瓶气通过质量流量计在线计量控制，进入混合器中均匀混合，加热炉温度可调控，模拟烟气组分采用傅里叶变换红外 DX4000 检测。

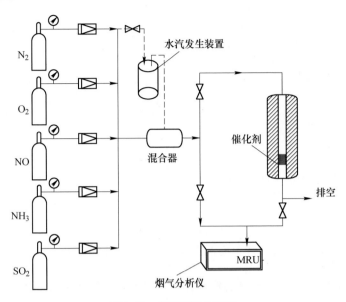

图 4-67 实验装置示意图

b 再生尾气解吸规律

实验室研究发现，将吸附了污染物 SO_2、NO_x、NH_3、CO_2 的活性炭进行加热分析，根据不同温度下活性炭再生实验数据统计出各再生气体脱附峰温度范围。

从表 4-5 可知，SO_2 的脱附峰温度在 230~280℃ 之间，说明活性炭对 SO_2 的分解是以 H_2SO_4 的形式存在。而 CO_2 的脱附温度与 SO_2 的脱附温度基本一致，可以验证 C 与 H_2SO_4 发生反应生产 SO_2 和 CO_2。NO 脱附峰对应的脱附温度较低，说明未参与 SCR 反应的 NO 主要以物理吸附的形式存在于活性炭的表面，当温度稍有升高时，中间产物就会分解，此部分的量极少。NH_3 有 2 个分解温度，一个是物理吸附的 NH_3 解吸，温度较低；一个是 $(NH_4)_2SO_4$ 或 NH_4HSO_4 分解，温度较高。

表 4-5　再生产物的分解温度

再生产物名称	脱附峰温度范围/℃
SO_2	230~280
NO	140~160
NH_3	130~140/>330
CO_2	230~250

c 解吸温度、解吸时间工艺参数研究

考察再生温度条件为 400℃、420℃、450℃，不同再生温度条件下活性炭中吸附二氧化硫解吸率，如图 4-68 所示。

从图 4-68（a）中可知，随着再生温度的增加，二氧化硫解吸率逐渐升高，

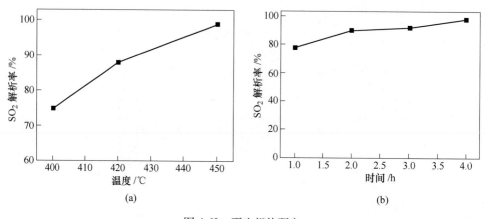

图 4-68　再生规律研究

（a）解吸温度影响；（b）解吸时间影响

结合能耗及耗材考虑，一般选择解吸温度为 430℃。确定最佳再生温度之后，考察再生时间对二氧化硫解吸率的影响，从图 4-68（b）中可知，给定再生温度为 430℃ 条件下，增加再生时间有利于二氧化硫解吸。初始 2h 再生时间内，二氧化硫解吸率相对较大，可达到 90%，随着时间的增加，解吸率趋于平缓。

　　d　再生方式研究

　　在再生温度 430℃，再生时间 2h 的条件下，考察了两种再生方式对解吸气体成分的影响，如图 4-69 所示。

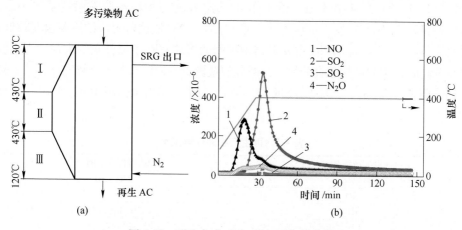

图 4-69　再生方式（1）及解吸气体分析

（a）再生方式（1）；（b）解吸后活性炭再生产物分析

　　在某钢 60m³/h 小试中研究了不同再生方式对解吸效果影响规律，解吸过程采用固定床，待解吸活性炭装填在管内，加热炉内温度曲线分布如图 4-69（a）、

图 4-71（a）所示，即温度在炉体两端较低，向中间部分温度逐渐提高，并出现一段高温恒温区。图 4-69 为 N_2 从底部进入、顶部排出的方式，实验过程中发现再生方式（1）中很容易造成出口管路的堵塞，堵塞物为白色结晶硫酸铵，并且上部活性炭表面中也附着白色物质，如图 4-70 所示。再生方式（2）如图 4-71 所示，氮气从活性炭列管顶部与底部通入，从列管高温段排出，出来的气体作为 SRG 气体。实验室中按照两种再生方式考察 SRG 气体的化学成分，再生方式（1）中，除有大量 SO_2 外，还有一定的 NO、NH_3，NO 没有充分还原，SRG 气体不纯，不利于资源化利用，且 SRG 气体管道容易堵塞。而再生方式（2）中，主要是 SO_2，其他成分很少，有利于后续的资源化利用，且 SRG 气体管道畅通。进一步分析原因，再生方式（1）中，由于氮气从下往上，在列管上部，活性炭温度低，N_2 气体温度也逐渐下降，在吸收塔中依靠物理吸附的 NO、NH_3 从活性炭中解吸出来后，温度不够无法有效发生 SCR 反应，直接带出了解吸塔；硫酸盐高温分解产物在低温处重新合成，并附着在活性炭和 SRG 气体管道上。而在再生方式（2）中，解吸出来的 NO、NH_3 及硫酸盐分解后 NH_3，在高温环境下，使 NO 还原成 N_2，也避免了硫酸盐再次合成的机会。实验证明，选择适当温度和时间的再生方式（2）是比较好的解吸方法。

图 4-70　顶部及出口位置出现白色结晶

C　再生解吸塔装备

基于以上研究，确定了解吸参数、再生方式。而在工程实践中，活性炭循环量大，系统必须连续稳定运行，在塔体结构设计上，必须满足以下功能要求：

（1）如前述，活性炭的再生需要在 400℃ 以上的高温中进行，而活性炭是一种易燃物质，因此应严格控制在再生过程氧气的渗入，并保证塔内为微负压。

（2）再生后的活性炭要通过输送机输送到吸附塔，而输送机是没有很强的气密性要求的，不能够直接运输高温的活性炭，而且高温活性炭也不允许进入吸

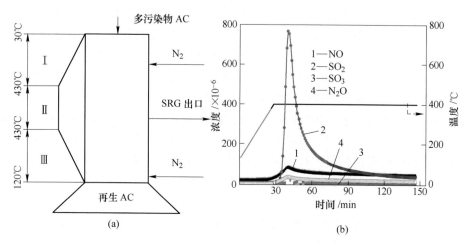

图 4-71 再生方式 (2) 及解吸气体分析

(a) 再生方式 (2)；(b) 解吸后活性炭再生产物分析

附塔，因此要求再生后的高热活性炭必须先在解吸塔中均匀冷却到 120℃ 才能排出。

(3) 不管是加热或者冷却，都须保证活性炭的热交换充分均衡，不允许有过大的温差，以防造成解吸不充分，冷却不均匀，带来安全隐患。

(4) 结构的安全性。

再生解吸塔的结构组成由颗粒输送阻氧装置、加热段、冷却段、整体流排料装置等组成。解吸塔三维结构图如图 4-72 所示。

a 颗粒输送阻氧技术

活性炭需在 430℃ 进行加热再生，而活性炭本身易燃，因此需要保持解吸过程中全程通入氮气，基于此，开发了颗粒输送阻氧技术，该技术包括双层旋转阀阻氧技术和塔内通氮气阻燃技术。双层旋转阀阻氧技术是防止外界氧气进入到解吸塔的技术。双层旋转阀共有两组，位于解吸塔的活性炭进口和出口，每一组双层旋转阀都由两个旋转阀和密封氮气系统组成，旋转阀具备高效密封和定量给料的功能。两个旋转阀上下相连，在连接处接入密封氮气系统。密封氮气系统向

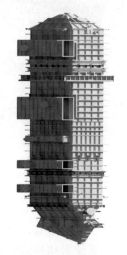

图 4-72 解吸塔三维图

两个旋转阀之间鼓入压力氮气，此处的氮气压力高于外界大气压和解吸塔内压力，这样就保证了外界的氧气不能进入解吸塔内，还能够阻止解吸塔内的气氛泄漏到外界大气中。此处的密封氮气系统是一种压力高但流量低的系统，所以只有

少量的密封氮气泄漏损失。

由此可知，除了在解吸塔上下两组旋转阀之间通入氮气密封外，在解吸塔上下部还向塔内通入氮气，使塔内活性炭全部被氮气包围，此时，氮气承担了三种功能：

（1）阻燃作用。确保活性炭在400℃以上的环境下不会发生自燃现象。

（2）传热功能。氮气从管壁获得加热或从管壁获得冷却，并传递到管内活性炭。

（3）传输解吸气体。把在高温下解吸出来的气体带出解吸塔，成为SRG气体。

解吸塔氮气布置如图4-73所示。

b 加热及冷却装置

解吸塔主要分为加热段和冷却段，如图4-74所示，加热段主要是对活性炭进行加热再生，冷却段主要是将再生后的活性炭进行冷却，以便于运输。

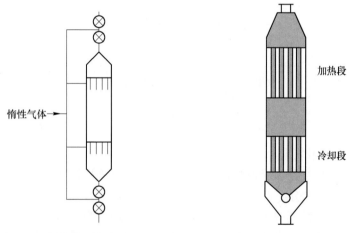

图4-73 解吸塔氮气布置图　　　　图4-74 解吸塔结构示意图

解吸塔加热段是一种列管式换热器，在此段中，活性炭被加热到400℃以上进行再生，是解吸塔再生反应的主要场所。加热段共有两个区域，活性炭流通区域与加热气体流通区域。活性炭走管内，加热气体走管外。在流动的过程中，热空气通过列管传热而加热管内的活性炭，使之达到再生温度。达到再生温度的活性炭在换热管发生解吸等一系列物理化学反应，解吸气体被氮气带出塔外，成为SRG气体。

解吸塔冷却段是一种列管式换热器，为了便于解吸完成的活性炭进行运输，在此段中，活性炭被冷却到120℃以下。冷却段共有两个区域，活性炭流通区域与冷却气体流通区域，活性炭走管内，冷却气体走管外，在筒体与换热管外侧之间的区域流通，从筒体上的冷却气体出口流出。

解吸塔中活性炭与热风/冷风的传热是一个多相流的传热过程，涉及对流换热、热传递、热辐射等多种传热方式。热风/冷风首先与管壁进行对流换热，靠近管壁还需要考虑污垢热阻，管壁自身进行热传递，列管中活性炭与列管之间传热是一个非常复杂的过程，有活性炭与管壁之间的直接热传递和管壁与活性炭中的氮气进行的对流换热，活性炭与氮气对流换热，活性炭自身热传递。总之，不管加热还是冷却，换热过程是气—固—气—固的换热过程，如模型图4-75所示。

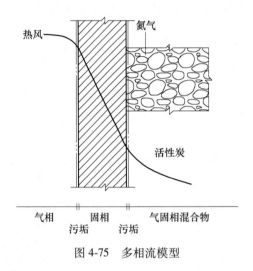

图 4-75　多相流模型

c　整体流排料装置

为适应解吸塔复杂温度场控制，解吸塔从上到下采取同管簇结构列管，列管数量由解吸循环量决定，活性炭走管程，活性炭下料过程依靠自身重力，下料量由解吸塔底部圆辊转速决定。再生过程要求整个断面的料层实现整体流，以达到活性炭的均匀加热，实现活性炭的充分再生。如出现部分管程活性炭下料速度过快，将会出现活性炭在管内停留时间过短，加热时间不足，不能充分解吸等现象。如果冷却段部分下料过快，冷却时间不足，可能造成活性炭从解吸塔排料后呈现高温甚至红料现象，经过吸附塔给料输送机送往吸附塔后，会给吸附塔的安全运行造成极大的隐患；同时下料不均匀，也会造成解吸不完全，导致活性炭解吸在冷却段继续进行，冷却气体冷凝结露可能会腐蚀冷却段列管或管板，或者堵塞列管，造成空气泄漏，影响系统安全稳定运行。

基于此，为保持解吸塔下料实现整体流，通过对活性炭物料特性和排料实验研究，开发了特殊结构的整体流均匀排料技术，保证了解吸塔内活性炭下料过程中始终处于整体均匀下降状态，为系统的稳定安全运行创造了条件，图4-76为利用下料装置实现整体流试验照片。

图 4-76 整体流布料装置及实验效果

D 解吸塔仿真分析

解吸塔内反应条件恶劣，温差巨大，为了能够准确地掌握塔内再生反应完成情况、活性炭移动情况、冷热气体温度场分布情况，采用连续性动量方程，多场耦合仿真分析，剖析了活性炭移动规律、加热冷却气体温度场、活性炭温度场规律及活性炭组分变化规律，评价了多相流强化传热多段可控移动床解吸塔的整体运行状况，结果表明解吸塔加热/冷却气流无死区，活性炭能够实现整体流下料，活性炭在解吸塔内解吸充分。

a 模型建立

解吸塔塔内活性炭再生计算模型如图 4-77 所示。模型中，根据活性炭运动特点及 FLUENT 的要求，将活性炭入口处仓室及各列管内，以及下部各仓室内列管出口以下的区域设置为多孔介质区域，其余区域为空腔。整个模型单元数为1500 万个左右。

边界条件及出/入口条件：

（1）解吸塔外边界：解吸塔外边界设为对流边界，对流系数按岩棉—空气给定，环境温度为 25℃。

（2）氮气入口：氮气入口采用速度入口。

（3）氮气出口：氮气出口采用压力出口。

（4）加热气体入口：加热气体入口采用速度入口。

（5）加热气体的出口：加热气体的出口采用压力出口，压力按相对压力计。

（6）冷却气体的入口：冷却气体的入口采用速度入口。

（7）冷却气体的出口：冷却气体的出口采用压力出口，压力按相对压力计。

（8）活性炭出料口：活性炭出料口按穿透性壁面设置。

（9）活性炭的进料口：活性炭的进料口采用固壁边界，保证其气密性。活

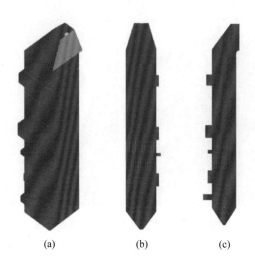

图 4-77　解吸塔模型

（a）等视角视图；（b）左视图；（c）正视图

性炭按喷射源考虑。

　　由于分析问题的复杂性，及 FLUENT 功能限制。在对活性炭再生工艺的分析中，对其涉及的若干个问题进行了研究，并由此作出相应的假定。在建模过程中，依据解吸塔的结构及其工艺，考虑的因素如下：

　　（1）模型结构的外边界，考虑热对流因素，在其边界上设置对流边界条件。

　　（2）考虑了加热气体和冷却气体与载气，活性炭及解吸过程中的反应热之间的共轭温度场之间的热交换。

　　（3）考虑了活性炭入口的物质输入问题，考虑了活性炭出口输出问题及该处的气闭性问题。

　　（4）考虑了上下载气的入口问题及混合气体出口问题。

　　（5）考虑了加热和冷却气体输入输出问题。

　　（6）在 FLUENT 中对粒子的描述为动力学方程。

　　（7）考虑了活性炭解吸过程的化学反应。

　　（8）考虑了解吸分析中的反应速率，以及物质的熵焓对反应速率的影响及对温度场的影响。

　　b　活性炭移动规律分析

　　如上研究，活性炭整体流下料对解吸塔安全、稳定、高效运行具有重要意义，本节对活性炭在解吸塔内移动规律进行仿真分析。如图 4-78 所示，活性炭在整个塔体列管范围内下料速度一致，说明活性炭实现了从上至下整体流流动状态。

c 加热气体运行过程分析

加热气体为活性炭解吸反应提供热源，通过加热管管壁与加热管内的活性炭及载气进行热交换，图 4-79 给出了加热气体在其流线图上的温度分布规律仿真示意图。从图中可见，加热气体在列管外，不存在流动死区，且温度总体趋势是从入口到出口，温度在逐渐降低。在加热段入口部分，温度降低得更快，说明该部分的热交换效率较高，热交换效率较高处，易促成活性炭的解吸反应。从图可知加热气体出口温度在 300℃左右，与工程实际出口温度保持吻合。

图 4-78 活性炭在解吸塔内移动速度

图 4-79 加热气体流线上
温度分布规律（K）

d 冷却气体运行过程分析

冷却气体与活性炭的热交换是通过冷却气体与冷却管管壁之间热对流实现的，图 4-80 给出了冷却气体流线上温度分布规律仿真示意图。从中可知，冷却气体在列管外不存在流动死区，且冷却段的冷却气体温度从入口到出口的温度逐渐增大，冷却气体的温度升高表明冷却气体从系统中带走热量，带走的热量与冷却气体入口和出口间平均温差成正比。从图可知，冷却气体出口温度在 100℃左右，与工程实际出口温度保持吻合。

e 活性炭上温度场分布

活性炭粒子上的温度可以直接反映其上化学反应情况及活性炭是否解吸完全，图 4-81 给出了不同位置的活性炭粒子迹线上温度场分布规律。从图中可见，活性炭粒子的温度场由上而下温度逐渐升高，在保温段温度逐渐趋于均匀，当粒子进入冷却段后，活性炭粒子的温度场从上而下逐渐降低。从图中可见，在各水平层上，活性炭的温度均匀，说明活性炭料流均匀。

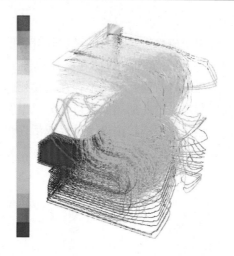

图 4-80　冷却气体流线上温度分布规律（K）

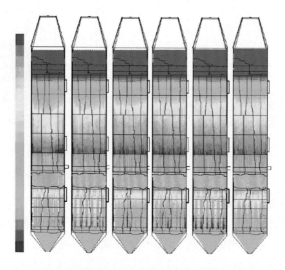

图 4-81　活性炭粒子温度场分布规律（K）

f　活性炭上组分变化规律

解吸塔内吸附污染物的活性炭的再生性能对烟气净化系统的安全、稳定、高效运行具有重要意义，图 4-82 给出了硫酸在活性炭中组分变化规律，从图中可见，硫酸在较为剧烈的反应中，基本解吸完毕，随后的解吸过程，其少量的硫酸也将被解吸掉。

图 4-83 给出了硫酸氢铵在活性炭中组分变化规律，从图中可见，硫酸氢铵在较为剧烈的反应中，基本解吸完毕，随后的解吸过程，其少量的硫酸氢铵也将被解吸掉。

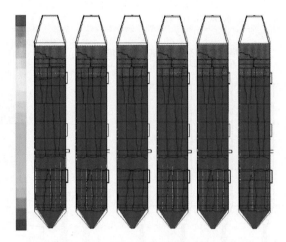

图 4-82　活性炭上硫酸组分变化规律

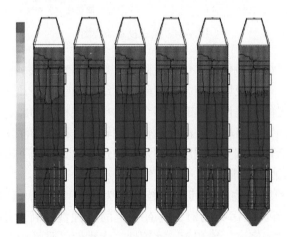

图 4-83　活性炭上硫酸氢铵组分变化规律

4.3.3.3　输送技术及装备

A　活性炭烟气协同净化装置对输送设备的要求

在活性炭烟气协同净化技术中，活性炭是关键的吸附物质，其常见形状为圆柱形颗粒状，大小约为 $\phi 9 \sim 12\text{mm}$。在吸附塔中，活性炭对烟气中有害物质进行吸附，当吸附饱和后，活性炭就不能再继续对有害物质进行吸附，需要将活性炭进行解吸。解吸完成后的活性炭需要运送到吸附塔中进行循环利用。在将完成吸附后的活性炭运送到解吸塔和将解吸后的活性炭运送到吸附塔的过程中，都需要输送设备来完成，因此，在活性炭烟气协同净化技术中，输送技术是必不可少的关键技术之一，如图 4-84 所示。

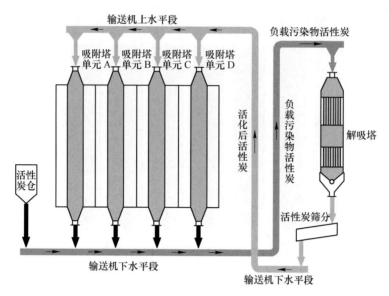

图 4-84 输送设备流程图

在活性炭烟气协同净化技术中，吸附塔、解吸塔都较高，一般都有 30~40m 高。同时，一般一个解吸塔对应多个吸附单元组成的吸附塔，这就需要运送从解吸塔排出的活性炭的输送设备具有向多个吸附单元供料的功能，并且，活性炭是一种消耗型吸附剂，价格较贵，故在活性炭的转运过程中要注意减少活性炭的破损。总结起来，活性炭烟气协同净化技术对输送技术具有如下需求。

a 耐磨耐腐蚀性要求

活性炭是一种颗粒物料，其初始粒径约为 $\phi 9 \sim 12mm$，正常工作温度在常温~150℃之间。当负载污染物时，具有一定的腐蚀性，转运这种颗粒物料时，需注意其粒度、堆积密度、堆积角、磨琢性、含水性、黏性、温度、腐蚀性对设备的影响。

b 输送过程中活性炭低磨损性要求

活性炭是一种炭基多孔材料，在吸附、解吸和转运过程中由于摩擦和挤压会发生磨损和破损，而粒径小于 1mm 的活性炭不再适合用于烟气净化吸附，因此在活性炭的转运过程中需注意尽量减少活性炭的倒运次数，避免活性炭之间及活性炭与设备之间的相对运动来减少活性炭的磨损。

c 多功能条件下设备紧凑性要求

由于吸附塔一般为 30~40m 高，并且水平段往往有几十米长，所以活性炭在吸附塔和解吸塔之间转运时，需经过水平—垂直—水平的复杂输送路径，并且，设备还要具备多点自动供料、多点进料等功能，要求输送设备的设计、制造除满足多变向、多点供料、给料的功能外，还要求设备紧凑、减少流程、减少占地面积。

d 输送设备的可靠性要求

根据环保要求，烧结厂生产过程中的烟气必须经过净化处理才能排出，即烟气净化装置必须与烧结生产保持同步的作业率，而现在烧结厂的作业率一般都在95%以上，这就要求在活性炭烟气协同净化装置中的输送设备必须具有很高的运行稳定性与可靠性。

B 活性炭烟气协同净化输送技术现状

现有活性炭烟气协同净化技术中的主流输送技术分为"Z"型链斗式输送机（见图4-85）和斗式提升机+皮带输送机（见图4-86）输送两种输送技术方案，下面对两种技术方案分别进行介绍。

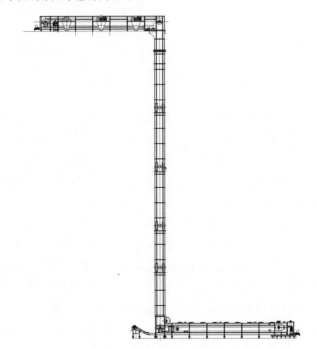

图 4-85 "Z"型链斗式输送机

a "Z"型链斗式输送机

它是一种能够完成水平—垂直—水平运行的一体化链斗式输送设备，在下水平段进行装料，然后垂直提升，再进行水平运行，在上水平段运行时可以设置料位信号，控制自动给多个吸附单元进行供料，一套设备即可完成装料—提升—多点供料的功能，设备在多变向运行期间，活性炭之间基本无相对运动，活性炭不用多次倒运。它的主要优点：（1）活性炭在装料点和卸料点之间不用多次倒运，可以大大减少活性炭的磨损；（2）输送多变向过程只需一个设备就完成了，中间环节少，设备故障率大大减小；（3）在上水平段链斗旁，设置受吸附塔上部

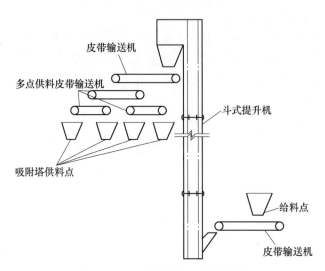

图 4-86　斗式提升机+皮带输送机

料斗料位信息控制的自动卸料机构，完成多点卸料功能，设备配置简单紧凑，占用高度空间小；（4）整个设备只需一套驱动装置，设备装机功率小。

但是，这种"Z"型链斗式输送机的技术难度相对较大，需要在设计、制造等环节克服一系列技术难题，才能保证该设备的运行稳定性与可靠性。

b　斗式提升机+皮带输送机

该技术在下水平段采用皮带输送机接料，然后将物料转运给斗式提升机，斗式提升机将物料进行垂直提升，提升至顶部之后，斗式提升机再将物料转运给上水平段皮带输送机，上水平段皮带输送机给吸附塔或解吸塔进行供料。其中在给多个吸附塔进行供料时，上水平段皮带输送机还要继续将物料转运给其下方的一层至三层的多点供料皮带输送机，才能完成多点供料的目的。该技术需要多个设备协同完成装料—提升—多点供料的功能。它的主要优点是所选用的设备都是常规设备，设计、制造难度较小，无需技术开发即可从市场上选用相关产品进行配置。它的主要缺点：（1）活性炭在整个输送过程中需多次倒运；（2）整个输送过程需多个设备协同完成，中间环节多，整体故障率高；（3）在实现多点卸料功能时，需多点供料皮带协同作用，增加了装置的垂直高度，配置较为复杂；（4）多台设备同时运行，装机功率有所增加。

根据对上述两种主流活性炭烟气协同净化输送技术方案的分析，由于"Z"型链斗式输送机的整体优势明显，因此，本书着重对该技术进行详细阐述。

C　"Z"型链斗式活性炭输送技术

根据输送功能的不同，"Z"型链斗式活性炭输送机分为两种，即枢轴链斗式输送机和固定链斗式输送机，如图 4-87 所示。

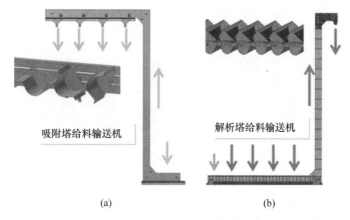

图 4-87 "Z"型链斗式活性炭输送机示意图
（a）枢轴链斗式输送机；（b）固定链斗式输送机

a 枢轴链斗式输送机

为吸附塔给料的输送机相对较为复杂，除了要完成水平—垂直—水平运行外，还需要完成多点卸料功能，该输送机主要由枢轴料斗、驱动装置、改向轮装置、尾轮装置、多点卸料装置、姿态控制装置、垂直段防晃动装置、轨道、支架等组成，其驱动装置、尾轮装置、四个改向轮装置呈"Z"型布置，两条输送链条缠绕驱动链轮、尾轮、四个改向轮一周，每两节相对的链条上都通过销轴连接一个枢轴料斗，枢轴料斗可以绕销轴转动。从解吸塔旋转阀排出的活性炭落入输送机料斗中，输送机驱动装置带动链条，链条带动料斗经过水平—垂直—水平的运动，将活性炭从解吸塔下端提升到吸附塔上端。在吸附塔上端，料斗中的活性炭在多点卸料机构的作用下排出。

（1）枢轴料斗。枢轴料斗是一种转动型料斗，由弧形底板、侧板、搭边、转动轴、卡轮等组成，如图 4-88 所示。转动轴从料斗两侧板穿过连接在料斗两侧的链条上，转动轴与料斗侧板之间具有良好的转动性能；弧形底板一般由 Q235 钢板卷制而成，侧板则按形状切割而成；卡轮安装在料斗两侧板外侧，呈反对称布置，在多点卸料时，多点卸料机构可以通过施加作用力在卡轮上，从而使料斗完成多点卸料；为了防止物料洒落，料斗与料斗之间设置有搭边。

料斗设计时要保证料斗的重心位于转动轴下方，并且保证装满料时，整体重心也要位于转动轴下方，这样才能保证在运行过程中物料不会洒落。因此，在料斗制作时，要保证料斗两侧的重量尽量一致，有助于防止料斗运动过程中的晃动。

（2）驱动装置。链斗式输送机的运行速度一般都较低，因此传动装置的减速比较大。在设计传动装置时，常采用多级减速。在选用较大速比的减速机基础上，还要配置带传动（或链传动）及开式齿轮传动。

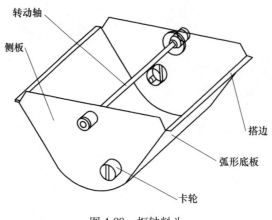

图 4-88　枢轴料斗

　　链斗式输送机的传动系统由驱动装置和传动链轮两大部分组成。驱动装置的结构型式由自带电机的行星摆线针轮减速机加链传动组成，传动链轮通过联轴器与驱动装置连接。驱动装置驱动链轮轴旋转，从而使传动链轮带动输送机的链条和料斗运行。电机调整配置变频器，实现无级调速。链传动的速比一般取 2~3。这种传动装置的优点如下：

　　1）布置灵活。可以布置在输送机的左侧或右侧，输送机头部的上方或下方以及链轮轴的前端或后端。

　　2）由于最后一级传动采用链传动，因此，在总功率，总速比相同的前提下，可以使减速机的速比及规格尺寸减小，从而使结构紧凑、占用空间小，造价低。

　　3）由于结构简单，安装、调试及维修都非常方便。

　　传动链轮采用常规链轮的设计方法进行设计，但在活性炭烟气协同净化技术中，输送机的输送距离一般都在 100m 以上，输送距离远，因此在链轮的制造过程中，在保证单个链轮的精度的同时，配对链轮之间还要保证相同的制造精度，因此要采用链轮齿相同步的综合加工技术进行加工[39]。

　　（3）改向轮装置。改向轮装置布置在输送机垂直段上下两端，通过改向轮可以使输送机完成"Z"形运动，其设计与加工制造技术与传动链轮相同，这里不再赘述。

　　（4）尾轮装置。链斗式输送机的尾轮装置包括尾轮和拉紧装置，尾轮的设计与加工制造技术与传动链轮相同，这里不再赘述。

　　拉紧装置可以采用重锤式拉紧装置、螺旋拉紧装置、弹簧拉紧装置。重锤式拉紧装置有一对拉紧杆、滑块式轴承座及支座、紧固装置、重锤、传动滑轮装置等组成。尾轮通过双滚动轴承支承在链轮轴上。这种结构型式可以降低牵引链绕过链轮时的阻力系数。同时当多条牵引链节距的累积误差不等而导致链条不同步时，可以使链轮轮齿与牵引链链关节的位置自动得到调整，保证链轮轮齿与牵引链的正确啮合，避免了多根牵引链出现张力不均，甚至悬殊，从而提高了牵引链条的整体性能。这种拉紧装置是目前较为先进的结构型式，链斗式输送机宜采用这种拉紧装置。

（5）多点卸料装置。出于工艺布置的要求，经解吸塔解吸后和新增的活性炭经"Z"型枢轴链斗式输送机运送至吸附塔。吸附系统通常由多个吸附单元组成，链条输送机在吸附塔塔顶水平段需要向多个吸附单元提供活性炭，出于系统的连续性要求，链条输送机必须实现连续运行状态分别向不同位置的受料点供料的功能。多点卸料技术采用一个卸料装置对应一个卸料点的布置形式，供料过程与优先秩序受塔顶料仓料位信号控制。多点卸料技术必须满足吸附塔所要求的供料制度，即一塔供料时，该点的卸料装置启动，输送机内物料全部卸至此点；该点完成供料后，输送机内的物料正常通过该点，输送至其他卸料点。通过控制卸料装置实现多点卸料。

多点卸料装置通过控制料斗两侧的滚轮来控制料斗的翻转与否，其主要包括执行器、连杆机构、翻转轨道等组成，如图 4-89 所示。执行器一般采用气缸，气缸作用于连杆机构，使翻转轨道抬起或降下。当翻转轨道抬起时，料斗经过此处时进行卸料；当翻转轨道降下时，料斗经过此处时不卸料。主控室分析哪一个吸附塔需要供料，然后通过控制系统发出信号，使该塔对应的卸料装置的翻转轨道抬起，这样就可以对该吸附塔供料了。反之，如该塔不需供料时，则不发出执行信号。

（6）姿态控制装置。根据枢轴链斗式输送机多点卸料技术的要求，其料斗是每两个按照顺序搭接在一起，转弯时相邻两料斗之间会发生干涉，如果料斗在整个运转过程中出现搭接错误，就会造成料斗的卡死。为了防止以上现象的发生，需采用姿态控制技术来对料斗姿态进行控制。料斗姿态控制技术是建立在料斗防止干涉的姿态控制理论的基础上的，首先分析输送机"Z"形的运动路径，找出料斗容易发生干涉和搭接错误的地方，然后分析料斗通过这些地方的姿态变化及先后料斗的相互影响，找出料斗在这些地方不发生干涉的条件，然后根据这些条件来设计姿态控制装置，避免料斗在转弯时发生干涉和搭接错误。

料斗姿态的分析需根据料斗的结构尺寸、链条的节距等来进行，其原则是分析料斗在不同的转弯位置时，需要保持什么样的姿态才能保证料斗相互之间不干涉，如图 4-90 所示。

根据料斗姿态理论分析，进行姿态控制装置的转弯轨道的设计。所设计的姿态控制装置转弯轨道分为内轨道和外轨道，内轨道控制料斗内侧滚轮在其轨道上运动，外轨道控制料斗外侧滚轮在其轨道上运动，在内外轨道的共同作用下，料斗在转弯过程中就不会发生干涉和搭接错误。

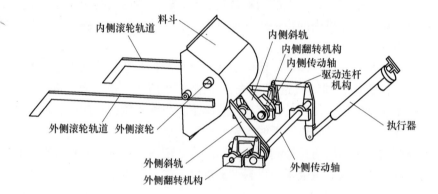

图 4-89　多点卸料装置

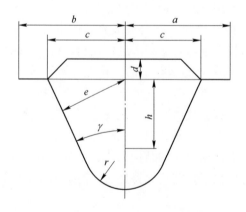

图 4-90　料斗形状示意图

a, b—料斗边缘宽度；c—料斗体宽度；d—料斗侧壁顶到旋转中心高度；

e—料斗斜边与旋转中心距离；h—料斗底部圆弧与旋转中心距离；

r—料斗底部圆弧半径；$γ$—料斗斜边与竖直方向夹角

结合"Z"型布置斗式输送机的要求，在分析姿态控制技术运动学的基础上，开发设计了姿态控制装置的转弯轨道（见图4-91），保证长距离多次改向的输送机结构紧凑、运行稳定。在驱动处的姿态控制中，料斗在内轨道和外轨道的共同作用下，料斗在转弯时，前后料斗搭接处错开，不发生干涉；在尾轮前姿态控制中，料斗在内轨道的作用下，料斗在转弯时，前后料斗搭接处错开，不发生干涉；在上部姿态控制中，料斗在外轨道的作用下，前后料斗按照正确的搭接顺序进入水平段，避免了由于晃动造成的搭接错误；在装料点姿态控制中，料斗在外轨道的作用下，受到装载物料的冲击也不会发生反转，从而保证了正确的搭接顺序。

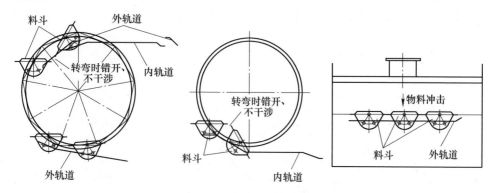

图4-91 姿态控制技术原理图

（7）垂直段防晃动装置。料斗装载物料连接在链条上，链轮转动带动链条的运动是一个变速变位的运动，由于链斗式输送机在垂直段一般要提升几十米高，会造成料斗的剧烈晃动，甚至会造成料斗内物料的洒落。因此链条在垂直提升过程中需设置垂直段防晃动装置，来限制链条的晃动。

垂直段防晃动装置一般由防晃动轨道构成，防晃动轨道能够限制料斗卡轮的摆动，从而起到限制料斗摆动的作用。防晃动轨道设置在链斗式输送机的机壳上，在垂直段每隔一段距离设置一套防晃动轨道。

b 固定链斗式输送机

为解吸塔给料的输送机需完成水平—垂直—水平运行，并且该输送机需要适应多点给料的特点，该输送机主要由固定料斗、驱动装置、改向轮装置、尾轮装置、垂直段防晃动装置、轨道、支架等组成，其驱动装置、尾轮装置、四个改向轮装置呈"Z"型布置，两条输送链条缠绕驱动链轮、尾轮、四个改向轮一周，每两节相对的链条上都通过销轴连接一个固定料斗，固定料斗的姿态与相连的链条姿态保持一致。从吸附塔旋转阀排出的活性炭落入输送机料斗中，输送机驱动装置通过移动链轮带动链条，链条带动料斗经过水平—垂直—水平的运动，将活性炭从吸附塔下端提升到解吸塔上端。在解吸塔上端，料斗中的活性炭在料斗翻转的作用下倾倒排出。在转运物料过程中，料斗跟随链条会发生正反两次 90° 的翻转，固定料斗的设计要保证其内部的活性炭不会洒落。

其中的驱动装置、改向轮装置、尾轮装置、垂直段防晃动装置、轨道、支架等都与枢轴斗式输送机一样，故不在此进行赘述。这里详细说明一下固定料斗。

固定料斗顾名思义是固定在链条上的，通过链斗两端的连接装置固定在料斗两侧的链条上，其运行过程中的姿态与相连接的链条保持一致。固定料斗由底板、侧板、遮挡板、挡料板等组成。底板一般由 Q235 钢板制作而成，侧板则按形状切割而成；为了适应固定料斗姿态的正反两个 90° 翻转，设置了挡料板，其作用是当料斗翻转 90° 时，其内部物料不会洒落。同时，为了防止装料时物料从两个料斗之间洒落，设置了遮挡板。其结构如图 4-92 所示。

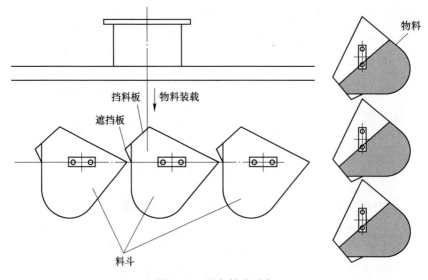

图 4-92　固定料斗示意

4.3.3.4　系统余能利用及环保

A　活性炭加热解吸及余热利用

活性炭烟气净化工艺中，吸附了污染物的活性炭需要在解吸塔内先加热到一定温度（通常 430℃左右）进行解吸，将活性炭吸附的酸性物质 SO_2 等释放出来，恢复活性炭吸附酸性物质能力。在这过程中，解吸塔需要外供热源。选择合适外供热系统，保证其运行安全、稳定、节能，是活性炭净化技术运行稳定达标的关键之一。

a　热风循环系统组成介绍

解吸塔配套了热风循环正压供热系统，系统主要由以下组成：热风炉及其燃烧系统、循环烟气管路、烟气放散管路、安全辅助系统。热风炉设备通常由燃烧室和混风室两部分组成。燃气在燃烧室内充分燃烧，所产生的高温烟气在混风室与循环烟气混合，混合烟气达到设定要求的温度后给解吸塔供热。燃烧室为高温燃烧区域，设置合适厚度的耐火隔热内衬，可起到隔热和蓄热双层效果，保证燃烧效率高，燃烧稳定、充分。混合室为全金属、多级混风、外保温结构，确保烟气能快速均匀混合。

热风炉设备除配置常规测温、测压、火焰检测、自动点火及设置泄爆设备外，可进一步配置炉内可燃气体浓度检测、高温摄像头等设施，增强系统安全性。

b 热风炉对能源介质要求

热风炉的燃烧设备由自动点火装置和主烧嘴两部分组合。正常热风炉炉膛压力在 $2\sim5kPa$，考虑燃气管道阻力损失，通常要求燃气接点压力不低于 10kPa，并要求压力尽量稳定。

热风炉主要依靠主烧嘴燃烧进行供热。燃料除压力有要求外，主烧嘴对钢铁厂内现有的几乎各燃料都适用。只要热值大于 $700kcal/m^3$ 以上的燃气，如高炉气、转炉气、混合气、焦炉气、天然气等均可用。

自动点火装置作为热风炉点火及长明火使用，需要燃料量不大，通常 $50\sim200m^3/h$。为保证自动点火运行可靠，需燃料有较高热值，低位热值需高于 $1500kcal/m^3$。煤气压力稳定，杂质含量低，否则可能运行时因管路堵塞，经常需清理、检修。

c 供热系统外排烟气余热利用及治理

为保证循环管路压力稳定，在管路上需设置烟气放散管路进行外排。外排烟气气量与燃烧新增的烟气量一致，约占总循环量 $10\%\sim15\%$，烟温 $300\sim360℃$。直接排放，既浪费了烟气余热，也很难满足环保达标排放要求。工程对这部分外排烟气进行余热利用及治理。

目前，余热利用的措施有很多种，由于外排烟气不大，且烟温不高，在放散管路上设置换热管进行余热回收在进行治理是相对可行措施。回收后余热可产热风、热水或少量低压蒸汽。

在放散管路上设置换热管，对热风炉助燃空气进行预热，再参与热风炉燃烧，并将冷却后的放散烟气引入烧结增压风机前与烧结废气混合进活性炭吸附塔，一并处理，应是相对可行、经济的措施之一。采用该配置，助燃空气可预热至 150℃ 左右，理论上可节省约 10% 的煤气耗量，并能最大限度降低有害物质排放。

B 除尘系统组成及尾气处理

烟气净化设施的活性炭转运过程中会产生粉尘，对环境产生污染。为加强环境保护，改善生产作业环境，对生产过程中活性炭各产尘点、产尘设备以及转运环节采取综合有效措施，控制其粉尘扩散外逸，使生产环境得以改善，使含尘气体经净化设备处理后的废气排放浓度（标态）小于 $10mg/m^3$。

依据活性炭转运过程中产生粉尘位置及活性炭粉尘颗粒大小，将除尘系统分为环境除尘系统和气力输送系统。

a　环境除尘系统

环境除尘系统包括活性炭进料环节、各活性炭输送机产尘点以及粉尘仓等处共约 20~30 个扬尘点，系统选用脉冲袋式除尘器，净化后的废气经离心风机由排气筒排入大气。除尘器收下的粉尘先卸至粉尘仓，再通过输灰吸引装置用吸排车外运。

b　气力输送系统

对活性炭转运环节中的活性炭粉集中点进行气力输送，本系统包括解吸塔下振动筛筛仓、活性炭输送机等多处粉尘集中点的粉尘输送。系统选用旋风除尘器作为初级处理设备，再通过脉冲袋式除尘器处理，动力源选用罗茨风机。旋风除尘器及袋式除尘器收下的粉尘先卸至粉尘仓，再通过输灰吸引装置用吸排车外运。

气力输送系统设置有检修吸灰支管，在吸附塔和解吸塔检修时，罗茨风机将吸附塔格栅处粉尘吸至粉尘仓，改善检修工作环境。

c　环境除尘及气力输送系统技术要求

（1）对产尘设备以及产尘点采取必要的尘源密闭措施，设置抽风罩或密闭罩，并采用机械抽风系统，确保系统和罩内负压，以控制粉尘外逸。

（2）采用高效率的脉冲袋式除尘器为净化设备。

（3）采用大集中除尘系统，便于管理和维护。

（4）除尘系统采用技术先进的除尘管道阻力平衡技术，有效控制各分支管的阻力平衡发生失调现象，确保系统运行可靠。在各抽风点支管上设置检测孔，复核风量平衡。

C　制酸尾气处理

制酸系统宜采用二转二吸工艺，二氧化硫转化率可达 99.7%，制酸尾气中二氧化硫浓度约为 $700mg/m^3$ 左右，虽然制酸尾气量不大，但不能直接外排，可返回活性炭法烟气净化装置。

4.3.3.5　系统安全运行技术

A　烟温控制系统

活性炭吸附是一个放热过程，在一定范围内床层温度高有助于脱硝反应进行，但床层温度过高，则烟气穿过床层无法带走过多的热量，导致热量累积，吸附塔内床层会出现整体超温现象，如不及时采取保护措施，活性炭床层温度会在短时间内升至400℃以上，达到活性炭的着火点，从而严重影响整个系统的正常运行，为保证系统安全运行，通常在入口烟道上设置有温度自动控制系统，保证入塔烟气温度不高于设定温度。温度自动控制系统配置有两种温度调节手段，一种是雾化喷水降温，一种为补空气降温（设置有电动冷风阀），两种降温手段可单独运行，也可协同运行，可根据不同的工况灵活调节温度。当增压风机入口烟气温度在135~150℃范围内时，可单独启用补空气降温，当增压风机入口烟气温度在150~165℃范围内时，可联合启用喷水降温，三维效果如图4-93所示。

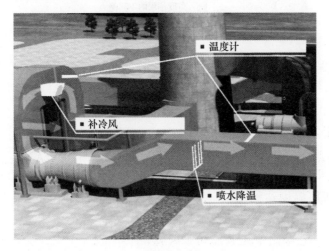

图4-93　工程现场自动降温

补空气降温，虽简单易行，但增加烟气总量，在有条件的地方，推荐优先采用大烟道高温段余热利用方案，降低大烟道烟气温度，或采用大烟道烟气换热技术，既节能又减排，同步提高经济效益和社会效益。

B　吸附塔内温度监控及保护

分层交叉流吸附塔在结构设计上，通过提高 SO_2 吸附层（$d_{前}$）的活性炭移动速度，减少了吸附热在活性炭层积聚的安全风险，但为了确保安全，另外还设置了一套温度检测加氮气保护的安全系统。

a　温度监控系统

吸附塔内活性炭下料采用辊式下料装置，能够保证床层流动性好，不会出现死角。在吸附塔高度方向上、中、下三个合适位置，烟气出口侧设置温度监测系统，全面检测活性炭层的温度变化，报警温度设定为150℃，温度的上限为160℃，吸附塔内某位置处活性炭层的测试温度如图4-94所示。

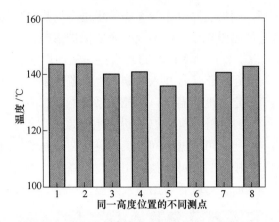

图 4-94　吸附塔内某位置处活性炭层的测试温度

b　氮气保护系统

为保护系统安全稳定运行，吸附单元安保氮气设计压力 20~30kPa，单塔设计氮气量不小于 2000m³/h。

系统运行中，当吸附单元温度达到 150℃，应立即降低烟气温度，并查明原因，当活性炭层温度达到 160℃，应立即停止通烟气，并在吸附塔中通入安保氮气，氮气通入点在吸附单元底部和原烟道入口位置，保证吸附塔内处于完全氮气密封状态，隔绝氧气，如图 4-95 所示。

C　解吸系统温度检测及保护

活性炭解吸是在高温环境下进行的，为了安全，解吸塔中活性炭的填充空间和

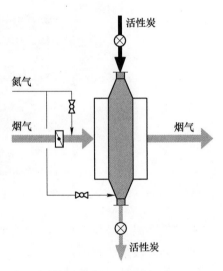

图 4-95　氮气保护系统

移动空间均充满氮气，且在解吸塔上、下两端设有颗粒输送阻氧装置。解吸塔内的氮气不仅是保护气体，而且也是解吸过程中解吸气体外排的载气，如图 4-96 所示。

除了上述措施，还在解吸塔上设置了活性炭温度检测系统。分别在分布段、加热段出口、冷却段出口布置了多组温度测量点，同时对加热段出口空气温度（小于 340℃）、冷却段出口空气温度（小于 130℃）、SRG 气体温度（大于 380℃）、活性炭冷却后温度（小于 120℃）进行了监测，并设定了相应的温度范围。如果加热段、冷却段活性炭的温度不正常或温差较大，要检查活性炭下料是否均匀，折流板设计是否正常。

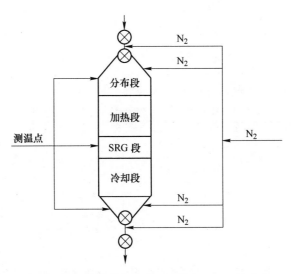

图 4-96 解吸塔温度检测点及氮气进出口布置示意图

D 输送系统安全保护

活性炭输送装备的安全主要体现在高温事故的预防及控制。活性炭的燃点约为 400℃，有些炭粉的燃点仅 160℃，运动部件摩擦引起的高温足以点燃机槽内的活性炭粉末，如未及时防范，一旦热源进入吸附塔，引燃塔内活性炭，必将造成灾难性损失。活性炭输送装备总长超过 100m，有近 600 个料斗，1000 多个车轮，构件的状态对设备的累积影响巨大，因此装备健康是活性炭输送设备的核心问题。实时监控设备运行过程中的安全隐患与构件状态，及时发现问题，确保活性炭脱硫脱硝系统长期安全稳定运行十分重要。活性炭输送装备安全及健康跟踪评价系统如图 4-97 所示。

图 4-97 可以看出，输送链条将下端的活性炭输送至上端的工作平面，图中序号 6 为两条搜集活性炭粉的刮板，在底板与刮板之间序号 1 为连续测温传感器，传感器埋在活性炭粉末当中，输送机链条与刮板之间的序号 5 为输送机链条氮气清扫装置，序号 2 为料斗姿态及链系视觉跟踪分析系统。活性炭输送装备安全及健康评价系统，持续跟踪活性炭输送机各核心构件的状态，确保设备在安全可靠的情况下运行。活性炭输送装备安全及健康评价系统包括三项关键技术，分别为输送机链条支承座氮气清扫技术，链系及料斗状态视觉分析技术，粉炭层高温灶自动觅出技术。

a 输送机链条支承座氮气清扫技术

承座均配备氮气清扫喷嘴，每 12h 清扫喷吹一次，喷吹时长 10s；整机支承座采用分组清扫制度，所有支承座分 N（最多 12）组清扫，每组的清扫喷吹之

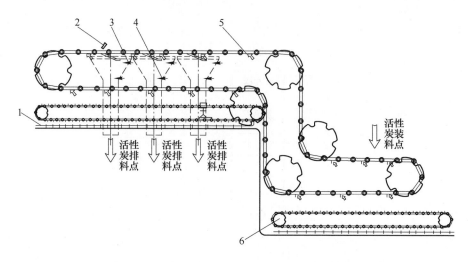

图 4-97　活性炭输送装备安全及健康评价系统图

间的时间间隔为 $N/12h$（程序可调或界面可调）。炭粉的燃点低，支承座上的炭粉如不及时清扫，极易由于链条与支承座的摩擦引燃堆积的炭粉，诱发安全事故。采用氮气清扫，同时也降低了输送机内的氧含量，破坏了炭粉高温燃烧的条件。

b　料斗姿态及链系视觉跟踪分析技术

通过视觉分析摄像头在线监视受控区域内料斗、链条托轮、链条构件的工作状态，发现料斗姿态异常时进行声光报警并停机；发现链条托轮脱落、松动或卡死等故障时在主控室显示故障，故障显示 30min 后仍未清除故障时触发声光报警，声光报警 10min 后故障仍未消除时自动停机。图 4-98 揭示了料斗在运行过程中可能出现的几种姿态，视觉分析系统具有判断速度快、判断准确、可扩展性强的特点，结构如图 4-99 所示。

图 4-98　链斗运转过程姿态

线结构光（线激光）3D 检测技术是一种使用三角测量原理的机器视觉技术。把线结构光的直线光条投射在待测部分上，将待测部分表面凹凸特征转换为线结构光光条的弯曲、折断等特征，用工业相机与镜头采集线结构光光条的图像，用

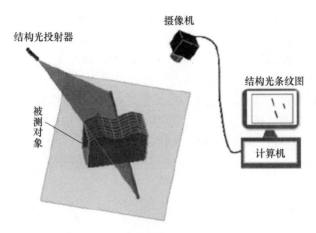

图 4-99　监控系统组成结构示意图

工控机上的智能处理软件处理光条图像、提取光条特征、判断待测部分的状态，从而实现智能化监视。

c　粉炭层高温灶自动觅出技术

粉炭的燃点温度只有 160℃，输送机下部会沉积粉炭，粉炭层高温灶自动觅出技术是利用热点探测装置在线检测沉积炭的温度，检测到超过 60℃的温度时在主控室报警，并显示温度值与高温点的区域或位置；检测到温度超过 110℃时声光报警并停机。利用热点探测技术很好地解决了粉炭沉积层长距离连续测温的技术难题，以低廉的价格实现了活性炭输送机粉炭层连续测温和高温点定位，为输送机的安全运行提供了可靠的保障。

热点探测技术原理如图 4-100 所示，是利用热电效应及 NTC 绝缘材料制成的热点探测电缆。

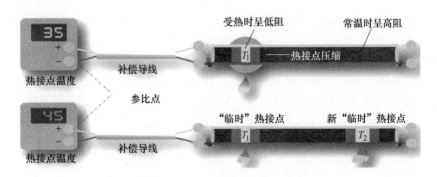

图 4-100　热点探测技术原理图

图 4-100 的一根热点探测电缆中，当 HSD-T 热点探测器上任何一点（T_1）的

温度高于其他部分的温度时，该处的热电偶导线之间的绝缘电阻（R）降低，从而出现"临时"热接点，其作用与普通热电偶的热接点相同。

当 HSD-T 热点探测器上另外一点（T_2）的温度高于 T_1 点时，该处的热电偶导线之间的绝缘电阻会变的更低，从而出现新的"临时"热接点。

在积灰沉积平台，将热点探测电缆按照图 4-101 方法布置，电缆上每个点可以探测周围一个小的区域，一根电缆就可以管理一个大的区域，这样就能够较好地监控到积灰沉积平台上粉炭的温度变化情况，保障设备的安全。

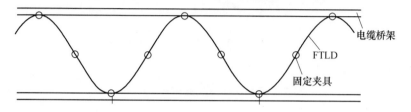

图 4-101　热点探测电缆安装示意图

4.3.4　副产物资源化技术

活性炭吸附了污染物后，可通过高温进行解吸再生，再生后的活性炭返回吸附塔循环使用。由于活性炭运行过程会因为机械磨损和破损产生小颗粒活性炭粉末，而这些细小炭粉不宜再进入吸附塔，可通过筛分而从系统中排出，成为副产物，需进一步回收处理。另外，在高温解吸过程中会产生含高浓度二氧化硫（7%~15%）的酸性高温气体（SRG 气体），为保证硫资源回收系统的稳定性，需采取洗涤法对 SRG 气体进行洗涤除杂，由此产生了酸性洗涤废水，洗涤后的富硫气体进行资源化处理。工艺过程如图 4-102 所示，其中活性炭粉末、酸性洗涤废水及高硫气体为副产物，不能直接排放，需进行资源化进行回收。

4.3.4.1　活性炭粉末资源化利用

A　炭粉物化性质分析

为了解活性炭粉的基本元素组成，对比分析了活性炭粉、新鲜活性炭磨损碎料和烟气净化装置进口烟尘中 C、H、N、S 元素的比例，结果见表 4-6。

表 4-6　C、H、N、S 元素比例　　　　　　　　　　（%）

物　料	$w(C)$	$w(H)$	$w(N)$	$w(S)$
活性炭粉	57.465	0.871	2.061	1.137
新鲜活性炭	78.757	0.631	1.04	0.575
进口烟尘	1.851	0.083	0.794	0.635

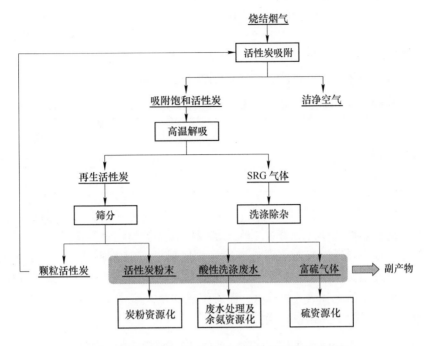

图 4-102　活性炭法烟气处理流程及副产物产生情况

由上述结果可知，活性炭粉中 C 元素的含量较新鲜活性炭有所降低，原因可能是活性炭在解吸过程中化学消耗了部分 C 元素，同时可能由于新鲜活性炭吸附了含 C 量较低的进口烟尘，最后一起筛下混合成为活性炭粉；N、S 含量较新鲜活性炭略微增加，可能是吸附的 NO_x、SO_2 未完全脱附造成；以表中三种物料中 C 元素的含量折算，所测批次活性炭粉中约 70% 为细颗粒活性炭，约 30% 为除尘灰及其他杂质。

为进一步明确活性炭粉中是否含有有害重金属，测量了炭粉中 Hg、As 和 Pb 的含量，结果如表 4-7 所示。

表 4-7　活性炭粉有害重金属元素含量

物　料	Hg/mg·kg^{-1}	As/mg·kg^{-1}	Pb/mg·kg^{-1}
活性炭粉	33.7	2.89	305

从表中结果可以看出，炭粉中同时存在 Hg、As 和 Pb 三种重金属，因此不能随意排放，需要资源化处理。

B　炭粉资源再利用技术

对于炭粉的再利用，目前主要有两种途径：可将炭粉作为高炉燃料利用，也可将炭粉作为制备颗粒活性炭的原料使用。

a　活性炭粉末作为高炉燃料利用

高炉用燃料通常包括焦炭和喷吹燃料两大类，其中大部分钢铁企业喷吹燃料采用喷吹煤粉技术，喷吹煤种通常又包括无烟煤、烟煤或二者的混合煤。表4-8为常用喷吹无烟煤组分标准和某钢铁厂活性炭粉实测组分分析对比。

表4-8　常用喷吹无烟煤组分标准和某钢铁厂活性炭粉实测组分分析对比　（%）

燃　料	挥发分	灰分	固定碳
喷吹无烟煤	<10	6~30	60~80
活性炭粉	6.81	19.50	63.08

从表4-8中可以看出，活性炭粉的关键指标都能达到喷吹无烟煤的要求，活性炭粉理论上能替代或部分替代喷吹无烟煤作为高炉喷吹燃料安全使用。

为进一步明确活性炭粉中影响高炉入炉燃料的有害杂质元素含量是否超标，对炭粉中相关主要元素的含量进行了测试，同时与高炉入炉炉料元素含量控制标准进行了对比，结果如表4-9所示，需要注意的是，表中实测值为经过与现场喷吹燃煤复配后炭粉中元素占比换算的结果。

表4-9　活性炭粉与高炉入炉燃料有害杂质元素含量对比　　　（kg/t）

项　目	P	K+Na	Zn	Pb	As
入炉燃料控制值	≤0.06	≤0.5	≤0.15	≤0.1	≤0.07
炭粉实测占比值	0.019	0.029	0.003	0.007	0.0006

从结果可以看出，通过与喷吹燃料复配，炭粉中影响高炉入炉燃料的有害杂质元素全部在控制值以内，因此可以作为高炉喷吹燃料安全使用。

b　活性炭粉末制备颗粒活性炭的研究

活性炭粉作高炉燃料的利用率虽高，但仅仅是热值利用，并没有发挥其更大的作用。对于活性炭使用用户来说，如能将活性炭粉重塑成合格颗粒脱硫脱硝活性炭，并将活性炭粉再造粒循环利用技术进行产业化，那必将大大提高活性炭粉的利用价值，同时降低活性炭法净化烧结烟气的运行成本。据市场调研，个别厂家已对将粉状活性炭制备颗粒活性炭进行了研究与试制，但国内将含烧结灰的活性炭粉再造成能高效脱硫脱硝的大颗粒活性炭的研究较少，中冶长天科研人员针对活性炭粉再造颗粒活性炭进行了一系列研究，图4-103为炭粉添加煤粉制备的活性炭成型料和活化料的实物。

为验证活性炭粉作为活性炭制备原料的可行性，实验过程中，在同一制备工艺条件下分别制备了不添加炭粉和添加一定比例炭粉样品，并对比了其综合性能，如表4-10所示。

图 4-103 炭粉添加煤粉制备的活性炭成型料（左）和活化料（右）的实物图

表 4-10 活性炭粉再造活性炭性能

试样	水分 /%	灰分 /%	挥发分 /%	耐磨强度 /%	耐压强度 /daN	着火点 /℃	碘值 /mg·g⁻¹
不含炭粉样	2.56	11.90	3.16	97.86	65.26	485	294
添加炭粉样	2.73	12.91	3.14	97.40	66.57	464	408
指标要求	≤3	≤20	≤5	≥97	≥40	≥430	≥300

从表 4-10 数据可以看出，添加炭粉样品的水分、灰分、耐压强度和碘值较不含炭粉样品偏大；而挥发分、耐磨强度和着火点较不含炭粉样品偏小；总体而言，添加炭粉样品的关键性能指标都能达标。同时，重点对比了炭粉的添加对活性炭脱硫性能的影响，其中脱硫性能由 Gasmet DX4000 气体分析仪测定，结果如图 4-104 所示。

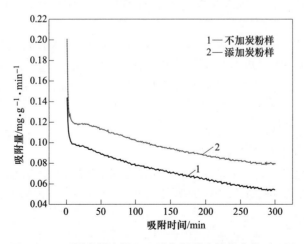

图 4-104 不同炭粉含量配比活化料脱硫性能曲线对比图

经计算，不加炭粉样的脱硫值为 21.88mg/g，添加一定炭粉样品的脱硫值为 28.92mg/g，较不加炭粉样增加了 32.18%，可见活性炭粉再造活性炭的脱硫性能较不含炭粉活性炭有较大提高，这是因为活性炭粉本是活性炭磨损后的粉状体，本身已具备活性和较大的比表面积，与原煤一起再造活性炭后，经过炭化和活化，孔隙进一步丰富，吸附 SO_2 的能力增强。

综上可知，脱硫脱硝活性炭粉作为脱硫脱硝活性炭制备原料在技术上可行，可通过调整煤粉/炭粉/焦油/沥青的配比，结合相应制备工艺并成功制备满足工艺需要的合格的烟气净化脱硫脱硝活性炭，从而实现副产物炭粉的高效资源再利用。

4.3.4.2　废水零排放技术及装备

酸性洗涤废水呈强酸性（pH<1），溶液呈无色，含有大量的黑色悬浮物，具有刺激性的 SO_2 气味。以某钢厂两套 550m^2 烧结机配套单级活性炭烟气净化工程产生的酸性废水为例，其主要成分如表 4-11 所示。

表 4-11　酸性洗涤废水成分分析

成分	悬浮物	COD	氨氮	总磷	挥发酚	氟化物	硫酸盐	氯化物	总铁
含量 /mg·L^{-1}	5000	3774	15196	1	1	1077	14993	5W	139

成分	总锌	总铜	总镉	六价铬	总铬	总铅	总镍	总砷	总汞
含量 /mg·L^{-1}	1.3	0.5	0.1	0.3	0.4	6.9	0.2	0.2	0.05

由表 4-11 可知，酸性废水主要为高悬浮物、高 COD、高氨氮、高氟、高氯、高盐的复杂废水。

根据《钢铁工业水污染物排放标准》（GB 13456—2012），废水排放应满足新建企业钢铁联合企业排放标准。因此，要使酸性洗涤废水能达标排放，需对废水中的悬浮物、氨氮、金属阳离子等进行有效处理。然而，目前国内外尚无可借鉴的工艺技术，亟须完全自主创新。

A　单质硫胶体高效去除技术

a　废水中硫来源及物化特征

在高温解吸过程中，在活性炭表面发生了催化氨气或炭粉还原二氧化硫的反应，生成的硫随着解吸烟气进入到洗涤塔中，遇水冷凝为胶体硫。涉及的反应过程如下：

$$4NH_3 + 3SO_2 \Longrightarrow 3S + 6H_2O + 2N_2 \qquad 反应（4-73）$$
$$C + SO_2 \Longrightarrow S + CO_2 \qquad 反应（4-74）$$

　　胶体硫为白色絮状沉淀，该沉淀过滤分离后，不溶于硫酸但微溶于强碱溶液。结合实际情况，推测其主要为单质硫胶体，由于颗粒尺寸较小，总体呈现出白色。对白色沉淀进行表征分析，采用 Raman 和 EDS 图谱分别表征了沉淀的分子结构和组成，结果如图 4-105（a）和 4-105（b）所示。

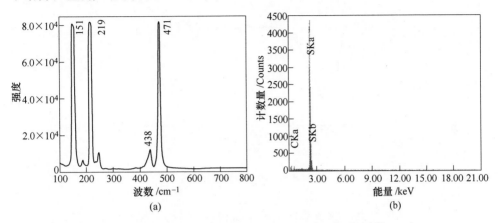

图 4-105　白色沉淀的 Raman（a）和 EDS（b）图谱

　　由图 4-105（a）可知，该物质在 151cm^{-1}，219cm^{-1}，438cm^{-1} 和 471cm^{-1} 出现了明显的特征峰。对比文献可知[40]，其中 151cm^{-1} 处的峰为硫的反对称弯曲振动峰，218cm^{-1} 处的峰为硫的弯曲振动峰，471cm^{-1} 处的峰为硫的特征伸缩振动峰，438cm^{-1} 处的峰为硫的其他振动峰。另外，由图 4-105（b）所示，经 EDS 表征回收的白色沉淀中元素对比结果可得主要元素为 S，其含量高达 99.63%。综上，可确定该白色絮状沉淀主要为硫磺。

　　对含硫溶液进行 Zeta 分析，确定单质硫主要带负电，电位为 -14～-18mV，属于胶体的稳定区。这说明废水中的硫主要以胶体形式存在，且存在状态较为稳定，硫胶体难以通过重力实现自然沉降。若不进行有效处理，则会随着废水进入到后序工段，黏附于设备上，极易造成设备堵塞。

　　由 Zeta 电位研究可知，硫颗粒带负电荷，说明其表面必定带有特殊基团，为了能有效加速单质硫沉降过程，采用 FTIR 研究了硫磺颗粒所带的基团，结果如图 4-106 所示。

　　由图 4-106 可知，单质硫的表面性质较为稳定，两个样品的红外吸收峰保持一致。由文献可知，3650～3580cm^{-1} 处为游离 OH^{-} 基的伸缩振动吸收峰，1600～1700cm^{-1} 处为 OH^{-} 基伸缩振动吸收峰，840～880cm^{-1} 处为 HSO$_4^{-}$ 的伸缩振动吸收峰。由此可见，硫颗粒表面性质单一，主要带有 OH^{-} 基团[41]。

　　以上研究发现，溶液中含有大量的硫酸盐，会电离出大量的 SO$_4^{2-}$，从而将显负电性的硫磺胶体包围在内部，形成独立稳定的离子团。导致硫磺颗粒之间不能

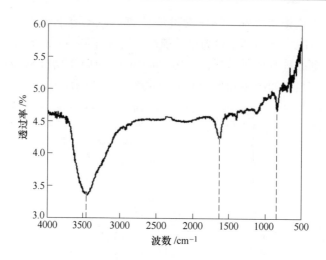

图 4-106　单质硫的 FTIR 图

有效的结合，使得负电硫胶体能稳定的在低 pH 条件下（大量 H⁺）存在。

　　b　活性炭粉对硫胶体吸附性能研究

　　一般的，胶体破坏可通过升温、加入絮凝剂或其他电荷物质，目的在于破坏胶体的稳定性，从而实现胶体的沉淀。考虑到活性炭带正电（+5mV），可以有效中和硫胶体的负电，从而有利于硫胶体脱稳，同时活性炭粉来源广泛，在活性炭净化系统中会产生大量磨损后的活性炭。因此，我们向含硫胶体废水中添加了废弃的活性炭粉，并考察了硫胶体的去除效率。图 4-107 为含硫胶体废水添加活性炭粉后的溶液浊度对比图。

图 4-107　硫胶体添加活性炭粉前后溶液浊度对比图

　　如图 4-107 所示，向废水中加入炭粉有利于硫胶体的沉降。未加入活性炭前，硫胶体溶液的浊度（NTU）值为 757，加入活性炭吸附 4h 后，溶液浊度降低到 41（接近于水溶液）。这表明溶液中的硫胶体几乎全部发生了沉降。活性炭粉有利于硫胶体的沉降主要是由于活性炭粉带正电，而硫胶体带负电，两者发生了电荷吸引，破坏了硫胶体的稳定性，从而使硫胶体与炭粉一起沉降。

为确定硫胶体被吸附于活性炭粉上，采用 EDS 和 XRD 对沉降后的炭粉进行分析，表征结果如图 4-108 所示。

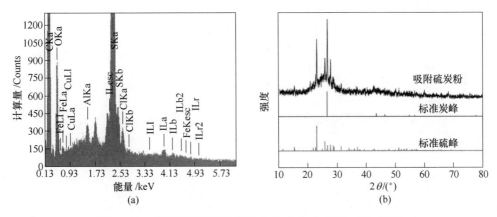

图 4-108 吸附硫胶体后炭粉的 EDS（a）和 XRD（b）图谱

由 EDS 结果表明，加入硫胶体溶液中沉降的炭粉，主要由 C 和 S 组成，其中 C 元素占比为 86%，S 元素占比为 10%。进一步的，由图 4-108（b）中沉降后炭粉的衍射峰可知，沉降后的炭粉主要由斜方硫和活性炭组成，例如在 $2\theta =$ 23.005°、25.752°、27.637°、31.267° 和 42.591° 较为强烈的峰与斜方硫的（222）、（026）、（206）、（044）和（062）特征峰吻合，在 $2\theta = 26.611$° 较为强烈的峰与活性炭的（111）特征峰吻合。根据 Rietveld 精修法，确定炭和硫的量分别为 78% 和 14%。由此说明，炭粉加入硫胶体溶液中后，会将硫胶体吸附，形成炭硫复合的物质。由于炭粉为大颗粒物质，单质硫被活性炭吸附后，可通过自然沉降和过滤方式进行去除。含硫炭粉进一步脱水后可用于烧结配料或制备颗粒活性炭，替代部分焦粉和煤粉。

B 含氨废水金属深度去除技术

如前所述，由于废水中除含有金属阳离子外，还含有大量氨氮，若调节溶液至高碱性，则会导致大量氨气逃逸，而调节溶液至较低碱性，则不利于金属阳离子的全部沉淀。

a 金属沉淀过程配碱方案优化研究

要实现废水中金属的深度去除，首先要理清废水中金属种类及含量，对废水进行全元素分析，结果如表 4-12 所示。

表 4-12 废水全元素分析

元素	含量/mg·L^{-1}	元素	含量/mg·L^{-1}
Ag	—	Mn	1.9
Al	109.2	Mo	—
As	0.7	Na	5440
Au	—	Nb	—
B	2.9	Nd	—
Ba	1.6	Ni	0.3
Be	0.01	P	1.5
Bi	0.01	Pb	2.1
Ca	155.1	S	1323
Cd	0.01	Sb	0.001
Ce	0.1	Sc	0.02
Co	0.04	Se	0.03
Cr	0.8	Si	252.7
Cu	0.002	Sn	0.01
Fe	139.4	Sr	1.1
Ga	—	Ti	2.6
Hg	0.3	V	0.06
In	—	W	—
K	25.0	Y	0.05
Li	0.3	Zn	1.6
Mg	25.6	Zr	0.3

由表 4-12 可以看出，废水中含有大量 Al、Ca、Mg 及多种的金属阳离子，如 Co、Li 等，但其他金属阳离子浓度较低，接近于排放标准，在处理过程中可忽略不计。高浓度的金属离子（Al、Ca、Mg）不仅会影响水质条件，还会对沉淀过程碱的消耗产生影响。

为实现金属阳离子的全部去除，计算了采用氢氧化钠作为碱源，沉淀主要金属阳离子的最优 pH，其计算过程如表 4-13 所示。

表 4-13 采用氢氧化钠沉淀废水主要金属阳离子最优 pH 分析

阳离子类型	Fe^{2+}	Fe^{3+}	Al^{3+}	Ca^{2+}	Mg^{2+}
摩尔质量/kg·mol^{-1}	56	56	27	40	24
浓度/mg·L^{-1}	139	139	109	155	26
摩尔浓度/mol·L^{-1}	2.48×10^{-3}	2.48×10^{-3}	4.04×10^{-3}	3.88×10^{-3}	1.08×10^{-3}
K_{sp}	1.00×10^{-15}	3.2×10^{-28}	1.3×10^{-33}	5.50×10^{-6}	1.80×10^{-11}
沉淀 OH$^-$ 浓度	6.35×10^{-7}	2.34×10^{-12}	6.85×10^{-11}	3.77×10^{-2}	1.29×10^{-4}
pH	7.80	2.37	3.84	12.58	10.11

由表 4-13 可以看出，由于 Fe、Al 离子的溶度积较小，当采用氢氧化钠调 pH 至 8 左右，即可实现 Fe、Al 离子的完全去除。但要实现 Ca、Mg 离子的去除，则需调节溶液 pH 至 12 以上。因此，按理论计算值，采用氢氧化钠沉淀金属阳离子，应尽可能的调节溶液至高碱性。但由表 4-11 可以看出，在实际废水中，含有大量的氨氮，根据氨氮的性质可知，当溶液调节至碱性后，氨氮会转化为游离的氨分子，最终变为氨气从液相中析出，且碱性越强，氨气越容易逃逸。因此，在实际废水处理过程中，为防止大量氨气逃逸导致的车间条件恶化和氨氮资源浪费，应控制金属阳离子在弱碱性就完全沉淀。

考虑到 Ca、Mg 离子与碳酸根在中性条件及碱性条件结合后会形成难溶的碳酸盐，因此，拟采用同时添加氢氧化钠和碳酸钠组成的混合碱，实现在低碱条件下金属阳离子的全部去除。

b　溶液 pH 随加碱量变化

采用碱调节溶液，理清其溶液 pH 变化，对碱量的加入和控制具有实际意义。图 4-109 为采用混合碱调节溶液时溶液 pH 随加碱量的变化，混合碱由 15%氢氧化钠和 5%碳酸钠组成。

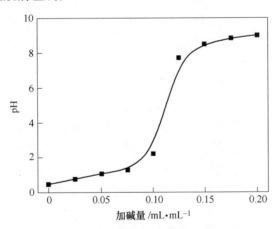

图 4-109　溶液 pH 随混合碱加入量变化情况

由图 4-109 可知，随着混合碱的加入，溶液 pH 持续上升。当溶液 pH 小于 1.5 之前和大于 8 以后，溶液 pH 随碱量的加入平稳的上升，而当溶液 pH 在 1.5~8 之间时，溶液 pH 随着碱量的增加快速变化，此阶段定义为 pH 快速变化区。这种现象可能是由于碳酸或亚硫酸的电离平衡导致的。

为确认 pH 快速变化区的具体电离平衡过程，采用氢氧化钠调节溶液 pH，其溶液 pH 随加碱量变化如图 4-110 所示。

如图 4-110 所示，采用氢氧化钠调节溶液时，在 pH 为 1.5~8 时仍会发生快速变化。由于采用氢氧化钠调碱时，溶液中起缓冲作用的阴离子主要为亚硫酸

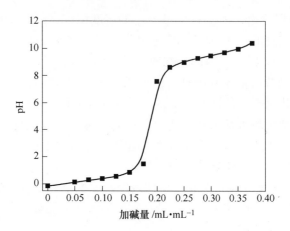

图 4-110　溶液 pH 随氢氧化钠加入量变化情况

根，因此，推断该废水的 pH 快速变化区主要为亚硫酸的电离平衡导致。涉及的反应过程如下：

$$H_2SO_3 \rightleftharpoons H^+ + HSO_3^- \qquad 反应（4-75）$$

$$HSO_3^- \rightleftharpoons H^+ + SO_3^{2-} \qquad 反应（4-76）$$

综上，采用碱调节溶液至碱性时，当 pH 达到 1.5 以后，应缓慢调碱，防止 pH 快速变化，造成碱量浪费。

c　废水曝氧对金属沉淀沉降性能影响研究

在实际废水沉淀过程中，可以发现沉淀主要以黄棕色为主，根据金属颜色特征推断，表明废水中的 Fe 离子主要以 Fe^{2+} 存在。其主要原因为：由于活性炭净化系统处理的烟气为烧结烟气，烟气中不可避免的会引入大量的单质铁，该部分铁被活性炭系统吸附后不能被氧化去除，会通过解吸进入 SRG 烟气，进一步的被洗涤下来而进入废水。由于废水中大量单质铁的存在，溶解的铁盐会被还原生成 Fe^{2+}。

由于 Fe^{2+} 被氧化成 Fe^{3+} 后，容易形成铁氧体沉淀以及形成聚合硫酸铁，从而有利于提高沉淀沉降性能。因此，考察了废水曝氧对沉淀性能的影响。图 4-111 为向废水中鼓入空气前后，采用混合碱调节 pH 至 9 的沉淀沉降性能对比。

由图可以看出，经曝气后沉淀的沉降性能得到了极大的改善。曝气前沉淀主要以黄棕色的絮状沉淀为主，当通过滤纸过滤时，可以看出，沉淀较为分散。且通过实际观测，溶液过滤速度较慢。曝气后，沉淀主要以橘黄色沉淀为主，当通过滤纸过滤时，沉淀可快速的下降，形成较为致密的团聚体。这可能是三价铁在沉淀过程中形成了铁氧体沉淀，从而极大的提高了沉降性能。因此，建议在实际废水处理过程中，增加曝气系统，将二价铁离子氧化后再沉淀。

下图为向废水中鼓入空气后，溶液 pH 随曝气时间变化情况，曝气量为

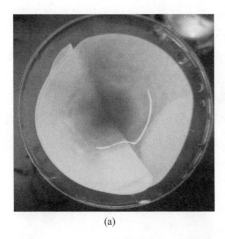 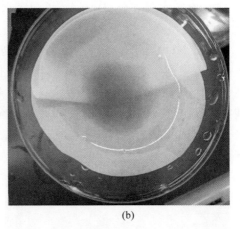

图 4-111 原水曝气前后沉淀沉降性能对比

(a) 曝气前；(b) 曝气后

0.1L/min，气源为空气，溶液量为 30mL。

由图 4-112 可以看出，向原水中曝气会使溶液 pH 增加，pH 由最开始的接近于 0，通过曝气 7min 后增加到 0.6 左右。这主要是因为曝气会使溶解在溶液中 SO_2 的溢出，从而破坏了亚硫酸的电离平衡，导致溶液 pH 略微上升。同时，在实际曝气过程中，闻到了强烈的 SO_2 刺激性气味。但由图可以看出，当曝气超过 7min 后，溶液 pH 保持稳定，表明溶液中 SO_2 已达到气液平衡。

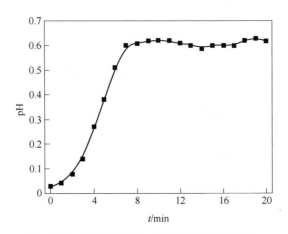

图 4-112 原水曝气溶液 pH 随曝气时间的变化

很显然，采用向废水中直接曝气，虽然会提高沉淀沉降性能，但是在曝气过程中会产生大量的 SO_2，这可能会引起二次污染及恶化车间操作环境。为防止曝气过程中 SO_2 的逃逸，采用将废水预先调节至弱酸性后再进行曝气氧化。图

4-113 为将废水调节至 pH 为 4，再向废水中鼓入空气，最后采用混合碱调节 pH
至 9 的沉淀沉降性能对比。

由图 4-113 可知，曝气前，沉淀较分散，为絮状。曝气后，沉淀在过滤时
能快速团聚到一块，有利于液固分离。但不及原水直接曝氧后沉淀的沉降性
能，对比图 4-111（b）和图 4-113（b）曝气后沉淀可以看出，调节原水至弱
酸再曝气，形成的沉淀在过滤时并不能全部团聚，仍有部分以分散状态存在。
这主要与调节原水至弱酸再曝气过程中，会形成三价铁沉淀有关，将在接下来
进行详细论述。

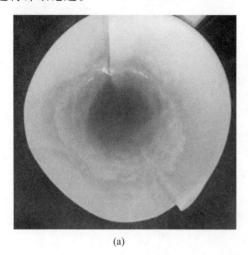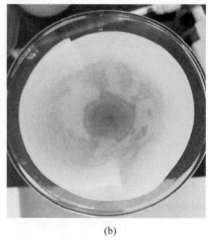

（a）　　　　　　　　　　　　　　　（b）

图 4-113　原水调至弱酸曝气前后沉淀沉降性能对比
（a）曝气前；（b）曝气后

调节原水至弱酸后，再进行曝气，其溶液 pH 随曝气时间变化情况，曝气量
为 0.1L/min，气源为空气，溶液量为 30mL。

由图 4-114 可以看出，调节原水至弱酸后，再进行曝气，其溶液 pH 会发生
小幅度下降，溶液 pH 由最初的 4.08 经曝气 6min 后，降低至 3.92。主要原因为
向废水中曝气会使 Fe^{2+} 氧化为 Fe^{3+}，而 Fe^{3+} 的电离度比 Fe^{2+} 的更小，从而减少了
氢的电离。

由于调节原水预先调节至弱酸，有效的抑制了 SO_2 的电离平衡，所以，在上
述曝气过程中并未检测到 SO_2 的溢出。但在曝气过程中，溶液会由澄清变为浑
浊。根据实验结果，弱酸溶液在曝气 3min 后，溶液会出现如图 4-115 所示的白
色浑浊物。由文献可知[42]，主要因为发生了 Fe^{3+} 的沉淀反应。

当向弱酸溶液中曝气后，溶液中的 Fe^{2+} 会发生氧化形成 Fe^{3+}，而由于 Fe^{3+} 溶
度积较小，极易形成沉淀。结合表 4-13 可得，Fe^{3+} 会在 pH 为 2.37 以后就发生沉
淀反应。由于溶液 pH = 4，所以一旦废水中形成了 Fe^{3+}，即会立刻形成

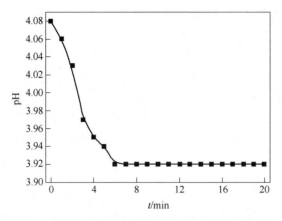

图 4-114 原水调至弱酸后曝气溶液 pH 随曝气时间的变化

图 4-115 原水调至弱酸后曝气产生的白色浑浊物

$Fe(OH)_3$。因此，在实际操作过程，应及时对曝气装置进行维护，防止形成的白色浑浊物堵塞气孔。

另外，正是预先形成了部分 $Fe(OH)_3$ 沉淀，会使溶液的总阳离子浓度降低，当采用混合碱调节溶液至 9 沉淀金属阳离子时，不利于造成沉淀的高过饱和度，从而不利于沉淀晶体的长大。进而，降低沉淀的沉降性能。

d 含金属沉淀处理处置建议

通过上述过程产生的含金属沉淀主要物质为 $Fe(OH)_3$、$Al(OH)_3$、$CaCO_3$、$MgCO_3$ 及少量重金属氢氧化物，该混合沉淀物不能直接外排，需通过稳定化、固定化进行处理处置。

C 余氨循环利用-废水蒸发补偿烟温控制技术

a 余氨利用及干燥结晶可行性分析

如表 4-11 所示，废水中含有大量氨氮，氨氮浓度可达到 15000mg/L。如此高的氨氮废水，处理难度大，目前并未得到有效处理。目前针对氨氮废水的处理，包括生物脱氮法、吹脱法、高级氧化法、化学沉淀法、膜分离法、电解法，但均存在着或多或少的不足。通过系统调研，要实现含氨废水的无害化、资源化处理要突破的关键难题是如何实现其循环利用。而将氨氮转化为氨气进行回收，无疑是一种切实可行的方法。

为了能更好地回收氨气，特别是了解氨氮转化为氨气的特性，以便进行合适的调控，开展了氨氮挥发率的热力学分析。经计算得氨氮挥发率随 pH 变化关系，如图 4-116 所示。

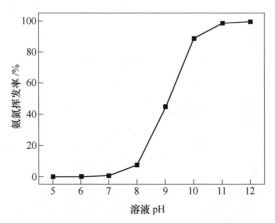

图 4-116　氨氮挥发率随 pH 变化关系

如图可知，在 pH<7 时，溶液中的氨氮难以挥发，主要以氨氮的形式存在。当溶液呈碱性后，氨氮迅速转化为氨气，并从溶液中挥发。在 pH 为 8~10 阶段为氨氮转化为氨气的快速转化期，氨氮挥发率随着 pH 的增加而快速增加。当 pH>10 以后，氨氮挥发率随着 pH 的增加变化较小，进入平台期。当 pH = 11 时，氨氮挥发率几乎达到 100%，表明在溶液 pH 为 11 时，氨氮几乎可完全转化为氨气，继续增加 pH 对氨氮挥发率影响较小，这为氨氮的资源化提供了必要的保证。

考虑到活性炭法处理烧结烟气时，烧结烟气应降温的需求，若能利用烟气余热干燥废水，将废水转化为结晶盐，并通过除尘回收，既能实现烟气控温，又能实现废水零排放处理。

b　结晶产物物化性质

废水经烟气干燥后会形成结晶盐，其外观呈白色微黄粉末状，如图 4-117 所示。

结晶盐采用 MS100 自动水分测量仪测得含水率为 3.64%。同时，根据《分子筛静态水吸附测定方法》（GB/T 6287—1986）上静态水吸附测定方法，测定了该结晶盐的吸水性能，取部分干燥样品与饱和氯化钠溶液置于（35±1）℃的干燥箱中，通风24h，记录其吸水前后质量，测得样品吸水率为47.47%。鉴于空气湿度较大，在实际工程中需对干燥后的结晶盐进行保温或持续通氮气，以防止结晶盐吸水黏结。吸水率计算公式为：

$$w = \frac{m_3 - m_2}{m_2 - m_1} \times 100\% \qquad (4\text{-}23)$$

图 4-117　废水干燥后结晶盐

式中　m_1——测试中使用的空称量瓶质量，g；

　　　m_2——称量瓶中放入干燥后样品的质量，g；

　　　m_3——通风24h后，样品与称量瓶的质量，g。

为确定固态产物中物质的具体成分，取部分样品进行 XRD 分析。分析结果如图 4-118 所示。

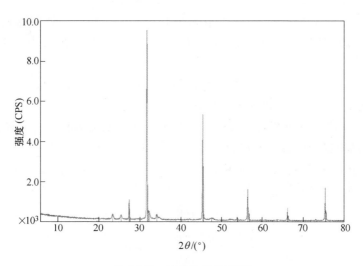

图 4-118　结晶盐 XRD 图谱

由图 4-118 可知，通过分峰拟合及半定量计算，确定结晶盐主要成分为 Na_2SO_4、Na_2CO_3 与 NaCl 等无机盐，其中 NaCl 占到 60% 以上。

4.3.4.3　富硫气体资源化方法

根据连续监测及理论分析，确定某钢厂单套550m² 烧结机脱硫富集烟气进入制酸系统净化工序烟气量及成分，如表4-14所示。

表 4-14　单套烧结机烟气净化设施 SRG 烟气量及成分（标态）

内容	数值	单位	备注
烟气量	3000	m^3/h	—
SO_2	15.48	%	波动范围 8%~20%
SO_3	0.17	%	SO_2 浓度的 2%
NH_3	2.34	%	—
HCl	1.20	%	—
HF	0.08	%	—
CO_2	4.07	%	—
CO	0.41	%	—
H_2O	40	%	波动范围 35%~45%
粉尘	4000	mg/m^3	—
Hg	51.00	mg/m^3	参考值
N_2	余量	—	—
温度	400	℃	波动范围 320~400℃
压力	-300	Pa	—

如表 4-14 所示，富硫气体中二氧化硫含量达到 15%，具有较高的回收利用价值。富硫气体资源化方法为将富硫气体转化为具有较高附加值的硫产品。根据硫资源的最终状态（见图 4-119），可以分为以下四类[1]：

（1）在催化剂作用下，将二氧化硫氧化为三氧化硫，并利用稀硫酸吸收得到浓硫酸。二氧化硫的催化氧化法研究也比较多，其产物硫酸应用广泛，常用的催化剂主要为 V_2O_5。

（2）利用二氧化硫气体易被液化的特点，通过物理冷凝过程，将高浓度的二氧化硫变成液体，一般液化温度控制在-15℃左右。

（3）采用化学吸收剂直接吸收二氧化硫，并得到较为稳定的亚硫酸盐或硫酸盐产品。常见的吸收剂如石灰石/石膏、氨水、液碱等。

（4）利用还原性物质，在催化剂作用下，将烟气中的低浓度二氧化硫还原为单质硫，从而实现硫磺回收。常见还原物质如活性炭、一氧化碳、甲烷、硫化钙等。

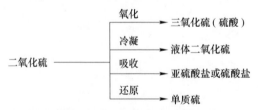

图 4-119　硫资源的最终状态分类

下面就典型工艺进行介绍。

A　催化氧化法回收硫酸技术

a　硫酸生产工艺[43]

早在 1874 年，我国就开始了硫酸生产，工业上，生产硫酸的技术较为成熟。

从二氧化硫制造硫酸，工业上有两种方法：硝化法（亚硝基法）和接触法。在硝化法中，二氧化硫的氧化是借助于循环酸中的二氧化氮来进行的。二氧化氮将二氧化硫氧化成硫酸，本身被还原成一氧化氮；一氧化氮再被气体中的氧气氧化为二氧化氮，二氧化氮又再去氧化二氧化硫，形成了循环氧化。早期的硝化法用铅室作为主要生产设备，所以又称铅室法。后来因为生产规模扩大而改用填料塔为硝化设备，所以又称塔式法。硝化法的主要反应式为：

$$SO_2 + NO_2 + H_2O \Longrightarrow H_2SO_4 + NO \qquad 反应（4-77）$$

$$2NO + O_2 \Longrightarrow 2NO_2 \qquad 反应（4-78）$$

由于硝化法生产的硫酸浓度只有75%左右，浓度低，使其用途受到限制，而且在生产过程中还要消耗硝酸或硝酸盐，经济上不合算，因此，该法在20世纪50年代左右后就被淘汰。

目前国内外，主要通过接触法生产硫酸，接触法是通过催化剂的催化作用，将二氧化硫和空气中的氧化合而成三氧化硫，再将三氧化硫吸收而成硫酸。由于接触法生产的硫酸产品浓度高，含杂质少，生产设备强度大，得到了广泛应用。目前主要采用的工艺一般为两次转化及两次吸收的"两转两吸"流程，其典型工艺流程如图4-120所示。

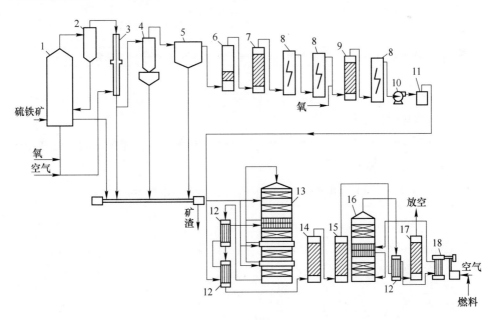

图 4-120　两转两吸接触法生产硫酸工艺流程

1—旋风返回式沸腾炉；2—返回式旋风除尘器；3—炉气冷却器；4—旋风除尘器；5—OT-4-3 型电除尘器；
6—空塔；7—洗涤塔；8—电除雾器；9—干燥塔；10—主风机；11—除沫器；12—换热器；13—第一转化器；
14—发烟硫酸吸收塔；15—第一吸收塔；16—第二转化器；17—第二吸收塔；18—开工预热器

依据富硫气体的特殊性质结合接触法常规工艺，确定了富硫气体制备浓硫酸的工艺流程：富硫烟气首先通过净化工序除去杂质，然后进入干吸工序脱去烟气中的水分，最后通过转化工序将二氧化硫转化为浓硫酸。其中净化工序采用泡沫柱洗涤工艺；干吸工序采用了常规的一级干燥、二次吸收、循环酸泵后冷却工艺；转化工序采用"3+1"四段双接触"Ⅲ Ⅰ-Ⅰ Ⅴ Ⅱ"换热工艺。工艺流程图如图 4-121 所示。

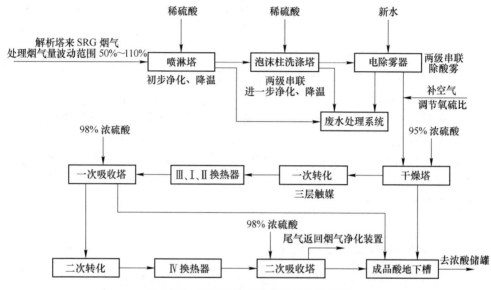

图 4-121　富硫气体制备硫酸工艺流程图

b　硫酸质量标准

在生产硫酸过程中，应严格控制二氧化硫中的铁、砷、汞含量，以达到国标对于硫酸的要求（见表 4-15）。

表 4-15　浓硫酸质量标准（摘自《工业硫酸》（GB/T 534—2014））

项　目	指　标		
	优等品	一等品	合格品
硫酸（H_2SO_4）质量分数/%	≥92.5 或 ≥98.0	≥92.5 或 ≥98.0	≥92.5 或 ≥98.0
灰分质量分数/%	≤0.02	≤0.03	≤0.10
铁（Fe）质量分数/%	≤0.005	≤0.010	—
砷（As）质量分数/%	≤0.0001	≤0.001	≤0.01
铅（Pb）质量分数/%	≤0.005	≤0.02	—
汞（Hg）质量分数/%	≤0.001	≤0.01	—
透明度/mm	≥80	≥50	
色度	不深于标准色度	不深于标准色度	

注：指标中的"—"表示该类别产品的技术要求中没有此项目。

纯硫酸是一种无色无味油状液体。100%硫酸在20℃下的密度为1.8305g/cm³。硫酸的密度与硫酸的浓度和温度有关。硫酸水溶液密度随硫酸含量增加而增大，且随温度升高而减小，因此可利用密度来测定硫酸的浓度。硫酸的结晶温度和沸点随硫酸浓度和组成而变化。硫酸的沸点随其浓度的增加而升高，当硫酸浓度达到98.39%时，沸点为338.8℃，此为硫酸溶液的最高温度，称为恒沸点。104.5%发烟硫酸结晶温度为2.5℃，98%硫酸结晶温度为-1℃，93%硫酸结晶温度为-27℃。因此在确定硫酸生产品种时，应根据当地的气候状况，采取必要的措施。硫酸是一种高沸点难挥发的强酸，易溶于水，能以任意比与水混溶，浓硫酸溶解时放出大量的热。

c 硫酸作用与用途

硫酸是重要的基本化工原料，历史上有"硫酸是化学工业之母"的重称，在国民经济中各个部门有着广泛的用途。

在农业方面，磷肥、氮肥、杀虫剂、除草剂等制造需要硫酸；在工业方面，炼焦时回收焦炉气中的氨、钢材加工及其制品的酸洗、炼铝、炼铜、炼锌等有色冶炼需要硫酸；在化学工业方面，硫酸是制造各种酸和盐的原料，也是有机合成、化学纤维、染料工业的原料，石油炼制、制革、制药、油漆、电解、炸药、火箭及制造高能燃料等方面都需要硫酸。另外，硫酸还用于日用品的生产，如造纸、搪瓷、合成洗涤剂和生产香料等。

综上所述，硫酸同工农业发展有着广泛的直接和间接关系，强大的硫酸工业，涉及经济发展全局。因此硫酸工业不仅是化学工业的重要部门，也是整个国民经济的重要组成部分。

B 冷凝法回收液体二氧化硫技术

a 液体二氧化硫生产工艺[44]

将二氧化硫转化为液体二氧化硫进行回收主要采用液化法，常规的液化方法有加压法和冷冻法两种。加压法是在常温下通过压缩机将二氧化硫液化，加压法的优点是生产工艺简单、电耗少、生产成本低，因此被大多数企业采用。冷冻法是在常压下用冷冻液将二氧化硫液化，一般采用液氨作为冷冻剂。冷冻法的优点是操作条件好、不易发生泄漏，缺点是生产成本较高，附近需有液氨来源。奥托昆普公司在传统冷冻法的基础上，开发了部分冷凝法，该方法以浓度为10%左右的二氧化硫为处理对象，通过常压冷冻的方式将部分二氧化硫冷凝，冷凝率一般为30%~60%，未冷凝的SO_2进入硫酸系统或其他装置处理。工艺流程图如图4-122所示。

b 液体二氧化硫质量标准

在生产液体二氧化硫过程中，应严格控制二氧化硫中的水含量和残渣含量，以达到国标对于液体二氧化硫的要求。液体二氧化硫质量标准（摘自《液体二氧化硫》（GB/T 3637—2011））如表4-16所示。

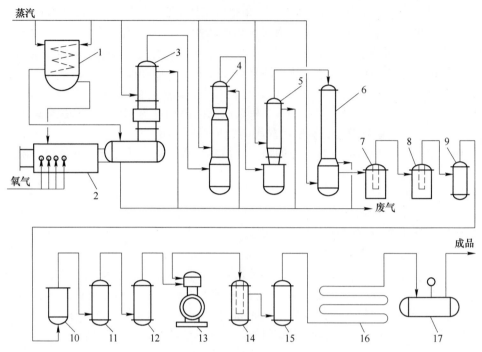

图 4-122　液体二氧化硫生产工艺流程图

1—熔硫罐；2—焚硫炉；3—冷却塔；4，5—滤硫塔；6—气体冷却器；7，8—焦炭过滤器；
9，11—丝网过滤器；10—干燥器；12—毛毡过滤器；13—压缩机；14—气油分离器；
15—毛毡过滤器；16—成品冷却器；17—成品储槽

表 4-16　液体二氧化硫质量标准

项　　目	指　　标		
	优等品	一等品	合格品
外观	无色或略带黄色的透明液体		
二氧化硫（SO_2）质量分数/%	≥99.97	≥99.90	≥99.60
水分质量分数/%	≤0.020	≤0.060	≤0.20
残渣质量分数/%	≤0.010	≤0.040	≤0.20

c　液体二氧化硫作用与用途

液体二氧化硫主体为 SO_2，其中 S 为中间价态，具有一定的还原性。因此，工业上主要利用液体二氧化硫的还原性质，在农药、医药、人造纤维、燃料、制糖、制酒、造纸、石油加工和金属提炼等行业均有应用，具体如下：

（1）作为制备化学药品的原料。二氧化硫作为基础原料，用途较为广泛，可用于制备连二亚硫酸钠（保险粉）、亚硫酸氢盐、亚硫酸盐、偏亚硫酸氢钠、硫代硫酸钠、硫酰氯、亚硫酰氯、明胶及胶水等。

（2）作为还原剂在农业方面应用。在玉米湿法碾碎过程中作为浸泡液，去除玉米皮，同时使玉米发酵，产生乙醇，用以掺入无铅汽油；制糖厂加工甜菜时用作漂白、净化和 pH 控制剂；啤酒厂和葡萄酒厂的保鲜剂和消毒剂。

（3）作为还原剂在工业方面应用。城市或工业污水脱氯；氧化成 SO_3 后，喷入电厂烟气，增强电除尘效果；用作溶剂，从烃混合物中分离芳香化合物；从矿物油中脱除含硫杂质；从冶炼废物中回收 Co、Se、Te 等稀有金属。

（4）作为漂白剂在纸浆和造纸方面应用。纸浆漂白时，用于还原二氧化氯生成过程产生的氯酸钠；在漂白过氧化工序后和亚硫酸氢盐处理前，消除过氧化氢；吹扫氯气，尤用于硫酸盐纸浆厂氯气漂白工序后。

C　钠碱吸收法回收亚硫酸钠技术

a　亚硫酸钠生产工艺[45]

高浓度二氧化硫与碳酸钠溶液反应生成亚硫酸氢钠溶液，再与氢氧化钠反应，得到高纯的亚硫酸钠溶液，浓缩得到高纯的亚硫酸钠产品。该工艺充分利用净化系统产生的二氧化硫废气，制备出高纯度的亚硫酸钠，将资源利用和环境保护一体化，产生了很大经济效益。该法工艺成熟、投资省、成本低、经济效益显著。

（1）高浓度 SO_2 烟气先后通过净化工序的喷淋塔、一级泡沫柱洗涤器、气体冷却塔、二级泡沫柱洗涤器、一级/二级电除雾器、SO_2 风机后，除去烟气中的杂质后进入吸收工序。

（2）SO_2 风机前补入适量空气，控制 SO_2 含量在 20.5% 左右（体积），进入吸收塔。

（3）纯碱配成一定浓度的碱液，与二氧化硫气体反应得到亚硫酸氢钠溶液。

（4）亚硫酸钠氢钠溶液采用烧碱中和得到亚硫酸钠溶液。

（5）亚硫酸钠溶液进入浓缩器，采用双效连续浓缩工艺，蒸出水分，得到含亚硫酸钠结晶的悬浮液。

（6）将浓缩器合格物料放入离心机，固液分离，固体（湿品亚硫酸钠）进入气流干燥器，采用热风干燥得到成品亚硫酸钠，包装入库。

工艺流程图，如图 4-123 所示。

涉及的反应方程式主要有：

$$Na_2CO_3 + H_2O + 2SO_2 = 2NaHSO_3 + CO_2 \qquad 反应（4-79）$$

$$NaHSO_3 + NaOH = Na_2SO_3 + H_2O \qquad 反应（4-80）$$

b　亚硫酸钠质量标准

在生产亚硫酸钠过程中，应严格控制二氧化硫中的粉尘含量，以达到国标对

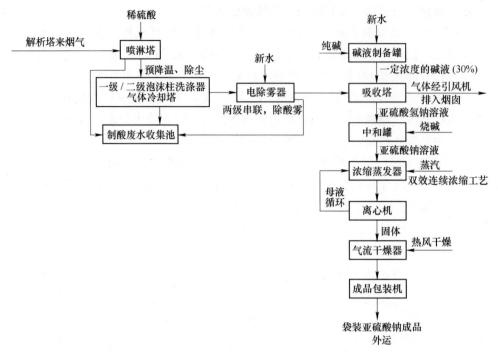

图 4-123　富硫气体生产亚硫酸钠工艺流程图

于亚硫酸钠的要求。工业无水亚硫酸钠产品标准及测定方法参见 HG/T 2967—2010（见表 4-17）。

表 4-17　亚硫酸钠质量标准（摘自《工业无水亚硫酸钠》（HG/T 2967—2010））

项　目	指　标		
	优等品	一等品	合格品
亚硫酸钠（Na_2SO_3）质量分数/%	≥97.0	≥93.0	≥90.0
铁（Fe）质量分数/%	≤0.003	≤0.005	≤0.02
水不溶物质量分数/%	≤0.02	≤0.03	≤0.05
游离碱（以 Na_2CO_3 计）质量分数/%	≤0.10	≤0.40	≤0.80
硫酸盐（以 Na_2SO_4 计）质量分数/%	≤2.5	—	—
氯化物（以 NaCl 计）质量分数/%	≤0.10	—	—

　　亚硫酸钠在空气中易风化并氧化为硫酸钠。在 150℃时失去结晶水。再热则熔化为硫化钠与硫酸钠的混合物。无水物的相对密度为 2.633。比水合物氧化缓慢得多，在干燥空气中无变化。受热分解而生成硫化钠和硫酸钠，与强酸接触分解成相应的盐类而放出二氧化硫。亚硫酸钠还原性极强，可以还原铜离子为亚铜离子（亚硫酸根可以和亚铜离子生成配合物而稳定），也可以还原磷钨酸等弱氧

化剂。亚硫酸钠及其氢盐在实验室可以用于清除醚类物质的过氧化物（加入少量水，微热搅拌反应后分液，醚层用生石灰干燥，用于一些要求不高的反应）。可与硫化氢归中。

　　c　亚硫酸钠作用与用途

　　亚硫酸钠是一种常见的亚硫酸盐，工业上主要用于制亚硫酸纤维素酯、硫代硫酸钠、有机化学药品、漂白织物等，还用作还原剂、防腐剂、去氯剂等。作为一种重要的化工材料，在我国有着广泛的应用市场空间。其消费构成如图 4-124 所示。造浆造纸业约占 55%，水处理占 20%，照相业占 10%，油回收占 5%，其他（织物漂洗、食品保鲜、化学中间体和矿物浮选）占 10%。

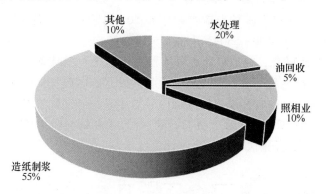

图 4-124　亚硫酸钠消费市场组成示意图

　　（1）作为还原剂在造纸行业应用。用亚硫酸钠蒸煮液在一定温度压力下对植物纤维原料进行蒸煮是造纸行业的重要制浆方法之一，特别适合非木材料制浆。另外，对旧报纸采用中性亚硫酸钠进行脱墨，亚硫酸钠用量为 3%~4%，可获得良好的脱墨效果，同时降低废水污染负荷，有利于废水的后期处理。

　　（2）作为牺牲剂在水处理行业应用。亚硫酸钠是最早使用的一种脱除水中溶解氧的化学除氧剂，因具有物美价廉，来源方便、无毒、与氧反应速率快等优点而被广泛应用。另外，采用亚硫酸钠还原含铬废水也是目前最为环保节能的方法之一，既可以保证出水水质能够达到排放标准，又能够回收利用氢氧化铬，投资省，操作简单。

　　（3）作为原料在化工行业应用。亚硫酸钠作为原料或助剂，在化工行业的应用非常广泛。亚硫酸钠与硫磺沸腾反应是生产硫代硫酸钠的主要方法之一。在氢氧化钠脱除淡盐水生产过程中，在碱性条件下加入 Na_2SO_3，能除去参与的游离氯。另外，亚硫酸钠法是国际上公认的 TNT 工业化成熟可靠的精制方法之一。

　　（4）其他应用。印染工业作为脱氧剂和漂白剂，用于各种棉织物的煮炼，可防止棉布纤维局部氧化而影响纤维强度，并提高煮炼物的白度。感光工业用作显影剂。有机工业用作间苯二胺、2,5-二氯吡唑酮、蒽醌-1-磺酸、1-氨基蒽醌、氨基水杨酸钠等生产的还原剂，可防止反应过程中半成品的氧化。纺织工业用作人造纤维的稳定剂。电子工业用于制造光敏电阻。

　　D　催化还原法回收硫磺技术

　　a　硫磺生产工艺[46]

　　目前将 SO_2 还原回收为硫磺的方法多停留在实验室研究阶段，工业化应用的仅有：俄罗斯 Gipronickel 研究院开发的甲烷催化还原二氧化硫技术[47]、中南大学开发的液相催化歧化制硫法[41]、青岛科技大学开发的硫化钙固体催化还原法[48]。

　　甲烷催化还原二氧化硫技术：在该工艺中，先将氧富集到指定浓度 $\varphi(O_2)$ 为 12%~15%，在非催化还原反应器内于 1050~1150℃ 下用天然气还原 SO_2，然后在催化转化器内于 400~550℃ 下进行 SO_2 的最终还原，在克劳斯反应器内于 230~250℃ 下进行转化，在冷凝器和分离器内进行最终的硫磺回收，在尾气焚烧炉内烧掉尾气中的有毒组分。该技术的独特之处是在含硫气体一段催化转化之前不设置硫冷凝器，而这在传统克劳斯回收装置中却是必须配置的。该改良工艺总的硫回收率可达到 92%~94%，总的天然气单位消耗量（包括尾气焚烧）将不会高于 560m³。工艺流程图如图 4-125 所示。

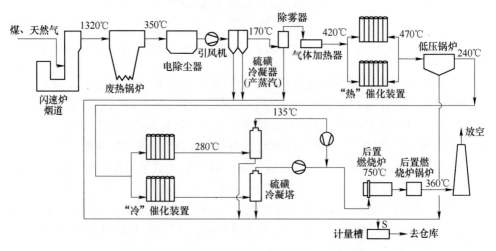

图 4-125　甲烷催化还原二氧化硫技术工艺流程图

　　液相催化歧化制硫法：该法首先利用碱液吸收二氧化硫生成亚硫酸氢盐溶液，然后利用硒催化亚硫酸氢盐溶液发生歧化的特性，在低温下将碱吸收液转化为硫胶体和硫酸氢盐。过滤分离催化剂硒后，再通过高温脱稳和浓缩结晶的方式分别得到硫磺和硫酸氢盐，实现二氧化硫资源的高值化回收。脱硫产物为硫磺和硫酸氢钠，两者均为重要的化工原料，国内需求量大，是许多化工领域的重要原料。工艺流程图如图 4-126 所示。

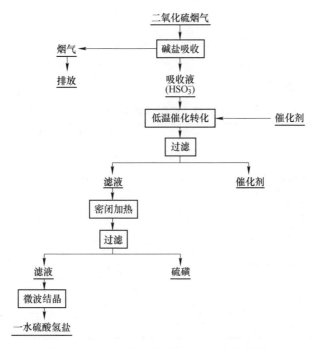

图 4-126　液相催化歧化制硫法工艺流程图

硫化钙固体催化还原法：含二氧化硫的气体通入硫化钙的流化床或填充床中，与之反应生成硫酸钙，释放出硫蒸气，硫蒸气冷凝形成元素硫。硫酸钙用焦炭重整后的天然气还原成硫化钙，硫化钙再循环反应。该法更适用于高浓度二氧化硫烟气的处理，可广泛用于有色冶炼厂、燃煤发电厂和集中气化联合循环脱硫装置的高二氧化硫浓度气体。由于该法反应温度较高，其最主要的问题在于生成的硫蒸气会黏附在反应器表面，造成设备堵塞。其工艺流程图如图 4-127 所示。

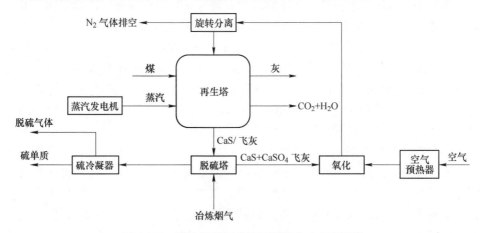

图 4-127　固体还原剂直接还原脱硫工艺流程图

b　硫磺质量标准

在硫磺回收过程中，应严格控制二氧化硫烟气中的铁含量，以达到国标对于硫磺的要求。回收的单质硫按照《工业硫磺》（GB/T 2449—2006）执行，具体参数如表4-18所示。

表4-18　硫磺纯度国家标准

项　目	技术指标		
	优等品	一等品	合格品
硫（S）的质量分数/%	≥99.95	≥99.50	≥99.00
水分的质量分数/%	≤2.0	≤2.0	≤2.0
灰分的质量分数/%	≤0.03	≤0.10	≤0.20
酸度的质量分数/%	≤0.003	≤0.005	≤0.02
有机物的质量分数/%	≤0.03	≤0.30	≤0.80
砷（As）的质量分数/%	≤0.0001	≤0.01	≤0.05
铁（Fe）的质量分数/%	≤0.003	≤0.005	—

硫又称为硫磺，化学符号是S，相对原子质量为32.065。硫在常温下为黄色固体，有结晶形和无定形两种。结晶形硫磺主要有两种同素异形体：在95.6℃以下稳定的是α硫或斜方硫，又称正交晶系；在95.6℃以上稳定的是β硫或单斜硫，又称单斜晶硫。硫磺在空气中遇明火燃烧，燃烧时呈蓝色火焰，生成二氧化硫，粉末与空气或氧化剂混合易发生燃烧，甚至爆炸。液硫在300℃时对钢材有严重腐蚀。

c　硫磺作用与用途

硫磺外观为淡黄色脆性结晶或粉末，有特殊臭味。有两种同素异形体，其中最稳定的是正交晶体硫，熔点为112.8℃；另一种为斜晶体硫，熔点为119℃。常见的硫磺通常为两者的混合物，熔点为115℃，相对密度为2.07，不溶于水，略溶于乙醇和乙醚，溶于二硫化碳、四氯化碳和苯。硫磺的主要应用领域有硫酸制造业、食糖加工业、橡胶加工业、农药制造业、含硫化学品制造业等行业（见图4-128）。我国硫磺主要用于制造硫酸，2009年我国硫酸产量为5857.5万吨，居世界第一，其中硫磺制酸约占硫酸总产量的40%。

国内硫磺需求主要集中在西南地区，主要因为下游硫酸生产企业大多集中于该地区，四川、云南、贵州三省的硫酸产量占全国总量的31%。还有部分集中在湖北、江苏、山东三省，占全国硫酸总产量的27%。化肥行业也主要集中在西南及华东地区，未来该地区还将是我国硫磺消耗的主要地区。图4-129为国内硫磺需求区域分布。

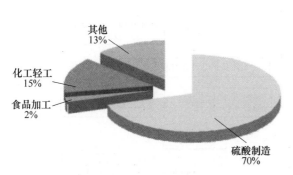

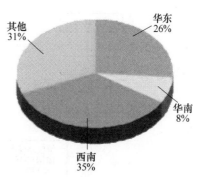

图 4-128　国内硫磺消费结构分析　　　　图 4-129　国内硫磺需求区域分布

4.3.5　工程安装、调试及运行注意事项

4.3.5.1　工程安装注意事项

A　工程安装的内容及特点

从系统组成上划分，安装工程可分为烟气系统、吸附系统、解吸系统、活性炭输送系统、活性炭卸料存储系统、制酸系统、液氨系统以及废水处理系统等。

从设备组成上划分，活性炭烟气净化工程分为通用设备的安装、非标设备以及管道的安装，其中通用设备主要包括风机、泵类设备、旋转阀，非标设备主要包括吸附塔、解吸塔、输送机、热风炉以及相应骨架平台的安装，管道包括烟气管道、除尘管道、蒸汽管道、氮气管道、喷氨管道，以及气力输送管道等。

从制作地点上划分，分为工厂预制、现场制作、成品设备。工厂预制的设备技术难度较大，要求较高，模具可重复使用，如塔节、上下分节、解吸塔加热段、解吸塔冷却段等设备；现场需要再次组装形成整体，现场制作的结构件技术难度相对较低、要求不高、运输不方便、尺寸较大，如骨架及平台、烟道系统、内外框架、侧板、隔板等。

无论以哪种方式划分安装工程，吸附塔和解吸塔的安装因整体工作量大，要求较高，高空作业多、施工难度大、安装周期均较长，一般作为工程管理中的关键线路，要重点把控。

（1）吸附塔安装流程如图 4-130 所示。

（2）解吸塔安装流程如图 4-131 所示。

B　工程安装一般注意事项

a　按计划进度有序施工

施工进度一定要按计划进行。吸附塔和解吸塔中结构件成千上万、高度 60 余米、比较集中，因此其安装工程是一个复杂的工程，必须按计划有序进行，整体上要由下往上，由内往外施工。如吸附塔上下分节安装，必须先吊装下部漏

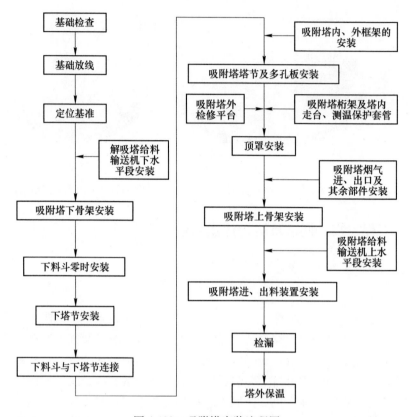

图 4-130　吸附塔安装流程图

斗,然后安装下分节,连成整体,下部漏斗跟下分节焊牢,再安装上分节,精调到位,再按要求焊接。否则,返工工作量大,且效率大大降低,也不能保证质量。

　　b　各专业设备的协调和搭接

　　在进行模块化安装的过程中,以机装为主,各专业系统协调。管道、电气、仪表等专业设备,在钢结构模块化组对的过程中应该紧密结合,将尺寸大、重量大的设备随同钢结构的施工形成整体模块,顺序逐层吊装。模块安装到位后,及时将管道系统、仪表的电缆、桥架、线管安装到位,可以充分利用机装安装时搭建的脚手架,减少脚手架的重复搭建。这样既可以缩短工期,又可以减少工程安装成本。

　　c　设备供货的协调

　　环保项目往往场地紧张,尤其在安装高峰期,大量钢结构摆放和制作场地的占用导致现场施工场地异常紧张,将严重影响现场效率,增加施工成本。只有控制好设备到货的顺序、状态,保证设备及时到货,才能实现高效施工。因此,要

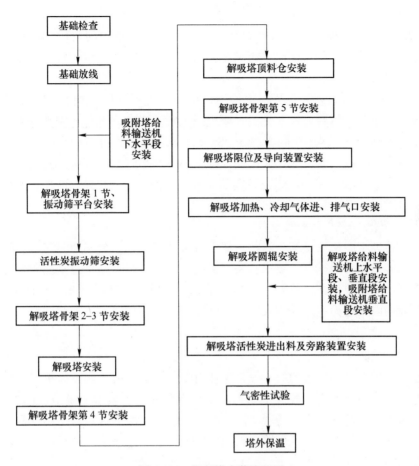

图 4-131 解吸塔安装流程图

加强设备的沟通协调，确保满足现场要求。

d 设备出厂的质量控制

关键设备都是专业厂内制作，出厂前要严把质量关，主要包括吸附塔、解吸塔冷却段、加热段、输送机。吸附塔的下塔节和塔节的立柱垂直度、标高和对角线尺寸是工厂制作的要点。如果塔节的尺寸超差，在现场校正会非常困难，超差过大将无法校正，而且校正会严重影响工程进度，加大施工成本。解吸塔的质量控制重点是气密性试验和布料段的整体下料试验。气密性试验必须有详细试验报告，布料段的下料试验需在工厂内完成。

e 按序检查，特别要重视检漏和卫生清理

特定的检查验收安排在合适的工程节点，既可以提高检查的精准性又可减小后序工作的工作量，特别是一旦填充了活性炭就无法整改的部位，具体如下：

（1）吸附塔节与布料器等大型构件起吊前应进行检查验收，检查内部有无杂物、破损、遗漏、与图纸不符等情况。

（2）吊装前，检查下分节圆辊直线度及圆度，圆辊中间支座是否顶紧，圆辊上是否挂有杂物，圆辊间隙是否满足要求，因一旦安装完成，检查难度大，整改工作量更大。

（3）吸附塔安装好后，要组织检漏，检漏时塔内气压达到 5000Pa，检漏合格后再清理杂物；解吸塔安装好后，要组织气密性实验，进行气密性试验时塔内气压达到 10000Pa，保压时间不少于 30min，保压合格后再清理杂物。圆辊与挡板的间距和旋转阀的阀叶与阀壳的间隙都很小，细小的杂物都会导致堵塞，一旦堵塞，就会形成活性炭固定床，导致设备的损坏和活性炭升温。因此，卫生清理工作十分重要，务必检查到位，清理干净。

f　动态化的施工总平面布置

以安装为主的模块化施工需要大的设备拼装场地和吊装场地。每一个阶段施工重点不同，需要根据工艺要求和关键路线，动态化调整施工总平面布置，合理安排钢筋预制场地、钢结构制作场地、吊车行走路线、基础开挖、外网的施工。要做到前期以土建为主，进入安装后，确保土建服务安装，进入调试后，安装服务电装。

C　核心设备安装注意事项

活性炭烟气净化装置的核心设备包括吸附塔、解吸塔、增压风机以及活性炭输送系统，其中吸附塔装置自下而上主要包括料斗、下塔节、塔节、内外框架、侧板、顶罩、顶部布料器；解吸塔装置自上而下主要包括顶罩、加热段、SRG段、冷却段、布料段；活性炭输送系统主要包括链斗输送机、旋转阀、三通换向器、振动筛、圆辊、插板阀。

a　吸附塔装置主要部件安装注意事项

（1）下骨架安装，每个柱中心与基础中心的位置偏差、立柱垂直度公差、立柱顶端水平度公差、立柱顶端间距、立柱间距、立柱顶面标高偏差等均满足设计要求。

（2）下塔节安装，分节之间连接前需要用临时 H 型钢支撑，注意上分节测温用的钢管和氮气管道法兰口朝向，防止方向错装；下塔节内部有大量 H 型钢、角钢、槽钢需现场焊接的支撑件，需要焊接到位，下塔节焊接工作量非常大而且焊缝要求高，所有焊缝均要求煤检，不得漏焊，因这里部分焊缝检漏时检不到。

（3）塔节安装，为减少高空焊接作业，将吸附塔节在地面利用组装平台，组装塔节和桁架。塔节立柱垂直度公差为 0.5/1000，各塔节立柱中心线自下而上位于同一铅垂线上，其公差为 ϕ20mm；塔节立柱顶水平面对角线公差为 ±3mm，塔节立柱顶面标高偏差为 ±1.5mm；第一层塔节要与下塔节满焊，其余塔节要求两端面满焊，侧面断焊，其中带测温管的塔节不能与普通塔节互换；塔节在地面组对时，要保证各立柱在一个水平面，且对角线符合要求，桁架焊缝确认合格后方可起吊；塔节吊装就位调整合格后方可进行焊接，为避免塔节焊接起拱，先焊接对角线方向 4 个立柱。

（4）内外框架及侧板安装，框架立柱下部与下塔节连接、上部与上骨架连接，起承上启下的作用。每个柱中心与下塔节上的法兰面中心的位置±1mm，立柱垂直度公差为 0.2/1000mm，立柱顶端间距±3mm，立柱顶面标高偏差为±1.5mm；侧板分为上侧板和下侧板两部分，为减少高空作业以及确保焊接质量，建议内外框架与侧板在地面组装，煤检合格后整体吊装。为保证地面组装立柱的精度，要求：所有立柱在同一平面内，误差在 2mm 以内，对角线之差在 5mm 以内，两端立柱中心距离之差在 3mm 以内。

b 解吸塔装置主要部件安装注意事项

（1）解吸塔骨架。每个柱中心与基础中心的位置偏差、立柱垂直度公差、立柱顶端水平度公差、立柱顶端间距、立柱间距、立柱顶面标高偏差等均满足设计要求。为保证施工安全和施工效率，建议解吸塔平台与楼梯在解吸塔骨架同步安装。

（2）解吸塔加热段与冷却段。解吸塔下骨架托架安装完成后，即可进行解吸塔冷却段的安装，解吸塔上骨架制作安装就位后，可以进行加热段的吊装；可以根据现场场地情况以及解吸塔发货情况，合理安排解吸塔塔体的吊装时间；解吸塔吊装需要专用吊具，以及 50t 的千斤顶 4 个，在吊装之前需要有审核通过的专项吊装方案，严格按照吊装方案进行吊装。解吸塔冷却段的安装流程：安装托架→吊架与解吸塔下段组合→解吸塔水平吊装→解吸塔下段垂直吊装→解吸塔下段吊至托架→吊架与解吸塔下段脱离。解吸塔加热段的安装流程：吊架与解吸塔上段组合→解吸塔加热段水平吊装→解吸塔加热段垂直吊装→解吸塔加热段吊至支撑梁（预先安装支座）→解吸塔冷却段与解吸塔加热段连接。

（3）解吸塔布料段。解吸塔布料段包括下料圆辊布料装置，解吸塔布料段的结构可以保证解吸塔均匀下料，在出厂之前需要做布料试验，现场安装需要注意布料段的吊装，严禁出现吊装变形的情况。

（4）解吸塔的现场焊接。解吸塔在现场的焊接工作主要包括，顶罩与加热段之间的焊接、加热段与冷却段的焊接，热风管道与加热段的焊接、冷风管道与冷却段的焊接、SRG 管道与 SRG 段的焊接；由于解吸塔各个部位所用材质不同，需要注意焊接时焊条的选择。此外，由于解吸塔运行温度较高，对于活性炭这种易燃物质，对解吸塔焊接的气密性要求更高，在温度变化情况下，不漏气。

c 增压风机安装的注意事项

增压风机安装一般需要 20～30 天左右，由于增压风机一般布置在解吸塔和吸附塔附近，因此，增压风机的安装一般在吸附塔和解吸塔大件吊装完成之后进行，需要合理安排安装时间。增压风机安装注意事项如下：

（1）风机安装前请认真阅读使用说明书和技术图纸及文件，了解风机安装相关技术要求。

（2）风机安装以机壳装配为基准和固定，遵循先中间往两端；从内往外，由下往上安装的原则。

（3）机壳装配水平找正用框式水平仪以轴承箱后端面为基准，在同一位置使垂直水平误差小于 0.02mm。

（4）机壳装配的横向、纵向中心及标高调好，水平找正，达要求后进行一次灌浆，待浆凝固后，复查水平和中心，将基础板下的所有垫铁和螺栓均匀打紧，保证基础板与底板无间隙后按顺序安装其他部件，完成后才能进行二次灌浆。

（5）风机机壳如果是散件到货，先安装后导叶机壳，再装前导叶机壳，上下机壳的中分面直接焊接，不用密封垫。

（6）安装叶轮前，须将铂热电阻测温线检查确认完好后，按图示编号要求安装。安装叶轮时，压盘螺栓须按图纸力矩要求拧紧并用锁片锁死。整体发货到现场的须重新按图纸力矩要求拧紧并锁死。

（7）进气箱、扩压器现场封焊，不加密封材料，叶轮外壳与后导叶外壳组合连接不加密封材料。其他各法兰之间以及各中分面须加密封材料。

（8）前导叶发运的圆钢支撑按图纸要求，进气侧保留 6 根无需拆除，出气侧圆钢支撑要全部拆卸。完工后调节转动前导叶，叶片角度一致，并无碰撞、无卡塞和异响。风机的叶片顶部与机壳的间隙一般是 3~7mm。

（9）增压风机找正要求：电机侧联轴器上张口 0.2~0.3mm；叶轮侧联轴器下张口 0.2~0.3mm；前后联轴器左右张口均小于 0.10mm。

（10）在安装滚动（滑动）轴承电机时，都要以电机的磁力中心线为准，将两只半联轴器预拉量的总和控制在（按图纸要求）3.5~4.5mm 之间，预拉量与热膨胀值基本相等，运转时，半联轴器保持在原设计值状态，电机基本在磁力中心线上运行。两椭圆筒：双层安装在冷却风机侧，单层安装在另一侧。重要螺栓：地脚螺栓、叶轮压盘螺栓、主轴承座连接螺栓、传扭中间轴与联轴器螺栓，安装时要涂抹二硫化钼，并按图纸要求的力矩拧紧。

　　d　链斗输送机安装注意事项

链斗输送机分为解吸塔（固定斗）输送机和吸附塔（活动斗）输送机，吸附塔输送机相对而言安装较为复杂，需要注意的事项较多，链斗输送机安装的一般顺序为：下水平箱体安装→垂直段箱体安装→上水平箱体安装→驱动装置安装→链条和料斗安装→配重安装和松紧度调整，链斗输送机安装的注意事项如下：

（1）箱体安装。下水平箱体安装一般建议在下骨架安装之前就位，垂直段箱体需要解吸塔和吸附塔上骨架安装完成之后方能进行安装，上水平箱体需要上部平台形成之后方能安装。箱体的安装流程为：箱体连接→基准底座的安装→前后箱体的连接→轨道的中心定位→输送机进出口的安装。箱体安装需要根据箱体的编号进行安装，输送侧和返回侧导轨上下、左右偏差应控制在 2mm 以内，导轨间隙在 4mm 以内，垂直段防摇摆支撑与箱体接触面不得焊接。箱体的定位包括水平度和同心度控制，水平度控制使用水平仪，安装公差为 0.5/1000mm；同心度控制使用钢琴线铅锤，中心误差控制在±1.5mm 以内。

（2）输送机链条和料斗，链条和料斗在组装到箱体之前，建议在室内保管，因为在室外放置时容易发生生锈、弯曲不良等现象，这是提前磨损的主要原因。链条和料斗安装顺序为：链条的地面组装→料斗的地面组装→返回侧链条和料斗吊装→输送侧链条和料斗的吊装→链条的环节；链条的长度有相应的误差且左右匹配成套，链条也会有相应的编号标签，组装时需要按照左右一致的编号来组装；在输送机链条和料斗吊装时需要让逆止器的扭臂处于自由状态，输送机驱动装置的联轴器断开，使驱动轴处在自由状态，根据链条的重量合理选择吊车和手拉葫芦的大小，防止由于料斗自重造成设备自转；安装螺母需要"暂时拧紧"T型销在插入链条孔后，需要充分弯曲，外链板和销子的紧固配合是按适当的公差制作的，销子的顶端和链板不允许用锉刀进行加工。

e 旋转阀、圆辊、振动筛、插板阀等设备安装注意事项

旋转阀、圆辊、振动筛、插板阀等一般由设备厂家整体发货，相对而言，安装较为简单。

（1）旋转阀。旋转阀原理与星型卸灰阀相近，其偏心结构的设计，可以有效减少物料对阀芯的冲刷磨损，为保证旋转阀的锁气功能，旋转阀的阀芯与阀壳之间间隙（单边 0.3mm）很小。因此，在旋转阀安装的时候需要将上部插板阀关死，保证杂物不得进入旋转阀。旋转阀驱动链条应松紧适度。

（2）圆辊。圆辊为吸附解吸系统中的重要设备，一般厂家整体发货到现场。通过圆辊前后挡板间隙的严格控制，实现吸附解吸系统的定量下料。因此，圆辊安装的重点是前后挡板的调整。由于整个系统中的杂物易在圆辊处卡塞，因此，系统运行的初期需要反复核查圆辊处是否卡塞杂物，一旦发现，需第一时间取出，防止活性炭形成固定床，导致升温，甚至自燃。此外，在试运行阶段，圆辊的轴头位置可能会出现漏灰漏气现象，需要将盘根涂抹黄油再次紧固。

（3）插板阀。插板阀主要作用为设备检修以及突发情况下的系统隔绝，插板阀需要注意安装方向以及插板阀本体的漏气情况，插板阀一般上部与物料接触，下部与气体接触，不得装反。插板阀一般采用填料密封，需要在系统投运之前，将插板阀的填料螺栓再次紧固，防止系统运行时出现漏气、漏灰现象。

f 检漏及气密性试验

（1）吸附塔检漏主要包括两大部分：吸附塔单元检漏和吸附塔整体检漏。

检测范围包括：顶罩、外框架及侧板、内框架及侧板、吸附塔节、封板、料斗、烟气进口、烟气出口、泄压阀、检修门、圆辊、吸附塔进料装置。

检测方法：采用检测压力为 2.5~5kPa 连续增压法检测。检测前采用检测压力从 2.5~5kPa 连续增压法检测。检测前需要确认 NH_3 稀释风机已经安装并调试完毕，事先准备好压力表（量程 7.5kPa），每个吸附塔单元压力测量点至少要达到两个以上，一个安装在 NH_3 稀释风机出口，一个安装在吸附塔出口烟道侧。

NH_3 稀释风机设计压力为 10kPa，压力调节通过 NH_3 稀释风机入口的阀门进行调节。检测现场焊接部位、法兰连接部位、检修门等部位；用肥皂水喷到检测部位，并进行直观检查。

测试步骤：将吸附塔的检修门、泄压阀、管口（含测温点及 N_2 加入点）、吸附塔进料装置插板阀、吸附塔出料装置插板阀全部封堵或关闭，并将烟气进口、烟气出口挡板门处于关闭状态，烟气进口、烟气出口挡板门上摆叶用胶带或者临时封板全部密封。测试用的气源从喷氨管的法兰通入。

吸附塔检测合格后，必须把黏附在设备上的肥皂水打扫干净，并把设备内部压力降低至大气压力。

（2）解吸塔气密性试验分为管程和壳程，其中管程的试验包括加热段、冷却段、顶部料仓、布料段和进出料装置及旁路输送装置。壳程的检测要配合热风及冷却风管道一起检测。

试验方法，连续增压法；试验压力，10kPa；试验时间，稳压 30min；试验介质：空气。

试验步骤：

1）将解吸塔的检修门、管口、解吸塔进料插板阀、解吸塔出料口插板阀全部封堵或关闭；

2）试验用的气源采用 N_2 管；

3）解吸塔达到试验压力后，对焊缝处和其他连接处喷肥皂水，对泄漏处能带压处理的进行处理，不能带压处理的做好标识；

4）把设备内部压力降低至大气压，对泄漏处进行补焊或其他处理；

5）把黏附在设备上的肥皂水清理干净；

6）重新加压至 10 000Pa，稳压 30min 以上，视为合格。

4.3.5.2　工程调试注意事项

活性炭烟气净化工程在正常运行前，需要一个调试期。调试期除调试各单体设备参数与系统各设备匹配及控制关系外，最重要的工作是将新鲜的活性炭活化，逐步提高烟气温度，逐步提高喷氨量，达到设计指标的过程。调试期工艺参数的控制与正常运行有所差别，调试期的主要目标及注意事项如下。

A　活性炭烟气净化工程调试期目标

a　岗位员工对系统进一步熟悉，提高对设备和系统可能出现的问题的处理能力

活性炭烟气净化装置与湿法烟气净化装置相比较为复杂，原有湿法脱硫装置的操作经验与活性炭烟气净化装置完全不同，对操作岗位工人的要求高。需要业主安排岗位操作员工在工程正式投运之前进行学习和培训，包括接受技术提供方的技术培训和到已有活性炭脱硫脱硝工艺装置的厂家学习。操作人员需要对于一些常见的设备故障点、堵塞点、腐蚀点有深刻了解，具备根据工况的变化而对系统参数进行合理调整的能力。当系统出现异常情况时，能及时对故障出现的原因进行分析、判断并采取合理措施，消除系统异常情况，恢复系统正常工作。

b　考核设备运行的稳定性

为保证运行安全和高效，活性炭的吸附及再生过程需要保证活性炭在吸附塔和解吸塔内的正常流动状态。活性炭输送系统涉及的旋转阀、圆辊、振动筛、链斗输送机等设备必须运行稳定，保证活性炭流动平稳，无卡阻现象。

在活性炭烟气净化装置调试期间，需要经常清理除铁器、旋转阀、圆辊等处的杂物，一旦出现杂物卡塞，造成活性炭形成固定床，会出现活性炭升温，甚至起火。因此，需要对容易出现卡塞的设备，在未通烟气之前进行再三确认。链斗输送机作为活性炭输送系统中核心运行设备，需要保证料斗姿态异常、卸料板驱动到位和过力矩信号、断链保护等电气保护安全可靠。

c　对仪控设备的校正，以及程序连锁的完善

在活性炭烟气净化装置中，虽然涉及设备较多，但由于自动化水平较高，可以有效降低岗位操作人员的劳动强度。与此同时，也对电力、仪控设备提出了更高的要求。

对于吸附塔、解吸塔内活性炭的多点测温、料位控制，吸附塔、解吸塔氮气流量、压力以及 SRG 的压力、温度等参数的有效控制，是确保装置正常运行的关键条件。在调试期间，需要对每个仪控参数进行确认，确保信号准确，传输正常、连锁及时可控。

在调试期间，可以通过信号模拟，对连锁关系进行验证，对程序进行完善。根据不同的工况，进行连锁参数的设置。单体设备相关的电仪调试应在单体设备试验前完成验收，联锁保护实验应在单体设备试运期间完成验收，而整体试运是在联锁保护实验与单体设备试运验收合格后进行；调试有先后顺序、在特定的时间节点也有主次之分，若顺序颠倒往往会造成被动及不安全的因素。

B　工程调试期的注意事项

（1）填充的活性炭必须先经过解吸塔进行完全活化后，才能通入烟气。

（2）烟气温度的控制：最初的一段时间，吸附塔入口烟气温度尽量在 120℃

左右，吸附塔底部应加入 N_2，过后烟气进口温度可以适当提高，系统进口烟气瞬间温度不能高于150℃。

（3）在装置运行的初期，活性炭活化未完全，容易异常升温，氨气加入会造成系统不稳定，所以，初期不能喷氨，系统温度稳定一段时间后才能喷氨。

（4）正常运行时，解吸塔加热段温度保持在430~450℃之间。

（5）系统处在带负荷单动状态时，严禁下游设备关闭，上游设备开启。

（6）在料位平衡连锁的情况下，观察吸附塔及解吸塔下料频率，若吸附塔下料频率不变，解吸塔下料频率出现大的波动，此时要考虑圆辊间隙或圆辊处堵塞杂物。

（7）烧结停机后增压风机继续运行，待吸附塔内部温度降低到80℃以下时，关闭增压风机，关闭吸附塔进出口烟气挡板门，如不进塔作业，则输送系统继续循环，吸附塔通入氮气保护。

（8）热循环风机停机，系统检修需要停热循环风机。需提前关闭主烧嘴，待解吸塔加热段活性炭温度降低到160℃左右，方可停止下料。

（9）在下面的情况下，应关闭吸附塔入口和出口挡板，氮气应被引入到吸附塔中：1）输送系统停止运行，吸附塔停止下料；2）吸附塔出现固定床现象；3）吸附塔内出现飞温异常现象。

4.3.5.3　烟气净化装置运行注意事项

A　控制活性炭床层温度

活性炭吸附是一个放热过程，在一定范围内床层温度高有助于脱硝反应进行，但温度过高，烟气穿过床层无法带走过多的热量，导致热量累积，吸附塔内床层会出现整体超温现象，如不及时采取保护措施，活性炭床层温度会在短时间内升至400℃以上，严重影响整个系统的正常运行，因此应严格控制活性炭床层温度。

B　控制系统喷氨量

氨气是脱硝的反应物，增大氨用量有利于提高 NO_x 转化率，但 NH_3 量过多，一方面会促使 SO_2 与之反应硫铵结晶，造成管道和装置的堵塞及腐蚀，影响装置运行的稳定性；另一方面会增大氨逃逸。

C　控制烟气净化装置入口粉尘浓度

活性炭颗粒通过微孔对粉尘进行吸附和捕集，粉尘中可溶性碱性金属会进入活性炭微孔，造成微孔堵塞降低脱除效率。

D　控制吸附塔内压差

为保持系统压差稳定，需定期检查圆辊上是否积灰块，定期更换筛网（必要时适当加大筛网孔径）。

E　制酸氧硫比的控制

合适的氧硫比可以降低制酸尾气 SO₂ 的浓度，从而减小其对脱硫系统的影响。氧硫比低于 1，极可能造成 SO₂ 转化率低，制酸尾气 SO₂ 浓度偏高；若氧硫比过高又会稀释富集气 SO₂ 浓度，造成产酸量低，一般制酸氧硫比控制在 1~1.2 为宜。

4.4　组合脱硫脱硝技术

虽然活性炭烟气净化技术在多污染物协同治理及副产物资源化方面具有独特的优势，但对于不同的工况条件，不同的历史状况，不同的地理及资源条件，活性炭法烟气净化技术很难说是唯一的最佳选择。在前述介绍的各种脱硫脱硝技术的基础上推荐 5 种组合式的技术方案，以适应不同条件下，选择资源消耗最低的、性价比最高的烟气深度净化技术方案。

4.4.1　单级活性炭法+SCR 技术

4.4.1.1　工艺及流程

单级活性炭法+SCR 技术是综合利用活性炭法脱硫、脱二噁英及其他有机物效率高和 SCR 脱硝效率高优点的组合工艺方案。烟气先经过一级活性炭装置，再至 SCR 反应器。

典型的活性炭+SCR 烟气净化流程图如图 4-132 所示。

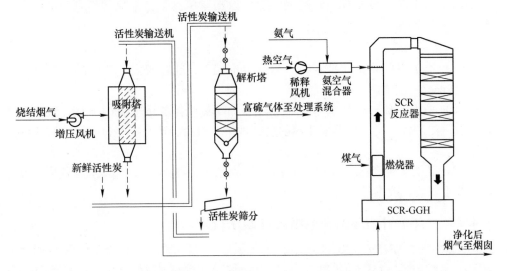

图 4-132　活性炭法+SCR 工艺流程

烟气在进入活性炭净化装置中，少量喷氨，主要脱除烟气中二氧化硫、二噁英及其他有机物，解吸后的富硫气体送至资源化处理装置，制成硫酸或其他产品；初步净化后的烟气送入 SCR 反应器。由于此时烟气温度一般不超过 150℃，需在 SCR 反应器的入口，采取 GGH 装置把温度升高至 180℃ 以上（如果是低温 SCR 反应，可以不用 GGH，而用简单的加热升温装置），深度净化后的烟气达到超低排放标准再排入大气。

4.4.1.2　适应条件和范围

早期的活性炭烟气净化工程中，环保要求较低，活性炭烟气净化装置一般采用单级塔，NO_x 排放难以达到 $50mg/m^3$ 以下（标态）。同时工程现场中，往往场地受限，总图位置上不具备增加二级吸附塔的空间。此时，要进行超低排放环保升级改造，可以利用 SCR 脱硝效果很好、占地较小的优点，在活性炭烟气净化后串联 SCR 脱硝反应装置，进一步降低 NO_x 排放浓度。

值得注意的是，因为 SCR 反应器没有脱硫及除尘功能，所以采用此方法时，活性炭烟气净化装置必须保证 SO_2、粉尘排放浓度分别小于 $35mg/m^3$、$10mg/m^3$（标态），同时二噁英的脱除效率也应达到较低水平。否则，难以达到超低排放。

4.4.1.3　优势与不足

A　优势

（1）能深度协同脱除 SO_2、NO、二噁英、粉尘、重金属及其他有机污染物，并实现 SO_2 的资源化。

（2）由于进入 SCR 反应器的烟气 SO_2 及粉尘浓度低，催化剂具有较高的效率和较长的寿命。

B　不足

（1）当采用高温 SCR 技术时，运行成本偏高，能耗较大（工序能耗预计折合 $4\sim5kgce/t_s$ 烧结矿）。

（2）采用低温 SCR 技术时，如果未来二噁英的排放限值大幅下调，二噁英的排放可能超标，同时低温催化剂的脱硝效果、寿命，还没有经过实际工程实践的考验。

（3）新增了废弃物，催化剂寿命一般为三年，废弃的催化剂作为危废，处理的难度较高，成本较大。

4.4.2　（半）干法脱硫+单级活性炭法技术

4.4.2.1　工艺及流程

（半）干法脱硫+单级活性炭法技术，是利用半干法（CFB、SDA、NID、密相干塔法等）的脱硫+活性炭脱硝脱二噁英来组合的一种工艺方案。

典型的烟气净化流程图如图 4-133 所示。

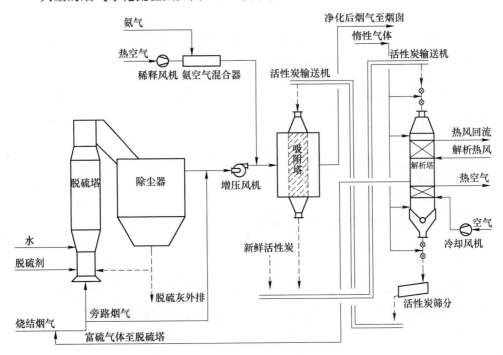

图 4-133 半干法+活性炭工艺流程

原烟气经（半）干法脱硫除尘后，低硫低尘烟气进入活性炭烟气净化装置。由于从脱硫塔出来的烟气温度太低（≈90℃），不利于后续脱硝反应，故从原烟气中引入一部分烟气（最好是大烟道尾部高温经多管除尘后的低硫烟气）与脱硫塔出来的烟气混匀，把进入活性炭装置中的烟气温度提高到120℃以上，并在活性炭烟气净化装置入口喷氨，提高脱硝效率。解吸后的富硫气体（量较小）再循环到原烟气，以便其中的 SO_2 统一制成脱硫石膏。因为此系统中解吸塔解吸出来 SO_2 量太少，单独设 SO_2 资源化装置没有意义，所以不单独设 SO_2 资源化装置。而解吸塔的主要功能是活性炭的再生活化及二噁英的无害化分解。

4.4.2.2　适应条件和范围

该方法主要适应于已经建成的（半）干法脱硫装置，且（半）干法脱硫装置运行良好，脱硫副产物有出路，不会成为环境负担的场合。

值得注意的是，要保证原烟气系统中能够引出部分高温低硫烟气，以便确保活性炭装置入口的烟气温度不会太低，同时，要保证进入活性炭装置中的烟气粉尘不宜太高，小于 $30mg/m^3$（标态）为宜。

4.4.2.3　优势与不足

A　优势

（1）为已建成的（半）干法脱硫装置改造升级为深度净化提供了一条路径，且能实现 SO_2、NO、二噁英、粉尘及其他有机污染物协同治理。

（2）升级改造后，不会产生新的有害副产物。

（3）投资较省，运行成本适中、能耗低。

B　不足

此方法没有产生新的有害副产物，但也没有解决原（半）干法中存在的副产物问题，如果整体环保标准提高，导致原（半）干法的副产物不允许产生，那么采用此方法将存在风险。

4.4.3　（半）干法脱硫+SCR 技术

4.4.3.1　工艺及流程

（半）干法脱硫+SCR 技术，是利用半干法的脱硫+SCR 脱硝来组合的一种工艺，其工艺流程如图 4-134 所示。

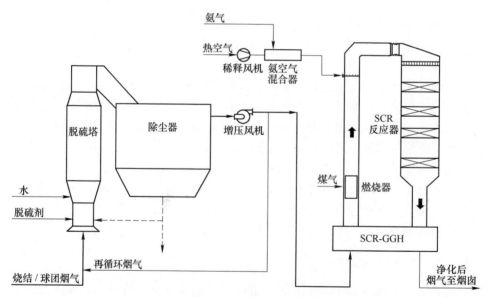

图 4-134　半干法+SCR 工艺流程

原烟气经脱硫塔、除尘器后进入 SCR 反应器，由于脱硫后，烟气温度较低（约90℃），不论采用中温 SCR 还是低温 SCR，都要在烟气进入 SCR 及反应器前进行升温。常用的升温方法是设置 GGH 装置。烟气经 SCR 反应器后，达标排入大气。

4.4.3.2　适应条件和范围

该方法适用于已建成（半）干脱硫装置，且运行良好，现场场地条件较紧张，原烟气中 NO_x 浓度偏高的工况条件。需要注意的是，前段脱硫工序必须保证 SO_2 的排放浓度小于 $35mg/m^3$（标态），粉尘排放浓度小于 $10mg/m^3$（标态），因为 SCR 反应器没有脱除 SO_2 和粉尘的功能，如果脱硝工序采用低温 SCR 的话，前段脱硫工序还须加入适量的活性炭粉来脱除二噁英，以保证二噁英及其他有机污染物被同步脱除。

4.4.3.3　优势与不足

A　优势

（1）能够实现 SO_2、NO_x、粉尘等多种污染物协同脱除，烟气排放能达到超低排放标准。

（2）投资成本较低。

B　不足

（1）副产物较复杂，不但有原（半）干法存在的脱硫副产物，而且有新增的 SCR 法定期废弃的催化剂。副产物处理难度大，当整体环保标准提升时，有环境风险。

（2）运行成本较高，能耗高。此方法需把烟气整体升温，预计工序能耗增加 $4\sim6kgce/t_s$ 烧结矿。

（3）如果后续采用低温 SCR 时，前段需加入活性炭吸附二噁英，半干法的脱硫副产物可能会进一步恶化成为危废，因此当未来二噁英排放标准提高时，原则上不宜采用此方法。

4.4.4　湿法脱硫+SCR 技术

4.4.4.1　工艺及流程

湿法脱硫+SCR 技术，是利用湿法脱硫效率高及 SCR 的脱硝效率高组合的一种工艺方案，工艺流程有两种类型，如图 4-135 和图 4-136 所示。

A　工艺流程一：SCR 反应器前置

由于湿法脱硫后，烟气温度低且湿度大，为了充分利用原烟气中的热能，把 SCR 反应器前置，原烟气先通过 SCR 反应器。如果采用中高温催化剂，原烟气还需要加热升温，如果采用低温催化剂，原烟气可能不需加热或采用简单加热装

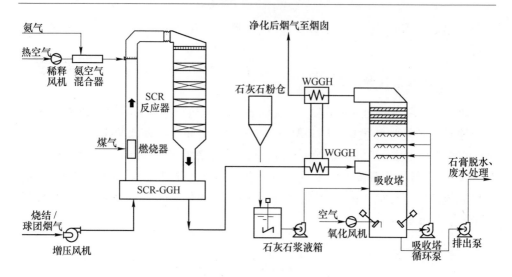

图 4-135　SCR+湿法脱硫工艺流程

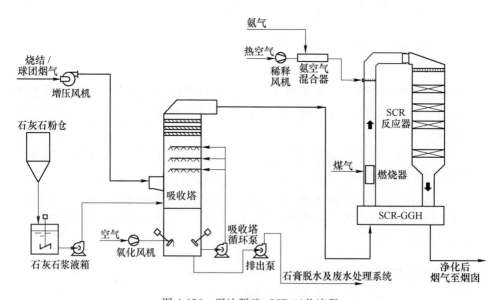

图 4-136　湿法脱硫+SCR 工艺流程

置就可。脱硝后再进入湿法脱硫装置脱硫，脱硫后的烟气湿度大，温度低，还需再加热升温脱白后才能排入大气。

　　B　工艺流程二：SCR 反应器后置

　　原烟气先经脱硫装置脱硫，再进入 SCR 反应器脱硝。由于脱硫后，烟气湿度大，温度过低，不论 SCR 反应采用中高温型还是低温型催化剂，烟气都必须加热升温，才能进入 SCR 反应器。净化后的烟气可直接排入大气。

4.4.4.2　适应条件和范围

此方法适用于烧结烟气已建好的湿法脱硫装置，且当地对湿法脱硫产生的副产物有消纳能力，或者是特殊的原料条件下，烧结烟气 SO_2 浓度极高，用别的方法脱硫性价比都远低于湿法。

采用湿法+SCR 组合方案时，湿法脱硫装置中出来的烟气颗粒物排放浓度一定要保证低于 $10mg/m^3$。另外，当未来二噁英排放指标趋严时，湿法必须组合中高温 SCR 技术，才有可能达到超低排放要求。

4.4.4.3　优势与不足

A　优势

（1）能对烟气中 SO_2、NO_x、粉尘、二噁英等多污染物协同治理，并达到超低排放标准。

（2）整体来说，投资较低。

B　不足

（1）除原湿法产生的脱硫副产物外，还增加了 SCR 法定期废弃的催化剂，如环保标准进一步提高，可能有风险。

（2）运行成本高，能耗高，工序能耗可能大于 $5kgce/t_{烧}$烧结矿，当脱硫装置后置时，还要增加脱白装置，流程长，占地面积大。外排烟气处置不当，可能产生次生 PM2.5。

（3）当采用 SCR 前置时，由于烟气中粉尘多，催化剂的寿命可能较短。

（4）颗粒物排放控制难度大。

4.4.5　臭氧氧化法脱硝+半干法脱硫组合技术

4.4.5.1　工艺及流程

臭氧氧化法核心为臭氧氧化系统，分别由氧气源供应系统、臭氧发生系统、循环冷却水系统、喷射系统和臭氧催化强化系统组成。

A　氧气源供应系统

臭氧发生器采用氧气源，需高纯度氧气。氧气源供应采用管道供应，氧气管道终端设置压力调节装置，确保入口压力稳定。

B　臭氧发生系统

臭氧发生系统是脱硝工程核心设备，主要含臭氧发生器本体，进出口阀门管道、PLC 控制系统等。臭氧发生器工作原理为：当氧气通过对高压交流电极之间的放电电场时，在高速电子流的轰击下将氧分子离解为氧原子，氧原子迅速与氧分子反应生成臭氧分子。

C　循环冷却水系统

臭氧发生器制备臭氧时会产生大量热量，需配备冷却水系统，为臭氧发生器提供保证进水温度不高于 28℃ 的冷却水，保证臭氧发生器稳定高效运行。

D　喷射系统

臭氧在烟气中的停留时间只要能够保证氧化反应的完成即可，喷射点后设置氧化剂/烟气喷射混合均布系统。氧化剂/烟气混合均布系统布置在脱硫装置入口直管段烟道，并留有一定的混合距离，臭氧的喷入量根据出口 NO_x 浓度来调节控制。

E　臭氧催化强化系统

为了提高 NO 的氧化速率，在臭氧喷射前增设臭氧催化强化反应装置，促进臭氧转变成超强的羟基自由基·OH，能够高效迅速地氧化 NO，反应产物为 HNO_3，从而更有利于后续的钙法脱硫剂的吸收。

臭氧在脱硫塔前端的一段烟道注入，在均流器的作用下，烧结烟气中的 NO_x 与臭氧充分接触，并将 NO_x 氧化成最高价态，在后置的脱硫装置内与碱液发生反应，最终生成硝酸盐，从而脱除烟气中的 NO_x，工艺流程如图 4-137 所示。

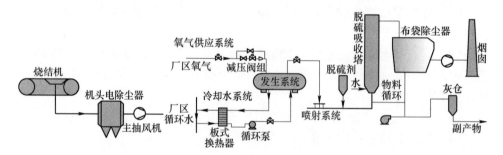

图 4-137　臭氧氧化法工艺流程

4.4.5.2　适用范围与条件

此方法适应于半干法（或湿法）烟气脱硫装置，且脱硫石膏能够被资源化利用。

4.4.5.3　优势与不足

A　优势

投资较低，能够实现多污染物协同治理，没有产生新的有害副产物。

B　不足

（1）目前大气中臭氧污染物日益严重，该装置可能存在的臭氧泄漏会带来新的环境负担。

（2）随着环保标准的提升，脱硫石膏的资源化利用受到限制，带来环境风险。

4.5 小结

（1）烧结烟气净化经历了除尘、除尘脱硫、除尘脱硫脱硝的过程。随着钢铁超低排放要求的提出和生态文明建设的推进，烧结烟气多污染物深度协同治理，以及副产物高效资源化的技术路线，是目前烧结烟气治理的最佳选择，也是未来的发展方向。

（2）活性炭烟气净化技术是烧结烟气多污染物深度治理的主流技术路线之一。按烟气与活性炭流动方向相对关系的不同分为交叉流和逆流两种工艺路线，均能满足排放要求。以活性炭分层整体流动，保证烟气气相流场与活性炭固相流场互不干扰，且均匀接触特征的分层交叉流技术方案，具有更高效、经济、安全的优点，在国内外得到了更广泛的应用。

（3）活性炭法烟气净化技术的另一个优势是副产物高效资源化利用。富硫气体洗涤后，其中 SO_2 可制备成硫酸或硫磺，洗涤废水处置后，残氨可循环利用，废水零排放。活性炭粉末作为高炉燃料，未来有可能重新制备成活性炭，提高其经济价值。

（4）中高温 SCR 技术比较成熟，脱硝效果好，可以应用于烧结烟气脱硝治理，但烧结烟气温度相对较低（一般约为 130℃），采用 SCR 脱硝时，需要对全部烟气升温至 300℃ 左右，能源消耗大，运行费用高。开发低温 SCR 技术（<160℃），可以显著降低能源消耗，降低运行成本。

（5）组合式脱硫脱硝技术可以满足烧结烟气深度净化的需要。针对已有的烧结烟气脱硫设施，可以采取单级活性炭法+SCR 技术、（半）干法脱硫+单级活性炭法技术、（半）干法脱硫+SCR 技术、湿法脱硫+SCR 技术、臭氧氧化法+半干（湿法）脱硫技术，这些技术组合能够实现烧结烟气多污染物的协同治理。

（6）生态环境部最新《关于推进实施钢铁行业超低排放的意见》中，对二噁英的指标没有调整，鉴于国内外的经验，在选择烟气净化技术路线和工程设计时，一定要充分考虑未来二噁英指标提升的可能性。

参 考 文 献

[1] 蒋文举，赵君科，尹华强. 烟气脱硫脱硝技术手册 [M]. 北京：化学工业出版社，2012.

[2] 胡鑫，潘响明，李啸. 湿法脱硫烟气"消白"工艺探索 [J]. 化肥设计，2018（2）：28~31.

[3] 王春兰，宋浩，韩东琴. SCR 脱硝催化剂再生技术的发展及应用 [J]. 中国环保产业，

2014 (4): 22~25.

[4] 陈金发, 宋文吉, 冯自平. 钒基脱硝催化剂载体与助剂的研究进展 [J]. 工业催化, 2012, 20 (2): 1~4.

[5] 赵毅, 朱振峰, 贺瑞华, 等. V_2O_5-WO_3/TiO_2 基 SCR 催化剂的研究进展 [J]. 材料导报, 2009, 23 (1): 28~31.

[6] 庄沙丽, 王学涛. V_2O_5 催化剂 NH_3-SCR 脱硝机理研究综述 [J]. 能源技术与管理, 2012 (5): 1~3.

[7] 刘宏, 高新宇. 尿素水解技术在电站锅炉 SCR 中的应用 [J]. 锅炉制造, 2015 (5): 32~34.

[8] 孙德魁, 刘振宇, 贵国庆, 等. NO 和 NO_2 在 V_2O_5/AC 催化剂表面的反应行为 [J]. 催化学报, 2010, V31 (1): 56~60.

[9] 刘清雅, 刘振宇, 李成岳. NH_3 在选择性催化还原 NO 过程中的吸附与活化 [J]. 催化学报, 2006, 27 (7): 4~4.

[10] 席文昌, 刘清才, 魏春梅. 蜂窝式脱硝催化剂在燃煤电厂中的应用研究 [J]. 材料导报, 2008, 22 (s3): 282~284.

[11] 板式 V_2O_5/TiO_2 催化剂的制备及其脱硝行为的研究 [D]. 北京: 北京化工大学, 2011.

[12] 王义兵, 孙叶柱, 陈丰, 等. 火电厂 SCR 烟气脱硝催化剂特性及其应用 [J]. 电力科技与环保, 2009, 25 (4): 13~15.

[13] 李丽, 盘思伟, 赵宁. 燃煤电厂 SCR 脱硝催化剂评价与再生 [M]. 北京: 中国电力出版社, 2015.

[14] 张永忠, 吴胜利, 张丽, 等. 宝钢两类烧结烟气脱硫方式浅析 [J]. 炼铁, 2014 (3): 57~59.

[15] 龙勇. 浅析 SCR 脱硝技术的主要影响因素 [J]. 科技成果管理与研究, 2011 (9): 48~50.

[16] 何洪, 李坚. 低温 SCR 烟气脱硝技术面临的挑战 [C] //全国环境化学大会暨环境科学仪器与分析仪器展览会. 2011.

[17] 周佳丽, 王宝冬, 马静, 等. 锰基低温 SCR 脱硝催化剂抗硫抗水性能研究进展 [J]. 环境化学, 2018, 37 (4): 782~791.

[18] 乔南利, 杨忆新, 宋焕巧, 等. 低温 NH_3-SCR 脱硝催化剂的研究现状与进展 [J]. 化工环保, 2017 (3): 32~38.

[19] 陈运法, 朱廷钰, 程杰, 等. 关于大气污染控制技术的几点思考 [J]. 中国科学院院刊, 2013, 28 (3): 364~370.

[20] 张晓鹏. 基于 Mn/Ce-ZrO_2 催化剂的低温 NH_3-SCR 脱硝性能研究 [D]. 天津: 南开大学, 2013.

[21] 王海波. 烟气脱硝 Mn 基低温催化剂性能研究 [D]. 重庆: 重庆大学, 2007.

[22] 郑玉婴, 汪谢. Mn 基低温 SCR 脱硝催化剂的研究进展 [J]. 功能材料, 2014, 45 (11): 11008~11012.

[23] 杨永利, 徐东耀, 晁春艳, 等. 负载型 Mn 基低温 NH_3-SCR 脱硝催化剂研究综述 [J]. 化工进展, 2016, 35 (4): 1094~1100.

［24］李晨露，唐晓龙，易红宏，等．Mn 基低温 SCR 催化剂的抗 H_2O、抗 SO_2 研究进展［J］．化工进展，2017，36（3）：934~943.

［25］俞逾，杨晨，范莉．电厂 SCR 系统的设计与数值模拟［J］．现代电力，2007，24（3）：58~62.

［26］张巍，刘国富，沈德魁，等．基于 CFD 方法的 SCR 系统多孔板优化布置研究［J］．科技创新导报，2016（14）：48~50.

［27］吕宏俊，刘浩波，张泽玉，等．吹灰器在 SCR 脱硝系统中的选用［J］．中国环保产业，2015（4）：64~66.

［28］邵春宇，吴凤玲，江辉，等．不同吹灰器在 SCR 脱硝系统中的特性比较及实例应用［J］．能源与环境，2014（5）：79~80.

［29］刘晓敏，雷嗣远，马云龙，等．某 300MW 机组 SCR 脱硝装置氨喷射系统优化改造研究［J］．华电技术，2018，40（4）：59~62.

［30］陆伟．基于 CFD 示踪模拟的 SCR 系统喷氨优化调整研究［J］．科技资讯，2017，15（21）：29~30.

［31］立本英机，安部郁夫．活性炭的应用技术：其维持管理及存在问题［M］．高尚愚译．南京：东南大学出版社，2002.

［32］Lv W, Fan X H, GanM, Ji Z Y, et al. Investigation on activated carbon removing ultrafine particles and its harmful components in complex industrial waste gas［J］. Journal of Cleaner Production. 2018, 201 (10), 382~390.

［33］Ji Z Y, Fan X H, GanM, et al. Analysis of commercial activated carbon controlling ultra-fined particulate emissions from iron ore sintering process［J］. ISIJ International, 2018, 58 (7), 1204~1209.

［34］柴田宪司，山田森夫，森本启太．活性炭移动层式烧结机烟气处理技术［J］．山东冶金，2010，（3）：1~3.

［35］戴少生．粉体动力学和料仓设计［J］．上海建材学院学报．1994（3）：249~258.

［36］张少明，翟旭东，亚云．粉体工程［M］．北京：中国建材工业出版社，1994，8：191~195.

［37］李俊杰，魏进超，刘昌齐．活性炭法多污染物控制技术的工业应用［J］．烧结球团，2017（3）：79~84.

［38］孙康，蒋剑春．活性炭再生方法及工艺设备的研究进展［J］．生物质化学工程，2008（6）：55~59.

［39］王鹰．连续输送机械设计手册［M］．北京：中国铁道出版社，2001，1：224~225.

［40］Ward A T. Raman Spectroscopy of Sulfur, Sulfur-Selenium, and Sulfur-Arsenic Mixtures［J］. The Journal of Physical Chemistry, 1968, 72 (12)：4133~4139.

［41］杨本涛．低浓度二氧化硫烟气碱吸收液催化转化回收单质硫的研究［D］．长沙：中南大学，2014.

［42］袁天佑，吴文伟，王清．无机化学实验-大学基础化学实验丛书［M］．上海：华东理工大学出版社，2005.

［43］叶书滋．硫酸生产工艺［M］．北京：化学工业出版社，2012.

[44] 纪罗军. 我国液体二氧化硫的生产现状与前景 [J]. 硫酸工业, 2007 (3): 13~19.

[45] 唐照勇. 亚硫酸钠生产技术与问答 [M]. 北京: 化学工业出版社, 2017.

[46] 李菁菁, 闫振乾. 硫磺回收技术与工程 [M]. 北京: 石油工业出版社, 2017.

[47] 茆卫兵, 纪罗军. 二氧化硫制硫磺技术研究及进展 [J]. 硫酸工业, 2015 (4): 1~6.

[48] Chang J, Tian H J, Jiang J G, et al. Simulation and experimental study on the desulfurization for smelter off-gas using a recycling Ca-based desulfurizer [J]. Chemical Engineering Journal. 2016, 291: 225~237.

5 钢铁全流程活性炭法烟气净化整体解决方案

5.1 概述

钢铁企业具有生产规模大，生产工艺庞杂，排污环节繁多，粉尘、SO_2 和 NO_x 污染物产生量巨大的特征。工艺流程图，如图 5-1 所示。

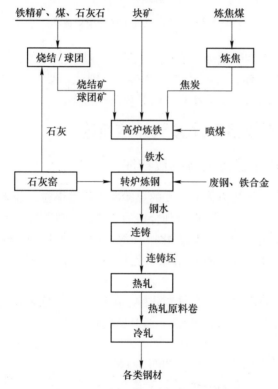

图 5-1 传统钢铁冶炼工艺流程图

钢铁冶炼各工序环境负荷图如图 5-2 所示[1]。

由图 5-2 可知，虽然烧结工序粉尘、SO_2 和 NO_x 等大气污染物的排放分别占钢铁流程 40%、70% 和 48%，是钢铁工业的排放大户，也是烟气治理的重点。但随着环保要求日趋严格，仅解决烧结的问题并不够，因为钢铁企业超低排放指企

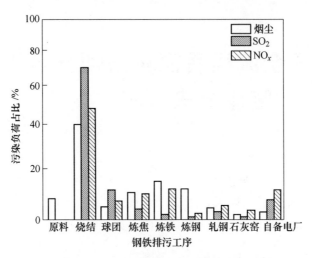

图 5-2　钢铁企业各工序环境负荷图

业所有生产工序，含铁矿采选、原料厂、烧结、球团、炼焦、炼铁、炼钢、轧钢等以及大量的物料运输，均应达到超低排放。因此，必须对钢铁全流程进行治理，找出净化指标先进、性价比良好的整体解决方案。

5.2　钢铁全流程各工序废气排放特征

5.2.1　焦化生产工艺及废气排放特征

　　钢铁行业焦化工艺是指将配比好的煤粉碎为合格煤粒，装入焦炉炭化室高温干馏生成焦炭，再经熄焦、筛焦得到合格冶金焦，并对荒煤气进行净化的生产过程。焦化工艺过程由备煤、炼焦、化产（煤气净化及化学产品回收）三部分组成，所用的原料、辅料和燃料包括煤、化学品（洗油、脱硫剂、硫酸和碱）和煤气。

　　焦化工艺所用的焦炉主要有顶装焦炉、捣固焦炉和直立式炭化炉。钢铁行业炼焦主要采用顶装焦炉和捣固焦炉，其中顶装焦炉占实际生产焦炉数量的90%以上。

　　焦化工艺生产流程及产污环节如图5-3所示[2]。

　　如图5-3所示，基本上整个焦化工艺均会产生污染物，尤以大气污染物为主。焦化工艺产生的大气污染物中含有颗粒物和多种无机、有机污染物。颗粒物主要为煤尘和焦尘，无机类污染物包括硫化氢、氰化氢、氨、二氧化碳等，有机类污染物包括苯类、酚类、多环和杂环芳烃等，多属有毒有害物质，特别是以苯并［α］芘为代表的多环芳烃大多是致癌物质，会对环境和人体健康造成影响。焦化工艺典型污染物及排放浓度如图5-4所示。

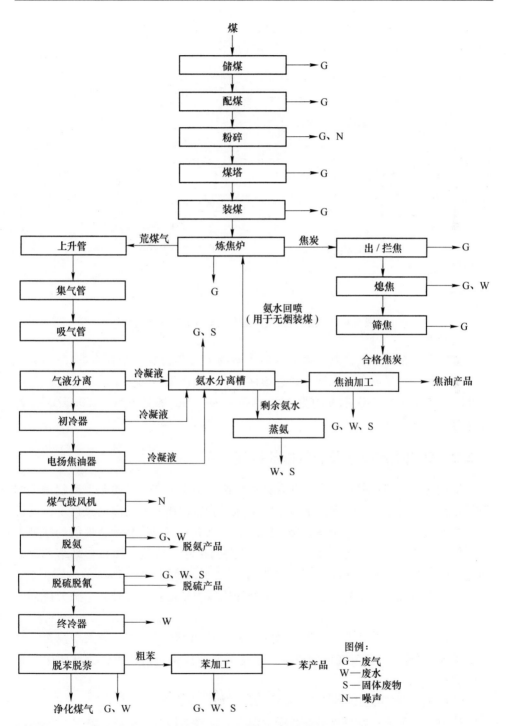

图 5-3 焦化工艺流程及产物环节

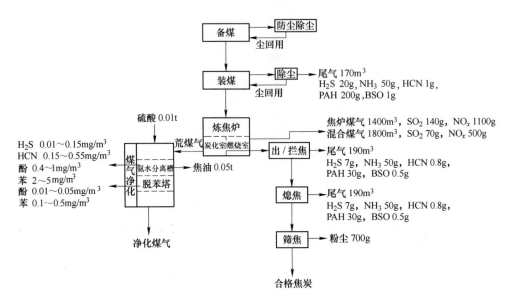

图 5-4　焦化工艺典型污染物及排放浓度（吨焦）

如图 5-4 所示，焦炉为焦化工艺多污染物主要排污源，主要有 SO_2、NO_x 及粉尘等，污染物呈有组织高架点源连续性排放，是污染最为严重的行业之一。一般烟气（标态）中 NO_x 浓度约为 $400\sim600\mathrm{mg/m^3}$，$SO_2$ 浓度约 $50\sim150\mathrm{mg/m^3}$，粉尘浓度约为 $10\sim20\mathrm{mg/m^3}$。

5.2.2　球团生产工艺及废气排放特征

球团工艺是使用精矿粉和其他含铁粉料造块的一种方法。团矿生产就是把细磨铁精矿粉或其他含铁粉料添加少量添加剂混合后，在加水润湿的条件下，通过造球机滚动成球，再经过干燥焙烧，固结成为具有一定强度和冶金性能的球型含铁原料。球团生产大致分三步：（1）将细磨精矿粉、溶剂、燃料和黏结剂等原料进行配料与混合；（2）在造球机上加适当的水，滚成 $10\sim15\mathrm{mm}$ 的生球；（3）生球在高温焙烧机上进行高温焙烧，焙烧好的球团矿经冷却、破碎、筛分得到成品球团矿。

球团总共有三种工艺，分别是竖炉、链箅机-回转窑工艺、带式焙烧机，其中链箅机-回转窑工艺发展最为迅猛，系统数量及产量所占比重约为球团生产总量的 50% 左右。

链箅机-回转窑球团生产流程及产污环节如图 5-5 所示[3]。

球团生产工艺的物料在研磨烘干、混合、焙烧、冷却、破碎、筛分、储运等生产过程中，产生的主要污染物与烧结工艺类似，主要有颗粒物和二氧化硫，也

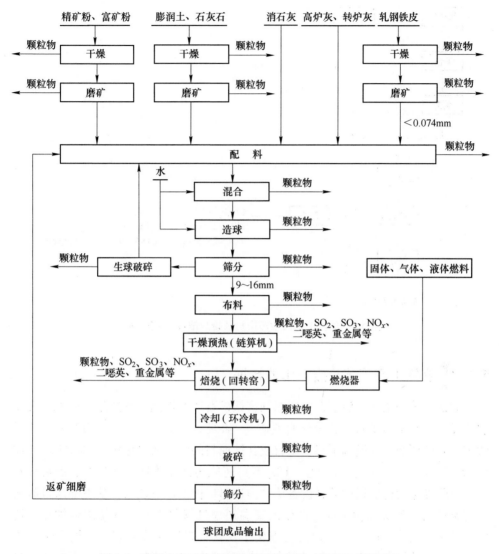

图 5-5 球团生产工艺流程及产污节点图（链箅机-回转窑）

产生少量的氮氧化物和二噁英等有害物质。球团工艺典型污染物及排放浓度如图 5-6 所示。

如图 5-6 所示，回转窑、链箅机为球团工艺多污染物主要排污源，主要有 SO_2、NO_x、VOCs 及粉尘等，一般烟气中 NO_x 浓度约 100~400mg/m³，SO_2 浓度约 1000~2000mg/m³，粉尘浓度约为 10~20mg/m³。可以看出，球团工艺产生的烟气与烧结工艺过程产生的烟气，在烟气性质及特点上类似，其烟气脱硫除尘处理可采用已在烧结烟气治理中应用成熟的工艺技术。

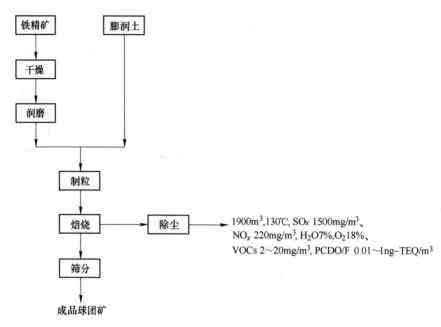

图 5-6　球团工艺典型污染物及排放浓度（吨球团）

5.2.3　炼铁生产工艺及废气排放特征

　　炼铁工艺是指在高温下，用还原剂将铁矿石还原得到生铁的生产过程。炼铁的主要原料是富铁矿石（或天然富块矿）、焦炭、石灰石、空气。冶炼时，焦炭做燃料和还原剂，在高温下将铁矿石或含铁原料的铁，从氧化物或矿物状态（如 Fe_2O_3、Fe_3O_4、Fe_2SiO_4、$Fe_3O_4 \cdot TiO_2$ 等）还原为液态生铁。铁矿石、焦炭和石灰石按照确定的比例通过装料设备从炉顶进料口由上而下加入；从下部风口鼓入的高温热风与焦炭发生反应，产生的高温还原性煤气上升，并使炉料加热、还原、熔化、造渣，产生一系列的物理化学变化；最后生成液态渣、铁聚集于炉缸，从高炉按周期排出。上升过程中，煤气流温度不断降低，成分逐渐变化，最后形成高炉煤气从炉顶排出。

　　炼铁工艺主要有高炉法、直接还原法、熔融还原法、等离子法。目前钢铁一般采用高炉法，这种方法是由古代竖炉炼铁发展、改进而成的。尽管世界各国研究发展了很多新的炼铁法，但由于高炉炼铁技术经济指标良好、工艺简单、生产量大、劳动生产率高、能耗低，这种方法仍占世界铁总产量的95%以上。

　　炼铁工艺生产流程及产污环节如图 5-7[4] 所示。

　　如图 5-7 所示，炼铁厂的废气主要来源于以下的工艺环节；高炉原料、燃料及辅助原料的运输、筛分、转运过程中将产生粉尘；在高炉出铁时将产生一些废

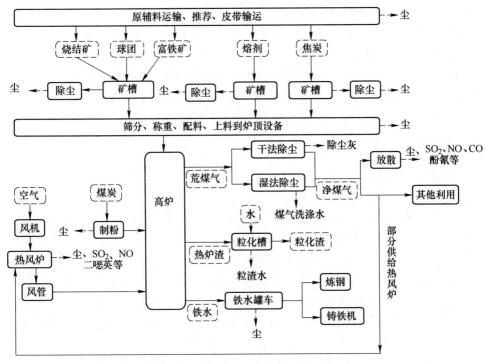

图 5-7 高炉炼铁工艺流程及产污节点图

气，主要包括粉尘、一氧化碳、二氧化硫和硫化氢等污染物；高炉煤气的放散以及铸铁机铁水浇注时产生含尘废气和石墨碳的废气。炼铁工艺典型污染物及排放浓度如图 5-8 所示。

如图 5-8 所示，高炉炼铁过程主要污染源为高炉煤气、热风炉尾气及高炉冲

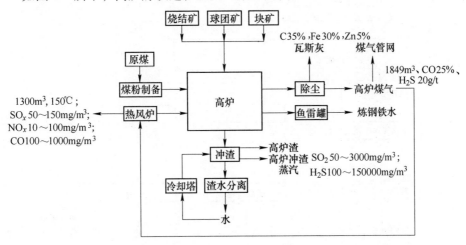

图 5-8 高炉炼铁工艺典型污染物及排放浓度（吨铁）

渣蒸汽，高炉煤气中颗粒物质含量为 7~40kg/t，粉尘含量在 3500~30000mg/m³，碳氢化合物（C_xH_y）含量为 67~250mg/m³，氰化物含量为 0.26~1.1mg/m³，氨气含量为 10~40mg/m³，多环芳烃含量为 0.06~0.28mg/m³，荧蒽为 0.15~0.50mg/m³。而热风炉废气多污染物排放低主要为 NO_x、SO_2 及少量 CO，浓度分别为 10~100mg/m³，50~150mg/m³ 及 100~1000mg/m³。高炉冲渣蒸汽主要为 SO_2 及 H_2S，浓度分别为 50~3000mg/m³，100~15000mg/m³。

5.2.4　炼钢生产工艺及废气排放特征

炼钢工艺是指以铁水或废钢为原料，经高温熔炼、提纯、脱碳、成分调整后得到合格钢水，并浇铸成钢坯的过程。炼钢生产工艺主要包括铁水预处理、转炉或电炉冶炼、炉外精炼及连铸等工序。根据工序组合的不同，可生产碳钢、不锈钢和特钢，但其工艺流程及产污环节基本类似。

炼钢生产方法主要有转炉炼钢和电炉炼钢，转炉炼钢是以铁水、废钢、铁合金为主要原料，不借助外加能源，靠铁液本身的物理热和铁液组分间化学反应产生热量而在转炉中完成炼钢过程；电弧炉炼钢通过石墨电极向电弧炼钢炉内输入电能，以电极端部和炉料之间发生的电弧为热源进行炼钢的方法。由于转炉炼钢生产速度快、产量大，单炉产量高、成本低、投资少，为目前使用最普遍的炼钢的方法。而电炉炼钢主要以废钢为原料，在废钢再利用领域较为普遍。

转炉炼钢和电炉炼钢工艺生产流程及产污环节如图 5-9 和图 5-10 所示[5]。

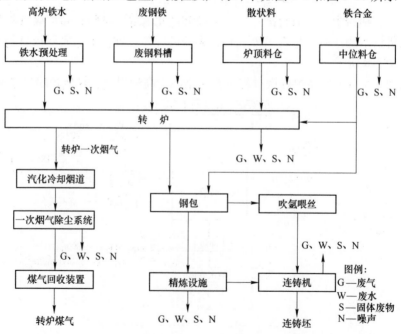

图 5-9　转炉炼钢工艺流程及产污环节

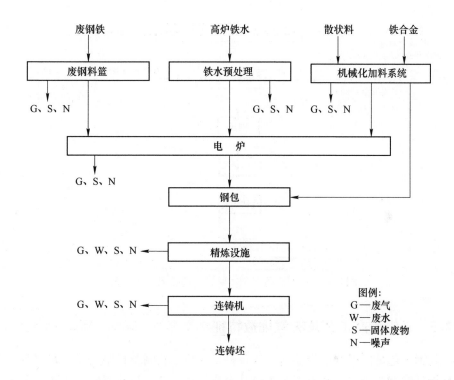

图 5-10 电炉炼钢工艺流程及产污环节

总的来说炼钢工艺产生的大气污染物主要为颗粒物，还包括少量的一氧化碳、氮氧化物、二氧化硫、氟化物（主要为氟化钙）、二噁英等。根据工艺流程及产污环节示意图可以看出，几乎所有炼钢环节都会产生大气污染物，如铁水预处理工序（铁水倒罐、前扒渣、后扒渣、清罐、预处理过程等）会产生颗粒物；转炉炼钢工序会产生 CO、颗粒物及氟化物，而电炉炼钢污染物较为复杂，会产生颗粒物、CO、NO$_x$、氟化物、二噁英、铅、锌等；精炼则会产生颗粒物、CO、氟化物等；而连铸及其他工序则会产生少量颗粒物。转炉炼钢和电炉炼钢工艺典型污染物及排放浓度如图 5-11 所示。

如图 5-11 所示，炼钢工艺主要污染源为转炉炼钢和电炉炼钢尾气，两者共性在于粉尘量极高，其中转炉炼钢尾气中粉尘量达到吨钢 15~20kg，成分主要以 FeO(42%)、Fe$_2$O$_3$(20%) 为主，而电炉炼钢尾气中粉尘量更高，达到了吨钢 100~135kg，成分主要以 CaO(28%)，FeO(32%)、SiO$_2$(19%) 为主。除了含有粉尘外，转炉烟气还含有 CO、CO$_2$，电炉烟气含有 CO、多环芳香烃、二噁英等。总的来说，炼钢烟气具有高温、有毒、易燃易爆、含尘量高等特点，需进行深度处理。

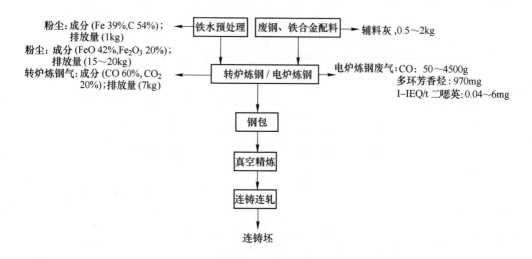

图 5-11　炼钢工艺典型污染物及排放浓度（吨钢）

5.2.5　轧钢生产工艺及废气排放特征

　　轧钢工艺是指以钢坯为原料，经备料、加热、轧制及精整处理，最终加工为成品钢材的生产过程。轧钢工艺主要分为热轧和冷轧，热轧指在金属再结晶温度以上进行的轧制，而冷轧是在再结晶温度以下进行的轧制。

　　热轧的原料为炼钢的连铸坯，从炼钢厂送过来的连铸坯，首先是进入加热炉，然后经过初轧机反复轧制之后，进入精轧机。轧钢属于金属压力加工，说简单点，轧钢板就像压面条，经过擀面杖的多次挤压与推进，面就越擀越薄。在热轧生产线上，轧坯加热变软，被辊道送入轧机，最后轧成用户要求的尺寸。冷轧的原料为热轧厂生产的钢卷，经过热轧厂送来的钢卷，先要经过连续三次技术处理，先要用盐酸除去氧化膜，然后才能送到冷轧机组。在冷轧机上，开卷机将钢卷打开，然后将钢带引入五机架连轧机轧成薄带卷。从五机架上出来的还有不同规格的普通钢带卷，它是根据用户多种多样的要求来加工的。

　　轧钢工艺生产流程及产污环节如图 5-12 所示[6]。

　　由图 5-12 可知，轧钢厂生产过程中在以下几个工序会产生废气：（1）钢锭和钢坯的加热，炉内燃烧时产生大量废气；（2）红热钢坯轧制，产生大量氧化铁皮、铁屑及水蒸气；（3）冷轧时冷却、润滑轧辊和轧件产生乳化液废气；（4）钢材酸洗产生大量的酸雾。总的来说，轧钢工艺产生的大气污染为少量的燃烧废气（含烟尘、二氧化硫、氮氧化物等）、粉尘、酸雾、碱雾和挥发性有机废气等。轧钢工艺典型污染物及排放浓度如图 5-13 所示。

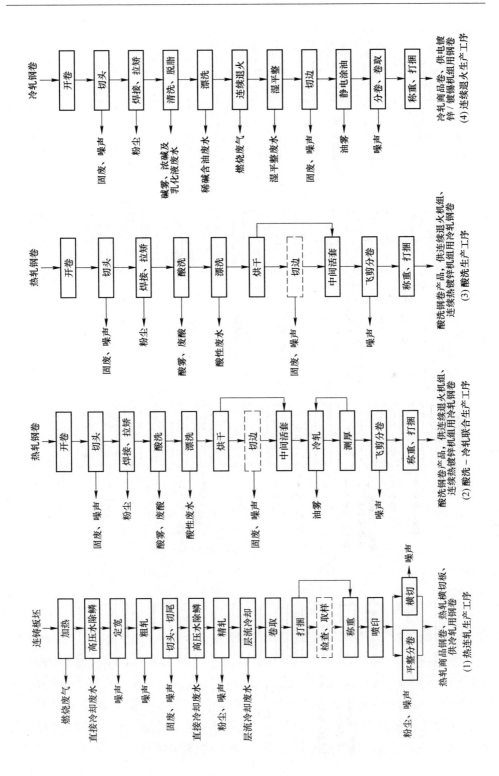

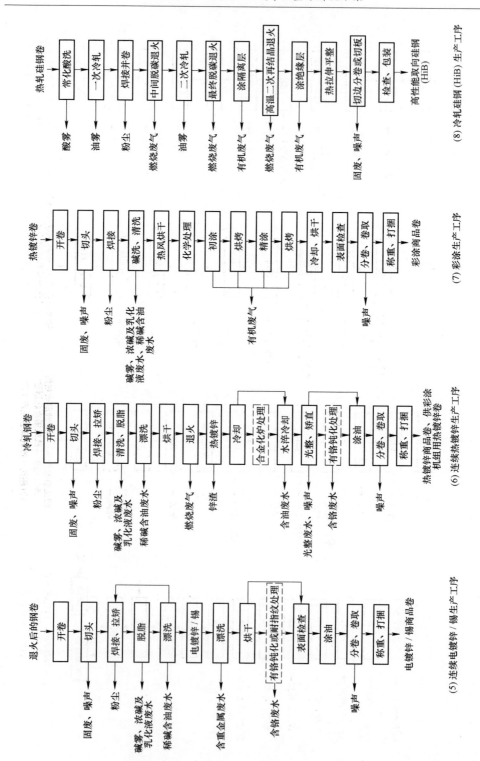

热轧硅钢卷
常化酸洗 → 一次冷轧 → 焊接并卷 → 中间脱碳退火 → 二次冷轧 → 最终脱碳退火 → 涂隔离层 → 高温二次再结晶退火 → 涂绝缘层 → 热拉伸平整 → 切边分卷或切切板 → 检查、包装 → **高性能取向硅钢（HiB）**
（酸雾、油雾、粉尘、燃烧废气、油雾、燃烧废气、有机废气、燃烧废气、有机废气、固废、噪声）
(8) 冷轧硅钢（HiB）生产工序

热镀锌卷
开卷 → 切头 → 焊接 → 碱洗、清洗 → 热风烘干 → 化学处理 → 初涂 → 烘烤 → 精涂 → 烘烤 → 冷却、烘干 → 表面检查 → 分卷、卷取 → 称重、打捆 → **彩涂商品卷**
（固废、噪声、粉尘、碱雾浓碱及乳化液废水、稀碱含油废水、有机废气、噪声）
(7) 彩涂生产工序

冷轧钢卷
开卷 → 切头 → 焊接、拉矫 → 清洗、脱脂 → 漂洗 → 烘干 → 退火 → 热镀锌 → 冷却 [合金化炉处理] → 水淬冷却 → 光整、矫直 [有铬钝化处理] → 涂油 → 分卷、卷取 → 称重、打捆 → **热镀锌商品卷、供彩涂机组用热镀锌**
（固废、噪声、粉尘、碱雾浓碱及乳化液废水、稀碱含油废水、燃烧废气、锌渣、含油废水、光整废水、噪声、含铬废水、噪声）
(6) 连续热镀锌生产工序

退火后的钢卷
开卷 → 切头 → 焊接、拉矫 → 脱脂 → 漂洗 → 电镀锌/锡 → 漂洗 → 烘干 [有铬钝化或耐指纹处理] → 表面检查 → 涂油 → 分卷、卷取 → 称重、打捆 → **电镀锌/锡商品卷**
（固废、噪声、粉尘、碱雾浓碱及乳化液废水、稀碱含油废水、含重金属废水、含铬废水、噪声）
(5) 连续电镀锌/锡生产工序

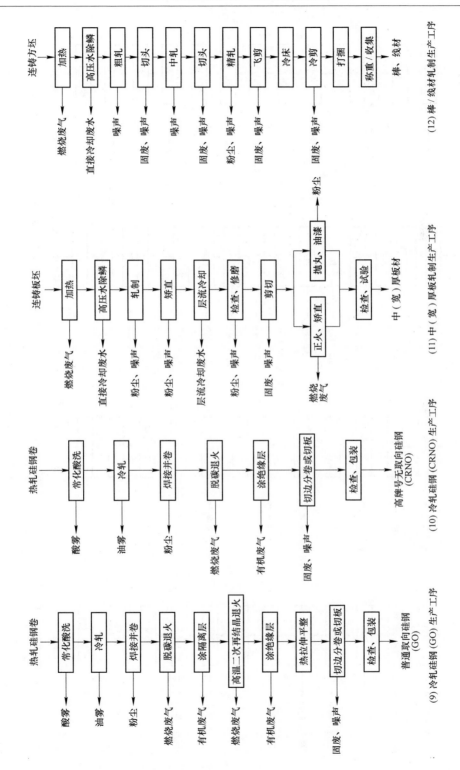

(12) 棒/线材轧制生产工序

(11) 中(宽)厚板轧制生产工序

(10) 冷轧硅钢无取向硅钢(CRNO)生产工序

(9) 冷轧硅钢取向硅钢(GO)生产工序

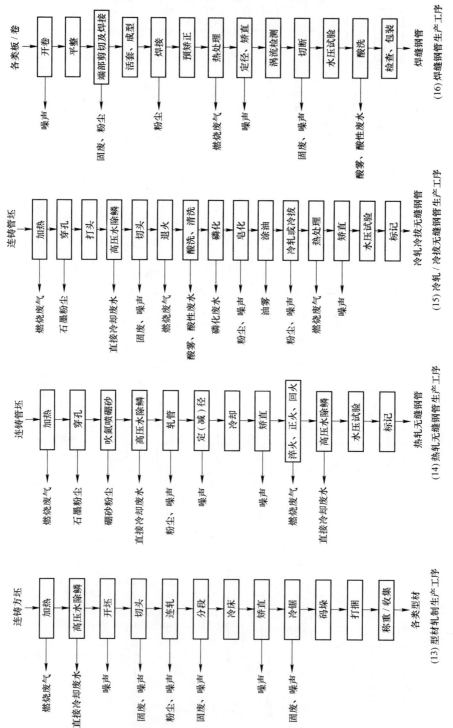

图 5-12 轧钢工艺流程及产污环节

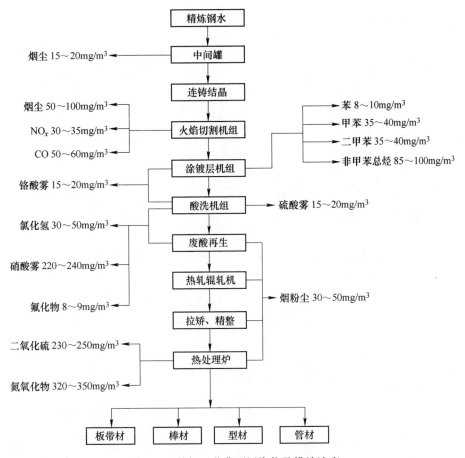

图 5-13 轧钢工艺典型污染物及排放浓度

如图 5-13 所示，轧钢工艺产生的大气污染物以酸雾为主，如酸洗、废酸再生等过程，会产生 $30\sim50\text{mg/m}^3$ 的氯化氢、$220\sim240\text{mg/m}^3$ 的硝酸雾及微量的氟化物。此外，可以看出，加热炉为轧钢工艺多污染物主要排污源，主要有氮氧化物和硫氧化物，热处理炉会产生约 $230\sim250\text{mg/m}^3$ 二氧化硫及 $320\sim350\text{mg/m}^3$ 氮氧化物。

5.3 钢铁行业全流程废气共性特征及净化方法分析

5.3.1 钢铁全流程废气共性特征分析

如上所述，钢铁企业内有很多产生烟气排放的工序，例如烧结、球团、炼焦、高炉炼铁、转炉或电炉炼钢、轧钢等。各工序排放的污染物含有大量的粉尘、SO_2、NO_x，以及部分的工序（如烧结、炼焦、炼铁、电炉炼钢）还会产生少量的 VOCs、二噁英、重金属等，各工序主要污染物排放情况如图 5-14 所示。

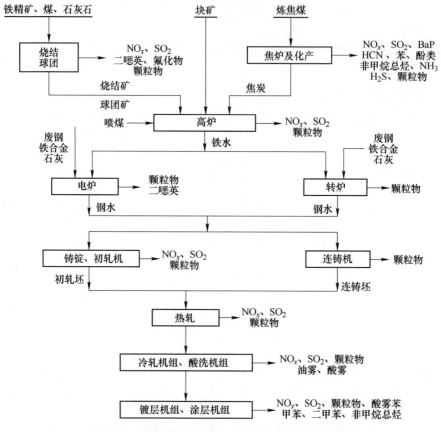

图 5-14　钢铁联合企业各工序大气污染物排放情况

　　根据统计结果，烟粉尘产生量占前 3 位的分别是：烧结、炼钢和炼铁，以上工序产生的烟粉尘量占全厂的 71.5%。SO_2 产生量占前 3 位的分别是：烧结、炼焦和自备电站，以上工序产生的 SO_2 量占全厂的 94.7%。NO_x 产生量占前 3 位的分别是：烧结、自备电站和球团，以上工序产生的 NO_x 量占全厂的 81.4%。综上分析，烧结、球团、炼焦、炼铁、炼钢及自备电站等六个工序的烟粉尘、SO_2 和 NO_x 总产生量分别占钢铁厂的 93.6%、99.4% 和 92.7%，是厂区内大气污染物最主要且最集中的区域。

　　通过分析可知，除部分特殊排放点外，钢铁流程中大部分工序排放的废气虽然成分复杂，浓度各有差异。但也有相似性，即废气中主要污染物是 SO_x、NO_x、粉尘、二噁英及其他有机物等。

　　烧结烟气、焦化烟气由于烟气量大、污染物浓度高，已得到高度重视。还有些工序由于废气量较小，污染物浓度较低，如炼铁工序热风炉产生的烟气，此前未引起重视。但根据超低排放的限值要求，这些废气都必须经净化处理后才能排放。纵观整个钢铁流程，类似的废气排放点多，且较为分散。如果每个废气排放点都设置一个独立的、各不相同的烟气净化装置，势必会造成投资高、管理难度大、副产物难以统一处置等问题。

5.3.2 钢铁全流程排放标准体系的演变

5.3.2.1 标准体系化

为保护环境，长期以来，国家陆续发布了多项政策和排放标准，对钢铁工业污染物排放制定了明确的目标和规范要求。如早在 1973 年就发布了首个环保标准《工业"三废"排放实行标准》（GBJ 4—1973）规定了钢铁工业的电炉和转炉烟尘和粉尘排放质量浓度应小于 200mg/m³。随着钢铁行业的高速发展，早前的标准已远远不能适应钢铁工业发展需求及环境控制要求，因此，在 2012 年，国家针对钢铁工业出台了八项污染物排放系列标准，包括了大气和水污染 2 个类别，涵盖了钢铁冶炼过程中采选矿、烧结、炼铁、炼钢、轧钢、焦化、铁合金 7 个工序，其中采选矿、焦化、铁合金 3 个工序的标准包含大气和水污染 2 个类别，烧结、炼铁、炼钢、轧钢 4 个工序水污染物排放共同采用《钢铁工业水污染物排放标准》（GB 13456—2012），而大气污染物排放各自独立成册。具体情况如表 5-1 所示[7]。

表 5-1 钢铁工业标准组成

序号	工序	名 称	
		大气污染物排放标准	水污染物排放标准
1	采选矿	《铁矿采选工业污染物排放标准》（GB 28661—2012）	
2	烧结	《钢铁烧结、球团工业大气污染物排放标准》（GB 28662—2012）	《钢铁工业水污染物排放标准》（GB 13456—2012）
3	炼铁	《炼铁工业大气污染物排放标准》（GB 28663—2012）	
4	炼钢	《炼钢工业大气污染物排放标准》（GB 28664—2012）	
5	轧钢	《轧钢工业大气污染物排放标准》（GB 28665—2012）	
6	焦化	《炼焦化学工业大气污染物排放标准》（GB 16171—2012）	
7	铁合金	《铁合金工业大气污染物排放标准》（GB 28666—2012）	

由表 5-1 可知，经过修订和制定形成的新的钢铁工业系列污染物排放标准，包含了钢铁生产的主要工艺流程，覆盖了从铁矿石采选、金属冶炼到最终形成产品的全过程环境管理，充分考虑了钢铁生产工艺与技术发展情况，改进了原有标准的局限性，对标准体系进行了优化设计，形成了一个系统的钢铁工业污染物排

放标准体系。设置的污染物控制项目更加全面，控制要求更加严格，标准中的控制限值也均有成熟、可靠的控制技术。

　　钢铁工业系列新标准的实施，对推动经济结构调整和经济增长方式转变，促进钢铁工业生产工艺和污染治理技术进步，落实企业减排责任，改善大气环境质量，都具有积极意义。

5.3.2.2　污染物种类更加细化全面

　　对比早前标准与 2012 年出台的 8 项新标准可知，新标准中大气污染物控制项目共 22 个种类，对不同工序增加了氮氧化物、二噁英、油雾、碱雾、H_2S、NH_3、酚类、非甲烷总烃、氰化氢和铬及其化合物，新标准覆盖面更广、涉及的污染物种类更多更细致，具体改进如图 5-15 所示。

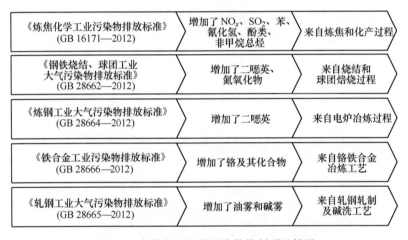

图 5-15　钢铁行业新增污染物控制项目情况

　　污染物控制项目的增多，适应国家目前对总量控制以及重金属、雾霾天气、酸雨等重点污染的控制要求，如此才能满足当前国家"总量减排""重金属防治""有毒有害污染物控制"和"国际 POPs 公约"等的要求。我们坚信，随着钢铁行业的进一步发展，排放标准控制项目会越来越多、越来越细致。

5.3.2.3　排放要求更加严格

　　此外，系列标准大幅收紧了颗粒物、二氧化硫和化学需氧量的排放限值。颗粒物排放限值（除烧结、转炉一次、钢渣处理外）在 $50 \sim 100 mg/m^3$，其他工序排放标准质量浓度均不大于 $30 mg/m^3$，还有的要求不大于 $20 mg/m^3$，已接近国外先进国家标准的水平。二氧化硫排放限值在 $100 \sim 200 mg/m^3$，是原执行标准的十分之一，比国外先进国家标准还要严格。二噁英第二阶段限值与国外先进标准有差距，NO_x第二阶段限值比国外先进国家标准稍严。

为进一步控制污染排放，改善生态环境，国家对于污染物排放也是越来越严格。如 2017 年 6 月，环保部发布《钢铁烧结、球团工业大气污染排放标准》等 20 项国家污染物排放标准修改单，修改钢铁烧结、球团大气特别排放限值，新增平板玻璃、陶瓷、砖瓦等行业特别排放限值。2019 年 4 月 28 日，生态环境部等 5 部门联合发布《关于推进实施钢铁行业超低排放的意见》，要求烧结机机头、球团焙烧烟气颗粒物、二氧化硫、氮氧化物排放浓度小时均值分别不高于 $10mg/m^3$、$35mg/m^3$、$50mg/m^3$；其他主要污染源颗粒物、二氧化硫、氮氧化物排放浓度小时均值原则上分别不高于 $10mg/m^3$、$50mg/m^3$、$200mg/m^3$。达到超低排放的钢铁企业每月至少 95%以上时段小时均值排放浓度满足上述要求。旨在推动实施钢铁行业超低排放，实现全流程、全过程环境管理，有效提高钢铁行业发展质量和效益，大幅削减主要大气污染物排放量，促进环境空气质量持续改善，为打赢蓝天保卫战提供有力支撑。

5.3.3 钢铁全流程净化方法适用性分析

如前所述，活性炭可以实现 SO_2、NO_x、二噁英、重金属、粉尘的协同深度脱除，同时由于活性炭是一种非极性物质，对有机物具有很强的亲和能力。由 5.2 节所述可知，钢铁厂各工序产生的污染物，除含有二氧化硫、氮氧化物、粉尘外，部分工序含有 VOCs。且各烟气污染物浓度及烟气温度较低，在活性炭法可处理范围之内。钢铁冶炼各工序典型大气污染物及浓度统计如表 5-2 所示。

表 5-2 钢铁冶炼各工序典型大气污染物及浓度

工 序	烧 结	球 团	焦 化	炼 铁	轧 钢
SO_2浓度（标态）/mg·m^{-3}	500~5000	1000~2000	50~150	50~150	230~250
NO_x浓度（标态）/mg·m^{-3}	200~600	100~400	400~600	10~100	320~350

由表可知，几乎所有钢铁冶炼过程均会产生大气污染物，其中烧结工序产生的烟气中典型大气污染物（二氧化硫、氮氧化物）浓度最高，二氧化硫最高可达 $5000mg/m^3$（标态），氮氧化物最高可达 $600mg/m^3$（标态），其他工序产生的污染物浓度低于烧结工序产生的污染物浓度。如第 4 章所述，目前活性炭法烟气净化技术已经应用于烧结烟气的治理，且获得了良好效果，SO_2脱除率可达到 98%以上，NO_x 的脱除率可超过 80%，同时出口粉尘浓度可低于 $10mg/m^3$，各项指标均可达到超低排放要求。鉴于钢铁冶炼污染物主要集中于烧结工序，其废气量也远远大于其他工序，因此将活性炭法烟气净化技术应用于钢铁全流程具有合理可行性。

5.4　钢铁全流程烟气活性炭法整体解决方案

5.4.1　分散吸附—集中解吸活性炭法（DC-AC）整体解决方案

5.4.1.1　方案概述

　　钢铁各工序尽管排放的废气化学成分具有共同的特征，但各工序排放的工艺参数差别大、气量不同，且部分排放点地理距离较远。把烟气集中统一处理难度大，但若各排放源都建独立净化装置，投资与运行成本又太高。基于此，我们开发了分散吸附—集中解吸活性炭法整体解决方案。即各工序就近建设吸附装置，各工序废气就近被活性炭吸附净化而达标排放。再把负载了污染物的活性炭集中解吸，并进行副产物集中资源化。工艺流程如图 5-16[8] 所示。

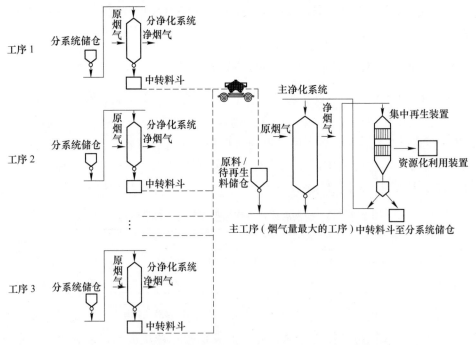

图 5-16　分散吸附—集中解吸活性炭法（DC-AC）技术流程图

　　从图 5-16 可知，该技术具有一个主处理系统和几个分处理系统，主系统包括完整的吸附系统、再生系统及 SO_2 资源化利用系统，而分系统仅有吸附系统。主系统处理的烟气量大，污染物量大，活性炭循环量大；分系统处理的烟气量少，污染物少；分处理系统吸附了污染物的活性炭，由专用小车或其他工具循环输送至主系统进行循环再生；运行参数和活性炭移动量根据各个系统烟气量与污染物组成及浓度集中调控，实现钢铁全流程烟气多污染物治理（包括 VOCs），大幅降低活性炭多污染物烟气净化技术的投资和运行成本。

5.4.1.2　系统组成及关键技术

A　系统组成

根据图5-16，具体实施过程如下：企业在每个烟气排放工序只设置一套吸附子系统，并在烟气量最大或所需活性炭循环量最大的工序设置至少一个集中处理污染活性炭的集中解吸子系统，对应全流程范围内部分或全部的吸附子系统，使集中解吸子系统与吸附子系统之间具有一对多的对应关系。

由于进入吸附子系统的原烟气流量、原烟气中污染物的含量以及吸附子系统中活性炭的循环流量是影响烟气净化效果的主要因素，例如，当原烟气流量增大和/或原烟气中污染物含量增大时，吸附子系统中活性炭的循环流量需同时定量增大，才能保证烟气净化效果，否则，就会出现活性炭已经饱和而原烟气中一部分污染物还未被吸附的现象，从而降低净化效果。因此，如何平衡吸附子系统中活性炭的循环流量与原烟气流量等因素的关系，是该技术实施控制的难题之一。

其次，集中解吸子系统需要对多个吸附子系统排出的污染活性炭集中活化处理，由于多个吸附子系统规模各异，其对污染活性炭的排料流量大小也各不相同。另外，集中解吸子系统处理的污染活性炭来自设置在不同工序的吸附子系统，设备故障、生产计划调整等因素，使得不同工序的吸附子系统输出的活性炭数量的稳定性也会产生波动。因此，如何控制集中解吸子系统对污染活性炭的处理能力与多个吸附子系统活性炭排出量的平衡，是该技术实施控制的另外一个难题。

为了进一步叙述的方便，我们以三个工序为例，并分别把设置在各烟气排放工序的吸附子系统编号为110、120、130，把与多个所述吸附子系统对应的集中解吸系统编号为200，如图5-17所示。

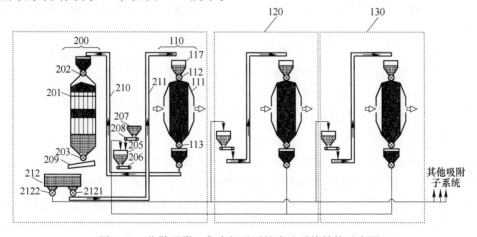

图5-17　分散吸附—集中解吸活性炭法系统结构示意图

　　根据钢铁企业生产的实际情况，烧结工序烟气产生量最大，污染物浓度最高，这就意味着，烧结工序吸附子系统需要的活性炭量相对最大。基于此，将集中解吸子系统设置在烧结工序，使集中解吸子系统与烧结工序吸附子系统形成一体结构，在集中解吸子系统和烧结工序子系统之间的循环活性炭通过输送机组即可完成，与正常的烧结机烟气活性炭法净化装置工艺流程和系统组成基本相同，无需额外的输送设备，节约运输资源。

　　将集中解吸子系统设置在烧结工序后，烧结工序产生的大量原烟气经管道进入烧结工序吸附子系统 110，烧结工序吸附子系统 110 产生的污染活性炭由输送机 210 直接输送至集中解吸子系统 200，集中解吸子系统产生的活化活性炭由输送机 211 直接输送至烧结工序吸附子系统 110。

　　另外，在所述集中解吸子系统中设置分料装置 212，包括第一分料设备 2121和第二分料设备 2122。通过第一分料设备 2121，可以将烧结工序吸附子系统 110所需的活化活性炭预先分配好，并直接卸料至输送机 211，由输送机 211 直接传送至烧结工序吸附子系统的上方进行上料，相当于内部循环。与此同时，由第二分料设备 2122 卸下的活化活性炭则由运输子系统分别运输至其余工序吸附子系统，相当于外部循环。

　　当图 5-17 所示的烟气净化系统在工作时，在集中解吸子系统一侧，来自多个吸附子系统的污染活性炭可以暂时存储在污染活性炭仓 205 中，再通过第一卸料装置 206，以一定的流量将仓中的污染活性炭卸下至输送机 210 上，同时，烧结工序吸附子系统 110 排出的污染活性炭直接卸下至输送机 210 上，由输送机210 统一将其从塔底运输至解吸塔顶部的缓冲仓，通过进料装置 202 将污染活性炭输入解吸活化塔 201 进行活化，到达底部后，由排料装置 203 排出，再由输送子系统将活化活性炭运输至各工序吸附子系统循环使用。在系统的实际运转过程中，不可避免会产生活性炭的损耗，可通过振动筛 209 将过细的损耗活性炭排出，并同时添加新的活性炭至系统中。

　　活性炭在吸附子系统与集中解吸子系统之间的循环，使烟气净化系统形成多个闭合循环结构，例如，集中解吸子系统与烧结工序吸附子系统形成一闭合循环结构，集中解吸子系统与炼焦工序吸附子系统形成另一闭合循环结构，以此类推，形成一个全流程整体解决方案。

　　B　关键控制技术

　　基于这种循环结构，各吸附子系统的活性炭流量相加之和与集中解吸子系统的活性炭流量理论相等时，才能保证烟气净化系统的连续、稳定且有效的运行。利用这一等量关系，通过设定合理控制方法，能够在保证烟气净化效果的前提下，解决如何精准控制集中解吸子系统及与其对应的多个吸附子系统之间的平衡的技术问题。具体如图 5-18 所示。

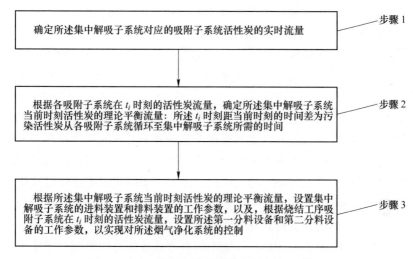

图 5-18 多工序烟气净化系统的控制方法流程图

步骤 1，确定集中解吸子系统对应的吸附子系统活性炭的实时流量：每个吸附子系统分别设置在不同的烟气排放工序，例如，烧结、球团、炼焦、高炉炼铁、转炉或电炉炼钢、轧钢、石灰窑、电站等工序。由于烟气排放工序众多，通过字母 i 来加以区别设于不同工序的吸附子系统，i 代表各个工序的序号。例如，烧结工序的序号 $i=1$。

由上述烟气净化系统的工作过程可知，进入吸附子系统的原烟气流量、原烟气中污染物的含量以及吸附子系统的活性炭流量是影响烟气净化效果的主要因素。例如，当原烟气流量增大和/或原烟气中污染物含量增大时，吸附子系统的活性炭流量需伴随着定量增大，才能保证烟气净化效果，否则，就会出现活性炭已经饱和而原烟气中一部分污染物还未被吸附的现象，从而降低净化效果。

也就是说，各吸附子系统的活性炭流量并非一成不变的，而是随着原烟气流量、原烟气中污染物的含量发生变化的，这种变化一般是阶段性的，例如，每间隔一个循环周期，对活性炭流量做出调整，其他时间不调整。步骤 1 通过确定吸附子系活性炭在不同时刻的实时流量，来监督流量的变化。例如，烧结工序吸附子系统在 2018 年 1 月 1 日 12 时的实时流量为 $Q_{X1(01011200)}$。其中 Q_{X1} 代表吸附子系统的活性炭流量。

步骤 2，根据各吸附子系统在 t_i 时刻的活性炭流量，确定所述集中解吸子系统当前时刻活性炭的理论平衡流量；所述 t_i 时刻距当前时刻的时间差为污染活性炭从各吸附子系统循环至集中解吸子系统所需的时间。

在涉及多工序烟气净化系统的实际应用中，各个烟气排放工序的位置不同使各个吸附子系统与集中解吸子系统之间的距离也不相同。这就意味着，每个吸附子系统产生的污染活性炭循环至集中解吸子系统所需的时间也有所不同。为了便于说明，采用 T_i 来代表污染活性炭从各吸附子系统循环至集中解吸子系统所需的时间，例如，污染活性炭从烧结工序的吸附子系统循环至集中解吸子系统所需的时间为 T_1，污染活性炭从炼焦工序的吸附子系统循环至集中解吸子系统所需的时间为 T_2 等。

步骤2根据各个吸附子系统的活性炭流量，来确定集中解吸子系统的活性炭流量，并使集中解吸子系统对应的各吸附子系统在 t_i 时刻的活性炭流量与集中解吸子系统当前时刻活性炭的理论平衡流量相平衡。由于污染活性炭从各吸附子系统循环至集中解吸子系统需要一定的时间，并且，不同吸附子系统对应的 T_i 具有差异性，因此，步骤2根据各吸附子系统在 t_i 时刻的活性炭流量，确定所述集中解吸子系统当前时刻活性炭的理论平衡流量；其中，t_i 时刻距当前时刻的时间差为污染活性炭从各吸附子系统循环至集中解吸子系统所需的时间，即 $T_i = t_{当前} - t_i$。

步骤3，根据所述集中解吸子系统当前时刻活性炭的理论平衡流量，设置集中解吸子系统进料装置和排料装置的工作参数，以及，根据烧结工序吸附子系统在 t_i 时刻的活性炭流量，设置所述第一分料设备和第二分料设备的工作参数，以实现对所述烟气净化系统的控制。

在步骤3中，通过设置集中解吸子系统进料装置和排料装置的工作参数，使集中解吸子系统当前时刻活性炭的实际流量达到上述步骤2确定的理论平衡流量，从而使集中解吸子系统对应的各吸附子系统在 t_i 时刻的活性炭流量的加和与集中解吸子系统当前时刻活性炭的理论平衡流量相平衡，从而实现在集中解吸子系统一侧，对集中解吸子系统及吸附子系统之间的平衡关系进行精准控制。

另外，可通过设置第一分料设备的工作参数，使第一分料设备的活性炭流量与烧结工序吸附子系统的活性炭流量相平衡；通过设置第二分料设备的工作参数，使第二分料设备的活性炭流量与除烧结工序吸附子系统以外的其他吸附子系统的活性炭流量相平衡。

下面举一个实际例子进行详细说明：

步骤例1-1，获取进入所述各吸附子系统的原烟气流量及原烟气中污染物含量。

在钢铁企业的实际生产中，各个烟气排放工序产生的原烟气量及烟气中污染物含量是变化的，因此进入所述各吸附子系统的原烟气流量及烟气中污染物含量也会根据生产实际的不同而发生变化。通过预先设置在各个吸附子系统的检测仪表，可以采集到各吸附子系统的原烟气流量及烟气中污染物含量的数据。又由于进入所述各吸附子系统的原烟气流量及原烟气中污染物含量是影响烟气净化效果的重要因素，因此，本系统将其作为控制各吸附子系统的活性炭流量的主要数据依据。

在吸附子系统一侧，根据原烟气流量及原烟气中污染物含量，对各个吸附子系统的活性炭流量进行精确控制，保证烟气净化效果，提高活性炭利用率。

步骤例1-2，根据所述原烟气流量及烟气中污染物含量，得到所述原烟气中污染物的流量。在步骤例1-2中，提供一种优选计算方法，以污染物为SO_2和NO_x为例，按照式（5-1）和式（5-2），计算得到所述原烟气中污染物的流量：

$$Q_{Si(t)} = \frac{V_{i(t)} \times C_{Si(t)}}{10^6} \tag{5-1}$$

$$Q_{Ni(t)} = \frac{V_{i(t)} \times C_{Ni(t)}}{10^6} \tag{5-2}$$

式中　　$Q_{Si(t)}$——进入各吸附子系统的原烟气中污染物 SO_2 的流量，kg/h；

$C_{Si(t)}$——进入各吸附子系统的原烟气中污染物 SO_2 的含量（标态），mg/m^3；

$Q_{Ni(t)}$——进入各吸附子系统的原烟气中污染物 NO_x 的流量，kg/h；

$C_{Ni(t)}$——进入各吸附子系统的原烟气中污染物 NO_x 的含量（标态），mg/m^3；

$V_{i(t)}$——进入各吸附子系统的原烟气流量（标态），m^3/h；

i——各吸附子系统所在工序的序号。

步骤例1-3，根据所述原烟气中污染物的流量，确定所述解吸子系统对应的各吸附子系统活性炭的理论流量，以及确定各吸附子系统活性炭的所述理论流量为实时流量。

在步骤例1-3中，以污染物为 SO_2 和 NO_x 为例，按照式（5-3），确定所述集中解吸子系统对应的吸附子系统活性炭的理论流量：

$$Q_{Xi} = K_1 \times Q_{Si(t)} + K_2 \times Q_{Ni(t)} \tag{5-3}$$

式中　　Q_{Xi}——各吸附子系统活性炭的理论流量，kg/h；

K_1，K_2——常数。

本例子根据原烟气流量及烟气中污染物含量，准确地、定量地计算出各吸附子系统活性炭的理论流量，为实现烟气净化系统的精准控制提供数据依据。

除此之外，如图5-19所示，控制手段还可以是：根据各吸附子系统活性炭

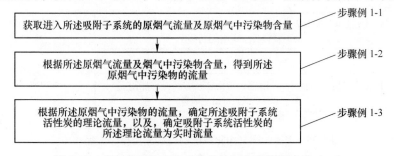

图 5-19　多工序烟气净化系统的控制方法控制流程（一）

的理论流量，设置各个吸附子系统进料装置和排料装置的工作参数，以实现对各个吸附子系统的精准控制。

在本系统中，由于集中解吸子系统设置在烧结工序，因此，污染活性炭从烧结工序的吸附子系统循环至集中解吸子系统所需的时间可以近似为 0。因此，在前述图 5-19 所示控制过程基础上，可进一步按照式（5-4）和式（5-5），确定所述集中解吸子系统当前时刻活性炭的理论平衡流量：

$$Q_{X0当前} = \sum Q_{Xi(t_i)} \tag{5-4}$$

$$Q_{X1(t_i)} = Q_{X1当前} \tag{5-5}$$

式中　$Q_{X0当前}$——集中解吸子系统当前时刻活性炭的理论平衡流量，kg/h；

　　　　$Q_{Xi(t_i)}$——各吸附子系统在 t_i 时刻的活性炭流量，kg/h；

　　　　$Q_{X1(t_i)}$——烧结工序吸附子系统在 t_i 时刻的活性炭流量，kg/h；

　　　　$Q_{X1当前}$——烧结工序吸附子系统当前时刻活性炭的循环流量，kg/h。

上述控制过程利用污染活性炭从各吸附子系统循环至集中解吸子系统所需的时间，确定每个吸附子系统的与当前时刻对应的 t_i 时刻，并根据各吸附子系统在 t_i 时刻的活性炭流量，准确地确定集中解吸子系统当前时刻活性炭的理论平衡流量；其中，由于集中解吸子系统设置在烧结工序，污染活性炭从烧结工序吸附子系统循环至集中解吸子系统所需的时间为 0，因此，t_1 时刻与当前时刻相同，即 $t_1 = t_{当前}$。

在本系统中，解吸子系统进料装置、排料装置以及分料装置至少包括电机和由电机带动的物料输送设备，例如辊式给料机。其中，电机由变频器拖动，变频器的运行频率决定电机转速，并且进料装置、排料装置以及分料装置的物料输送流量与电机转速成正比。

基于此，可根据集中解吸子系统当前的理论活性炭平衡流量，按照图 5-20 所述步骤，设置集中解吸子系统进料装置和排料装置的工作参数。

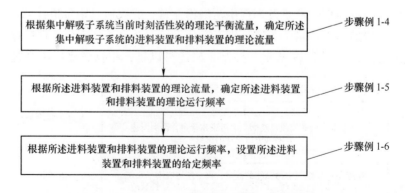

图 5-20　多工序烟气净化系统的控制方法控制流程（二）

步骤例 1-4，根据集中解吸子系统当前时刻活性炭的理论平衡流量，确定所述集中解吸子系统的进料装置和排料装置的理论流量。

在上述步骤例 1-4 中，可选地，按照式（5-6），确定所述集中解吸子系统的进料装置及排料装置的理论流量：

$$Q_{0进} = Q_{0排} = Q_{X0(t)} \times j \tag{5-6}$$

式中　$Q_{0进}$——集中解吸子系统进料装置的理论流量，kg/h；

　　　$Q_{0排}$——集中解吸子系统排料装置的理论流量，kg/h；

　　　j——常数，一般取 0.9~0.97。

需要说明的是，由于污染活性炭是吸附了大量污染物的活性炭，因此，一定体积的污染活性炭相比同等体积的活化活性炭，重量通常增加 3%~10%，或者说，同一批活性炭，解吸活化后的重量为吸附污染物后的重量的 0.9~0.97。基于此，具有下述等量关系：集中解吸子系统进料装置的理论流量 $Q_{0进}$ =集中解吸子系统排料装置的理论流量 $Q_{0排}$ =集中解吸子系统当前时刻活性炭的理论平衡流量 $Q_{X0(t)} \cdot J$。

步骤例 1-5，根据所述进料装置和排料装置的理论流量，确定所述进料装置和排料装置的理论运行频率。集中解吸子系统进料装置和排料装置实际上可采用有电机带动的物料输送设备来实现其进料和排料的功能。由于电机由变频器拖动，变频器的频率决定电机转速，而进料装置、排料装置的物料输送流量与电机转速成正比，也就是说进料装置及排料装置变频的运行频率与物料输送设备物料输送流量成正比。因此，可按照式（5-7）和式（5-8），确定所述进料装置及排料装置的理论运行频率：

$$f_{进} = Q_{0进}/K_{进} \tag{5-7}$$

$$f_{排} = Q_{0排}/K_{排} \tag{5-8}$$

式中　$f_{进}$——集中解吸子系统的进料装置的理论运行频率；

　　　$f_{排}$——集中解吸子系统的排料装置的理论运行频率；

　$K_{进}$，$K_{排}$——常数。

步骤例 1-6，根据所述进料装置和排料装置的理论运行频率，设置所述进料装置和排料装置的给定频率。

通过设置进料装置和排料装置的给定频率，当进料装置和排料装置的实际运行频率与其理论运行频率相符时，集中解吸子系统的活性炭循环流量将与其活性炭理论平衡流量相等，从而实现了集中解吸子系统与各个吸附子系统间的平衡。

在系统中，集中解吸子系统排出的活化活性炭通过分料装置先将各个吸附子系统需要的部分分配好，再由运输子系统分别输送至各个吸附子系统。具体的，在上述控制过程的基础上，根据烧结工序吸附子系统在 t_i 时刻的活性炭流量，按照图 5-21 所示步骤，设置所述第一分料设备和第二分料设备的工作参数。

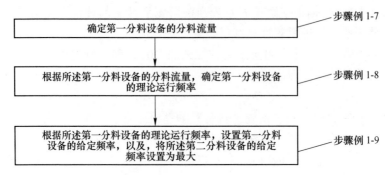

图 5-21　多工序烟气净化系统的控制方法控制流程（三）

步骤例 1-7，根据式 $Q_{分1(t)} = Q_{X1(t)} \times j$，确定第一分料设备的分料流量；其中，$Q_{分1(t)}$ 为第一分料设备的分料流量，kg/h。

步骤例 1-8，根据所述第一分料设备的分料流量，确定第一分料设备的理论运行频率。

步骤例 1-9，根据所述第一分料设备的理论运行频率；以及，设置第一分料设备的给定频率，以及，将所述第二粉料设备的给定频率设置为最大。

需要说明的是，上述第一分料设备和第二分料设备均是电机带动的物料输送设备，例如辊式给料机，可通过控制辊式给料机的运行频率来控制其物料输送流量，即分料设备的分料流量。

图 5-21 所示控制过程基于第一分料设备的理论运行频率与其分料流量的定量关系，根据理论运行频率确定给定频率，通过将第一分料设备的给定频率调整为该理论运行频率，达到控制烧结工序吸附子系统活性炭流量的目的，同时，将第二分料设备的给定频率调整到最大，简化计算及控制步骤，保证烟气净化系统的稳定运行。

通过设置分料装置的工作参数，预先将活化活性炭分配好，再通过运输子系统将分配好的活性炭运输至相应地吸附子系统，节约运输资源，同时避免活化活性炭在吸附子系统一侧累积而占用空间以及避免活化活性炭不充足而影响系统运行。

综上所述，提供的涉及多工序的烟气净化系统及其控制方法，将集中解吸子系统设置在烧结工序，与烧结工序吸附子系统形成一体结构，使循环在集中解吸子系统和烧结工序吸附子系统之间的活性炭通过输送机组即可完成循环，而无需额外的输送设备，节约运输资源的同时，减弱运输过程对系统运转的影响。在集中解吸子系统设置分料装置，通过第一分料设备将活化活性炭分配给烧结工序吸附子系统，并且使集中解吸子系统的活性炭流量与烧结工序吸附子系统及其余吸附子系统的活性炭流量相平衡，通过设置集中解吸子系统进料装置、排料装置以及分料装置的工作参数，在集中解吸子系统一侧，实现对集中解吸子系统及吸附子系统之间的平衡关系的精准控制。工程上，为了降低对控制精度的敏感性，在各吸附子系统的入料口，可以设置缓冲料仓，并设置料位测量点。

5.4.2　烟气集中—分别吸附—集中解吸活性炭法（FRC-AC）整体解决方案

5.4.2.1　方案概述

钢铁企业各工序的污染物通过活性炭吸附后，再进行统一解吸再生，污染物的集中解吸通过活性炭流动完成，势必引起厂区道路上增加移动的运输工具。如果各排放点间隔不远，能否把烟气集中到吸附塔中在一个装置上进行处理呢？经过分析，该方法存在以下问题：（1）每一种工序产生的烟气中污染物的含量不同，多工序的烟气合并之后，对于污染物含量小的烟气经过混合后，污染物含量增加，反而会增加吸附塔的处理负荷；（2）往往不同工序有不同的生产制度和烟气排放参数，如果简单把不同工况烟气集中在一个末端净化吸附装置中，流场会产生相互干扰，可能会影响主工艺的生产稳定性或影响末端净化装置的稳定运行和安全性；（3）国家和行业对于各种工序产生的烟气的排放标准不同，例如在《关于推进实施钢铁行业超低排放的意见》中要求焦化工序烟气的排放标准（标态）为二氧化硫含量低于 $30mg/m^3$、氮氧化物含量低于 $150mg/m^3$，但是对于烧结工序，排放标准为二氧化硫含量低于 $35mg/m^3$、氮氧化物含量低于 $50mg/m^3$。因此，不同工序产生的烟气，经过活性炭吸附塔处理后的排放烟气的污染物排放标准不同，如果将多工序的烟气合并之后，通过活性炭吸附塔进行净化处理，处理后的排放的烟气中污染物的含量相同，如果以所有工序烟气排放标准中的最低标准排放，显然不符合排放标准；如果以所有工序烟气排放标准中的最高标准排放，则增加了运行成本。

针对上述分析中存在的问题，开发了烟气集中—分别吸附—集中解吸活性炭法（FRC-AC）整体解决方案，即：将多种工况产生的烟气通过烟气输送管道集中到由多个独立吸附单元组成的集成吸附塔和一个解吸塔的净化处理系统，每一处工况产生的烟气分别独立的经过独立的活性炭吸附单元或单元组组成的吸附塔处理，然后将处理完的烟气各自独立排放；多个活性炭吸附塔中吸附了污染物的活性炭通过一个解吸塔进行活性炭的解吸和活化，然后再输送至各个活性炭吸附塔进行循环使用[9]。

如图5-22所示，多工序集成吸附塔包括多个吸附单元或吸附单元组。各吸附单元或吸附单元组是完全独立的吸附系统，其进出口烟气系统、喷氨系统、装料和排料系统彼此相邻而不相通。可以根据不同工序要求和烟气条件，采用不同的运行参数来实现多污染物的高效脱除，实现适应各工序烟气污染物含量不同、

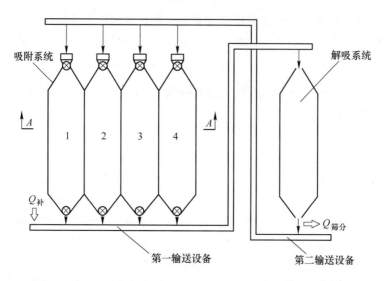

图 5-22　烟气集中—分别吸附—集中解吸活性炭法（FRC-AC）系统结构示意图

排放标准不同的问题。但负载污染物的输送系统、解吸系统、活化后活性炭的输送系统则共用一套。

　　上述系统能够单独处理各个工况产生的烟气，然后统一解吸活性炭，大大减少了解吸塔的投入，节约设备资源，减小企业的管理难度，同时提高了解吸塔的利用率和工作效率。

5.4.2.2　系统组成及关键技术

A　系统组成

　　如图 5-22 所示，该系统包括：多工序集成塔、解吸塔、第一活性炭输送设备、第二活性炭输送设备、烟气输送管道。集成塔包括多个独立的活性炭吸附单元或单元组组成的吸附塔，多个独立的活性炭吸附塔并联设置。每一个独立的活性炭吸附单元或单元组的顶部设有进料口，底部设有出料口。所有活性炭吸附单元或单元组的出料口通过第一活性炭输送设备连接至解吸塔的进料口。解吸塔的出料口通过第二活性炭输送设备连接至每一个活性炭吸附单元或单元组的进料口。多工况烟气中每一处工况产生的烟气分别独立的通过烟气输送管道连接至一个或多个独立的活性炭吸附单元或单元组的进气口。

　　该系统还包括排气管道、烟囱。每一个活性炭吸附塔的出气口均连接有排气管道。排气管道可以独立排放，也可以合并之后连接至烟囱，统一排放。

B　关键控制技术

　　多工况烟气集中—独立吸附—集中解吸净化处理方法，包括以下步骤：

（1）烟气处理系统中的集成塔是由 n 个活性炭吸附单元或单元组组成的吸附塔，n 个活性炭吸附单元或单元组彼此独立并且并联设置，每个吸附塔根据工况条件设 h 个吸附单元，$i \leqslant h$。

（2）i 处工况产生烟气，通过烟气输送管道输送至 i 个活性炭吸附塔，活性炭吸附单元或单元组对各自连接的烟气输送管道输送的烟气进行吸附处理，经过活性炭吸附单元或单元组处理的烟气从活性炭吸附塔的出气口排放。

（3）每一个活性炭吸附单元或单元组内对烟气吸附后的活性炭从出料口通过第一活性炭输送设备输送至解吸塔；吸附后的活性炭在解吸塔内完成解吸活化，然后从解吸塔的出料口排出，再通过第二活性炭输送设备输送至每一个活性炭吸附单元或单元组的进料口。

设工况总数为 m，n 为独立吸附塔的个数，则 $n \leqslant m$。但不排除工况条件完全一致的烟气可以直接集中到一处处理。

其中：n 为 2～10，优选为 3～6。

n 个活性炭吸附塔出气口排放的经过处理的烟气通过 j 个烟囱排放；其中，$1 \leqslant j \leqslant n$。

步骤（3）具体为：h 个活性炭吸附单元处理一处工况的烟气，检测该工况产生的烟气中污染物的含量、该工况处产生烟气的流量，得到该工况产生烟气中污染物的流量。

根据该工况产生烟气中污染物的流量，确定处理该工况产生烟气的活性炭的循环量。

根据烟气流量及烟气中污染物含量，按照式（5-9）和式（5-10），计算得到烟气中污染物的流量：

$$Q_{Si} = \frac{V_i \times C_{Si}}{10^6} \tag{5-9}$$

$$Q_{Ni} = \frac{V_i \times C_{Ni}}{10^6} \tag{5-10}$$

式中　Q_{Si}——i 工况处产生的烟气中污染物 SO_2 的流量，kg/h；

　　　C_{Si}——i 工况处产生的烟气中污染物 SO_2 的含量（标态），mg/m^3；

　　　Q_{Ni}——i 工况处产生的烟气中污染物 NO_x 的流量，kg/h；

　　　C_{Ni}——i 工况处产生的烟气中污染物 NO_x 的含量（标态），mg/m^3；

　　　V_i——i 工况处产生的烟气流量（标态），m^3/h；

　　　i——工况的序号，$i = 1 \sim n$。

根据所述烟气中污染物的流量，按照下式，确定处理该工况产生烟气的每一个活性炭吸附单元内活性炭的循环量：

$$Q_{Xi} = \frac{K_1 \times Q_{Si} + K_2 \times Q_{Ni}}{h_i} \tag{5-11}$$

式中　Q_{Xi}——处理 i 工况产生烟气的每一个活性炭吸附塔内活性炭的循环量，kg/h；

　　　　h_i——处理 i 工况产生烟气的活性炭吸附单元个数；

　K_1，K_2——常数。

在本方案中，解吸塔内活性炭的循环量为（第一输送设备的输送量）：

$$Q_X = \sum_{i=1}^{n} Q_{Xi} \times h_i + Q_{补} \tag{5-12}$$

式中　Q_X——解吸塔内活性炭的循环量，kg/h；

　　　$Q_{补}$——解吸塔内额外补充的活性炭的循环量，kg/h。

根据处理 i 工况产生烟气的每一个活性炭吸附单元的流量，控制第二活性炭输送设备输送至处理 i 工况的每一个活性炭吸附单元或单元组内活性炭的循环量为 Q_{Xi}。

根据处理 i 工况产生烟气的每一个活性炭吸附单元或单元组内活性炭的循环量，确定处理该工况下烟气中每一个活性炭吸附单元或单元组的进料装置和排料装置的流量。

按照下式，确定处理 i 工况产生烟气的每一个活性炭吸附单元的进料装置及排料装置的流量：

$$Q_{i进} = Q_{i排} = Q_{Xi} \times j \tag{5-13}$$

式中　$Q_{i进}$——处理 i 工况产生烟气的每一个活性炭吸附单元的进料装置的流量，kg/h；

　　　$Q_{i排}$——处理 i 工况产生烟气的每一个活性炭吸附单元的排料装置的流量，kg/h；

　　　　j——调节常数，j 为 0.8~1.2，优选为 0.9~1.1，更优选为 0.95~1.05。

5.5　小结

（1）钢铁全流程各工序排放的烟气工艺参数差异较大，但大部分工序烟气污染物成分主要为粉尘、SO_x、NO_x、二噁英及其他有机污染物。活性炭吸附法是各工序烟气多污染物深度协同净化比较理想的方法。

（2）钢铁全流程各工序烟气污染物的浓度差异大、排放标准各不相同，各工序对末端烟气治理与主工艺的适应性要求也各不相同，且往往在空间位置上有一定距离。盲目把烟气集中处理或分别建立独立烟气净化装置都不是最合理、最经济的解决方案。

（3）分散吸附—集中解吸活性炭法（DC-AC）整体解决方案和烟气集中—

分别吸附—集中解吸活性炭法（FRC-AC）整体解决方案提供了两种可供选择的解决思路。能经济合理的解决钢铁全流程各工序废气浓度、排放标准不同时的超低排放问题。

参 考 文 献

[1] 王珲. 钢铁企业大气污染物产排源分析［A］. 宝钢学术年会［C］, 2015.

[2] 钢铁行业焦化工艺污染防治最佳可行技术指南. 环境保护部, 2010.12.

[3] 钢铁行业烧结、球团工艺污染防治最佳可行技术指南. 环境保护部, 2010.12.

[4] 王仲旭. 高炉炼铁产污节点及现场环境监管要点分析［J］. 产业与科技论坛, 2016, 15（24）: 66~68.

[5] 钢铁行业炼钢工艺污染防治最佳可行技术指南. 环境保护部, 2010.12.

[6] 钢铁行业轧钢工艺污染防治最佳可行技术指南. 环境保护部, 2010.12.

[7] 吴声浩.《钢铁工业污染物排放系列标准》解读［J］. 工业安全与环保, 2013, 39（7）: 54~55.

[8] 叶恒棣, 刘雁飞, 魏进超, 等. 一种涉及多工序的烟气净化系统及其控制方法［P］. 中国: 201810085307.4, 2018.

[9] 叶恒棣, 刘昌齐, 魏进超. 一种多工况烟气集中独立净化处理系统及其控制方法［P］. CN201810443132.X, 2018.

6　工程应用

数字资源 6

6.1　降低烧结系统漏风技术工程应用

6.1.1　日本住友金属和歌山烧结机工程应用

6.1.1.1　工程概况

　　中冶长天承建的日本住友金属（现已与新日铁合并）和歌山钢铁厂185m² 烧结机项目（见图6-1），是中国第一次通过竞标向发达国家成套出口中国冶金成套设备的项目。项目中烧结机有效烧结面积 185m²，正常情况下处理量（含铺底料）520t/h，最大处理量达到700t/h，台车栏板高720mm，宽3.7m，台车上料层总厚约为700mm，（包括50mm 铺底料），台车运行速度为 0.85~2.55m/min 可调，正常运行速度为 1.6m/min。烧结机配套一台主抽风机，负压为 19kPa，流量为 17500m³/min。

图 6-1　日本住友金属和歌山钢铁厂烧结工程实景

6.1.1.2　技术方案

A　降低料层阻力技术方案

a　选择性强化制粒工艺

和歌山烧结厂将烧结原料进行筛分处理，粗粒原料用两个圆筒混合机进行混合制粒，细颗粒原料则用爱立许立式强力混合机进行混合，再使用圆盘制粒机进行制粒，最终将两种原料通过皮带转运混合送至烧结机，细颗粒混匀制粒的处理能力为150t/h。由于使用了立式强力混合机，原料混合均匀度提高，制粒效果增强，使得烧结原料透气性增加10%，从而将烧结速度提高了10%~12%，相应的烧结机生产能力也提高了8%~10%。

b　圆筒强化混匀制粒技术

由于场地狭窄，只能因地制宜缩短流程，通过改变圆筒混合机的结构和参数来强化混匀和制粒。首次设计了一、二混嵌套联结结构，即一次圆筒混合机与二次圆筒混合机首尾直接衔接，但两者又具有不同的运行参数、结构参数及不同功能（见表6-1），同时两者衔接处不漏料、不漏气。混合机采用变频调速，并设计了新型结构的刮板装置和衬板装置，进一步保证混匀、制粒效果。

表6-1　圆筒混合机参数

混合机	处理能力/t·h^{-1}	规格 $\phi \times L$/m	倾角/(°)	转速/r·min^{-1}	填充率/%
一混	800	4.3×11	2	6~9	14
二混	800	5.1×26	1.8	4.73~6.62	13

c　偏析布料技术

烧结机布料系统采用圆辊给料机与条筛式筛分相结合的偏析布料技术。条筛式偏析布料装置如图6-2所示，采用若干线状构件不锈钢沿台车宽度方向绷紧，

图6-2　条筛式偏析布料装置

相邻构件间留有一定缝隙，排列成带有缝隙的溜槽，小粒度混合料从缝隙中下落，大粒度混合料则无法穿过缝隙，只能被线状构件弹起并沿溜槽滚动落下，使得不同粒度的混合料在台车上的落点不同且相对固定，从而在运动的台车上形成下层物料粒度较大、上层物料粒度较小的偏析料层。

B　烧结机密封技术方案

a　负压吸附式头、尾密封技术

这是负压吸附式头、尾密封技术的首次应用。该技术装置示意图如图6-3所示，在横跨一个风箱长度的密封面上设置一盖板，盖板采用一块整板制成，消除了分块密封体之间的漏风。为了便于更换，盖板顶面铺有若干小块的耐磨衬板，衬板间有间隙，但间隙在烧结机的运行方向不贯通，就像古代武士的铠甲，即耐磨又能保证弹性板必要的弹性变形来补偿台车有变形时需要避让的变形量，从而减少漏风。两侧端部则采取刀片式衬板，与侧板上的衬板交互配合构成机械迷宫密封，在盖板内侧铺有不锈钢布柔性密封件，在负压作用下，吸附于内壁上，有效地阻隔了配合面间的漏风。端部也设有不锈钢布柔密封件，其上部与盖板连接，下部与风箱横梁下沿连接，在负压作用下，柔性不锈钢布与风箱横梁密封面紧密贴合。盖板在台车压力作用下带动端部密封板由支撑辊引导而上下移动，内侧铺有柔性密封件，有效减少贴合面的漏风。

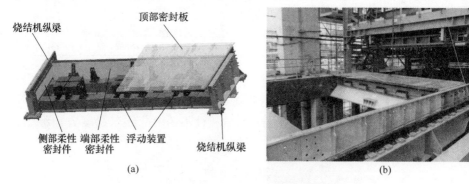

图6-3　负压吸附式头、尾密封装置

（a）负压吸附式密封装置三维模型；（b）负压吸附式密封装置现场安装

b　台车密封技术

台车车体采用含钼合金材质，改善了车体的高温稳定性，强化结构强度；台车栏板加强筋采用网格状的布置方式，使栏板受热时热应力分布均匀、合理，有效防止栏板开裂；台车滑道采用板弹簧柔性密封技术，减少侧部漏风。

c　双层卸灰阀密封技术

设计和采用了独立气密封双层卸灰阀，密封阀门上设有两圈与密封环配合的锥面，分别形成气体、固体颗粒的密封，双层阀门形成四道密封，使其能长时间保持良好的密封性，且密封阀门关闭时产生的冲击力小，工作平稳。

d　其他密封技术

（1）风箱及管道采用双胞弯管防磨技术；

（2）头尾星轮齿板采用星轮齿板齿形修正技术。

C　精细化管理

安装过程精益求精，上道工序不合格绝不实施下道工序，进而保证前述技术措施有效实施。

6.1.1.3　技术效果

和歌山185m²烧结机交付使用后，日方业主采用静态流量测定法对烧结机漏风率进行了测试。经测定，漏风率仅16.75%，是目前世界上烧结机漏风率最低纪录。由于烧结机漏风率低，从而大大降低了烧结电耗，同时减少大烟道烟气排放量，为此，业主特意发来感谢信，赞扬中冶长天在烧结机综合密封技术上的成就（图6-4）。

图6-4　日本业主的感谢信

6.1.2　宝钢湛江烧结机工程应用

6.1.2.1　工程概况

宝钢湛江钢铁基地是宝钢"二次创业"的核心项目（见图6-5），作为新时期的钢铁企业，致力于打造"全球排放最少、资源利用效率最高、企业与社会资源循环共享"的绿色梦工厂。中冶长天凭借强大的技术研发、设计、成套装备制造及系统技术集成能力，承担了2台550m²烧结机的建设任务，并实现了设计、技术与核心装备制造的深度融合和产业链全覆盖。

该项目烧结机有效烧结面积为550m²，正常情况下处理量（含铺底料）为

1337t/h，最大处理量达到 1800t/h，台车栏板高 800mm，并在设计上预留了 150mm 的升高空间，台车宽 5m，料层厚度约为 800mm（包括 20~40mm 铺底料），台车运行速度为 1.5~4.5m/min 可调，正常运行速度为 3.09m/min。烧结机配套两台主抽风机，额定工况下风门开度为 50%，负压为 17.8kPa，流量为 25000m³/min。

图 6-5　宝钢湛江烧结工程实景

6.1.2.2　技术方案

为了贯彻烧结高产、优质、低耗的目标，宝钢湛江烧结机系统在降低料层阻力和系统漏风率方面所采用的技术方案如下。

A　降低料层阻力技术方案

a　圆筒强化制粒技术

采取两段圆筒混合制粒工艺（见图 6-6），通过优化圆筒混合机参数（见表 6-2）、结构及圆筒内部内衬，延长混合制粒时间，强化圆筒制粒效果，降低料层阻力，提高料层透气性。

表 6-2　圆筒混合机参数

混合机	处理能力/t·h⁻¹	规格 φ×L/m	倾角/(°)	转速/r·min⁻¹	填充率/%
一混	1270	5×18	2.2	5.8	10.43~12.483
二混	1270	5.1×27	2	6.17	10.456~12.54

图 6-6　圆筒混合机

b　偏析布料技术

经过配料混匀后的混合料由圆辊给料机及十一辊布料器均匀地铺在台车上，实现粒度和燃料偏析，同时在十一辊布料器下增加透气棒，提高烧结料层的透气性，降低料层阻力（见图 6-7 和表 6-3）。

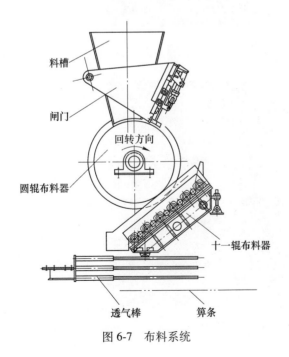

图 6-7　布料系统

表 6-3　十一辊布料器参数

辊子直径	ϕ160mm
辊子间距	165mm
辊子间隙	5mm
辊子转速	8.3~25r/min（可调）
额定功率	11×2.2kW
整体倾斜角度	40°（可调）

　　c　低阻箅条技术

　　改进烧结机台车箅条结构，如图6-8所示，增加透风面积，降低阻力。

　　B　烧结机密封技术方案

　　宝钢湛江烧结机采用了低漏风率的综合密封技术来减少漏风（见图6-9和图6-10），包括负压吸附式端部密封技术、板弹簧柔性滑道密封技术、重力自适应台车栏板密封技术、星轮齿板齿形修正技术、易检修式弯管耐磨技术、气动刀口式平板双层阀技术。

图6-8　低阻箅条

图6-9　压吸附式端部密封

图6-10　齿形修正齿板

6.1.2.3 技术效果

2016 年 11 月，宝钢湛江和中冶长天联合委托具有检测资质的中南大学能源环境检测与评估中心，采用烧结机漏风静态流量测定方法对 550m² 烧结机进行了漏风检测。

A 测试方案

宝钢湛江 550m² 烧结机共有 28 组风箱，两个排气管分别配置一台主抽风机，风箱支管上部同风箱相接，下部插入主排气管道。根据烧结机漏风静态流量测定方法原理，第一步，调整某一台车下方主梁对准下方风箱分隔板，用密封塑料和蛇皮纤维布将全部台车透风面密封，但敞开 W16、W17、W18、W19 风箱上的台车（见图 6-11），此时启动主抽风机，从小到大方向调整风

图 6-11 静态流量测试

门开度，直到主抽风机达到额定负压 17.8kPa，并通过烟气分析仪测量主排烟道和支管的气态参数（静压、动压、当地大气压、温度、流速）；第二步，负载测试烧结机本体总排出烟气量和主抽风机总抽出烟气量。

a 测点布局

根据烧结机结构漏风测点布局如图 6-12 所示。在主抽风机 1 和主抽风机 2 入口管道设置检测孔，编号 1 号、2 号；在大烟道 1 和大烟道 2 出口管道上设置检

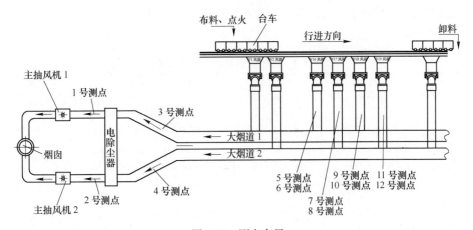

图 6-12 测点布局

测孔，编号 3 号、4 号；在 W16~W19 四个风箱支管上设置检测孔，每个风箱对应左支管、右支管，风箱 W16 测点编号为 5 号、6 号，风箱 W17 测点编号为 7 号、8 号；风箱 W18 测点编号为 9 号、10 号，风箱 W19 测点编号为 11 号、12 号。

　　b　管道内测点布局

　　主抽风机风管、大烟道、风箱支管均为圆形截面管道，考虑管道内流速从中心向管内壁呈递减规律分布，在管道内不同半径处设置 3 个测量深度点（见图 6-13），依次为测量深度 1、测量深度 2、测量深度 3（靠近管壁），三个测点组成四个环面，分别为环面 1（圆心—测量深度 1）、环面 2（测量深度 1—测量深度 2）、环面 3（测量深度 2—测量深度 3）、环面 4（测量深度 3—内壁面）。

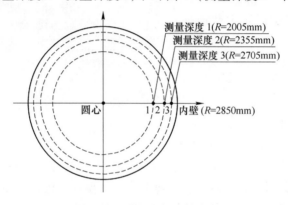

图 6-13　圆形截面测点位置

B　测试数据

a　烧结机台车空载静态密封测试数据

　　空载静态测试只测试烧结机设备本体，即 W16、W17、W18、W19 风箱支管以及大烟道 1、大烟道 2 上测点气态参数，并求得相应状态下管道的标况风量，如表 6-4 所示。

表 6-4　烧结机空载测试测点风量

项　目	大烟道 1 上 3 号测点	大烟道 2 上 4 号测点	W16 风箱支管 5 号测点	W16 风箱支管 6 号测点	W17 风箱支管 7 号测点
标况流量 /$m^3 \cdot h^{-1}$	570978. 26	590333. 21	114386. 88	118410. 71	114855. 76

项　目	W17 主排烟道 8 号测点	W18 主排烟道 9 号测点	W18 风箱支管 10 号测点	W19 风箱支管 11 号测点	W19 风箱支管 12 号测点
标况流量 /$m^3 \cdot h^{-1}$	119284. 76	112834. 71	116927. 63	111702. 39	116541. 61

b　烧结机台车负载动态测试数据

负载测试只测试电除尘设备输入管道与输出管道上的风量，即主抽风机 1 和主抽风机 2（电除尘输出管道）以及烧结机大烟道 1 和大烟道 2（电除尘输入管道）的气态参数，并求得相应状态下管道的标况风量，如表 6-5 所示。

表 6-5　烧结机设备负载测试和计算数据

项　目	主抽风机 1 上 1 号测点	主抽风机 2 上 2 号测点	大烟道 1 上 3 号测点	大烟道 2 上 4 号测点
标况流量 /m³·h⁻¹	680135.35	704573.85	663169.3219	680534.844

C　测试结论

a　烧结设备漏风率计算

烧结机本体漏风量 $Q_{本体漏}$（m³/h）为：

$$Q_{本体漏} = Q_{大烟道1} + Q_{大烟道2} - (Q_{W16风箱} + Q_{W17风箱} + Q_{W18风箱} + Q_{W19风箱})$$
$$= 570978.26 + 590333.21 - (114386.88 + 118410.71 +$$
$$114855.76 + 119284.76 + 112834.71 + 116927.63 +$$
$$111702.39 + 116541.61) \approx 236367 \tag{6-1}$$

当烧结机台车额定负载运行时，大烟道的总风量 $Q_{本体}$（m³/h）为：

$$Q_{本体} = Q_{大烟道1} + Q_{大烟道2} = 663169.3219 + 680534.844$$
$$\approx 1343704 \tag{6-2}$$

此时，烧结机设备本体漏风率为：

$$\eta_{本体} = \frac{Q_{本体漏}}{Q_{本体}} \times 100\% = \frac{236367}{1343704} \times 100\% = 17.59\% \tag{6-3}$$

当烧结机台车额定负载运行时，主抽风机的总风量 $Q_{总}$（m³/h）为：

$$Q_{总} = Q_{主抽风机1} + Q_{主抽风机2} = 680135.35 + 704573.85$$
$$\approx 1384709 \tag{6-4}$$

电除尘设备漏风量 $Q_{除尘系统漏}$（m³/h）：

$$Q_{除尘系统漏} = Q_{总} - Q_{本体} = 1384709 - 1343704 = 41005 \tag{6-5}$$

则电除尘器漏风率为：

$$\eta_{除尘} = \frac{Q_{除尘系统漏}}{Q_{总}} \times 100\% = \frac{41005}{1384709} \times 100\% = 2.96\% \tag{6-6}$$

烧结机系统总漏风率为：

$$\eta_{系统} = \frac{Q_{本体漏} + \Delta Q_{除尘系统漏}}{Q_{总}} \times 100\% = 20.03\% \tag{6-7}$$

b　结论

经测定，当烧结系统主抽风机在额定负载（-17.8kPa）左右工作时，烧结机本体的漏风率为17.59%，电除尘设备漏风率为2.96%，烧结系统总漏风率为20.03%（见检测报告图6-14），远低于传统密封技术的漏风率，达到国际先进水平，节能减排效果显著，为宝钢践行"湛江蓝"提供了重要支撑。

中南大学能源环境检测与评估中心
检验报告

2014180716Z
有效期至2017年1月

共 16 页第 1 页

产（样）品名称		2#烧结机	规格型号		550m²	
			设备编号		/	
委托单位	名称	宝钢湛江钢铁有限公司	检验类别		委托检验	
	地址	广东省湛江市东海岛	抽样日期		/	
生产单位	名称	长沙中冶长天国际工程有限责任公司	到样日期		/	
	地址	湖南省长沙市	抽（送）样者		/	
抽样地点		/	样品批号		/	
			检验环境	温度	32℃	
				相对湿度	71%	
			检验日期		2016-6-18&2016-10-29	
检验依据		风机机组与管网系统节能监测 GB/T15913-2009；烟道式余热锅炉热工实验方法 GB/T-10863-2011；				
检测项目		漏风率	主要检验仪器设备		TH-880	
检测结果		烧结系统总漏风率	单一设备漏风率			
			电除尘设备		烧结机本体	
		20.03%	2.96%		17.59%	
检验结论		（1）当烧结系统主抽风机在额定负载（-18KPa）左右工作时，烧结系统总漏风率为20.03%，其中：电除尘段漏风率占比为2.96%，烧结机本体漏风率占比为17.07%。 （2）当烧结系统主抽风机在额定负载（-18KPa）左右工作时，单一设备漏风率为：电除尘设备2.96%，烧结机本体17.59%。 签发日期：2016 年 11 月 3 日				
备注						

图 6-14　宝钢湛江烧结机漏风检测报告

6.2 燃气喷吹清洁烧结技术工程应用

6.2.1 工程概况

2016 年 6 月，由中冶长天开发的燃气喷吹清洁烧结技术在宝武集团韶关松山钢铁股份有限公司（以下简称韶钢）5 号烧结机（400m²）上成功投运。通过调试与优化，现场燃气喷吹量达到工况允许最佳范围值，气焦置换率可达 1∶1.7（即每喷入 1m³ 煤气，可减少配碳 1.7kg/t₋ₛ），且运行稳定安全，无煤气着火和严重逃逸的事件发生，其安全性、稳定性和效益性得到了韶钢业主的认可，现已立项将其移植至 6 号烧结机。

6.2.2 技术方案

韶钢 5 号烧结机（400m²）上料量为 810t/h，成品矿产量为 520t/h，烧结台车料层厚度为 710mm，台车机速为 1.91m/min，台车宽度为 4.5m，几种物料配比如表 6-6 所示。

表 6-6 韶钢 5 号烧结机几种物料配比

序 号	矿 种	原料配比/%
1	巴西粗粉	25.5
2	伊朗精粉	3.3
3	PB 澳粉	20
4	宾利粉	12
5	郴州高硅精粉	3.2
6	怀集低硅精粉	7.5
7	筛下粉	10
8	渣铁混合粉	2.5
9	外购氧化铁皮	1.5
10	高炉瓦斯灰	1.5
11	烧结返矿	13
合 计		100

该技术工程应用现场如图 6-15 所示。在烧结机点火炉后部一定范围的台车上部安装喷吹稳流罩，并在罩内设置多排开有一定角度一定孔径喷孔的煤气喷吹管。煤气喷吹装置分为五段，分别对应烧结机的若干个风箱。为确保生产时喷吹罩内的流场稳定有序及喷吹至料面上方的燃气浓度值均匀合理，避免韶关地区较大的海风对烧结流场过大的影响，在喷吹罩顶部设计安装了百叶窗式稳流导流装置，在空气进入喷吹罩时起到稳流、导流的效果。为降低环境侧风对罩内流场的影响，提高燃气喷吹装置的稳定性，设计为一种半渗透多层排布式防侧风装置。

图 6-15　燃气喷吹技术韶钢现场应用实景

6.2.3　技术效果

6.2.3.1　节能效果

在韶钢 5 号机（400m² 烧结机）料种和工况条件下，燃气喷吹清洁烧结技术的节能效益分析如表 6-7 所示。数据表明：平均每喷入 1m³ 焦炉煤气，可减少烧结焦粉用量 1.4~1.7kg，提高成品率 0.2%~0.3% 左右。经计算：该技术产生的吨经济效益为 0.809 元，年度经济效益约为 300 余万元。此外，在节能指标方面，喷入的煤气与节省的焦粉的热量置换率可达 2.8，节能效果非常明显。

6.2.3.2　减排效果

燃气喷吹清洁烧结技术的减排效益分析如表 6-7 所示，对比技术应用前后的 SO_2、NO_x、CO_2 排放量可知：燃气喷吹清洁烧结技术可实现每立方米烧结烟气中 SO_2 生成量减少 145mg、NO_x 生成量减少 35mg，烟气中 CO_2 的含量降低 0.29%。

表 6-7　减排经济效益分析表

项　目	$SO_2/mg \cdot m^{-3}$	$NO_x/mg \cdot m^{-3}$	$CO_2/\%$
改造前	2462	308	14.612
改造后	2317	273	14.322
前后比对	-145	-35	-0.29

6.2.3.3　提质效果

燃气喷吹清洁烧结技术带来的提质效益分析如表 6-8 所示。对比技术应用前后的 SO_2、NO_x、CO_2 排放量可知：技术改造后，韶钢烧结矿的转鼓强度增加

0.15%，筛分指数增加 0.12%，烧结矿中 FeO 的含量降低 0.03%，烧结矿的强度和还原性有一定程度的提高；5~10mm 粒径的烧结矿比例降低 1.46%；40mm 粒径的烧结矿比例降低了 3.11%，烧结矿的平均粒径增加 0.53%，减少了烧结矿的返矿率。

表 6-8 提质效益分析表

项 目	转鼓强度 /%	筛分指数 /%	5~10mm /%	大于 40mm /%	平均粒径 /mm	$w(\text{FeO})$ /%
改造前	76.89	4.79	17.36	14.93	21.83	8.84
改造后	77.04	4.91	15.9	18.04	22.36	8.81
前后比对	+0.15	+0.12	−1.46	+3.11	+0.53	−0.03

6.3 活性炭法（单级）烟气净化技术工业应用

6.3.1 工程概况

为了实现把宝钢湛江建设成为绿色钢铁"梦"工厂的目标，在中冶长天与宝钢共同研究并进行中试的基础上，确定采用"活性炭法烟气净化技术"，对一、二烧结工程两台 550m² 烧结机的烧结烟气进行深度净化处理，同时脱除 SO_2、NO_x、二噁英、重金属及粉尘等多种污染物，并回收硫资源制得浓硫酸产品。这是基于国家"863"科研计划项目，自主研发的"活性炭法烟气净化技术"技术成果在国内的首次工程应用，具有里程碑式的意义。

6.3.2 技术方案

6.3.2.1 设计参数

单台烧结机烟气净化设计参数如表 6-9 所示。

表 6-9 烧结烟气净化设计参数（单台烧结机）

项 目	单 位	数 值	设计值
主抽铭牌风量	m^3/min	2×25500	—
主抽入口温度	℃	100~150	100
主抽入口负压	Pa	−19000	−19000
折算到标态风量	m^3/h	1793000	—
装置入口温度	℃	110~150	115
装置入口压力	Pa	0~500	0

项　目	单　位	数　值	设计值
SO_2浓度	mg/m³	300～1000	600
NO_x浓度	mg/m³	100～500	450
粉尘浓度	mg/m³	～50	50
二噁英当量浓度	ng-TEQ/m³	≤6	5
烧结机作业时间	h	8232	—

外排烟气设计目标参数（标态）如下：

（1）烟气中 SO_2 排放浓度：不大于 50mg/m³。

（2）烟气中 NO_x 排放浓度：不大于 150mg/m³。

（3）粉尘排放浓度：不大于 20mg/m³。

（4）二噁英当量排放浓度：不大于 0.5ng-TEQ/m³。

（5）与烧结机同步率不小于 95%。

6.3.2.2　工艺流程

烟气净化系统布置在烧结机主烟囱西侧，烧结烟气经净化后返回主烟囱排放。同时预留"2 级吸附塔"的位置及相关接口，以适应将来更加严格的环保要求。

烧结机机头烟气净化工艺：烟气经过活性炭吸附塔净化后由烧结主烟囱排放，吸附了污染物的活性炭经解吸塔解吸后循环利用，活性炭吸附下来的 SO_2 在解吸再生塔内解吸成为富集 SO_2 烟气，送至制酸工段，生产 98% 硫酸。每台烧结机烟气净化系统处理烟气量 2×2.55 万 m³/min，折算成标态为 180 万 m³/h，处理前二氧化硫浓度（标态）为 600mg/m³（设计值），NO_x 浓度（标态）为 450mg/m³（设计值）；处理后 SO_2 浓度（标态）不大于 50mg/m³，NO_x 浓度（标态）不大于 150mg/m³；与烧结机同步率不小于 95%；年减排 SO_2 = 2×7744t，减排 NO_x = 2×4224t，年生产副产物硫酸（浓度 98%）约 2.3 万吨。

如图 6-16 所示，活性炭烟气净化工艺主要由烟气系统、吸附系统、解吸系统、活性炭输送系统、活性炭卸料存储系统组成，辅助系统有供氨系统、制酸系统等。

烟气由增压风机引入吸附塔，吸附塔入口前喷入氨气，烟气依次经过吸附塔的前、中、后三个通道，烟气中的污染物被活性炭层吸附或催化反应生成无害物质，净化后的烟气进入烧结主烟囱排放。活性炭由塔顶加入吸附塔中，并在重力和塔底出料装置的作用下向下移动。吸附了 SO_2、NO_x、二噁英、重金属及粉尘等的活性炭经输送装置送往解吸塔。

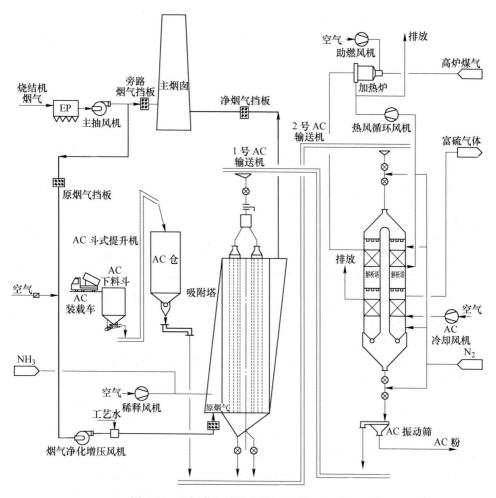

图 6-16 宝钢湛江活性炭单级吸附工艺流程图

本烟气净化系统预留"2级吸附塔"场地及接口，以便适应将来更加严格的 NO_x 排放要求。

解吸塔的作用是恢复活性炭的活性，同时释放或分解有害物质。在解吸塔内 SO_2 被高温解吸释放出来，NO_x 在解吸塔内与氨气进行氧化还原反应，生成无害的 N_2 与 H_2O，同时在适宜的温度下，二噁英在活性炭内的催化剂的作用下将苯环间的氧基破坏，使之发生结构转变裂解为无害物质。解吸后的活性炭经解吸塔底端的振动筛筛分，大颗粒活性炭落入输送机输送至吸附塔循环利用，小颗粒活性炭粉送入粉仓，用罐车运输至高炉系统作为燃料使用。

宝钢湛江 2 台 $550m^2$ 烧结机烟气净化系统相对独立，其中烟气系统、吸附系统、解吸系统、活性炭输送系统独立设置，氨区、制酸系统、废水处理系统等辅助系统由 2 台烧结机共用。为叙述方便，所描述的烟气系统、吸附系统、解吸系统、活性炭输送系统均为单台烧结机的配置，另外一台烧结机配置相同或相似。

6.3.2.3　系统组成部分

A　烟气系统

烟气系统是指从烧结机主抽风机后的烟道引出到净化后烟气进入烟囱的整个烟道系统及设备。

每台烧结机设置来自烧结机主抽风机的烟气从与烟囱相连的烟道中引出后，进入吸附塔，净化后的烟气通过烟囱排放。净化系统的风压损失由增压风机克服。增压风机为静叶可调轴流风机，安装在吸附塔前。

为不影响烧结系统运行，整个吸附系统设置有原烟气、净烟气及旁路挡板。在烟气净化系统检修或其他意外情况时，烟气可不通过烟气净化系统，经旁路挡板门至原烧结烟囱排放，此时原烟气挡板与净烟气挡板关闭，不影响烧结系统生产。烟道挡板采用单轴双挡板，并配套有密封空气系统，密封空气系统含挡板密封风机及密封空气加热器。

旁路烟气挡板门为双百叶挡板，当挡板关闭时，在挡板中鼓入密封空气，来隔绝挡板两侧的烟气，使得挡板不漏烟气。

B　吸附系统

吸附塔是整个烟气净化的一个关键设备。SO_2、NO_x、二噁英、重金属及粉尘等污染物的吸附全部在吸附塔内完成。

吸附塔采用分层移动床型吸附塔，烟气垂直于活性炭运动的方向进入吸附塔，分别经过前、中、后三个通道，将有害物质脱除后，经吸附塔出口进入总烟道，经净烟气挡板后由烧结主烟囱排放。

每台烧结机设置 2 套吸附系统，每套吸附系统与烟气系统对应。每套吸附系统由 4 个吸附单元组成。每个吸附单元由三个反应室组成，分别为前、中、后三个通道，在不同的部位设有入口格栅、中间多孔板及出口微格栅。烧结烟气首先通过前室，主要作用是脱硫、除尘、除重金属，进入中室后以脱硫、脱硝为主，最后进入后室脱硝、防止收集烟尘的再飞散。后室内活性炭层的移动速度非常慢，防止活性炭粉二次扬尘。在此过程中，二噁英也被活性炭吸附。每个反应室中活性炭的移动速度由各自的辊式出料器控制。

C　解吸系统

解吸系统主要含解吸段、冷却段、筛分系统等。解吸段与冷却段均为列管换热器。

每台烧结机设置 2 套解吸系统，每套解吸系统与吸附系统对应。每套解吸系统 2 个解吸塔，2 个解吸塔并排布置，每组解吸塔由上至下主要有双层给料阀、进料仓、加热段、冷却段、下料仓、振动筛、粉仓。

在解吸塔上部，解吸塔解吸所需热量由一台热风炉提供，高炉煤气在热风炉内燃烧后，热烟气送入解吸塔的壳程。通过间接换热，吸附了污染物质的活性炭被加热到 400℃ 以上，确保被活性炭吸附的 SO_2 被释放出来，形成富含 SO_2 的气体（SRG），SRG 输送至制酸工段制取 H_2SO_4。被活性炭吸附的二噁英，在活性炭内的催化剂的作用下，高温下将苯环间的氧基破坏，使之发生结构转变裂解为无害物质。

解吸并得到活化后的活性炭进入解吸塔下部的冷却段，进行间接冷却。在冷却段，冷却风机鼓入空气将活性炭的热量带出。活性炭冷却到 120℃ 以下经圆辊给料机定量卸到下料仓，再通过下部双层锁风卸料机送入活性炭振动筛。每组解吸塔对应设置一台冷却风机。

解吸塔出来的活性炭经过活性炭振动筛筛分，将细小活性炭颗粒及粉尘去除，可提高活性炭的吸附能力。筛上物为吸附能力强的活性炭，活性炭通过输送机输送至吸附塔循环利用，筛下物则进入筛下仓，再输送至活性炭粉仓。解吸过程中需要用氮气进行保护，氮气同时作为载体将解吸出来的 SO_2 等有害气体带出。

D 热风炉系统

每台烧结机设有两组解吸塔，每组解吸塔配 1 台热风炉，共 4 台热风炉。热风炉以高炉煤气为燃料，焦炉煤气点火。高炉煤气燃烧量由解吸段的温度控制，系统启动时，由焦炉煤气点火。

E 活性炭输送系统

每套吸附/解吸系统的活性炭输送工作主要由 2 条链斗输送机组成。

活性炭输送机 A：将解吸塔下料活性炭输送至吸附塔塔顶。

其中活性炭输送机 A 为枢轴链斗式多点卸料输送机，B 为固定链斗式输送机，两台活性炭输送机均为"Z"形输送机，"Z"形输送系统是由链条斗式提升机和散料刮板输送机组成。这种设计降低了活性炭的摔损，能够实现活性炭的连续运输，结构紧凑，效率高。

F 活性炭卸料存储系统

在吸附、解吸过程中，活性炭存在化学消耗和物理消耗，为了保证吸附、解吸系统正常活性炭用量，需向系统补充一定量的新鲜活性炭，新鲜活性炭因暴露在大气中时间比较长，可能吸附了水分及其他气体，因此补充的活性炭先经过解吸塔高温活化后再补充进入吸附塔。

G　液氨储存和供应系统

液氨储存和供应系统包括液氨卸料压缩机、液氨储罐、液氨气化器、氨气缓冲罐等。液氨的供应由液氨槽车运送，利用卸料压缩机将液氨从槽车输入到储罐内，储罐将液氨输送至气化器内蒸发为氨气，经氨气缓冲罐送到供氨管道。氨稀释风机鼓入适量空气对氨气进行稀释，混合加热后送到吸收塔进气口喷入。

H　硫酸制备系统

a　系统组成

目前，副产物应用最广泛的是生产浓硫酸，工序主要包括净化工段、干吸工段、转化工段。净化工段主要包括喷淋洗涤和除雾，主要用于去除烟气中的杂质；硫酸干吸工段采用了常规的一级干燥、二次吸收、循环酸泵后冷却的流程，主要用于吸收 SO_3，并生产硫酸；转化工段采用了四段"3+1"式双接触工艺、"Ⅲ、Ⅰ-N、Ⅱ"换热流程，实现 SO_2 的高效氧化。

b　关键控制参数

制酸工艺较为成熟，控制核心为二氧化硫与氧气的物质的量之比，为此，需在烟气进入转化工序前鼓入空气以调控烟气中的氧含量，同时控制烟气的温度。

c　主要工艺指标

（1）产酸量：$2×550m^2$ 烧结机脱硫富集烟气制酸生产 2 万吨/年。

（2）烟气 SO_2 净化率：大于 98.96%。

（3）SO_2 总转化率：大于 99.75%。

（4）SO_3 吸收率：大于 99.95%。

（5）转化系统入口烟气 SO_2 浓度：6.5%~9%。

（6）成品酸浓度：98%。

（7）干燥塔、吸收塔循环酸浓度：干燥塔为 95%；一吸塔为 98%；二吸塔为 98%。

（8）干燥塔、吸收塔循环酸温度：干燥塔为 42℃；一吸塔为 75℃。

6.3.3　技术效果

宝钢湛江两台 $550m^2$ 烧结烟气净化工程取得了良好的技术效果，具备连续稳定运行能力，与主线烧结机的设备同步运转率达到 100%，建成实景如图 6-17 所示。

2016 年 5 月 11 日至 2016 年 6 月 29 日，中国环境科学学会和北京市劳动保护科学研究所会同第三方测试机构——广州京城检测技术有限公司对宝钢湛江"活性炭法烧结烟气净化技术"的性能情况进行了严格的测试，验证测试过程中，采集的废气样品共计 258 个。

图 6-17 宝钢湛江烧结烟气净化工程建成实景

验证评价结果如下：在验证评价测试期间，系统运行平稳，未出现影响工艺正常运行的重大故障，活性炭法烧结烟气净化技术在验证评价期间，可达到以下效果：

（1）按照《钢铁烧结、球团工业大气污染物排放标准》（GB 28662—2012）考核，烟气排放指标：颗粒物、SO$_2$、NO$_x$、氟化物和二噁英的排放浓度满足标准中排放限值要求，结果见表 6-10。

表 6-10 宝钢湛江活性炭法大气污染物测试结果

参考文件	烟气指标	出口浓度	排放限值	达标率/%	平均去除率/%
GB 28662—2012	颗粒物	10.2~19.8mg/m³	40mg/m³	100.00	60.21
	SO$_2$	10.5~19.4mg/m³	180mg/m³		96.23
	NO$_x$	61.5~101mg/m³	300mg/m³		74.18
	氟化物	0.53~1.48mg/m³	4.0mg/m³		29.06
	二噁英	0.24~0.31ng-TEQ/m³	0.5ng-TEQ/m³	—	84.17
—	氨	0.25~1.69mg/m³	—	—	—
—	汞	<0.0025~0.0085mg/m³	—	—	73.55

（2）吸附塔烟气进口污染物浓度在颗粒物 33.5~44.8mg/m³、SO$_2$ 361~429mg/m³、NO$_x$ 257~294mg/m³ 时，出口颗粒物排放浓度不大于 20mg/m³、SO$_2$ 排

放浓度不大于 20mg/m³、NOₓ排放浓度不大于 120mg/m³。

（3）烟气污染物处理效率具有颗粒物去除率不小于 60%、SO₂去除率不小于 96%、NOₓ去除率不小于 74%、氟化物去除率不小于 29%、二噁英去除率不小于 84%、汞去除率不小于 73%的技术性能。

（4）2 套活性炭烟气净化系统的处理能力可以达到 18×10⁵m³/h（标态）。

（5）为期 2 个月内的技术验证期间，活性炭消耗量、电消耗量、煤气消耗量、氨消耗量、氮气消耗量总体变化不大、该技术日均电耗为 104416kW·h；物料的日均用量分别为煤气 14875m³/d、氮气 31272m³/d、氨气 4344kg/d、活性炭 12.60t/d；钢铁烧结机的产能为 687.50t/h，则烧结机烟气采取活性炭治理装置后，每生产 1t 烧结矿，可同时减排颗粒物 0.06kg、SO₂ 1.01kg、NOₓ 0.62kg，所需要的运行成本（不含设备折旧费用）小于 10 元。

（6）硫酸产品品质

富硫气体制备硫酸工艺实物如图 6-18 所示。

副产物成品浓硫酸为透明状黏稠液体，硫酸产品如图 6-19 所示。

图 6-18　富硫气体制备硫酸建成实景图

图 6-19　浓硫酸产品

纯度分析结果由第三方检测提供，具体如表 6-11 所示。

表 6-11 19 硫酸产品检测结果

项 目	$w(H_2SO_4)/\%$	灰分/%	透明度	色度
检测结果	99.1	0.02	62	—
项 目	$w(Fe)/\%$	$w(As)/\%$	$w(Hg)/\%$	$w(Pb)/\%$
检测结果	0.0018	0.0003	0.00065	0.00006

虽然成品酸中含有如 Fe、As、Hg、Pb 等杂质，但对比分析结果与《工业硫酸》（GB/T 534—2014）浓硫酸质量标准限值要求可知，所生产的硫酸产品满足一等品的产品质量要求。

6.4 活性炭法（双级）烟气净化技术工业应用

6.4.1 工程概况

宝钢本部炼铁厂三烧结大修改造工程于 2015 年 1 月开工建设，该项目烧结机主机规格为 600m²，年产 735 万吨烧结矿，2016 年 10 月建成投产。采用了"活性炭烟气净化工艺"进行烟气净化。按当时的环保要求，污染物排放的设计指标为：

（1）烟气中 SO_2 排放浓度（标态）：不大于 50mg/m³。

（2）烟气中 NO_x 排放浓度（标态）：不大于 110mg/m³。

（3）粉尘排放浓度（标态）：不大于 20mg/m³。

（4）二噁英当量排放浓度（标态）：不大于 0.5ng-TEQ/m³。

根据污染物浓度情况和烟气排放要求，该项目采用两级活性炭净化工艺，项目投产后，活性炭烟气净化装置运行指标超过了设计指标。烟气排放可达到超低排放水平。

6.4.2 技术方案

6.4.2.1 设计参数

烧结烟气净化设计参数如表 6-12 所示。

表 6-12 烧结烟气净化设计参数

序号	项目	单位	数值	设计值	备注
1	主抽铭牌风量	m³/min	2×30000	—	主抽风量
2	主抽入口温度	℃	80~250	130	—

序号	项目	单位	数值	设计值	备注
3	主抽入口负压	Pa	−19500	−19500	—
4	折算到标态风量	m^3/h	2×988120	2×988120	—
5	装置入口温度	℃	110~150	135	—
6	装置入口压力	Pa	0~500	0	—
7	SO_2浓度（标态）	mg/m^3	300~1000	600	—
8	NO_x浓度（标态）	mg/m^3	100~500	450	—
9	粉尘浓度（标态）	mg/m^3	~50	50~100	—
10	二噁英当量浓度	$ng\text{-}TEQ/m^3$	≤6	5	—
11	烧结机作业时间	h	8234	—	—

烟气排放设计目标参数如下：

（1）烟气中SO_2排放浓度（标态）：不大于$50mg/m^3$；

（2）烟气中NO_x排放浓度（标态）：不大于$110mg/m^3$；

（3）粉尘排放浓度（标态）：不大于$20mg/m^3$；

（4）二噁英当量排放浓度：不大于$0.5ng\text{-}TEQ/m^3$；

（5）与烧结机同步率不大于95%。

6.4.2.2　工艺流程

如图 6-20 所示，活性炭烟气净化工艺主要由烟气系统、吸附系统、解吸系统、活性炭输送系统、活性炭卸料存储系统组成，辅助系统有制酸系统及废水处理系统等。

烟气由增压风机增压后依次送入 1、2 级吸附塔，每级吸附塔入口前喷入适量氨气，烟气依次经过解吸塔的前、中、后三个通道，烟气中的污染物被活性炭层吸附或催化反应生成无害物质（其中脱硫主要在一级塔完成，脱硝主要在二级塔完成），净化后的烟气进入烧结主烟囱排放。活性炭先经过二级塔完成脱硝作业后，再进入一级塔进行脱硫作业。活性炭由塔顶加入吸附塔中，并在重力和塔底出料装置的作用下向下移动。吸收了SO_2、NO_x、二噁英、重金属及粉尘等的活性炭经输送装置送往解吸塔。

解吸塔的作用是恢复活性炭的活性，同时释放或分解有害物质。在解吸塔内SO_2被高温解吸释放出来，同时在适宜的温度下，二噁英在活性炭内的催化剂的作用下将苯环间的氧基破坏，使之发生结构转变裂解为无害物质。解吸后的活性炭经解吸塔底端的振动筛筛分，大颗粒活性炭落入输送机输送至吸附塔循环利

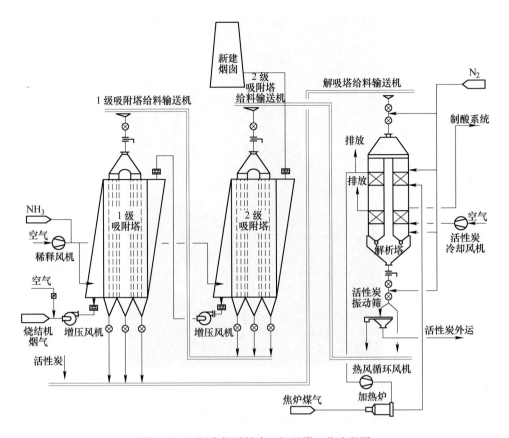

图 6-20 宝钢本部活性炭双级吸附工艺流程图

用，小颗粒活性炭粉送入粉仓，用吸引式罐车运输至高炉系统作为燃料使用。

6.4.3 技术效果

首套两级吸附塔活性炭烟气净化设备在宝钢本部 600m² 烧结机得到了成功应用，装置运行稳定，与主线烧结机的设备同步运转率达到 100%，经第三方检测，烟气出口污染物排放浓度（标态）分别为 SO₂ 小于 10mg/m³，NOₓ 小于 50mg/m³，二噁英不大于 0.05ng-TEQ/m³，粉尘小于 10mg/m³，均低于国家特别排放限值。建成实景图如图 6-21 所示。

2017 年 3 月 2 日至 2017 年 3 月 22 日，上海宝钢工业技术服务有限公司宝钢环境监测站对 3 号烧结大修改造烟气净化设施进行性能考核。

考核内容包括：SO₂ 的脱除率（脱硫效率）、NOₓ 的脱除率（脱硝效率）、烟囱出口的污染物排放（SO₂ 浓度、NOₓ 浓度、粉尘浓度、氨浓度、氟化物浓度、二噁英毒性当量浓度）、烟囱出口的 SO₂、NOₓ、粉尘小时浓度合格率、活性炭消

图 6-21　宝钢本部双级塔建成实景图

耗、氨气消耗、电耗、氮气、高炉煤气、焦炉煤气、蒸汽及工业水的耗量，具体结果如表 6-13 所示。

相关性能保证值：

（1）SO_2 脱除率（最高工况）不小于 95%。

（2）SO_2 排放浓度（最高工况）不大于 50mg/m^3（标态）。

（3）SO_2 小时浓度合格率 100%。

（4）NO_x 脱除率（最高工况）不小于 80%。

（5）NO_x 排放浓度（最高工况）不大于 110mg/m^3（标态）。

（6）NO_x 小时浓度合格率 100%。

（7）二噁英排放毒性当量浓度不大于 0.5ng-TEQ/m^3。

（8）粉尘排放浓度（最高工况）不大于 20mg/m^3（标态）。

（9）粉尘小时浓度合格率 100%。

（10）氟化物排放浓度（最高工况）不大于 4.0mg/m^3（标态）。

（11）氨逃逸率（最高工况）不大于 10mg/m^3（标态）。

（12）活性炭消耗量不大于 0.76t/h。

（13）氨气消耗量不大于 0.6t/h。

（14）电耗不大于 14kW·h/t_-s。

（15）装置与烧结机同步投运率不小于 95%。

表 6-13　宝钢本部活性炭法大气污染物测试结果

序号	项　目	单位	性能保证值	考核结果	评价
1	总脱硫效率	%	≥95	99.9	合格
2	总脱硝效率	%	≥80	91.2	合格
3	烟囱出口 SO_2 排放浓度（标态）	mg/m³	≤50	0.725	合格
4	烟囱出口 NO_x 排放浓度（标态）	mg/m³	≤110	29.1	合格
5	烟囱出口粉尘排放浓度（标态）	mg/m³	≤20	8.29	合格
6	烟囱出口氨逃逸率（标态）	mg/m³	≤10	1.74	合格
7	烟囱出口二噁英毒性当量浓度（标态）	ng-TEQ/m³	≤0.5	0.0484	合格
8	烟囱出口氟化物排放浓度（标态）	mg/m³	≤4.0	≤0.06	合格
9	烟囱出口 SO_2 小时浓度合格率	%	100	100	合格
10	烟囱出口 NO_x 小时浓度合格率	%	100	100	合格
11	烟囱出口粉尘小时浓度合格率	%	100	100	合格
12	（A）脱硫效率	%	≥95	98.4	合格
13	（B）脱硫效率	%	≥95	97.7	合格
14	（A）脱硝效率	%	≥80	85.3	合格
15	（B）脱硝效率	%	≥80	85.3	合格
16	（A）出口氨逃逸率（标态）	mg/m³	≤10	6.26	合格
17	（B）出口氨逃逸率（标态）	mg/m³	≤10	3.56	合格
18	活性炭消耗	t/h	≤0.76	0.732	合格
19	氨气消耗	t/h	≤0.6	0.11	合格
20	电耗	kW·h/t	≤14	8.29	合格
21	氮气（标态）	m³/d	—	55647	—
22	高炉煤气（标态）	×10⁴m³/d	—	21.3	—
23	焦炉煤气（标态）	×10⁴m³/d	—	0.18	—
24	蒸汽量（标态）	m³/d	—	23.6	—
25	工业水	t/d	—	43.3	—
26	与烧结同步作业率	%	≥	≥95	合格
27	系统处理烟气量	%	≥100	—	受烧结机主系统波动影响，不做强制要求

考核结果表明：

宝钢本部炼铁厂三烧结大修改造烟气净化设施的脱硫效率、脱硝效率、烟囱出口的 SO_2 排放浓度、NO_x 排放浓度、粉尘排放浓度、氟化物排放浓度、氨逸逸率、二噁英排放毒性当量浓度、烟囱出口的 SO_2 小时浓度合格率、NO_x 小时浓度合格率、粉尘小时浓度合格率、活性炭消耗量、氨气消耗量、电耗均达到了性能保证值，考核合格。

2017 年 1~3 月正常运行期间，运行成本为每吨烧结矿 10~12 元（不含折旧）、含折旧 14~16 元。

6.5　半干法+SCR 法烟气净化技术工业应用

6.5.1　工程概况

为提高宝钢本部炼铁厂环保水平，实现烧结烟气二氧化硫、氮氧化物、粉尘浓度达标排放，新建的四号烧结机（600m²）。同步建设烟气脱硫装置，脱硫装置采用循环流化床法脱硫（CFB）技术，该烧结机工程与脱硫装置于 2013 年建成投产。为了适应不断提升的环保需要，又在脱硫装置后面建设了一套 SCR 脱硝装置，并于 2016 年建成投产。

6.5.2　技术方案

6.5.2.1　设计参数

宝钢本部四烧结采用了组合式脱硫脱硝技术，即循环流化床（CFB）脱硫装置+SCR 脱硝装置，其设计参数如表 6-14 所示。

表 6-14　组合式脱硫脱硝设计参数（标态）

项目	烟气量 /m³·h⁻¹	烟气温度 /℃	SO₂浓度 /mg·m⁻³	NOₓ浓度 /mg·m⁻³	粉尘浓度 /mg·m⁻³	二噁英 /ng-TEQ·m⁻³
进口	1431000×2	100~170 平均 150	300~1000 平均 500	350~450	60~150	2~6
出口	1431000×2	—	<100	110	<20	≤0.5

6.5.2.2　工艺流程

宝钢本部四烧先采用前置循环流化床（CFB）脱硫，然后再经过中高温 SCR 脱硝工艺脱除 NO_x，技术方案如图 6-22 所示。

A　循环流化床（CFB）工艺流程

循环流化床工艺由吸收塔、脱硫除尘器、脱硫灰循环及排放、吸收剂制备及

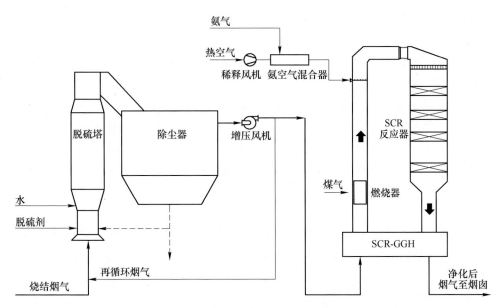

图 6-22 半干法脱硫+SCR 工艺流程

供应、工艺水以及电气仪控系统等组成。

烧结原烟气经增压风机进入脱硫吸收塔底部，与吸收剂、吸附剂、循环副产物预混合，进行初步的脱硫反应。

烟气通过吸收塔底部的文丘里管的加速，进入循环流化床床体，物料在循环流化床里，气固两相由于气流的作用，产生激烈的湍动与混合，充分接触，在上升的过程中，不断形成絮状物向下返回，而絮状物在激烈湍动中又不断解体重新被气流提升，形成类似循环流化床锅炉所特有的内循环颗粒流，使得气固间的滑落速度高达单颗粒滑落速度的数十倍；吸收塔顶部结构的惯性分离进一步强化了絮状物的返回，进一步提高了塔内颗粒的床层密度及钙硫物质的量之比。这样的一种气固两相流机制，通过气固间的混合，极大地强化了气固间的传质与传热，为实现高脱硫率提供了根本的保证。

在文丘里的出口扩管段设一套喷水装置，喷入的雾化水一是增湿颗粒表面，二是使烟温降至高于烟气露点15℃左右，使得 SO_2 与 $Ca(OH)_2$ 的反应转化为可以瞬间完成的离子型反应。吸收剂、循环脱硫灰在文丘里段以上的塔内进行第二步的充分反应，生成副产物 $CaSO_3 \cdot \frac{1}{2}H_2O$，还与 SO_3 反应生成相应的副产物 $CaSO_4 \cdot \frac{1}{2}H_2O$ 等。

无论烧结烟气负荷如何变化，烟气在文丘里以上的塔内流速均保持在 4～

6m/s 之间，为满足脱硫反应的要求，烟气在该段的停留时间至少为 3s 以上，通常设计时间在 8s 左右。烟气在上升过程中，颗粒一部分随烟气被带出吸收塔，一部分因自重重新回流到流化床中，进一步增加了流化床的床层颗粒浓度和延长吸收剂的反应时间。

从化学反应工程的角度看，SO_2 与 $Ca(OH)_2$ 的颗粒在循环流化床中的反应过程是一个外扩散控制的反应过程。SO_2 与 $Ca(OH)_2$ 反应的速度主要取决于 SO_2 在 $Ca(OH)_2$ 颗粒表面的扩散阻力，或说是 $Ca(OH)_2$ 表面气膜厚度。当滑落速度增加时，由于摩擦程度的增加，$Ca(OH)_2$ 颗粒表面的气膜厚度减小，SO_2 进入 $Ca(OH)_2$ 的传质阻力减小，传质速率加快，从而加快 SO_2 与 $Ca(OH)_2$ 颗粒的反应。

只有在循环流化床这种气固两相流动机制下，才具有最大的气固滑落速度。同时，脱硫塔内的气固最大滑落速度是否能在不同的烧结烟气负荷下始终得以保持不变，是衡量一个循环流化床干法脱硫工艺先进与否的一个重要指标，也是一个鉴别干法脱硫能否达到较高脱硫率的一个重要指标。如果滑落速度很小，或只在脱硫塔某个局部具有滑落速度，要达到很高的脱硫率是不可能的。

喷入用于降低烟气温度的水，以激烈湍动的、拥有巨大的表面积的颗粒作为载体，在塔内得到及时的、充分的蒸发，保证了进入后续除尘器中的灰具有良好的流动状态。

由于 SO_3 全部得以去除，烟气露点将大幅度下降，一般从原烟气的 150℃ 左右下降到 60℃ 左右，而排烟温度始终控制设定值左右，因此烟气不需要再加热，同时整个系统也无须任何的防腐处理。

净化后的含尘烟气从吸收塔顶部侧向排出，然后转向向下进入脱硫除尘器。经脱硫除尘器捕集下来的固体颗粒，大部分通过脱硫灰循环系统，返回吸收塔继续参加反应，如此循环可达数百次，多余的少量脱硫灰渣则通过气力输送至脱硫灰仓，再通过罐车或二级输送设备外排。脱硫灰大量循环，脱硫除尘器的入口烟气粉尘浓度（标态）为 $500 \sim 1000 g/m^3$，带有大量脱硫灰的烟气经布袋除尘器进行除尘，净化后的清洁烟气经增压引风机排入烟囱。

塔内生成的脱硫灰的主要成分为 $CaSO_3 \cdot \frac{1}{2} H_2O$、$CaSO_4 \cdot \frac{1}{2} H_2O$、$CaCO_3$、$CaF_2$、$CaCl_2$ 及未反应的 $Ca(OH)_2$ 和杂质等。

a　吸收塔系统

吸收塔是整个脱硫反应的核心。吸收塔为文丘里空塔结构，整个塔体由普通碳钢制成。为建立良好的流化床，预防堵灰，吸收塔内部气流上升处均不设内撑，故称为空塔。由于脱硫系统始终在超过烟气露点温度 10~20℃ 以上运行，加上吸收塔内部强烈的碰撞与湍动，SO_3 基本全部除去。因此，吸收塔内部不需要防腐内衬。

为了建立稳定良好的流化床，需要脱硫灰不断的循环，吸收塔出口粉尘浓度可达 $500 \sim 1000g/m^3$。

吸收塔出口段设有温度、压力检测。用温度控制吸收塔的加水量，用吸收塔的进出口压力降计算出来的床层压降来控制脱硫灰循环量。当压力降增大时可以降低钙与硫的物质的量之比，提高脱硫率。

烟气从吸收塔底部进入吸收塔，烟气方向向上。为了防止吸收塔进口烟气沉降造成的进口烟道积灰，吸收塔底部及转弯处均设有气流分布装置及压缩空气吹扫系统。由于文丘里段的管速最高达 $50m/s$ 以上，经文丘里段加速，流化床内的物料被完全托起，只有非常少量的大颗粒沉降回吸收塔进口烟道，通过进口烟道输灰机排放。

b 脱硫布袋除尘器系统

布袋除尘器系统采用脱硫专用低压回转脉冲布袋除尘器，保证脱硫除尘器出口粉尘浓度（标态）不大于 $20mg/m^3$；脱硫布袋除尘器分为 8 个室，16 个单元。主要由灰斗、烟气室、净气室、进口烟箱、出口烟箱、低压脉冲清灰装置、电控装置、阀门及其他等部分组成。脱硫布袋除尘器系统配有四台清灰风机。

从吸收塔出来的烟气采用上进风方式进入布袋除尘器，其中粗颗粒粉尘利用重力原理直接进入灰斗。整套布袋除尘器系统采用不间断脉冲清灰方式，利用不停回转的清灰臂，对滤袋口，进行脉冲喷吹。

c 脱硫灰循环系统

脱硫除尘器灰斗内的灰大部分通过空气斜槽输送回吸收塔，进行循环利用；一部分物料通过泵外排至脱硫灰库。除尘器后面四个室灰斗内的物料全部循环回至吸收塔，前面四个室灰斗内的物料大部分循环回吸收塔，一部分通过泵外排。脱硫灰循环系统设两条空气斜槽，将脱硫布袋除尘器各灰斗的脱硫灰分别输送回吸收塔，其中根据吸收塔压降信号调节循环流量控制阀开度，从而控制循环灰量。脱硫布袋除尘器灰斗及空气斜槽皆专设风机进行流化，保证脱硫灰具有良好的流动性。

d CFB 装置主要参数

CFB 装置主要参数如表 6-15 所示。

表 6-15 循环流化床装置主要参数

吸收塔				袋式除尘器			
设计压力/kPa	烟气停留时间/s	SO_2脱除率/%	高度/m	进口浓度/mg·m⁻³	出口浓度/mg·m⁻³	进口温度/℃	材料
$-6 \sim 6$	8	>90	~53.5	$800 \sim 1000$	≤20	70	进口 PPS

B 选择性催化还原（SCR）工艺流程

SCR脱硝装置主要包括GGH换热器，加热炉，SCR反应器，喷氨系统等。催化剂采用V/Ti体系催化剂，烧结烟气经脱硫后被引入GGH换热器，与脱硝净烟气换热升温后进入脱硝反应器入口烟道，与加热炉产生的高温烟气混合升温到280℃左右，热烟气与氨-空气混合后进入反应器，在反应器中，经催化还原反应产生无害的氮气和水，同时二噁英经催化裂解成CO_2、水及氯化氢，实现脱硝脱二噁英的双重作用。脱硝后的净烟气由出口烟道送至GGH换热器，与原烟气换热降温，并经引风机排入烟囱进入大气。

a 氨喷射（AIG）系统

喷射系统包括静态混合器和喷射格栅，并经数模计算和流场分析，保证氨气和烟气混合均匀，达到设定目标：NH_3/NO_x混合不均匀性不大于5%。

氨和空气在混合器和管路内借流体动力原理将二者充分混合，再将混合物导入氨气分配总管内。氨喷射系统包括供应箱、喷氨格栅和喷孔等。喷射系统配有手动调节阀来调节氨的合理分布，在对NO_x浓度进行连续分析的同时，调节必要的氨量从喷氨格栅中喷出，通过格栅使氨与烟气混合均匀。

喷入反应器烟道的氨气应为空气稀释后的含5%左右氨气的混合气体。所选择的风机应该满足脱除烟气中NO_x最大值的要求，并留有一定的余量。稀释风机风量不需要调节，风量余量为10%，压头余量为20%。脱硝装置稀释风机设置备用风机，布置于脱硝系统钢结构平台上。

b 蒸汽吹灰器

本脱硝系统中，反应器安装一套吹灰系统，共12台，每一层催化剂都应设置吹灰器，吹灰控制纳入脱硝控制系统。

吹灰器的设计应根据吹灰点的烟温和灰分的性质，选择合理的吹灰参数及枪管材料，并保证有效吹灰范围内催化剂面清洁。

吹灰器的设计应根据吹灰点的烟温和灰的性质，选择合理的吹灰流量、吹灰压力，不应超压（吹灰蒸汽在催化剂表面的压力不能超过0.6MPa），距催化剂表面高度约500mm。

应设有温度指示，以保证蒸汽温度在设计过热温度以上才能启动吹灰器。

吹灰管路系统应按每台吹灰器单台单独顺序运行设计，管路设计应有流量和压力裕度。

吹灰管道设计应满足吹灰系统的整体技术要求，必须考虑膨胀不对吹灰器施加外力，保证吹灰流量，压降及疏水要求。吹灰蒸汽管道在吹灰时不发生振动。

吹灰器的疏水系统应能满足自动控制的要求，吹灰器的疏水管道应避免积水，管道布置应有1%~3%坡度。

反应器内支撑的设计及供货应保证吹灰器热态进退灵活，不应有卡涩现象，支撑支吊同时注意和反应器内部结构配合。吹灰器的后部支撑应充分考虑反应器钢架布置，避免与钢架斜撑相撞。吹灰器耙的设计应充分考虑因自重和其他外力所可能产生的挠度。

吹灰器应有可靠的传动装置及挠度修正结构，吹灰器本体与管道连接的法兰应考虑热伸缩影响。

吹灰器与反应器壁接口连接处应有防止烟气及灰泄漏的自密封装置。

吹灰器蒸汽阀门均应配备微调装置，以满足调整吹扫压力及流量。吹灰管材料应适应各种烟温和可能的腐蚀工况。

随吹灰器配供的行程开关等就地控制设备应良好可靠，满足集中控制要求。吹灰器行程开关须达到同类合资产品的性能，以保证吹灰器的性能。

c GGH 换热器

GGH 通过进出脱硝系统的原、净烟气间的换热，使脱硝系统需要的热量绝大部分留在脱硝系统内部循环使用，从而降低烟气加热需要的能量，减少加热炉的负荷要求，大大降低脱硝系统的运行费用。

原烟气侧，烟气进入 GGH 预热至约250℃后，进入脱硝反应器入口烟道与加热炉送来的高温烟气混合后达到280℃；净烟气侧，经 S-SCR 反应器处理后的净烟气通过 GGH 换热降温至不低于100℃，高于烟气水蒸气露点。因此，净烟气经过 GGH 后基本没有冷凝水凝聚现象，可通过原烟囱排放。

为防止 GGH 在运行过程中，原烟气泄露到净烟气中，从而影响脱硝效率，系统配置了低泄漏风机，将一部分净烟气增压送回至 GGH 中部，来避免原烟气泄露到净烟气中。

GGH 须配置吹灰器，吹灰方式有蒸汽吹灰、高压水吹灰和压缩空气吹灰，具体形式初步设计时确定。通过设置有效的吹灰形式来保证 GGH 的洁净，同时采取有效措施防止 GGH 的堵塞。

GGH 换热系统由 GGH 本体设备、密封风机、低泄漏风机、吹灰器等组成。具体要求如下：

（1）GGH 的主轴应垂直布置，加热组件和密封件以及弹簧等要易于拆卸。

（2）所有与腐蚀介质接触的设备、部件都需防腐。GGH 受热面应考虑磨损及腐蚀等因素，更换低温段换热元件时，不会影响其他换热元件。冷段蓄热元件的使用寿命不低于 50000 小时。GGH 最高耐受温度满足实际烟气温度波动要求。

（3）应采取可靠的泄漏密封系统，减少未处理烟气对洁净烟气的污染。

d 氨气泄漏检测器

氨气稀释系统周边设有氨气泄漏检测器，以检测氨气的泄漏，并显示大气中氨气的浓度。当检测器测得大气中氨浓度过高时，在机组控制室和现场会发出声光警报，操作人员采取必要的措施，以防止氨气泄漏的异常情况发生。本项目氨气泄漏检测仪的布置：每台脱硝反应器氨气管道调节阀附近设置 1 台，本项目总设置 2 台。

　　e　SCR 主要装置参数

SCR 装置主要参数如表 6-16 所示。

表 6-16　SCR 装置主要参数（标态）

烟　气　参　数	设　计　工　况
标态烟气量（湿基、实际含氧量）/m³·h⁻¹	97×10^4
烟气温度/℃	97
水分/%	15
氧含量/%	15.3
颗粒物（干基、实际含氧量）/mg·m⁻³	≤20
二氧化硫（干基、实际含氧量）/mg·m⁻³	≤50
氮氧化物（干基、实际含氧量）/mg·m⁻³	450
二噁英（干基、实际含氧量）/ng-TEQ·m⁻³	约 3.0

　　f　催化系统参数

催化剂系统参数如表 6-17 所示。

表 6-17　催化剂系统参数

SCR 反应器		催　化　剂			
设计温度/℃	设计压力/Pa	类型	适应温度/℃	活性组分	使用寿命/h
280	±5000	波纹板式	260~420	五氧化二钒	8000

6.5.3　技术效果

6.5.3.1　净化效果

净化效果如表 6-18 所示[1]。

表 6-18　净化效果（标态）

项　目	单　位	四烧结
烟气量	m³/h	1.6826×10^6
运行时间	h	8452/8309
脱硫效率	%	96.84
脱硝效率	%	53.39
除尘效率	%	67.04

项 目	单 位	四烧结
SO_2 排放浓度	mg/m³	16.03
NO_x 排放浓度	mg/m³	128.07
颗粒物排放浓度	mg/m³	14.62
二噁英排放浓度	ng-TEQ/m³	0.354
氨逃逸浓度	mg/m³	0.76

由上表可知，除脱硝效率之外，其余均达到了设计要求，据业主介绍，由于宝钢内部对 NO_x 排放控制要求小于 $120mg/m^3$（标态），为降低运行成本，没有完全开发 SCR 系统的脱硝能力，装置的实际能力应该能达到设计值。

6.5.3.2 运行主要物料消耗

CFB+SCR 净化设施运行满一年后，辅助材料、能源介质、副产物等均有了消耗或发生实绩，主要物料消耗及副产物发生量如表 6-19 所示。

表 6-19 运行主要物料消耗

项 目	单 位	四烧结吨矿单耗
生石灰	kg	2.427
氨气	kg	0.0990
催化剂	m³	0.012
氮气	m³	0.002
高炉煤气	m³	25.441
焦炉煤气	m³	0.383
电	kW·h	12.777

6.5.3.3 副产物的产生量

经运行统计，每吨矿脱硫灰的产生量为 5.187kg，全年共产生 3.58 万吨，同时还会产生 18t SCR 催化剂废弃物（按危废处理），脱硫灰的成分如表 6-20 所示。

表 6-20 副产物脱硫灰的化学组成（质量分数） （%）

成分	SiO_2	Al_2O_3	Fe_2O_3	CaO	MgO	$CaSO_3$	SO_3	烧失率
脱硫灰	4.2	2.4	13.6	33.2	2.5	16.9	9.92	22.5

脱硫灰的产生量大，回收利用价值低，宝钢预付费委外处理，如果考虑外委处置费用，直接运行成本提高到 14.6 元/吨（不含折旧费）。随着环保要求越来越高，副产物委外处置的费用会越来越高。

6.6　烧结烟气减排技术在宝钢本部 3 号烧结机的应用

6.6.1　工程概况

宝钢本部为适应日趋严格的环境保护要求，于 2011 年启动了对原有烧结机进行节能环保为主的综合改造规划，继四号烧结机改造完成后，2013 年启动了三号烧结机改造，把原来的 450m² 烧结机拆除，新建一台 600m² 烧结机。该工程于 2016 年 10 月 28 日建成投产，是当时应用先进节能减排技术最全面的烧结工程。

该工程设计主要参数如表 6-21 所示。

表 6-21　工程设计主要参数

序号	项目名称	单　位	数　值	备　注
1	烧结面积	m²	600	—
2	环冷机面积	m²	700	—
3	利用系数	$t/(m^2 \cdot h)$	1.485	—
4	运转率	%	94	—
5	成品烧结矿产量	t	7.33×10^6	—
6	余热回收产热蒸汽	kg/t_{-s}	82.947	—
7	工序能耗	$kgce/t_{-s}$	≤46	不含烟气净化
8	机头电除尘出口粉尘浓度（标态）	mg/m³	≤50	—
9	烟气脱硫脱硝	—	—	—
	处理烟气量	m³/min	2×30000	工况
	SO₂ 脱除效率	%	≥95	
	SO₂ 排放浓度（标态）	mg/m³	≤50	
	NOₓ 除效率	%	≥80	
	NOₓ 脱除浓度（标态）	mg/m³	≤110	
	二噁英当量排放浓度（标态）	ng-TEQ/m³	≤0.5	
	粉尘排放浓度（标态）	mg/m³	≤20	
	工序能耗	$kgce/t_{-s}$	≤2.617	烟气净化

6.6.2 技术方案

A 1+2 的强力混匀技术

为了加强混合料的混匀和制粒，改善混合料的透气性，满足超高料层烧结的需要，设计采用三段混合制粒工艺，一混为卧式强力混合机（见图6-23，由中冶长天设计供货），规格为 $\phi3000\times8000$mm，主轴转速约为 67r/min，混合机正常给料量约为 1472t/h，主要目的是混匀并加水。出料端部设清料犁头，筒体采用剖分式，采用变频调速，混合时间达到 45s。

二、三次混合机采用圆筒混合机，主要目的是制粒并调整混合料水分，规格均为 $\phi5100\times24500$mm，安装倾角 $\alpha=2.0°$，筒体转速（正常）6r/min，填充率约12%，二、三段制粒时间超过 8min。

图 6-23 卧式强力混合机工程应用图

B 偏析布料技术

采用圆辊和九辊加反射板组合偏析布料技术[2]，偏析效果良好，上部料层平均粒径约为 2.8mm，燃料量约为 4.1%，下部料层平均粒径约为 4.3mm，燃料量约为 3.2%，实现了上部料层粒度小、燃料多，下部料层粒度大、燃料少的合理料层结构。为防止混合料落下时压紧密实，设置有透气棒装置[3]。透气棒由四排交错排列的加长钢管组成，使台车上的混合料内部形成空隙，提高烧结料层的透气性，从而改善烧结效果。

C 综合密封技术

采用了烧结机负压吸附式头尾端部密封技术，以负压作为密封动力，迫使风箱密封板与烧结机台车底板侧部贴合，达到接合部的密封，巧妙地解决压差与密封的矛盾。顶部密封板由分体式改为整板式，彻底消除了传统分体式浮动密封体之间的间隙所导致的漏风，而且省去了灰箱。除此之外，还采用了整体板簧式固定滑道密封技术，防变形耐磨台车端部密封技术，头尾星轮齿板修形技术等高效综合密封技术。

D　厚料层烧结技术

在前几项技术及其他先进控制技术支撑下，烧结机料厚设计为 $900\sim1000$mm，台车栏板高度为 950mm，抽风负压为 19500Pa，台车运行速度为 2.6m/min。

E　主抽风机变频运行技术

烧结主抽风机采用德国 TLT 风机，风量为 30000m³/min，负压为 19500Pa；高压电机为 10kV 日本 TEMIC 高压异步电机，额定功率为 12300kW。主抽风机采用变频调速运行，能合理控制风机的运行状态，对烧结生产及降低能耗具有重要意义。高压变频器为日本 TEMIC 变频器。

主抽风机调速运行系统采用"二拖二"设计方案，每台变频器均可对两台电机中任何一台电机进行变频调速，两台变频器互为备用。当变频器出现故障时，可将电机切换到工频运行。变频器冷却系统采用空—水冷方式，每台变频器配置 4 台空水冷却器，采用冷却风道安装方式，空水冷却器安装在电气室外。夏季用冷却塔的方式提供冷源，冬季采用工业水直接提供冷源。冷却水泵采用一用一备的配置方式，保证系统的正常供冷。

F　活性炭法烟气净化技术

烧结烟气处理采用多污染物协同净化处理的活性炭（双级）吸附工艺技术（前已单独介绍）。

6.6.3　技术效果

烧结机投产后，实际平均月产烧结矿 63.83 万吨，年产烧结矿可达 766 万吨，相比设计值平均超产近 5%，月产量见表 6-22。

表 6-22　宝钢本部 3 号烧结机月产量统计

时　间	产量/万吨
2017 年 4 月	60.3422
2017 年 5 月	65.4688
2017 年 6 月	61.0299
2017 年 7 月	62.9615
2017 年 8 月	67.6942

续表 6-22

时　　间	产量/万吨
2017 年 9 月	62.3999
2017 年 10 月	67.6896
2017 年 11 月	58.7592
2017 年 12 月	66.9631
2018 年 1 月	65.6916
2018 年 2 月	60.3552
2018 年 3 月	66.6541

宝钢本部目前含铁原料中褐铁矿比例高达 40% 以上，其产量、能耗、废气及污染物排放量指标依然很好，实际工序能耗不大于 $45kg/t_{-s}$，实际吨矿烧结烟气排放量约为 $3390m^3$（工况），折算到单位面积单位时间后为 $84m^3/(m^2 \cdot min)$，在全国行业对标中各项指标位列第一名。经静电除尘、活性炭（双级）脱硫脱硝装置后，烧结烟气污染物排放浓度（标态）可以达到 SO_2 浓度小于 $10mg/m^3$，NO_x 浓度小于 $50mg/m^3$，二噁英浓度小于等于 $0.05ng\text{-}TEQ/m^3$，粉尘浓度小于等于 $10mg/m^3$，低于国家特别排放限值和超低排放限值。如图 6-24 和图 6-25 所示，烧结机平台上地面常年光洁如镜，窗明几净，厂区周围没有扬尘，鸟语花香。环保部环保督查组的专家感叹："全国烧结厂都像这样就好了"。宝钢本部烧结厂已成为宝武集团展示绿色钢铁的窗口。

以宝钢 3 号烧结机为典型工程业绩的"高效节能环保烧结技术及装备"技术成果荣获 2017 年国家科技进步二等奖。

图 6-24　烧结机平台

图 6-25　烧结机厂房

6.7　烧结烟气减排技术在宝钢本部 2 号烧结机的应用

6.7.1　工程概况

　　继宝钢本部对三号烧结机进行大修改造并投入运行后，又对原一、二号烧结机进行整合和改造，新建一台 600m² 烧结机（2 号），该工程已于 2018 年 11 月 14 日建成投产。除在宝钢本部 3 号烧结机工程已采用的减排技术外，还采用了烧结烟气循环和粉尘预制粒技术。烧结生产规模、烟气脱硫脱硝净化装置规模及主要技术经济指标与 3 号烧结机的基本一致，但工艺布置、主抽风机选型、电除尘器规模因采用烟气循环后有所变化。

6.7.2　技术方案

6.7.2.1　烟气循环烧结技术

　　采用内循环烧结工艺，如图 6-26 所示，有选择性地将 6～10、27～30 等 9 个风箱支管烟气抽入循环烟道，剩余风箱支管烟气则进入两个烧结主烟道。循环的烧结烟气量约占常规烧结烟气量的 25%，风温约为 190℃，O_2 含量约为 16%，剩余的烧结烟气温度高于露点温度。为了不影响烧结矿产质量，回收部分环冷机中低温段热废气（氧含量为 21%，废气温度约为 115℃）作为烧结烟气的富氧气体，保证循环至烧结料面的气流介质中氧含量达 18% 以上。烧结循环烟气经过除尘后，通过烧结循环风机送至烧结室旁的烟气混匀器，在混气装置内与环冷回收废气充分混匀。混匀后的循环烟气再由烟气分配器分成若干进入循环烟气罩内，而后进入料层参与烧结。宝钢本部 2 号烧结机烟气循环工程三维模型如图 6-27 所示，工程应用实景图如图 6-28 所示。

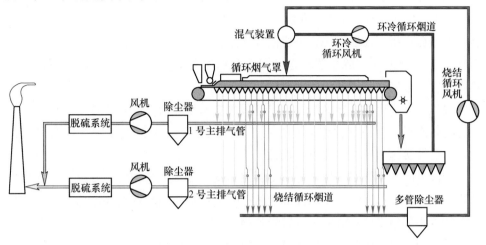

图 6-26　烟气循环烧结工艺（内循环）系统流程图

图 6-27　烟气循环烧结工程三维模型

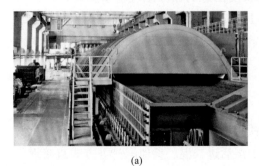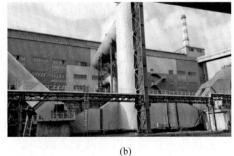

(a)　　　　　　　　　　　　　　　(b)

图 6-28　烟气循环烧结工程应用图

（a）烟气循环罩；（b）烟气混合器

烧结循环风机阻力平衡需考虑抽风烧结、除尘器、循环管道、混气装置、烟气分配器、循环烟气罩等阻力，环冷循环风机阻力平衡需考虑循环管道、混气装置、烟气分配器、循环烟气罩等阻力。烧结和环冷循环风机均采用变频调速，耐温250℃，并设置消声器和外保温。

烧结循环烟气在通过循环风机前需采用多管除尘器除尘，出口粉尘排放浓度不宜大于150mg/m³。除尘器粉尘采用气力输送至烧结粉尘仓。环冷机中低温段热废气含尘浓度小，因此不考虑除尘。

混气装置采用立式圆筒结构，内部设置锥形导流筒，混气装置内部喷涂耐热耐磨防腐涂料，并设置检修人孔，用于检修时清灰。在混气装置上预留氧气接口，为后续实施富氧烧结提供可能性。

烟气分配器主管变径尽可能满足各出口支管烟气流速相近的要求，在各出口支管上设计调节阀，进一步保证烧结机长度方向烟气循环罩内气流均匀，在与循环烟气罩相邻的出口支管部位设置导流板。

循环烟气罩采用分段可移动模式，每段长度与风箱长度相匹配，段与段之间设有膨胀节，以吸收热膨胀。循环烟气罩顶为弧形结构，设置补风阀，确保当循环烟气量不足或者回热风机故障时，可补充烧结需要的空气。循环烟气罩采用内保温形式，减少热量损失，避免烧结烟气对炉罩的腐蚀。靠近点火炉和尾部的端部密封装置由密封板、升降机、支架等组成，为了适应不同料层厚度，密封板要求能上下调整，使密封板与料面保持一定的小间隙。端部密封罩采用可拆卸式结构，用于台车的吊入、吊出和检修。台车栏板密封装置设置在拱形罩下部，与台车栏板之间形成密封。台车栏板密封装置采用迷宫式密封系统来避免烟气溢出。此外，在循环烟气罩上设置压力检测装置和压力补偿装置，当罩体内的压力与风箱内的压力差超过了设定值时，压差阀自动打开，从而保证罩体内保持一定的负压，防止烟气外泄。循环烟气罩的覆盖长度由总的循环烟气量来决定，1 号 ~ 5号为点火保温炉罩住的风箱，30 号为机尾除尘罩罩住的风箱，再预留28 号 ~ 29号风箱上的空间来检修台车，烟气循环罩从 6 号风箱开始，罩住的风箱为 6 号 ~ 27 号。

6.7.2.2　粉尘预制粒技术

宝钢本部厂区内每年产生大量的含铁粉尘，为了回收该部分铁资源，传统的工艺是将含铁粉尘以分散配入混匀矿、加湿后进二混、参加配料等方式直接返回烧结利用，即都没有经过相应的预处理和加工。由于冶金粉尘种类多、成分杂、粒度细，直接配入烧结的方式，不仅带来烧结全流程粉尘污染加重，而且对烧结过程透气性、烧结产量和质量及生产组织产生较大影响。针对此类问题，提出了封闭和相对集中处理含铁粉尘的"粉尘预制粒"技术思路[4]，即将高炉二次灰、高炉出铁场灰、高炉原料灰、烧结机尾除尘灰、烧结成品除尘灰、烧结配料除尘灰、烧结主电除尘灰（回收系）和钢水精炼除尘灰等八个品种粉尘经造球处理后送入烧结系统生产烧结矿。该系统年处理相关粉尘约 101 万吨，年产生球 116 万吨，粒度为 3~10mm，含铁约为 43%。

　　如图 6-29 所示，粉尘预制粒采用配料—混合—润磨—造球工艺流程。造球用黏结剂为烧结用熔剂生石灰，配比为 1%。为了保证配料精确，各物料采用失重称称量后进行重量配料，为了确保物料给料量的恒定，各配料槽均设有料位计，配料系统实现计算机自动控制和连续在线显示。采用 1 台处理约 155t/h 的立式强力混合机对各种含铁粉尘及黏结剂充分混匀，经混匀后物料送入 2 台润磨机，提高物料细度和比表面积，并进一步混匀。经过混合与润磨的物料分别被送至 4 台（3 用 1 备）ϕ6m 造球盘进行造球，在造球过程中采用雾化喷头继续添加水使生球水分达到 11%~12%，最终生球粒径 3~10mm。经预制粒后的粉尘生球送至三次混合机后的胶带机上，与其余经三段混匀制粒的烧结混合料一并送往烧结机料槽，即预制粒后小球不再参与二次制粒。

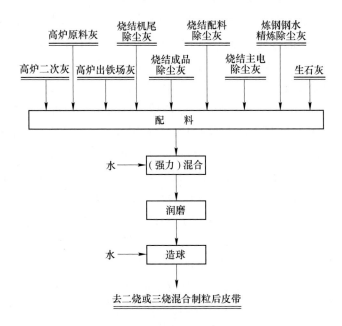

图 6-29　粉尘制粒工艺流程图

6.7.3　技术效果

由于将 25% 烧结烟气进行循环使用，理论上烧结主抽风机只需考虑剩余 75% 的抽风量。考虑烧结生产波动和烟气循环故障，烧结主抽风机按烧结总烟气量 85% 来选型，为 2 台功率 11000kW 变频风机。由于烟气外排量减少，除尘系统由 3 号烧结机的 2 台 560m² 卧式四电场电除尘器降为 2 台 470m² 卧式四电场电除尘器。烟气脱硫脱硝净化装置规模与 3 号烧结机的基本一致，即通过烧结烟气循环，循环烟气中携带的 NO_x 和二噁英在烧结过程中部分分解，排放总量减少 10%~20%，在不增大烟气净化装置规模的前提下，实现烧结烟气的高性价比超低排放。

6.8　小结

（1）日本住友金属和歌山烧结机及宝钢湛江 2 号烧结机的检测结果说明，采用高效综合密封技术，安装时精工细作，烧结机本体的初期漏风率可以控制在 20% 以内。如果结构设计和材质选用得当，定期维护，有可能在前三年内，把烧结机漏风率控制在 30% 以内。三年进行一次较全面检修，把漏风率恢复到 20% 左右。如此循环，使烧结机漏风率维持在 20%~30% 之间，烧结电耗保持在较低较稳水平，能为烧结烟气治理创造良好的条件。

（2）燃气喷吹清洁烧结技术在韶钢烧结机应用后，分别大幅减少了 CO_x、SO_x、NO_x 等污染物的排放，烟气循环烧结技术的应用不仅大幅减少了烟气排放总量，而且同样减少了 NO_x 和二噁英等污染物的排放。同时，上述技术的应用，减少了固体燃料的消耗。

（3）宝钢本部 3 号烧结工程、4 号烧结工程采用了两种不同的末端治理工艺，四号烧结工程采用半干法脱硫+SCR 法脱硝技术，3 号烧结工程采用活性炭（双级）烟气净化工艺。鉴于当时的环保要求，SO_2，NO_x，粉尘，二噁英的设计排放浓度（标态）均是按 50mg/m³，110mg/m³，20mg/m³，0.5ng-TEQ/m³，实际运行均达到了设计要求。相比半干法脱硫+SCR 法脱硝，活性炭法虽然一次性投资略高，但综合运行成本（含折旧）略低，排放指标更优，且可达到超低排放标准。

（4）宝钢本部 2 号烧结工程实践证明，烟气及污染物减量技术及末端烟气净化技术协同耦合应用是实现超低排放的最佳路径选择（见图 6-30），吨矿烟气排放量比传统烧结减少 10%~25%，污染物达到超低排放标准，践行了资源消耗最少、能源消耗最少、污染物排放最少、减排副产物资源化利用的工业生态文明建设理念。

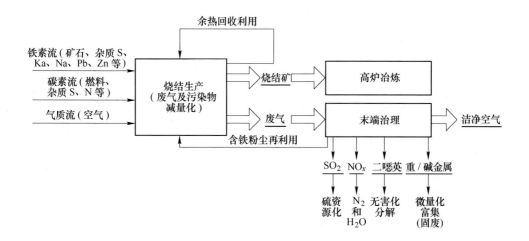

图 6-30 烧结烟气超低排放路径示意图

参 考 文 献

[1] 周茂军,张代华. 宝钢烧结烟气净化技术及应用 [J]. 烧结球团,2019,44(3).
[2] 王跃飞,张永忠,姜伟,等. 烧结机头部组合偏析布料装置及布料方法 [P]. 中国:104180659A,2014.
[3] 王旭明,王跃飞,张龙来,等. 一种通气棒装置 [P]. 中国:204043396U,2014.
[4] 谢学荣,王跃飞,陶卫忠,等. 一种烧结混合料的处理设备及其处理方法 [P]. 中国:105821205B,2017.